"101 计划"核心教材
物理学领域

热 学

主 编 宋 峰

副主编 方爱平 刘松芬

中国教育出版传媒集团

高等教育出版社·北京

内容提要

热学是物理学类专业和相关专业的一门重要课程，人们在日常生活、生产实践、科研领域中都离不开对热学现象和规律的研究。本书是在学生现状和作者多年从事高校教学科研以及大中物理教育教学衔接工作（中学生物理奥林匹克竞赛与"强基计划"培训等）的经验基础上编写的。全书共分八章，分别是：热力学系统的平衡态及物态方程、热力学第一定律、热力学第二定律与熵、气体平衡态的分子动理论、玻耳兹曼分布及其应用、气体的输运过程、固态与液态的性质、相变。本书从宏观现象和规律入手，然后从微观角度对现象和规律予以解释和分析，最后介绍其他热学内容。

本书为国家本科教育教学改革试点工作计划（简称"101 计划"）教材，适合物理学及相关专业本科生、教师、科研人员、工程师作为教材或参考书使用，也可供参加强基计划、物理奥林匹克竞赛和其他拔尖创新活动的中学生参考。

图书在版编目（CIP）数据

热学 / 宋峰主编 ；方爱平，刘松芬副主编.

北京 ：高等教育出版社，2024. 9. -- ISBN 978-7-04 -063040-4

Ⅰ．O551

中国国家版本馆 CIP 数据核字第 2024UR0968 号

REXUE

策划编辑	王 硕	责任编辑	王 硕	封面设计	王 洋	版式设计	杜微言
责任绘图	于 博	责任校对	刘丽娴	责任印制	赵 佳		

出版发行	高等教育出版社	网 址	http://www.hep.edu.cn
社 址	北京市西城区德外大街 4 号		http://www.hep.com.cn
邮政编码	100120	网上订购	http://www.hepmall.com.cn
印 刷	北京中科印刷有限公司		http://www.hepmall.com
开 本	787 mm × 1092 mm　1/16		http://www.hepmall.cn
印 张	19.75		
字 数	430 千字	版 次	2024 年 9 月第 1 版
购书热线	010-58581118	印 次	2024 年 9 月第 1 次印刷
咨询电话	400-810-0598	定 价	50.00 元

出版说明

为深入实施科教兴国战略、人才强国战略、创新驱动发展战略，统筹推进教育科技人才体制机制一体化改革，教育部于 2023 年 4 月 19 日正式启动基础学科系列本科教育教学改革试点工作（下称"101 计划"）。物理学领域"101 计划"工作组邀请国内物理学界教学经验丰富、学术造诣深厚的优秀教师和顶尖专家，及 31 所基础学科拔尖学生培养计划 2.0 基地建设高校，从物理学专业教育教学的基本规律和基础要素出发，共同探索建设一流核心课程、一流核心教材、一流核心教师团队和一流核心实践项目。这一系列举措有效地提高了我国物理学专业本科教学质量和水平，引领带动相关专业本科教育教学改革和人才培养质量提升。

通过基础要素建设的"小切口"，牵引教育教学模式的"大改革"，让人才培养模式从"知识为主"转向"能力为先"，是基础学科系列"101 计划"的主要目标。物理学领域"101 计划"工作组遴选了力学、热学、电磁学、光学、原子物理学、理论力学、电动力学、量子力学、统计力学、固体物理、数学物理方法、计算物理、实验物理、物理学前沿与科学思想选讲等 14 门基础和前沿兼备、深度和广度兼顾的一流核心课程，由课程负责人牵头，组织调研并借鉴国际一流大学的先进经验，主动适应学科发展趋势和新一轮科技革命对拔尖人才培养的要求，力求将"世界一流""中国特色""101风格"统一在配套的教材编写中。本教材系列在吸纳新知识、新理论、新技术、新方法、新进展的同时，注重推动弘扬科学家精神，推进教学理念更新和教学方法创新。

在教育部高等教育司的周密部署下，物理学领域"101 计划"工作组下设的课程建设组、教材建设组，联合参与的教师、专家和高校，以及北京大学出版社、高等教育出版社、科学出版社等，经过反复研讨、协商，确定了系列教材详尽的出版规划和方案。为保障系列教材质量，工作组还专门邀请多位院士和资深专家对每种教材的编写方案进行评审，并对内容进行把关。

在此，物理学领域"101 计划"工作组谨向教育部高等教育司的悉心指导、31 所参与高校的大力支持、各参与出版社的专业保障表示衷心的感谢；向北京大学郝平书记、龚旗煌校长，以及北京大学教师教学发展中心、教务部等相关部门在物理学领域"101 计划"酝酿、启动、建设过程中给予的亲切关怀、具体指导和帮助表示由衷的感谢；特别要向 14 位一流核心课程建设负责人及参与物理学领域"101 计划"一流核心教材编写的各位教师的辛勤付出，致以诚挚的谢意和崇高的敬意。

　　基础学科系列"101 计划"是我国本科教育教学改革的一项筑基性工程。改革，改到深处是课程，改到实处是教材。物理学领域"101 计划"立足世界科技前沿和国家重大战略需求，以兼具传承经典和探索新知的课程、教材建设为引擎，着力推进卓越人才自主培养，激发学生的科学志趣和创新潜力，推动教师为学生成长成才提供学术引领、精神感召和人生指导。本教材系列的出版，是物理学领域"101 计划"实施的标志性成果和重要里程碑，与其他基础要素建设相得益彰，将为我国物理学及相关专业全面深化本科教育教学改革、构建高质量人才培养体系提供有力支撑。

物理学领域"101 计划"工作组

前　言

人们在日常生活、生产实践、科学研究中，都离不开对热学的研究。从宏观上来讲，热学涵盖的内容有温度、压强、体积、内能、热量、功、熵、焓等热学概念，有物态变化、热胀冷缩、体积功、热传递、节流、摩擦生热等热学现象，有温度计、热机、空调、接触角测量仪等热学仪器。从微观上来讲，宏观的热现象都和分子热运动有关。本书注重物理图像的建立和物理概念的描述，注重物理思维的培养，注重与生产与科技的融合，注重育人元素的引入。在编排知识体系和内容时，从认知规律出发，前三章先讲述宏观概念、宏观现象和宏观规律，接下来的两章从微观角度介绍有关概念和知识，并对宏观现象与规律进行解释，然后介绍输运过程的宏观规律和微观诠释，最后两章讲述了液态和固态以及相变。本书各章节的主要内容如下：

绪论。介绍了热学发展简史、常见的热现象，以便读者对热学有一个总体的了解。

第一章，热力学系统的平衡态及物态方程。主要内容有热力学系统的宏观与微观描述、热力学系统的平衡态、热力学第零定律和温度、理想气体的物态方程，实际气体的物态方程。

第二章，热力学第一定律。先介绍热力学系统的过程，内能、功与热量，接着给出热力学第一定律的文字和数学表达式；然后对热容、焓、焦耳定律作了叙述，通过多个例题讲解热力学第一定律的应用；最后介绍循环及其应用、焦耳-汤姆孙效应及其应用。

第三章，热力学第二定律与熵。通过自然现象和科学实验，指出热力学过程的方向性，给出可逆过程的定义；介绍热力学第二定律的文字表述和卡诺定理；再通过克劳修斯等式引入熵的概念，进而得到热力学第二定律的数学表达式，最后由热力学第二定律计算熵差。

第四章，气体平衡态的分子动理论。为了充分了解宏观现象，本章和第五章讲述微观理论。本章先介绍在处理微观规律中需要用到的概率知识；接着给出微观状态、等概率原理、热力学概率、最概然分布等概念，指出宏观量是相应微观量的统计平均值；然后介绍气体分子的特征、分子间的相互作用力模型、分子在速度和速率空间运动的统计描述、分子碰撞的统计规律；最后从微观上对气体压强和温度予以解释。

第五章，玻耳兹曼分布及其应用。重点讲述玻耳兹曼分布及其在重力场中和速度空间的应用，即重力场中微粒数目和压强按高度的分布规律和麦克斯韦速度、速度分量、速率分布律；给出能量均分定理；最后从微观角度给出熵的统计解释。

第六章，气体的输运过程。气体输运过程主要包括黏滞、热传导和扩散，本章首先从宏观上对这三种现象进行描述，给出相应的规律：牛顿黏滞定律、傅里叶热传导定律、菲克扩散定律；建立输运过程中微粒的运动模型，继而从微观上解释这三种输运现象和规律；最后介绍除热传导以外的另外两种传热方式：对流和热辐射作为扩展内容。

第七章，液态与固态的性质。常见物态除气态外，还有液态和固态。液态物体作为一个整体有其彻体性质，同时，其表面有特殊的表面性质，表面张力导致了附加压强，引起了润湿和毛细现象，这些是本章重点讲述的内容；固体的热容是一个重要参量，最后对其相关模型进行介绍。

第八章，相变。物态之间可以相互变化，这是最常见、最简单的相变，本章讲述液、气、固三态间的转变。对于液态和气态的相变，本章叙述蒸发、沸腾、饱和蒸气压、湿度等内容；对于固液相变和固气相变，本章给出熔化与凝固、升华与凝华等概念；接着介绍相平衡条件、相图；然后讲述可以描述相变的克拉珀龙方程；最后从理论和实验两方面介绍范德瓦耳斯气体的相关知识。

对于希望用较短时间学到基础热学知识的读者，可以跳过或者略读带 * 号的章节和小字号宋体的文字。小字号楷体的文字可以作为扩展阅读内容。

本书得到了南开大学"十四五"规划核心课程精品教材项目资助，并入选了教育部"101 计划"。由于作者水平有限，加之时间紧张，书中难免存在错误和疏漏，恳请广大读者批评指正。

编者在编写过程中得到了多方帮助（排名不分先后），曲波（北京大学）、刘全慧（湖南大学）、隋郁（哈尔滨工业大学）、李敬源（浙江大学）审阅了书稿。正式出版前，召开了审稿会（排名不分先后），曲波（北京大学）、隋郁（哈尔滨工业大学）、王加祥（华东师范大学）、张威（中国人民大学）、李军刚（北京理工大学）、工鑫（吉林大学）、郝中华（武汉大学）、张晓渝（苏州科技大学）、陈平形（国防科技大学）、周志东（华中师范大学第一附属中学）、陈唯（复旦大学）、雷群利（南京大学）、邬汉青（中山大学）、仇怀利（合肥工业大学）、秦志杰（郑州大学）、武寄洲（山西大学）、赵国军（内蒙古大学）、冯伟（天津大学）、高健智（陕西师范大学）进行了审稿，提出了很多宝贵意见，再次感谢各位审稿专家。编写过程中，编者参考引用了大量资料，有的来源于网络，未能一一注明，在此一并致谢。

编　者
2024 年 5 月

目 录

绪 论

日常生活中有很多热现象，如冬冷夏热、热胀冷缩、摩擦生热等，这些现象都遵循一定的规律. 热学主要从热现象、与热相关的实验归纳和总结出热现象的基本规律，是物理学的一个重要分支.

人类很早就对热学现象有所认识，并将其加以应用，例如通过加热使食物更加可口、加热岩石再泼冷水使之爆裂从而制造出石斧、石刀等工具、利用高温冶炼青铜器、控制窑炉温度制造精美瓷器、内燃机做功，等等. 但是直到 17 世纪末，在温度计制造技术成熟，可精密测量温度以后，热学才得到定量的、系统的研究.

0.1 __ 热学的发展简史

0.1.1　热科学的早期发展

古代人类就已经能够利用摩擦生热、燃烧、传热、爆炸等热现象，例如，我国古代燧人氏的钻木取火，炼丹术和炼金术，火药，以及爆竹、走马灯等. 古希腊（公元前 5 世纪—公元 4 世纪）的四元素说：万物是由土、水、火、气四种元素按不同比例组成的，我国战国时代（公元前 476—前 221 年）的五行学说：金、木、水、火、土是构成世界万物的五种基本元素，称为五行，都涉及热. 我国古代提出的元气说，认为热（火）是物质元气聚散变化的表现. 但过去生产力低下，不能对这些热现象有实质性的解释.

0.1.2　测温学的发展简史

对热学现象进行研究的历史可以追溯到 17 世纪. 在 1592—1600 年间，伽利略（Galileo，1564—1642）利用空气热胀冷缩的性质，制作了第一个空气温度计（图 0.1），开始了对物体的冷热程度（温度）进行定量测量的研究，这可作为测温学（thermometry）的开端.

温度的定量测量，对热现象的研究是至关重要的. 在 17 世纪，虽然有些科学家对温度的测量及温标的建立，做出了一定程度的贡献，但是由于没有共同的测温基准，没有一致的分度规则，缺乏测温物质的测温特性，以及没有正确的理论指导，所以，人们并没有制作出复现性好的、可供正确测量的温度计. 直到 1714 年，德国工程师华伦海特（Farenheit，1686—1736）制造了华氏温度计，1742 年，瑞典的物理学家摄尔修斯（Celsius，1701—1744）又制造了摄氏温度计；1854 年，英国的开尔文勋爵（Kelvin Baron，原名 William Thomson，1824—1907）根据卡诺定理建立了与工作物质性质无关的热力学温标，即开氏温标，并提出采用一个定义点的建议. 开氏温标的建立，使测温

图 0.1　第一个空气温度计——
　　　　伽利略温度计

学与热力学基本定律之间建立了联系，这是测温学的一个重要进展.

0.1.3 热学宏观理论的发展简史

1769 年，英国工程师瓦特（Watt，1736—1819）改进了蒸汽机（图 0.2），为机器提供了连续的大功率的可使用动力源，促进了采矿业和纺织业的快速发展，1807 年，热机被美国工程师富尔顿应用于轮船，并于 1825 年被用于火车和铁路.

图 0.2　早期蒸汽机

为了进一步提高生产率，有人想设计出第一类永动机，但在 1755 年，人们得出结论，第一类永动机是无法实现的，这为热力学第一定律的建立创造了条件. 1760—1770 年，英国物理学家布莱克（Black，1728—1799）提出了"热质说"，他认为"热质是一种到处弥漫的、细微的、不可见的流体"，它是"既不能被创造也不会被消灭的". 然而在 1798 年，英国物理学家伦福德伯爵（Rumfort，原名 Benjamin Thompson，1753—1814）发现炮筒膛孔摩擦生热现象，以及 1799 年戴维（Davy，1778—1829）的冰块摩擦熔化实验，有力地批驳了"热质说"，指出"热是一种运动的方式，而绝不是一种神秘的、到处存在的物质". 1842 年，迈耶（Mayer，1814—1878）在"量热学"现有数据的基础上，得出了迈耶公式，并进一步得出热功当量关系. 热功当量的发现，使理论彻底摆脱了"热质说"的束缚，为热力学的形成和发展扫清了障碍；使"热量"的能量属性及"热的机械论"得到公认，为热力学第一定律的建立奠定了可靠的基础. 1847 年，亥姆霍兹（Helmholtz，1821—1894）采用多种方法，证实了各种不同形式的能量，如热能、电能、化学能与功之间的转化关系. 在 1840 年至 1850 年间，焦耳（Joule，1818—1889）做了大量热功当量的实验，验证了许多过程的能量关系，并于 1850 年发表论文. 能量守恒定律是物理学中最普遍的定律，该定律推动了整个物理学的发展，它的提出被恩格斯誉为最杰出的伟大成就之一.

19 世纪，人们还提出了热机效率问题，有人提出了第二类永动机，即将热能全部转化为机械功的热机. 1824 年，法国工程师卡诺（Carnot，1796—1832）发表了他一生中不朽的著作《关于热动力的见解》（Reflections on the Motive Power of Heat，也译作《论火的动力》），提出了著名的卡诺定理，卡诺定理指出了热功转换的条件及热效率的最高理论限度，为热力学第二定律的建立奠定了基础，卡诺定理的发现是一个重要的里程碑，标志着热学的发展进入了一个新的历史时期. 由于卡诺信奉"热质说"，尽管他已经走到了热力学第二定律的面前，却最终没能发现这个定律. 1851 年，开尔文在卡诺定理的基础上，给出了热力学第二定律的文字表述（称为开尔文表述）. 1850 年，克劳修斯（Rudolf Clausius，1822—1888）阐明了卡诺定理与焦耳原理之间的差别，指出它们是互相独立的两条定律. 克劳修斯根据热量总是从高温物体传向低温物体这一客观事实，给出了热力学第二定律的另外一种文字表述（称为克劳修斯表述）. 克劳修斯应用上述说法重新证明了卡诺定理，并把卡诺定理推广到任意循环，提出了著名的克劳修斯不等式，并于 1865 年正式命名了熵.

1917 年，能斯特（Nernst，1864—1941）提出了热力学第三定律. 1939 年，福勒（Fowler，1889—1944）提出了热力学第零定律. 以上这些定律构成了完整的热力学理论体系基础.

0.1.4　热学微观理论的发展简史

1620 年，培根（Bacon，1561—1626）首先注意到，两个物体之间的摩擦所产生的热效应，与物体的冷热程度（温度）是有区别的. 他认为"热是运动"，这可看作人们对"热量"的本质进行科学研究的开端. 1658 年，伽森狄（Gassendi，1592—1655）的著作出版，书中提到了他的哲学观点，物质是由分子构成的. 1678 年，胡克（Hooke，1635—1703）认为气体的压强是气体分子与器壁碰撞的结果，1738 年，伯努利（Bernoulli，1700—1782）发展了这一学说，并由碰撞概念导出了玻意耳定律，1747 年，俄国化学家罗蒙诺索夫（Lomonosov，1711—1765）明确提出了热是分子运动表现的观点，并成功解释了一些热现象. 1808 年，道尔顿（Dalton，1766—1844）发现了分压定律. 1827 年，英国医生（植物学家）布朗（Brown，1773—1858）在显微镜下看到了花粉颗粒在水面上杂乱无章的运动. 后人将其称为布朗运动，这是分子热运动的表现. 布朗运动的发现和解释是分子物理学和统计物理学中重要的事件，具有划时代的意义. 1857 年，克劳修斯发表了有实验依据的气体分子动理论的文章，以十分明晰和令人信服的推理，建立了理想气体分子模型和压强公式，引入了平均自由程的概念. 1860 年，麦克斯韦（Maxwell，1831—1879）发表了《气体动力理论的说明》，第一次用概率的思想，建立了麦克斯韦分子速率分布律. 1869 年，玻耳兹曼（Boltzmann，1844—1906）在麦克斯韦速率分布律的基础上，第一次考虑了重力对分子运动的影响，建立了更全面的玻耳兹曼分布律，又于 1872 年建立了输运方程"玻耳兹曼方程". 1877 年，玻耳兹曼建立了玻耳兹曼 H 定理，提出了熵的微观意义（后由普朗克给出了具体公式），建立了初步的统计物理基础. 1902 年，在克劳修斯、麦克斯韦、玻耳兹曼研究的基础上，吉布斯（Gibbs，1839—1903）发表了《统计力学的基本原理》，提出"热力学的发现基础建立在力学的一个分支上", 由此建立了统计力学, 形成了比较系统的统计理论.

0.2 __ 常见的热现象

热现象与我们的生活和社会的发展是息息相关的, 小到测量温度的温度计, 大到热机、火箭、神舟飞船等, 热现象几乎无处不在:

(1) 给自行车的轮胎打气时, 必须根据环境温度的不同适当充气, 在夏季, 自行车也不宜放在室外暴晒. 这是为什么?

(2) 体温计有传统型、温度传感器型, 常见温度计有水银温度计、酒精温度计等, 为什么可以有这么多种类的温度计?

(3) 瘪了的乒乓球在热水中烫一下可以再次鼓起来, 火车普通铁轨、大桥桥面、公路路面都留有缝隙, 这些是为什么? 物体为什么会热胀冷缩?

(4) 冷水和热水混合后, 热水变冷、冷水变热, 为什么不是热水变得更热、冷水变得更冷? 再分开后, 温度能否复原? 冰箱、空调为什么可以让热的更热、冷的更冷?

(5) 2003 年, "哥伦比亚"号航天飞机因为外壳的绝热材料损坏而失事. 1986 年, 美国"挑战者"号航天飞机坠入大海被撞成碎片, 为什么航天飞机和海水相撞却能被撞成碎片?

(6) 温度升高, 晶体就吸收热量而熔化, 冬天结冰的衣服会直接变干吗? 固态冰直接变成气体, 还是冰先变成液态水再变成水蒸气?

(7) 从古至今, 许多人都在幻想"天上掉下馅饼": 是否存在这样的机器, 不需要给机器提供任何的能源, 机器却能源源不断地为我们服务? 所有这方面的研究均以失败而告终, 这是为什么?

(8) 汽车使用的柴油机 (汽油机) 的效率能否提高至 100%?

(9) 宇宙的未来是怎样的 (有序和无序)?

热学就是研究这些 (和温度相关的) 热现象及其规律的一门学科.

热力学系统的平衡态及物态方程

在力学中，我们需要先确定研究对象，再进行分析；在热学中，我们也需要先选定研究对象，即热力学系统（简称为系统），系统内有大量的微观分子. 因此，研究热学需要从宏观和微观两个方面进行，见 1.1 节；热力学系统有不同的分类，在平衡态时，可以采用物理参量来对其进行描述，1.2 节将介绍系统的平衡态和相关参量；1.3 节将引入描述热平衡的态函数，即温度；平衡态时，理想气体的各状态参量满足理想气体物态方程，这些内容将在 1.4 节讲述；对于实际气体，其物态方程与理想气体的有所不同，这将在 1.5 节作介绍.

1.1 __ 热力学系统的宏观与微观描述

1.1.1 热学的研究对象及其特点

1. 热学的研究对象

热学是研究物质的热现象、物质微粒（分子、原子、离子等）的热运动以及与热相联系的各种规律的科学. 热学与力学和电磁学一起被列为经典物理学的基石. 力学研究的对象是质点、刚体、理想流体等，而热学研究的对象则是由大量微粒所组成的系统，即热力学系统（thermodynamic system）. 组成物质的大量微观粒子都在做无规则运动，这种运动称为热运动，热运动的剧烈程度与温度相关；而与温度有关的物理性质的变化都属于热现象.

从宏观角度对系统进行热现象及规律的研究，建立一个原理性的理论，常常称为热力学. 从微观角度对大量微粒进行热现象及规律的研究，需要用到统计物理方法. 将二者结合起来，才能较为透彻地研究热学.

2. 热学研究对象的特点

热学的研究对象具有如下特点：

（1）热力学系统包括众多微观粒子，每个粒子都有自己的运动，但是宏观上又表现出一种集体效应.

众多粒子有多少粒子？1 mol（摩尔）物质的分子数为阿伏伽德罗常量，其数值约为 6.02×10^{23}，这个数有多大呢？举个例子来说明：宇宙的年龄约为 137 亿年，即 10^{17} s 的数量级，假如有一个与宇宙年龄相同的“超人”，他 1 s 能数 10 个分子，并且永不间断，则他从宇宙诞生的时刻开始数，一直数到现在，才数了 10^{19} 个分子，差不多数了 10^{-5} mol 分子. 这么多粒子都有各自的运动，并且在不停地发生变化，因此各种各样的运动状态及其状态集合都是可能的，由于粒子数太多，集合的形式也是多种多样的，所以单个粒子的运动就会表现出偶然性，而宏观上系统又可被测出确定的温度和压强等参量，这反映了热学宏观性质的确定性和必然性，或者说，宏观上的这种确定性和必然性是微观上众多粒子偶然性的统计平均的结果. 这就是热学的根本特点.

（2）宏观过程与微观运动的时间尺度相差悬殊.

在标准状况（0 ℃，1 atm. 1 atm = 1.013×10^{5} Pa）下，一个理想气体分子平均每

秒与其他分子碰撞约 10^9 次. 一个宏观上看起来不随时间变化的状态, 对应着微观上大量瞬息万变的状态. 对宏观状态进行一次测量, 微观运动经历了大量不同的状态, 因此测量就是一种统计平均.

（3）热现象多伴有较复杂的能量转化.

热现象中的能量转化有时候是可以自发进行的, 但是有时候也需要加上外界干预. 这与力学中的能量转化很不一样, 力学中主要讨论机械能的转化与守恒, 这样的能量转化都是可以自发进行的. 而热学中则有各种各样的能量转化与守恒, 这比力学中的能量转化与守恒问题更广泛. 因此, 必须将力学中的能量转化与守恒加以推广.

（4）热学进行的过程具有方向性.

力学中, 能量守恒只是数值上的限制, 而对能量转化方向没有限制. 但是, 热学的发展历史和日常生活经验都告诉我们, 热学中的能量转化不仅仅有数值上的限制, 还有转化方向上的限制. 比如摩擦生热, 摩擦做的功可以全部转换成热, 但是热一般不能全部转换成类似于摩擦做功这样的机械功; 各类热机, 总是要向低温热源放出一部分热量, 效率总是小于 1. 这些现象都说明: 热学过程与力学、电磁学中的过程有很重要的区别, 热学过程进行是有方向的, 这称为热学过程的方向性, 而力学、电磁学中不涉及热运动的过程并没有这样的方向性.

1.1.2 宏观和微观描述方法

热学研究对象的特点决定了热学的研究方法与力学的不完全相同, 对于众多微观粒子, 牛顿力学的方法已经不适用于热学的研究. 就算微观粒子可以看成经典的粒子, 单个粒子的运动也可以用牛顿力学的规律来描述, 但是由力学知识可知, 若方形刚性箱的光滑底面上有 n 个弹性刚球, 对任一球的位置和速度都可列 6 个方程, n 个球就有 $6n$ 个方程. 1 mol 物质中就有 6.02×10^{23} 个分子, 因而有 $6 \times 6.02 \times 10^{23}$ 个方程. 目前人类还不能造出一台能计算 6.02×10^{23} 个粒子运动方程的计算机, 将来的量子计算机也很难完成这样的工作. 就算可以通过计算得到每一个粒子的位置和速度, 由于微观粒子在不断地运动, 每一个粒子的状态都在瞬息万变, 没有办法得到它们每时每刻的位置和速度. 而且, 微观运动是偶然的, 但是宏观规律是确定的, 这是一个统计问题, 将力学和统计方法结合起来就形成了求解热学问题的基本方法, 这就是统计物理学方法. 但是, 这种研究方法会使各种热学问题变得非常复杂. 所以历史上又以观察实验为基础, 总结出理论, 反复加以验证和完善, 成为实用性很强的热学的宏观研究方法, 这就是热力学方法, 所以, 研究热现象有两种方法, 分别为热力学方法和统计物理学方法.

1. 热力学（宏观描述方法）

热力学是热学的宏观理论, 通过对大量热现象的观察、实验、测量, 从中总结、归纳得到热力学基本定律, 并以基本定律为基础, 应用数学方法, 通过严密的逻辑推理和演绎, 得到物质的宏观热学性质以及热学过程进行的方向.

热力学的特征: ① 热力学基本定律是自然界的普适规律, 如果在数学推理、演绎过程中不加其他的假设，那么这些结论就具有普遍性与可靠性，可以论证统计物理学的结论是否正确；② 热力学是最具普适性的学科之一，不提出任何一种模型，但适用于所有的宏观系统. 不论是怎样的系统，也不论涉及怎样的现象，只要与热运动相关，就应该遵循热力学基本定律. 爱因斯坦（Einstein）晚年（1949 年）时曾经说过："一个理论，如果它的前提越简单，而且能说明的各种类型的问题越多，适用的范围越广，那么它给人的印象就越深刻，因此，经典热力学给我留下了深刻的印象. 经典热力学是具有普遍性的唯一的物理理论，我深信，在其基本概念适用的范围内是绝对不会被推翻的."

当然，热力学也有局限性：① 只适用于众多微观粒子构成的宏观系统. ② 主要研究系统处于平衡态时的各种宏观性质，难以解释系统如何从非平衡态过渡到平衡态的问题. ③ 不考虑宏观系统的微观结构，把系统视为连续的物体. ④ 只能解释系统有什么样的关系，而不能解释为什么会有这样的关系. 要解释为什么，需要从物质的微观模型出发，通过统计物理学方法来解决，这就需要热学的微观理论.

2. 统计物理学（微观描述方法）

统计物理学是热学的微观理论，它的前提是物质由众多微观粒子（分子、原子、离子等）组成，运用统计的方法，微观粒子热运动的统计平均值决定了宏观系统的热力学性质，由此得到系统微观量与宏观量之间的关系.

统计物理学的特征：① 众多微观粒子作为一个整体，存在统计相关性，遵从统计规律；② 众多微观粒子的统计平均值就是系统处于平衡态时的宏观可测定的物理量，由此可以找出微观量与宏观量之间的关系；③ 系统的微观粒子数越多，统计规律的正确程度也越高；④ 可以深入剖析系统的热现象，深入解释热力学理论的本质.

当然，统计物理学也有局限性：数学处理可能会非常复杂，为了解决这一问题，经常需要简化微观模型，由此所得到的理论结果可能与实验结果不完全相符.

3. 热力学和统计物理学的关系

宏观描述方法（热力学）与微观描述方法（统计物理学）分别从宏观角度和微观角度去研究热现象，自成体系，相互间又存在千丝万缕的联系. 热力学理论可用来验证统计物理学微观理论的正确性；而统计物理学理论则揭示了热力学宏观理论的本质. 将二者结合起来，可以分析解决很多热学问题.

1.2 热力学系统的平衡态

1.2.1 热力学系统

1. 系统与外界

热力学系统是由大量不断做无规则热运动的微观粒子（分子、原子、离子等）组成的宏观体系. 与系统存在密切联系（做功、热传递以及粒子数交换）的系统以外的部分统称为系统的外界（或环境）. 系统和外界是相对的，又相互联系，如图 1.2.1

所示是一个长方体容器，中间用两块隔板隔开，则室Ⅰ是室Ⅱ的外界，室Ⅱ是室Ⅰ、室Ⅲ的外界，室Ⅲ是室Ⅱ的外界.

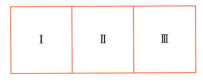

图 1.2.1　系统与外界

热力学系统可以和外界有相互作用，例如热传递、质量交换等，按系统与外界相互作用的不同，系统可分为三种：① 开放系统：与外界既有物质交换，又有能量交换的系统；② 封闭系统：与外界没有物质交换，但有能量交换的系统；③ 孤立系统：与外界无物质交换，也无能量交换的系统，即孤立系统与外界没有任何相互作用.

热力学系统也可以按系统内的物质成分划分成单元系和多元系. 若系统内只包含单一成分的物质，则叫单元系，比如氧气、氮气、氦气等；否则系统是多元系，比如空气（含有氧气、氮气、二氧化碳等物质）.

若热力学系统只包含单一的相（相的概念将在 8.1.1 小节中介绍），则是单相系，否则是多相系，例如冰、水、汽混合物是三相系.

2. 热力学与力学的区别

热力学研究方法不同于力学、电磁学等学科的描述方法. 在力学中，位置、时间、质量和三者的组合（速度、动量、角速度、角动量等）中的某几个独立参量作为物体的力学坐标，利用力学坐标可描述物体任意时刻的运动，而经典力学的目的就是找出与牛顿运动定律相一致的、各个力学坐标之间的关系. 但是，热力学一般不考虑系统的宏观机械运动，只研究系统内部状态及状态的变化. 类似地，与系统内部状态相关的宏观物理量（压强、体积、温度等）可作为系统的热力学坐标（状态量）. 利用热力学坐标，可以描述系统任意时刻的状态，而热力学的目的是找出与热学实验规律相一致的、各个热力学坐标之间的关系.

1.2.2　热力学系统的宏观参量

1. 热力学系统的宏观参量

在力学中，我们用质量、位置矢量、速度、能量、动量等物理量来描述研究的物体（质点）. 但是热学的研究目的和研究方法都与力学不同，用来描述系统可观测的宏观物理量主要有：① 几何参量：包括长度、面积、体积、液体表面曲率半径等；② 力学参量：包括压强、液体表面张力等；③ 化学参量：包括系统组成的成分及它们的质量、浓度、物质的量等；④ 热学参量：温度（将在 1.3 节详细介绍）.

上述所说的这些参量都是状态参量. 当系统达到平衡态时（平衡态的概念将在 1.2.3 小节中介绍），就有确定的状态参量，系统从一种状态变化到另外一种状态，系统的状态参量会随系统状态的变化而变化.

在热学中，经常使用的状态参量有体积、压强、温度、摩尔质量、物质的量等.

（1）体积（volume）：系统占据的空间，常用 V 表示. 体积的国际单位制单位是 m^3（立方米）.

（2）压强（pressure）：单位面积所受的力，常用 p 表示. 压强的国际单位制单位是 Pa（帕斯卡）.

（3）温度（temperature）：表征互为热平衡的系统之间的物理量，用 T 或 t 表示. 温度的国际单位制单位为 K（开尔文）. 我们常用的℃（摄氏度）与 K 之间的关系为

$$T/\mathrm{K} = t/\text{℃} + 273.15 \tag{1.2.1}$$

（4）分子数、分子数密度：系统中的分子总数为分子数（用 N 表示），单位体积中的分子数为分子数密度（用 n 表示），分子数与分子数密度之间的关系为

$$N = nV \tag{1.2.2}$$

分子数没有单位，分子数密度的国际单位制单位为 m^{-3}.

（5）物质的量（amount of substance）：国际单位制的基本单位之一. 描述系统指定基本单元数的一个量（用 ν 表示），物质的量的国际单位制单位是 mol（摩尔）.

（6）摩尔质量（molar mass）：1 mol 物质的质量称为摩尔质量（用 M 表示），系统中物质的总质量用 m 表示，系统中单个粒子（分子、原子等）的质量用 m_0 表示，质量的国际单位制单位为 kg（千克）. m、m_0 和 M 的关系有

$$M = N_{\mathrm{A}} m_0 = m/\nu \tag{1.2.3}$$

其中，N_{A} 为阿伏伽德罗常量.

（7）密度（density）：系统单位体积的质量用 ρ 表示. 有

$$\rho = m/V = m_0 n = M/V_{\mathrm{m}} \tag{1.2.4}$$

其中，$V_{\mathrm{m}} = V/\nu$ 为 1 mol 物质的体积，称为摩尔体积. 密度的国际单位制单位为 $\mathrm{kg \cdot m^{-3}}$.

2. 广延量和强度量

物理学中的参量可以分为两类：广延量（extensive quantity）和强度量（intensive quantity）. 广延量是与系统的大小或系统中物质的多少成正比例的，对于广延量，其整体是部分之和，比如长度、质量、体积、物质的量、分子数、电荷量、磁矩、内能以及我们后面要学到的熵、焓、自由能、自由焓等，通常用大写字母来表示广延量；强度量则代表物质的内在性质，与系统中物质数量无关，对于强度量，其整体和部分的物理量相同，比如力、压强、温度、表面张力、磁场强度等，通常用小写字母表示强度量. 但是，对于温度，为了区分摄氏温标的 t，常用 T 表示热力学温标.

1.2.3 平衡态

1. 平衡态与非平衡态

热力学具体来说归结为研究与温度相关的宏观状态及其变化规律的学科，平衡态是宏观状态中一种重要而又特殊的状态. 下面先看两个例子.

如图 1.2.2 所示，容器被隔板分隔为体积相等的两部分，左边是压强为 p_0 的理

想气体, 右边是真空. 把隔板打开, 气体就自动地流到右边真空的容器中, 这种现象就是自由膨胀, "自由"就是左边的气体毫无阻碍地流到右边真空的容器. 在气体自由膨胀的过程中, 容器中各部分的压强都不同, 并且随时间不断地变化, 此时的系统就处于非平衡态. 但是经过了并不很长的时间, 容器中各处的气体趋于均匀一致 (温度、压强、分子数密度等参量都相同), 若不受外界的影响, 气体将始终保持这种宏观性质不发生变化的状态, 这时我们就说系统处于平衡态.

图 1.2.2   气体自由膨胀

再来看一个例子. 两端分别插入温度不同的两个热源 (如沸水和冰水混合物) 中的金属棒, 开始时, 棒中各点处的温度随时间发生变化; 经过一段时间后, 棒上各点的温度不再随时间变化, 但在棒上, 各点的温度不相等, 热流 (单位时间流过的热量) 虽然不随时间变化, 但它始终存在, 这种状态下的金属棒仍处于非平衡态.

由以上两个例子可见, 在不受外界影响的条件下, 经过一段时间后, 热力学系统处于宏观上不随时间变化的状态, 也就是说, 描述系统的宏观状态参量不随时间而改变, 这种状态称为平衡态 (equilibrium state). 系统不受外界影响是指系统与外界之间没有热量交换或粒子交换. 如果系统受到外界影响, 那么系统就处于非平衡态.

2. 平衡态的特点

平衡态具有以下几个特点.

(1) 当系统处于平衡态时, 所有能观测到的宏观性质, 包括力学、热学、电磁学等方面的物理参量都不随时间而变化. 但是, 组成系统的众多微观粒子仍然在做永不停息的无规则热运动, 它们的运动随时间不停地改变, 只是众多微观粒子运动的宏观平均效果 (即统计平均值) 不随时间而变化, 因此, 这种宏观的平衡蕴含着众多分子的微观运动, 所以, 平衡态应该理解为**动态平衡**.

(2) 当系统处于平衡态时, 系统与外界之间没有能量和物质的交换. 上面置于冷、热源的金属棒系统, 就是因为有热量交换, 所以不处于平衡态. 系统与外界之间或者系统内部各部分之间存在热流或粒子流时, 系统各处的宏观性质不随时间变化, 这样的状态称为稳恒态 (steady state) 或称稳态 (stationary state), 是最简单的非平衡态.

(3) 当系统处于平衡态时, 空间各处压强、粒子数密度可以是不均匀的. 例如在重力场中的等温大气, 由于受到地球引力的作用, 在平衡态时, 低处的密度要比高处的大. 假如不同高度处的大气密度相等, 则大气分子受力不平衡, 大气分子将在竖直方向上发生流动, 不是平衡态. 又如在静电场中的带电粒子气体达到平衡态时其分子数密度 (或压强) 沿电场方向也不相等.

根据 (2) 和 (3) 的分析可知, 不能用 "宏观状态不随时间变化" 或 "处处均匀"来判断系统是否处于平衡态. 一种正确的判别方法应该是系统是否存在热流与粒子流. 如果系统与外界、系统各部分之间都不存在热流与粒子流且系统宏观上的性质不随时间变化, 系统才处于平衡态.

(4) 平衡态是一种理想的状态. 严格不随时间变化的平衡态是不存在的, 一个系统或多或少会受到外界的干扰. 在一定的条件(系统受到外界的干扰很弱, 系统本身的状态相对稳定)下, 许多实际的问题当作平衡态来处理是完全可行的, 而且可以比较简单地得出和实际情况基本相符的结论. 这样既保持了系统在一定条件下状态基本平衡的主要特征, 又使得问题变得简单而易于解决, 这正是物理学建模的思想, 正如力学中的质点、刚体等模型.

(5) 在自然界中, 平衡态是相对的、特殊的、局部的与暂时的, 非平衡态才是绝对的、普遍的、全局的和常态的.

(6) 一个大的系统处于非平衡态, 但是系统内的一小部分可以近似地处于平衡态. 可以将这个大系统分成很多小部分(从宏观角度来看, 其体积足够小), 但是每一小部分在微观上都足够大(包含了足够多的粒子, 可以利用热力学规律及统计物理方法来处理一些物理问题). 如果有一微小部分, 其热力学参量(如压强、温度、化学成分等)处处相等且不与其他部分交换物质或热量或与其他部分交换的物质或热量很少, 则可以认为这一微小部分处于平衡态, 这就是局域平衡. 也就是说, 虽然整个大系统处于非平衡态, 但是其中某些微小系统有可能处于平衡态. 比如, 夏天, 一间开着空调且门窗敞开的教室, 整个教室因为和外界有热量与粒子交换, 没有达到平衡, 但是教室中间区域的小部分空间内, 在一定的时间范围内, 是可以认为达到平衡的.

(7) 当系统处于平衡态时, 可以用不含时间的热力学参量(p, V, T 等)来描述系统. 也只有处于平衡态的系统, 才可以在以热力学参量为坐标轴的状态图上用一个确定的点来表示它的状态.

3. 热力学平衡

合外力和合外力矩同时为零可以作为力学中物体的平衡条件. 但是热力学系统不考虑整体的运动, 所以这样的条件不能作为热力学系统的平衡条件, 那么热力学系统的平衡条件又是什么呢? 根据前面给出的判别方法, 热力学平衡的条件包括:

(1) 热学平衡(thermal equilibrium)条件: 系统内部温度不均匀就会产生热流, 所以系统内部的温度需要处处相等, 这就是热学平衡条件.

(2) 力学平衡(mechanical equilibrium)条件: 粒子流有两种, 其中一种是宏观上能够观察到的成群粒子的定向移动, 例如前面提到的气体自由膨胀的例子, 这种粒子流是气体内部存在压强差导致粒子群受力不平衡, 所以系统内部各部分之间、系统与外界之间应达到受力平衡, 这就是力学平衡条件.

(3) 化学平衡(chemical equilibrium)条件: 另一种粒子流, 虽然不存在成群粒子定向运动, 但是其化学组分不均匀, 也会导致粒子的宏观迁移, 例如: 温度、压强都相等的氮气和氧气的扩散, 在扩散的整个过程中, 混合气体的压强、温度处处相等, 因而力学和热学平衡条件始终满足, 但是氧气和氮气却相互混合, 即粒子存在宏观流动. 所以对于非化学纯物质, 温度和压强这两个参量不能完全反映系统的宏观性质, 还需要化学组分这个热力学参量. 无外场时, 空间各处化学组分不均匀就会导致扩散. 所以无外场作用的系统各部分的化学组分也需要处处相同, 这就是化学平衡条件, 化学平衡可以用化学势 (见 8.4.1 小节) 相等来描述.

因此, 只有在外界条件不变的情况下同时满足力学平衡条件、热学平衡条件、化学平衡条件的系统, 才不会存在热流和粒子流, 才能处于平衡态.

1.3__ 热力学第零定律和温度

热学的任务就是研究和温度相关的热现象以及这些性质之间变化的规律. 温度的概念贯穿了热学的整个过程, 它是我们熟悉但是又难以理解的一个概念. 朴素的温度概念来自人们对物体冷热程度的感觉, 但是感觉总是不够准确和客观的, 比如三九严冬时用手触摸室内的铁器和木柄, 则感觉前者比后者冷, 而其实二者温度是一样的. 因此, 解释什么叫温度, 科学地给它定义, 以及准确地测量温度是很重要的.

1.3.1 热力学第零定律

1. 绝热壁与导热壁

设想有一个两头开口的绝热气缸 (如图 1.3.1 所示), 中间用一个不漏气的固定隔板隔成左、右两部分, 两个活塞分别将一定量的气体密封在左、右气缸中, 如果左边气缸中的活塞不论怎么移动, 右边活塞都不会移动, 右边系统的状态也不会改

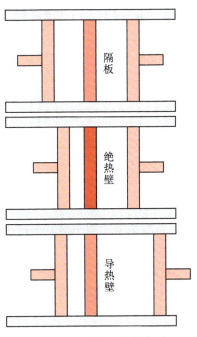

图 1.3.1 绝热壁与导热壁

变，也就是说，左边气体的状态变化不会改变右边气体的状态，那么固定隔板就是绝热壁．如果左边气缸中的活塞移动可以使右边活塞移动，也就是说，左边气体的状态变化会改变右边气体的状态，那么固定隔板就是导热壁．

2. 热力学第零定律

在与外界隔绝的条件下，将处于平衡态的系统 A 和处于平衡态的系统 B 相互接触，系统 A 和系统 B 将有热相互作用，这种接触称为热接触（thermal contact），经过足够长的时间，若系统 A 和 B 都不再有任何宏观上的变化，则称系统 A 和 B 达到热平衡．

在真空绝热容器中有三个物体 A、B、C（如图 1.3.2 所示），如果物体 A 和 B 用绝热壁隔开，用确定状态的物体 C 分别与物体 A 和 B 热接触并处于热平衡［如图 1.3.2（a）和（b）所示］，之后，物体 A 和 B 用绝热壁与物体 C 隔开后进行热接触［如图 1.3.2（c）所示］，实验表明，若整个过程不受外界影响，且保证物体 A 和 B 在热接触前一直保持与 C 处于热平衡时的状态，则物体 A 和 B 热接触也处于热平衡．据此，可以归纳出热力学第零定律：在不受外界影响时，只要确定状态的物体 C 同时与物体 A 和 B 处于热平衡，即使物体 A 和 B 没有热接触，它们也处于热平衡，这个规律也称为热平衡定律．

热平衡定律是福勒（Fowler，1889—1944）于 1939 年提出的，比热力学第一定律和热力学第二定律晚了 80 余年，但是热力学第零定律是后面几个热力学基本定律的基础，所以将其称为热力学第零定律．

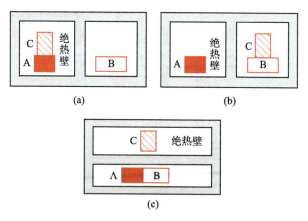

图 1.3.2　热力学第零定律

3. 温度

几个水池连通之后，水位高的水池中的水将会流向水位低的水池，直到最终水位一样，不再有水流动，我们可以说水池间的水位达到了平衡．水位可以用高度来表征．

类似地，热力学第零定律中所叙述的处于热平衡的系统，也可以用一个参量来表征，这个参量就是"温度"．

热力学第零定律虽基于人们的日常生活经验，但并不"平凡"．从逻辑的角度，可以证明系统还存在一个新的状态参量，即温度，并且温度是其他宏观状态参量的函数，即 1.4 节要学习的物态方程. 热力学第零定律表明，处于热平衡的两个物体之间肯定存在一个相同的特征，即它们的温度是相同的，这就是温度的宏观定义. 也就是说，相同温度的两个或多个热力学系统一定处于热平衡.

热力学第零定律为温度概念的建立提供了实验基础，同时给出了判断温度是否相等的方法（即测温方法），为温度计的实现提供了理论依据. 在判断两个物体温度是否相等时，两物体不一定直接热接触，而是可以利用一个"标准"的物体分别与这两个物体热接触. 这个"标准"的物体称为温度计. 热力学第零定律只能判断两个物体是否达到热平衡，即只能判断两个物体的温度是否相同，而不能判断达到热平衡之前的两个物体温度的高低，判断物体之间温度的高低需要用热力学第二定律（见 3.2 节）.

1.3.2 温标

1. 经验温标

靠感觉来衡量温度高低是不可靠的，热力学第零定律给出了利用温度计来判断温度是否相等的方法. 而要定量地确定温度的数值，还需要给出温度的数值表示方法，这就是温标. 正如我们要确定水位相同，要用到尺子，尺子必须有具体的数值和规则，如米、英寸等制式. 温标不是温度计，也不是温度计上的数值，而是一套温度数值标定的规则.

从日常的生活经验中可知，许多物体都有热胀冷缩的特点，即物体的体积会随着温度升高（降低）而增加（减少）. 实际上，系统的很多物理性质（如压强、体积等）都随温度的变化而变化. 因此，我们可以适当选择一个与温度相关的物理量，利用这个物理量的变化来反映系统温度的变化，并建立一一对应的关系. 这种测量温度的办法来源于生活经验，称为经验温标. 因此，任何物质的任何属性，只要该属性随物体的冷热程度发生单调的、显著的改变，就可用来计量温度. 例如，固定压强的液体（或气体）的体积、固定体积的气体的压强、金属丝的电阻等属性都随物体的冷热程度单调地、显著地变化. 建立经验温标需要三个要素：

（1）测温物质及其测温属性：选择某种物质（称为测温物质）的某一属性（如体积、压强、电阻、电动势等）作为测温属性. 这个测温属性必须随着物体的冷热程度单调地、显著地变化；

（2）测温关系（对测温属性和温度的函数作出规定）：测温属性和温度的函数应该是单调的，最好是线性的，例如 $t = aX + b$，其中 X 代表测温属性，如压强、体积、电阻等，t 代表温度，a，b 是待定系数.

（3）选择温度的固定点，如冰水混合物或水的三相点等，这样就可以确定线性函数中的各系数.

根据经验温标的三要素，可以建立各种各样的温标，也可以制造各种各样的温度计，但是不同测量物质或不同测温属性所建立的经验温标并不严格一致. 需引入一种不依赖测温物质、测温属性的温标，称为绝对温标或热力学温标，这将在学完热力学第二定律后进行介绍.

2. 理想气体温标

以理想气体（ideal gas，关于理想气体的定义，见后面 1.4.3 小节．实际常温常压下的气体，可以近似看作理想气体）为测温物质，利用理想气体的体积不变时压强与温度成正比关系或压强不变时体积与温度成正比关系来建立温标，称为理想气体温标．可分为等容和等压气体温度计两种．

图 1.3.3 为等容气体温度计，左边的圆柱形容器 C 为一容积固定的温泡，温泡内充有测温气体（多用氢气或氦气作测温物质，因为氢气和氦气的液化温度很低，测温范围很广），将温泡与待测温度的物体热接触，温泡内气体的压强随温度的变化而发生变化，其压强由通过管道相连的水银压力计测出．

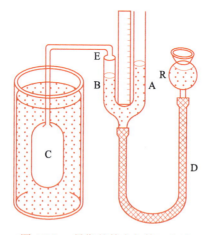

图 1.3.3　早期的等容气体温度计

该等容气体温度计的测温属性是气体的压强，测温关系为 $T(p) = \alpha \cdot p$，α 为系数，选择的固定点是水的三相点 273.16 K（1954 年国际计量大会规定纯冰、水、水蒸气平衡共存的温度，其压强约为 610 Pa）．

当等容气体温度计与待测系统达到热平衡时，压强为 p，温度为 $T(p)$，根据理想气体物态方程（见 1.4.3 小节），有

$$T(p) = \frac{pV_0}{\nu R} \tag{1.3.1}$$

其中，V_0 为温泡的体积，对于等容气体温度计，V_0 保持不变，R 为摩尔气体常量（见 1.4.3 小节）．当该等容气体温度计与水的三相点（选为固定点，温度为 273.16 K）达到热平衡时，压强为 p_{tr}，有

$$273.16 \text{ K} = p_{tr}(V_0/\nu R) \tag{1.3.2}$$

联立式（1.3.1）和式（1.3.2），可得等容气体温度计在压强为 p 时的温度为

$$T(p) = \frac{p}{p_{tr}} \times 273.16 \text{ K （体积不变）} \tag{1.3.3}$$

只有当 $p_{tr} \to 0$、温泡内气体的质量趋于零时，气体才是理想气体，所以

$$T(p) = 273.16 \text{ K} \times \lim_{p_{tr} \to 0} \frac{p}{p_{tr}} \text{ （体积不变）} \tag{1.3.4}$$

实际上当 $p_{tr} \to 0$ 时，温泡与任何温度的待测物体热接触时所显示的压强 p 也趋于零，似乎失去了测温的价值. 但是，在实际实验中，可以在同一个等容气体温度计的温泡中先后充入质量越来越少的同一种气体，分别测出不同质量气体在水的三相点及待测物体温度（例如水的正常沸点）时的压强 p_{tr} 和 p，根据式（1.3.3）给出对应的 $T(p)$，然后作出 $T(p)$-p_{tr} 的直线（如图 1.3.4 所示），将直线延长与 $p_{tr}=0$ 相交，该交点对应的温度就是当 $p_{tr} \to 0$ 时待测物体的温度，也是理想气体温标对应的温度. 对于不同的测温气体，都可以用上面的实验方法作一条直线，图 1.3.4 是四种不同测温气体的等容气体温度计测量水的正常沸点的四条直线. 对于不同的测温气体，测量的温度并不相等，只有在 $p_{tr} \to 0$ 时，四条直线才会聚到一点，该温度才是严格满足理想气体条件的等容气体温度计测量的水正常沸点的温度（373.15 K）. 所以经过低压极限校正的气体温度计给出的温标，就是理想气体温标，理想气体温标的分度公式就是式（1.3.4）. 需要强调的是，理想气体温标不依赖于气体的种类和属性，不会因为气体种类和属性的不同而得到不同的温度. 具有物理意义的理想气体温标所能测量的最低温度目前是 0.5 K（此时选择 $_2^3\mathrm{He}$ 作为测温物质）.

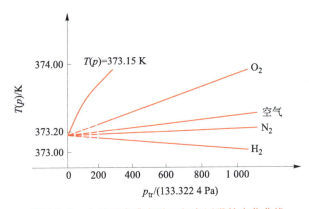

图 1.3.4　水的正常沸点随三相点压强的变化曲线

从上面利用等容气体温度计测量温度的实验中，可以得到两点启示.

（1）在实验中，我们不容易测量式（1.3.1）中的温泡体积 V_0，气体物质的量 ν，但是在测量温度的过程中，这两个物理量都不随温度的变化而变化，而水的三相点选为固定点，温度是确定的，这样我们就可以通过测量温泡中测温气体在水的三相点时的压强 p_{tr}，用 p_{tr} 和水的三相点温度来表示这两个不容易测量的物理量，如式（1.3.2）所示.

（2）理想气体温标要求 $p_{tr} \to 0$，但是这时测温气体的质量趋于零，温度没有办法直接测量，但是可以通过逐步减少气体质量，测量待测物体的温度，给出 $T(p)$-p_{tr} 图上的一条实验测量直线，该直线与 $p_{tr}=0$ 相交点的温度，就是用式（1.3.4）确定的 $T(p)$ 值. 这样就可以通过实验的方法来解决实验上无法直接测量的问题.

3. 华氏温标与摄氏温标

1714 年，德国物理学家华伦海特（Fahrenheit，1686—1736）利用水银体积随温度变化的属性，把氯化氨、冰、水混合物的熔点选为 0 ℉，冰的正常熔点选为

32 ℉，并作均匀分度，由此建立了世界上第一个经验温标——华氏温标（用"t_F"表示）. 华氏温标中，水的正常沸点为 212 ℉..

1742 年，瑞典的摄尔修斯（Celsius，1701—1744）和助手施特默尔（Stromer）同样利用水银体积随温度变化的属性，将冰的正常熔点选定为零度，水的正常沸点选定为 100 度，建立了摄氏温标（即百分温标）. 摄氏温标 t 与华氏温标 t_F 间的换算关系为

$$t_\mathrm{F}/{}^\circ\mathrm{F} = \frac{9}{5}t/{}^\circ\mathrm{C}+32 \tag{1.3.5}$$

4. 国际实用温标

在理想气体温标适用的温度测量范围内，高精密度的气体温度计可以作为热力学温标的标准温度计. 但在实际的测量过程中，需要高精度的技术设备与非常苛刻的实验条件，还需要考虑非常多的繁杂修正因素，所以气体温度计很难达到高精度，限制了其使用价值. 另外，在高温时，气体温度计也失去其使用价值. 因此，各个国家从实用角度都制定了一个本国的测温标准，但是各国的标准之间有偏差，这就有必要制定一种国际实用温标. 国际实用温标是国际协议性的温标. 在 1927 年第七届国际计量大会上，通过了第一个国际温标（international temperature scale，简写为 ITS），规定了 6 个固定点. 此后又进行了多次修改，有 ITS-48（1948 年国际实用温标）、IPTS-48(60)（ITS-48 的 1960 年修订版）、IPTS-68（1968 年国际实用温标）和 IPTS-68(75)（IPTS-68 的 1975 年修订版）、ITS-90（1990 年国际温标）. 我国于 1991 年 7 月 1 日开始施行 ITS-90.

国际实用温标的基本内容：① 确定一系列固定点；② 规定在不同测温段使用的内插测温仪器；③ 给出不同固定点之间的温度内插公式.

温度计是我们生活中常见的仪器，从带有刻度的水银温度计，到指针或数码显示的空气温度计，温度计的种类很多. 近年来各种新型温度计不断出现，热电阻温度计利用了纯金属的电阻率随着温度升高而增大这一测温属性，其中半导体电阻温度计在低温下灵敏度很高，常用于低温测量；热电偶温度计利用两种金属的结合点在不同温度时产生的电动势来测量温度，其价格便宜，测温范围大（-200~1 600 ℃）；光学温度计则利用灯丝发出的亮度与待测物体的亮度不同来测量温度，无须与待测物体接触，测温温度高（700~3 200 ℃）；额温枪利用红外辐射原理测量温度，具有非接触、快速等特点，广泛用于车站、机场的安检. 利用稀土离子在不同温度下的发光性质，也可以进行温度测量，这是目前科研领域中的一个热点方向.

1.4__ 理想气体的物态方程

当系统处于某一平衡态时，系统的热力学状态参量也随之确定. 如果系统从某一平衡态变到另一平衡态，部分或者全部的热力学状态参量会发生变化. 对于给定的热力学系统，虽然状态参量会随平衡态的变化而变化，但是状态参量之间的函数关系并不会随着平衡态的变化而变化. 热力学系统处于平衡态时，状态参量（如压

强、体积、温度等）满足的函数关系称为系统的物态方程. 例如化学纯的气体、液体或固体的温度 T 都可以用压强 p 和体积 V 来表示，即

$$T = f(p, V) \tag{1.4.1}$$

也即

$$F(p, V, T) = 0 \tag{1.4.2}$$

这个 p，V，T 关系便称为化学纯的气体、液体、固体的物态方程. 有一些系统，温度可能会随其他状态参量的变化而变化. 例如金属丝的温度会随着金属丝拉伸而升高，说明金属丝的温度 T 应该是力 F、长度 L 的函数：

$$f(F, L, T) = 0 \tag{1.4.3}$$

上式称为金属丝拉伸的物态方程. 当然，还可以存在其他各种各样的物态方程. 物态方程经常是理论和实验相结合的方法给出的半经验公式.

1.4.1 等温压缩系数、等压体膨胀系数、相对压强系数

已知系统的物态方程，可以知道系统的很多性质，例如，可以通过物态方程得到反映系统特性的三个系数.

1. 等温压缩系数

在等温条件下，系统随压强变化的体积相对变化率称为等温压缩系数，定义式为

$$\kappa = -\frac{1}{V}\left(\frac{\partial V}{\partial p}\right)_T \tag{1.4.4}$$

等温压缩系数的倒数是体积弹性模量，其值大于零是状态能够稳定存在的条件.

2. 等压体膨胀系数

在等压条件下，系统随温度变化的体积相对变化率称为等压体膨胀系数. 定义式为

$$\alpha = \frac{1}{V}\left(\frac{\partial V}{\partial T}\right)_p \tag{1.4.5}$$

3. 相对压强系数

在等容条件下，系统随温度变化的压强相对变化率称为相对压强系数. 定义式为

$$\beta = \frac{1}{p}\left(\frac{\partial p}{\partial T}\right)_V \tag{1.4.6}$$

对于理想气体，$\alpha = \beta = \dfrac{1}{T}$，$\kappa = \dfrac{1}{p}$. 在标准状态下的理想气体，$\alpha = \beta = 3.66 \times 10^{-3}$ K^{-1}，$\kappa = 1$ atm^{-1}.

在 0 ℃和 1 atm 下，对于水银 Hg（液体），$\kappa = 3.9 \times 10^{-6}$ atm^{-1}，$\alpha = 1.8 \times 10^{-4}$ K^{-1}，$\beta = 46.3$ K^{-1}；对于铜 Cu（固体），$\kappa = 7.6 \times 10^{-7}$ atm^{-1}，$\alpha = 5 \times 10^{-3}$ K^{-1}，$\beta = 6.5 \times 10^3$ K^{-1}. 液体、固体的等温压缩系数很小，说明改变液体或固体的体积需很大压强.

化学纯系统的三个系数之间的关系为 $\alpha = \kappa \beta p$，已知其中的两个可求第三个系数. 在热力学理论中，经常通过测量这三个系数来得到化学纯系统的物态方程.

例如：根据 $V=V(T, p)$，可得

$$\mathrm{d}V=\left(\frac{\partial V}{\partial T}\right)_p\mathrm{d}T+\left(\frac{\partial V}{\partial p}\right)_T\mathrm{d}p \tag{1.4.7}$$

则

$$\frac{\mathrm{d}V}{V}=\alpha\mathrm{d}T-\kappa\mathrm{d}p \tag{1.4.8}$$

通过实验测得 $\alpha(T, p)$，$\kappa(T, p)$，对上式积分得

$$\ln\frac{V}{V_0}=\int_{(T_0, p_0)}^{(T, p)}(\alpha\mathrm{d}T-\kappa\mathrm{d}p) \tag{1.4.9}$$

对于固体和液体，$\Delta V=V-V_0\ll V_0$，有

$$\ln\frac{V}{V_0}=\ln\left(1+\frac{V-V_0}{V_0}\right)\approx\frac{V-V_0}{V_0} \tag{1.4.10}$$

即

$$V-V_0=V_0\int_{(T_0, p_0)}^{(T, p)}(\alpha\mathrm{d}T-\kappa\mathrm{d}p) \tag{1.4.11}$$

对于简单的液体和固体，在温度变化范围不大的情况下，可近似地认为 α 和 κ 是常量，因此有

$$V(T, p)=V_0[1+\alpha(T-T_0)-\kappa(p-p_0)] \tag{1.4.12}$$

实验表明，在压强不变的情况下，大部分气体、液体和固体的体积都随温度升高而增加，称为热膨胀现象，但是也有特例，如水在 0 ℃—4 ℃时有反常膨胀现象，体积将随温度的升高而减小.

我国高铁技术世界领先. 高铁的轨道使用了无缝铁轨，之所以每一段铁轨间都没有缝隙，是因为使用了无缝焊接技术. 使用无缝铁轨也会引出一个问题，那就是轨道的热胀冷缩. 普通铁路的铁轨之所以要留缝隙，是因为在气温变化的时候铁轨会膨胀或缩短. 如果不留缝隙，铁轨就会在高温时挤压变形，在低温时被扯断. 那么高铁使用的无缝铁轨发生热胀冷缩怎么办？

解决无缝铁轨热胀冷缩问题的手段主要有两个，第一是给铁轨轨底留出空间，第二是用高强度的弹性扣件压住轨底. 在铺设铁轨的时候给铁轨轨底留下一定的空间，升温时，整个铁轨会膨胀，只要我们让铁轨膨胀的方向朝向轨底，铁轨表面和火车接触的部分就不会受影响. 要控制铁轨的膨胀方向，就需要我们的第二个手段了. 通过高强度弹性扣件，可以将铁轨牢牢"摁在"枕木上，然后将铁轨膨胀的力量施加到枕木和轨底之间. 依靠这种扣件，即使是低温时轨底部分有"空洞"，也能较好地固定在枕木上，不会出现松动.

中国高铁

1.4.2　气体的实验定律

一定质量的气体，从一个平衡态变化到另一个平衡态时，气体的温度、体积和压强都将发生变化，但是这三个状态参量之间有一定的关系，如何确定它们之间的关系呢？我们可以利用控制变量的方法来研究，保持其中一个状态参量不变，研究剩下两个状态参量之间的关系，最后综合起来得出所要研究的三个状态参量之间的关系.

1. 玻意耳定律

1662 年，英国科学家玻意耳（Boyle，1627—1691）通过实验控制温度不变，发现一定质量气体的压强 p 和体积 V 的乘积是一常量，即

$$pV = C_1 \qquad\qquad (1.4.13)$$

其中 C_1 是与温度有关的常量，这就是玻意耳定律. 1679 年，法国科学家马略特（Mariotte，1620—1684）也独立地发现了这一规律.

图 1.4.1 画出了 1 mol 的某些气体在温度不变时 pV_m 随 p 变化的实验曲线. 由图可见，在 T 不变时，不同气体的 pV_m 都随 $p \to 0$ 而趋于同一极限，即当 $p \to 0$ 时，所有气体都满足 $pV = C_1$.

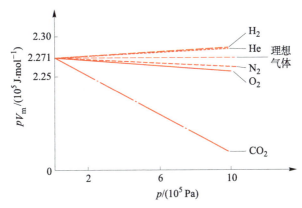

图 1.4.1　气体在温度不变时，某些气体 pV_m 随压强 p 变化的实验曲线

2. 查理定律

1787 年，法国物理学家查理（Charles，1746—1823）通过实验控制体积不变，发现一定质量气体压强 p 与热力学温度 T 成正比，即

$$p/T = C_2 \qquad\qquad (1.4.14)$$

其中 C_2 是与体积有关的常量，式（1.4.14）称为查理定律.

3. 盖·吕萨克定律

1802 年，法国物理学家盖·吕萨克（Gay-Lussac，1778—1850）通过实验控制压强不变，发现一定质量气体的体积 V 与热力学温度 T 成正比，即

$$V/T = C_3 \qquad\qquad (1.4.15)$$

其中 C_3 是与压强有关的常量，式（1.4.15）称为盖·吕萨克定律.

如果在足够宽广的温度和压强变化范围内进行研究，就会发现，气体的状态参量之间的关系相当复杂，而且不同气体所遵循的规律都与上面的三个定律有所不同. 只有当压强趋于零，且温度不太高也不太低的情况下，不同种类气体的差异趋于消失，其状态参量才能严格满足这三个定律，事实上，这三个定律只适用于理想气体.

1.4.3　单元系理想气体的物态方程

从玻意耳定律、查理定律及盖·吕萨克定律，可知一定质量的理想气体有

$$\frac{p_1 V_1}{T_1} = \frac{p_2 V_2}{T_2} = C \qquad\qquad (1.4.16)$$

其中 C 是与气体的物质的量有关的常量，设 1 mol 理想气体的常量为 R，有

$$R = \frac{pV_\mathrm{m}}{T} \qquad (1.4.17)$$

称为普适气体常量. 把标准状况下气体的压强（$p_0 = 1 \ \mathrm{atm}$）、体积（$V_\mathrm{m} = 22.4 \ \mathrm{L}$）和温度（$T = 273.15 \ \mathrm{K}$）代入可得

$$R = \frac{1.013 \times 10^5 \times 22.4 \times 10^{-3}}{273} \mathrm{J \cdot mol^{-1} \cdot K^{-1}} = 8.31 \ \mathrm{J \cdot mol^{-1} \cdot K^{-1}} \qquad (1.4.18)$$

若气体质量 m、摩尔质量 M，则物质的量 $\nu = \dfrac{m}{M}$，那么

$$pV = \frac{m}{M}RT = \nu RT \qquad (1.4.19)$$

这就是物质的量为 ν 的理想气体在平衡态时，状态参量（p、V、T）满足的方程，称为理想气体的物态方程. 理想气体是一种理想模型，实际气体只是近似地遵从它，从宏观上来看，能严格满足理想气体物态方程的气体就是理想气体.

理想气体物态方程（1.4.19）可改写为

$$pV = \frac{m}{M}RT = \frac{N}{N_\mathrm{A}}RT \qquad (1.4.20)$$

即

$$p = \frac{N}{V} \cdot \frac{R}{N_\mathrm{A}}T = nkT \qquad (1.4.21)$$

其中 n 为粒子数密度，$k = \dfrac{R}{N_\mathrm{A}} = 1.38 \times 10^{-23} \ \mathrm{J \cdot K^{-1}}$ 为玻耳兹曼常量. 式（1.4.21）是理想气体物态方程的另一种非常重要的形式，也是联系宏观物理量与微观物理量的重要公式.

虽然玻耳兹曼常量是从摩尔气体常量中引出的，但其重要性远超摩尔气体常量，可用于一切与热相联系的物理系统. 玻耳兹曼常量 k 与其他特征常量（如引力常量 G、元电荷量 e、光速 c、普朗克常量 h）一样，都是具有某些特征的常量. 只要公式中出现某一特征常量，就可以知道该公式具有与特征常量相对应的特征. 例如，出现 e 表示与电学有关；出现 k 表示与热物理学有关；出现 h 则表示与量子物理学相关.

在电灯广泛使用之前，人们经常使用一种如图 1.4.2 所示的马灯. 马灯的外面罩有玻璃罩，除防风之外，还可以增强通风. 燃烧的灯芯将加热周围的空气，使其温度升高，根据式（1.4.19），周围空气的体积膨胀（密度减小），气体沿着灯罩上升，而玻璃罩外面的空气温度较低、密度较大，气体将沿着灯罩下沉，这样就可以给燃烧的灯芯带来更多的氧气，使灯芯燃烧得更加充分，火苗也更旺. 玻璃罩越高，热空气柱和冷空气柱的重量相差就越大，氧气充足的空气就会下沉得更快. 工厂的烟囱经常做得很高，原理和马灯的相同. 当然，烟囱中还用到了很多其他的物理原理.

图 1.4.2　马灯

例 1.1

如图 1.2.3 所示，一绝热密封容器，体积为 V_0，中间用隔板分成相等的两部分. 左边盛有一定量的氧气，压强为 p_0，右边一半为真空. 求把中间隔板抽去后，达到新平衡时气体的压强.

解： 因为初、末两态是平衡态，所以有

$$\frac{p_0 \cdot (V_0/2)}{T_1} = \frac{pV_0}{T_2}$$

膨胀前后温度不变（见 2.5.1 小节焦耳定律），则

$$p = \frac{p_0}{2}$$

例 1.2

如图 1.4.3 所示为在低温测量中常用的压力表式气体温度计，A 是体积为 V_A 的温泡，B 是体积为 V_B 的压力表，两者通过毛细管 C 相连通. 毛细管容积比起 A、B 的容积都很小，可忽略. 测量时先把温度计在室温 T_0 下抽真空后充气到压强 p_0，加以密封，然后将 A 与待测温系统热接触，而 B 仍置于室温 T_0 温度不变，若测得此时 B 的压强读数为 p，试求待测温度 T.

解： 整个测温系统由 A 和 B 组成，设气体的摩尔质量为 M，并设温度为 T_0 时，A 和 B 两部分气体的质量分别为 m_A 和 m_B，当 A 浸入待测低温环境时，有质量为 Δm 的气体从 B 进入 A，则根据理想气体物态方程可得测温前后 A 和 B 两部分气体物态方程：

测温前

$$\text{A: } p_0 V_A = \frac{m_A}{M} R T_0$$

$$\text{B: } p_0 V_B = \frac{m_B}{M} R T_0$$

测温后

$$\text{A: } p V_A = \frac{m_A + \Delta m}{M} R T$$

$$\text{B: } p V_B = \frac{m_A - \Delta m}{M} R T_0$$

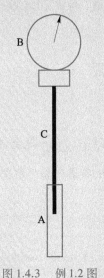

图 1.4.3　例 1.2 图

联立可得

$$T = T_0 \frac{p/p_0}{1 + \dfrac{V_B}{V_A}\left(1 - \dfrac{p}{p_0}\right)}$$

这样就可以根据压力表中压强示数 p 定出待测物体的温度 T.

1.4.4　混合理想气体的物态方程

1. 道尔顿分压定律

当 $p \to 0$ 时，所有气体的物态方程都满足式（1.4.19），与气体种类无关. 假设容

器中的气体由物质的量为 ν_1 的 A 种气体，物质的量为 ν_2 的 B 种气体等 n 种理想气体混合而成，则混合气体的总压强 p 与混合气体的体积 V、温度 T 间的关系为

$$pV = (\nu_1 + \nu_2 + \cdots + \nu_n)RT \tag{1.4.22}$$

由此可得

$$p = \nu_1 \frac{RT}{V} + \nu_2 \frac{RT}{V} + \cdots + \nu_n \frac{RT}{V} = p_1 + p_2 + \cdots + p_n \tag{1.4.23}$$

其中，p_1，p_2，$\cdots$，p_n 分别是容器中仅存在第 i（$i = 1$，2，$\cdots$，n）种气体时的压强，称为第 i 种气体的分压（常用质谱分析法测定），式（1.4.23）称为混合理想气体分压定律，这是英国物理学家、化学家道尔顿（Dalton，1766—1844）于 1802 年在实验中发现的. 和理想气体物态方程一样，式（1.4.23）只有在 $p \to 0$ 时才严格成立.

2. 物态方程

对于混合理想气体，各组分都应该满足理想气体物态方程，假设第 i 种组分的分压为 p_i，根据理想气体物态方程（1.4.19），有

$$p_i V = \frac{m_i}{M_i} RT \tag{1.4.24}$$

其中 V、T 为混合理想气体的压强和温度，m_i、M_i 分别是第 i 种组分的质量及摩尔质量. 将式（1.4.24）对理想气体的各组分求和，并利用分压定律（1.4.23），有

$$\sum_{i=1}^{n} p_i V = pV = \sum_{i=1}^{n} \frac{m_i}{M_i} RT \tag{1.4.25}$$

即

$$pV = \left(\sum_{i=1}^{n} \frac{m_i}{M_i} \right) RT \tag{1.4.26}$$

其中 $\sum_{i=1}^{n} \dfrac{m_i}{M_i}$ 是混合理想气体的总物质的量，记为 ν. 式（1.4.26）称为混合理想气体的物态方程. 定义混合理想气体的平均摩尔质量

$$\overline{M} = \frac{m}{\displaystyle\sum_{i=1}^{n} \frac{m_i}{M_i}} \tag{1.4.27}$$

式（1.4.26）就可以写为

$$pV = \frac{m}{\overline{M}} RT \tag{1.4.28}$$

混合理想气体的物态方程（1.4.28）形式上和单元系理想气体物态方程（1.4.19）一样，所以可以把混合理想气体看成摩尔质量为平均摩尔质量 $\overline{M}$ 的单一组分的理想气体.

例 1.3

容器中间用一个绝热隔板隔开，隔开后的两部分气体的初始体积、压强、温度分别为 V_1、V_2、p_1、p_2、T_1、T_2，现将隔板抽去，气体混合后，最终温度为 T_f.

（1）若混合后气体的体积改变量忽略不计，试求混合后气体的压强.

（2）假设混合后，气体体积稍有增加，增量为 V'，试求混合后气体的压强.

解： 混合前，两部分气体的物质的量分别是

$$\nu_1 = \frac{p_1 V_1}{RT_1}, \quad \nu_2 = \frac{p_2 V_2}{RT_2}$$

（1）混合后，气体的物质的量为 $\nu_f = \nu_1 + \nu_2$，体积为 $V_f = V_1 + V_2$，混合后的气体满足混合气体的理想气体的物态方程

$$p_f V_f = \nu_f R T_f$$

联立可得

$$p_f = \frac{p_1 V_1 T_f}{T_1(V_1 + V_2)} + \frac{p_2 V_2 T_f}{T_2(V_1 + V_2)}$$

（2）混合后，气体的物质的量还是 $\nu_f = \nu_1 + \nu_2$，体积为 $V_f = V_1 + V_2 + V'$，代入物态方程，可得

$$p_f = \frac{p_1 V_1 T_f}{T_1(V_1 + V_2 + V')} + \frac{p_2 V_2 T_f}{T_2(V_1 + V_2 + V')}$$

1.5 __ 实际气体的物态方程

掌握理想气体物态方程需明确的两个问题：① 理想气体是理想的模型，实际上是不存在的，但它是一切真实气体在 $p \to 0$ 时的极限情况，因而理想气体物态方程可以用来判断真实气体的物态方程是否正确，当 $p \to 0$ 时，真实气体的物态方程应变为理想气体的物态方程 $pV = \nu RT$；② 在工程设计中，难液化的气体（例如 N_2，H_2，CO，CH_4，…）在几十个标准大气压下还可以看成理想气体，用理想气体的物态方程处理；但是对比较容易液化的气体（例如 NH_3，CO_2，C_2H_2，…），在较低压强下，也不能当成理想气体来处理，需要用真实气体的物态方程来计算. 下面介绍几种常见的实际气体的物态方程.

1.5.1 昂内斯方程

于 1908 年首次液化氦气，又于 1911 年发现超导电现象的荷兰物理学家昂内斯（Onnes，1853—1926）通过大量实验数据得到：当温度恒定时，气体或蒸气的压强和体积的乘积非常接近于常量，于是，他于 1901 年提出了用压强的幂级数形式来表示压强和体积的乘积的方法，即

$$pV = a + bp + cp^2 + dp^3 + \cdots\cdots \tag{1.5.1}$$

系数 a，b，c 等都是与温度相关的系数，分别称为第一、第二、第三位力系数（以前称为维里系数），位力系数可以由实验确定或通过微观模型计算得到.

当 $p \to 0$ 时，$pV = a$，而此时气体的物态方程变为理想气体物态方程 $pV = \nu RT$，因此 $a = \nu RT$，所以，用压强展开的昂内斯方程（显压型）为

$$pV = \nu RT(1 + B'p + C'p^2 + D'p^3 + \cdots) \tag{1.5.2}$$

类似地，也可以用体积展开昂内斯方程，

$$pV = \nu RT \left(1 + \frac{B}{V} + \frac{C}{V^2} + \frac{D}{V^3} + \cdots \right) \tag{1.5.3}$$

用压强或体积展开的昂内斯方程中的位力系数,都具有一定的物理意义:对一定量的真实气体,第二位力系数 B, B' 表示两分子之间的作用力所引起的真实气体与理想气体的偏差. 第三位力系数 C, C' 表示三个分子之间的作用所引起的真实气体与理想气体的偏差. 因此,根据宏观性质,测定拟合位力系数,可以建立微观上的分子间作用势能.

昂内斯方程是一个理论的物态方程,其计算范围应该是很宽阔的,但是,位力系数的缺乏限制了昂内斯方程使用的普遍性和通用性. 目前采用昂内斯方程描述气体性质时,一般最多采用三项.

1.5.2　半经验公式

将半经验模型结合理论方程或分析已有方程偏离实际情况的原因,引入经验修正项以改进原有方程,是目前建立半经验方程所用的主要方法.

1. 克劳修斯方程

考虑分子的固有体积,克劳修斯给出 1 mol 气体的物态方程为

$$p(V_{\mathrm{m}} - b) = RT \tag{1.5.4}$$

2. 范德瓦耳斯方程

第一个有实验意义的物态方程是由范德瓦耳斯(van der Waals,1837—1923)在 1873 年提出的 1 mol 物质的范德瓦耳斯方程为

$$\left(p + \frac{a}{V_{\mathrm{m}}^2} \right) (V_{\mathrm{m}} - b) = RT \tag{1.5.5}$$

其中 $\frac{a}{V_{\mathrm{m}}^2}$ 为压强校正项,b 为体积校正项,系数 a 和 b 值由临界点的状态参量确定(见 8.7 节).

物质的量为 ν,体积为 V 的系统,范德瓦耳斯方程可写为

$$\left(p + \nu^2 \frac{a}{V^2} \right) (V - \nu b) = \nu RT \tag{1.5.6}$$

尽管对理想气体物态方程进行了修正,并且修正后的方程可用于解决实际气体的宏观性质的计算,但其精确度不是太高,不能满足一些工程需要,只能用于估算.

3. 贝塞罗方程

在范德瓦耳斯方程的基础上,考虑了温度对分子间吸引力的影响:

$$\left(p + \frac{a}{TV_{\mathrm{m}}^2} \right) (V_{\mathrm{m}} - b) = RT \tag{1.5.7}$$

4. R-K 方程

1949 年,由雷德利希(Redlich)和约瑟夫·邝(Kwong)共同研究提出的 R-K 方程的一般形式(显压型)如下:

$$p = \frac{RT}{V_{\mathrm{m}} - b} - \frac{a}{T^{0.5} V_{\mathrm{m}}(V_{\mathrm{m}} + b)} \tag{1.5.8}$$

例 1.4

质量 $m = 1.1$ kg 的实际二氧化碳气体，体积为 $V = 2.0 \times 10^{-2}$ m^{-3}，温度为 $t = 13$ ℃时，其压强是多少？与用理想气体物态方程计算的结果相比较．（对于 CO_2 气体，$a = 0.364$ Pa·m^6·mol^{-2}，$b = 4.267 \times 10^{-5}$ m^3·mol^{-1}.）

解： 根据范德瓦耳斯方程

$$\left(p + \nu^2 \frac{a}{V^2}\right)(V - \nu b) = \nu RT$$

其中物质的量为

$$\nu = \frac{m}{M_{CO_2}}$$

所以，

$$p = \frac{\nu RT}{V - \nu b} - \nu^2 \frac{a}{V^2} = 2.57 \times 10^6 \text{ Pa}$$

代入理想气体物态方程

$$pV = \nu RT$$

得

$$p = 2.97 \times 10^6 \text{ Pa}$$

思考题

1.1 热学研究对象有什么特点？

1.2 宏观描述方法和微观描述方法各从哪个角度描述热学？各有什么特点？两种描述方法有什么联系？

1.3 若可以通过高速计算机应用牛顿运动定律确定系统中一个分子的瞬时位置和瞬时速度，假设计算一个分子所需的时间是 10^{-6} s．试估计，若要计算 1 mol 分子构成的系统中所有分子的瞬时位置和瞬时速度，需要多少年．

1.4 根据热力学系统与外界相互作用的不同，热力学系统可以分为哪些？

1.5 试讨论下面属于广延量和强度量的分别是哪些：压强、体积、温度、长度、高度、电场强度．你还能举出哪些属于广延量或强度量的物理量？

1.6 何为平衡态？热力学平衡条件包括哪些？

1.7 "取一金属杆，使其两端分别与沸水和冰接触，当沸水和冰的温度维持不变时，杆的温度虽然各处不同，但将不随时间改变，这时杆处于平衡态．"判断上述说法是否正确，并说明理由．

1.8 "系统的宏观性质不随时间变化时系统必定处于平衡态．"判断上述说法是否正确，并说明理由．

1.9 有这几种现象：（1）刚从热水瓶中倒出，盛在水杯中的热水；（2）煤气灶上烧开的一直冒着热气的水壶；（3）火星表面的大气；（4）开着空调保持温度恒定的房间；（5）在饭桌上放凉了的饭菜．试问：以上现象中，有哪几种是平衡态？哪几种是稳定态呢？

1.10 查阅资料，介绍热力学第零定律产生的背景和意义．

1.11 建立经验温标需要哪些要素？

1.12 关于热平衡的说法：（A）两个处于热平衡的系统一定发生热接触；（B）一切达到热平衡的系统中每个分子都具有相同的温度；（C）温度相同的系统一定互为热平衡．以上三种判断，其中正确的有哪几种？为什么？

1.13 古希腊的希罗曾经制作了一个验温器（这是温度计的雏形，但是不能定量给出具体温度的值），一个密封球状玻璃容器内装有一些水，一根软管的一端插入水中，另外一端放在一个漏斗里，两端平齐，当受太阳光照射后，水的温度上升，水将通过软管流到漏斗里，温度越高、水流越大．这里涉及哪些热物理概念呢？

1.14 查阅资料，能够测量到的最高温度和最低温度是多少？分别是用什么温度计测量得到的？

1.15 单元系理想气体的物态方程，还可以写成哪些形式？

1.16 简述混合理想气体的物态方程及道尔顿分压定律．

1.17 查阅资料，实际气体的物态方程还有哪些？它们各有什么优缺点？

习 题

1.1 用等容气体温度计测量某种物质的沸点．原来测温泡在水的三相点时，其中气体的压强 $p_{tr} = 500$ mmHg（1 mmHg = 133 Pa，相当于 1 mm 水银柱高产生的压强）；当测温泡浸入待测物质中时，测得的压强值为 $p = 734$ mmHg，当从测温泡中抽出一些气体，使 p_{tr} 减小为 200 mmHg 时，重新测得 $p = 293.4$ mmHg，当再抽出一些气体使 p_{tr} 减小为 100 mmHg 时，测得 $p = 146.68$ mmHg．试确定待测物质沸点的理想气体温度．

1.2 道尔顿提出一种温标：在给定压强下，理想气体的体积的相对增量正比于温度的增量，规定在标准大气压下水的冰点温度为 0 ℃，沸点的温度为 100 ℃．试用摄氏温度 t 来表示道尔顿温标的温度 τ．

1.3 等容气体温度计的测温泡浸在水的三相点槽内时，其中气体的压强为 8.0×10^3 Pa．问：

（1）用温度计测量 27 ℃的温度时，测温泡里的气体的压强为多少？

（2）当测温泡里的气体的压强为 9.0×10^3 Pa 时，待测温度是多少？

1.4 已知某种气体的体膨胀系数 $\alpha = \dfrac{1}{T}\left(1 + \dfrac{3a}{VT^2}\right)$，等温压缩系数 $\kappa = \dfrac{1}{P}\left(1 + \dfrac{a}{VT^2}\right)$，其中 a 为常量．求该气体的物态方程．

1.5 有 A、B、C 三个气体系统，当 A 与 C 系统处于热平衡时，满足：$p_A V_A - nap_A - p_C V_C = 0$，当 B 与 C 系统处于热平衡时，满足：$p_B V_B - p_C V_C + \dfrac{nbp_C V_C}{V_B} = 0$，式中，$n$，$a$，$b$ 均为常量，求：

（1）三个系统各自的物态方程；

（2）当 A 与 B 系统热平衡的时候，所满足的关系式．

1.6 有一截面均匀的封闭圆筒，中间被一光滑的活塞分隔成两边，如果一边装有 0.1 kg 某一温度的氢气，为了使活塞停留在圆筒的正中央，问：另一边应装入多少 kg 的同一温度的氧气？

1.7 若理想气体的体积为 V，压强为 p，温度为 T，一个分子的质量为 m_0，k 为玻耳兹曼常量，R 为摩尔气体常量（$R = kN_A$），求该理想气体的分子数．

1.8 我国的"蛟龙"号载人深潜器于 2002 年建造，2012 年 6 月 24 日，成功下潜 7 020 m，位列世界深潜器排名第二；问：该深度处的压强约为多少大气压？已知海水的密度在 $1.02 \sim 1.07 \times 10^3$ kg·m^{-3} 之间，在低温、高盐、压强大时密度大些．

1.9 目前可获得的极限真空度为 10^{-13} mmHg 的数量级，求在此真空度下每立方厘米中的空气分子数．设空气的温度为 300 K．

1.10 一抽气机转速 $\omega = 400$ r·min^{-1}，抽气机每分钟能抽出气体 20 L．设容器的容积 $V = 2.0$ L，问：经过多长时间后才能使容器的压强由 0.101 MPa 降为 133 Pa？设抽气过程中温度始终不变.

1.11 容积为 10 L 的瓶内储有氢气, 因开关损坏而漏气, 在温度为 7.0 ℃时, 气压计的读数为 $5.05×10^6$ Pa. 经过一段时间, 温度上升为 17.0 ℃, 气压计的读数未变, 问: 漏出了多少质量的氢?

1.12 一端开口、横截面积处处相等的长管中充有压强为 p 的空气. 先对管子加热, 使它形成从开口端温度 1 000 K 均匀变为闭端 200 K 的温度分布, 然后把管子开口端密封, 再使整体温度降为 100 K, 试问: 管中最后的压强是多大?

1.13 "火星探路者" 航天器发回的 1997 年 7 月 26 日火星表面白天天气情况是: 气压 6.71 mbar (1 mbar= 10^2 Pa), 温度为−13.3 ℃. 这时火星表面 1 cm^3 内有多少个气体分子?

1.14 一容器储有氧气 0.1 kg, 压强为 10 atm, 温度为 47 ℃. 因容器漏气, 一段时间后, 压强减小到原来的 5/8, 温度降到 27 ℃, 若把氧气近似视为理想气体, 问: (1) 容器的体积为多少? (2) 漏了多少氧气?

1.15 有一个不可压缩的热气球, 其体积 $V = 1.2$ m^3, 外壳质量 $m = 0.2$ kg, 外壳的体积可以忽略不计. 在一个大气压、温度 20 ℃时, 恰好可以悬浮在地面上方的大气中. 已知大气的摩尔质量为 $M = 29$ g · mol^{-1}.

(1) 试求平衡时气球内热空气的温度.

(2) 现将热气球固定在地面上加热, 使其内部空气达到 110 ℃, 并保持恒定, 然后释放热气球, 求气球的加速度, 忽略空气的阻力.

1.16 每边长 76 cm 的密封均匀正方形导热细管按图 (a) 所示直立在水平地面上, 稳定后, 充满上方 AB 管内气体的压强 $p_{AB} = 76$ cmHg, 两侧 BC 管和 AD 管内充满水银, 此时下方 DC 管内也充满了该种气体. 不改变环境温度, 将正方形细管按习题 1.16 图 (b) 所示倒立放置, 试求稳定后 AB 管内气体柱的长度 l_{AB}.

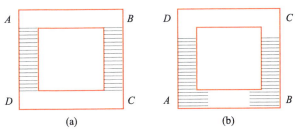

习题 1.16 图

1.17 在一个横截面积为 S 的密闭容器中, 有一个质量为 m 的活塞把容器中的气体分成两部分, 活塞可在容器中无摩擦地滑动, 当活塞处于平衡时, 活塞两边气体的温度相同, 压强都是 p, 体积分别是 V_1 和 V_2, 如图所示. 现用某种方法使活塞稍微偏离平衡位置, 然后放开, 活塞将在两边气体压强的作用下来回运动. 整个系统可看作恒温系统.

(1) 求活塞运动的周期. 结果用 p、m、S、V_1 和 V_2 表示.

(2) 求气体温度 $t = 0$ ℃时的周期 τ 与气体温度 $t' = 30$ ℃时的周期 τ' 之比.

1.18 如图所示, 在标准大气压下, 一端封闭的玻璃管长度为 $l = 96$ cm, 内有一段 $h = 20$ cm 长的水银柱. 在 27 ℃时, 管口向上竖直放置, 被封闭住的气柱长 $H = 60$ cm. 试问: 当温度至少升高到多少度时, 水银柱才会从玻璃管中全部溢出? 已知大气压强为 760 mmHg.

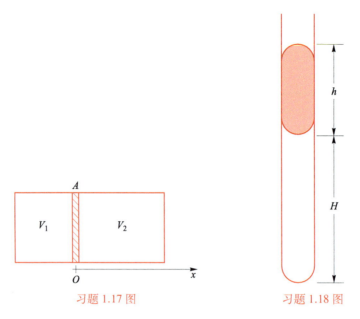

习题 1.17 图   习题 1.18 图

1.19　如图所示，一根长度为 H 的竖直放置的粗细均匀的玻璃试管，内有一段高度为 h 的水银柱，把一定质量的气体封闭在管内，当温度为 T_0 时，气体柱长度为 a. 已知大气压强为 H_0（单位 mmHg），现对试管缓慢加热，直到水银从管内全部排出，试求此时试管的温度.

1.20　一粗细均匀的一端开口的玻璃管，注入 60 mm 水银柱，后水平放置，如图所示. 现在将玻璃管缓慢转到开口向下，竖直插到水银槽中，达到平衡时，封闭端空气柱长 133 mm. 整个过程是等温过程，外界大气压为 760 mmHg，问：进入玻璃管中的水银柱长度是多少？

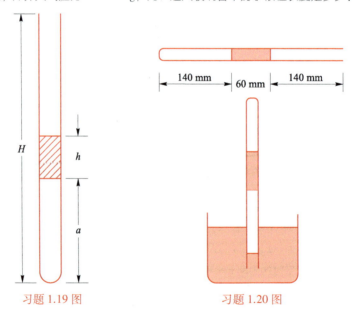

习题 1.19 图   习题 1.20 图

1.21　体积为 V_b 的容器 B 有一个质量为 m、面积为 S 的盖子，容器内装有温度为 T_0、物质的量为 ν_b 的理想气体，现将这个容器放入另外一个体积为 V_a 的大容器 A 中，大容器内装有物质的量为 ν_a 的同温度的气体.

（1）容器 B 中气体的压强为多少？

（2）容器 A 中的气体压强为多少？

（3）要保持容器 A 的盖子保持关闭，则两个压强差应满足什么条件？

（4）将整个体系加热到什么温度（T_c）时，气体将盖子顶开？

（5）当盖子刚被顶开时，再冷却，这个过程中盖子会瞬时被盖上，盖上时，容器 B 中的气体的物质的量是多少？

1.22 一根截面均匀、不形变的两端开口的 U 形细圆柱管竖直放置，如图所示，其两臂长度分别为 $h_0 = 180.0$ cm，$l_0 = 20.0$ cm. 现在向管内灌注水银，再将短管上端封闭，管内封有长度为 $l = 10.0$ cm 的空气柱，长管和下端管中水银柱分别为 $h = 60.0$ cm 和 $x = 10.0$ cm. 然后将 U 形管绕着长管的拐角点且与该管所在平面相互垂直的轴线沿逆时针方向缓慢地转过 $180°$，再迅速地将长管的开口段截去 50.0 cm，试求管内与封闭的空气相接触的水银面的最后位置. 已知大气压强 $p_0 = 76.0$ cmHg.

1.23 一薄壁钢筒竖直放置在水平桌面上，活塞 K 将筒隔成 A、B 两部分，两部分的总容积 $V = 8.31 \times 10^{-2}$ m³，活塞的导热性能良好，与筒壁无摩擦、不漏气，如图所示. 筒的顶部有一质量与 K 相等的铝盖，盖与筒的上端边缘接触良好（无漏气缝隙）. 当桶内的温度 $t = 27$ ℃时，A 中盛有 $\nu_A = 3.00$ mol 的理想气体，B 中盛有 $\nu_B = 4.00$ mol 的理想气体，B 中气体占总容积的 1/10，现对筒中气体缓慢加热，把一定的热量传给气体，当达到平衡时，B 中气体的体积变为总容积的 1/9，问：筒内的气体温度是多少？已知筒外大气压 $p_0 = 1.04 \times 10^5$ Pa，摩尔气体常量 $R = 8.3$ J·mol⁻¹·K⁻¹.

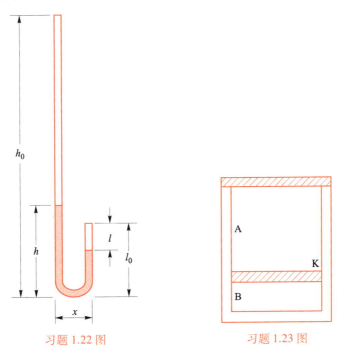

习题 1.22 图   习题 1.23 图

1.24 1783 年 6 月 4 日，蒙戈菲尔兄弟在里昂安诺内广场做了一场公开表演，它们让一个圆周约为 33.5 m 的模拟气球升起，持续飞行了 2.4 km. 同年 9 月 19 日，在巴黎凡尔赛宫前，蒙戈菲尔兄弟为法国的国王、王后、宫廷大臣及 13 万巴黎市民进行了热气球的升空表演. 同年 11 月 21 日下午，蒙戈菲尔兄弟又在巴黎穆埃特堡进行了世界上第一次载人空中航行，飞行了 25 min，在飞越半个巴黎之后降落在意大利广场附近. 这比莱特兄弟的飞机飞行整整早了 120 年. 现有一个球形热气球，总质量（包括隔热很好的球皮以及吊篮等装置）为 300 kg，已知球内外气体成分相同，球内气体压强稍高于大气压，大气温度为 27 ℃，压强为 1 atm，标准状态下空气的密度为 1.3 kg·m^{-3}．经加热后，气球膨胀到最大体积，其直径为 18 m，试问：热气球刚能上升时，球内空气的温度应为多少？

1.25 有一内径均匀、两支管等长且大于 78 cm 的、一端开口的 U 形管 $ACDB$．用水银将一定质量的理想气体封闭在 A 端后，将管竖直倒立，平衡时两支管中液面高度差为 2 cm，此时闭端气柱的长度 $L_0 = 38.0$ cm（如图所示），已知大气压强相当于 $h_0 = 76.0$ cm 水银柱高．若保持温度不变，不考虑水银与管壁的摩擦，当轻轻晃动一下 U 形管，使左端液面上升 Δh（Δh 小于 2 cm）时，将出现什么现象？试加以讨论并说明理由．

1.26 一个密闭的圆柱形气缸竖直放在水平桌面上，缸内有一与底面平行的可上下滑动的活塞．活塞上方盛有 1.5 mol 氢气，下方盛有 1 mol 氧气，如图所示，它们的温度始终相同，已知在温度为 320 K 时，氢气的体积是氧气的 4 倍，试问：温度为多少时，氢气的体积是氧气的 3 倍？

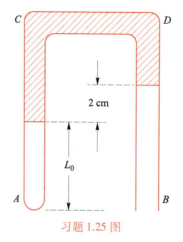

习题 1.25 图

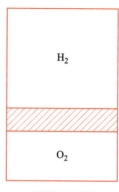

习题 1.26 图

1.27 有一个装有空气的开口玻璃瓶，初始温度为 0 ℃，加热使得温度上升到 100 ℃，因为瓶口开着，失去了 $\Delta m = 10$ g 的空气，问：瓶中原有空气多少克？

1.28 一个容器内储有 1 mol 氢气和 1 mol 氦气，若两种气体各自对器壁产生的压强分别为 p_1 和 p_2，求两个压强的关系．

1.29 在一密闭容器中，储有 A、B、C 三种理想气体，处于平衡状态．A 种气体的分子数密度为 n_1，它产生的压强为 p_1，B 种气体的分子数密度为 $2n_1$，C 种气体的分子数密度为 $3n_1$，求混合气体的压强 p．

1.30 按重量计，空气是由 76% 的氮气、23% 的氧气、约 1% 的氩气组成的（质量百分比），其余成分很少，可以忽略，计算空气的平均相对分子质量及在标准状态下的密度．

1.31 某混合气体由氢气（H_2）、二氧化碳（CO_2）、甲烷（CH_4）、乙烯（C_2H_4）组成，在 17.0 ℃时，上述四种气体对应的分压强分别是 200 mmHg、100 mmHg、150 mmHg、310 mmHg．

（1）求混合气体的总压强．

（2）求二氧化碳（CO_2）所占的质量比．

1.32 氧气压强大于 p_0 就会对人体有害，潜水员位于水下 50 m 处，使用氦气与氧气的混合氧气瓶，求氦气与氧气的合适质量比．

习题答案

热力学第一定律

在前一章中，我们对平衡态、描述平衡态的状态参量及状态参量之间的关系（物态方程）作了介绍，在这一章和下一章将主要介绍热学的宏观描述——热力学第一定律和热力学第二定律．热力学第一定律是热学中的重要定律，推广到整个自然界，其实就是能量守恒定律，其文字和数学表达式见2.3节．热力学第一定律的数学表达式涉及三个物理量：内能、功和热量．内能是状态量，而功和热量都是与热力学过程有关系的物理量，2.1节中将介绍热力学过程，特别是准静态过程；2.2节将介绍这几个物理量；2.4节、2.5节、2.6节主要讲解热力学第一定律在理想气体中的应用；最后在2.7节、2.8节中分别叙述循环及焦耳–汤姆孙效应．

*2.1*__ 热力学系统的过程

2.1.1　热力学过程

在1.2.3小节中，介绍了平衡态，当系统达到平衡态时，系统的状态有确定的状态参量（如 p，V，T 等），可以在以热力学参量为坐标轴的状态图上用一个确定的点来表示（图2.1.1的 p-V 图中 i 点和 f 点就分别表示两个平衡态）．当系统状态不发生变化时，系统的状态参量就是确定的．但是只要系统的平衡态被破坏，系统的状态参量就会随之变化，经历一个过程，最后会达到一个新的平衡态，新的平衡态可以用新的状态参量来表征．系统从一个状态变化到另外一个状态，中间经历的过程，称为热力学过程（thermodynamic process），简称为过程．

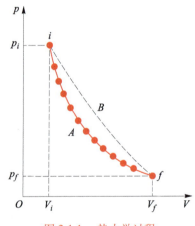

图 2.1.1　热力学过程

2.1.2　准静态过程

系统从一个平衡态变化到另一个平衡态，中间经历的状态实际上是一系列的非平衡态，这样的过程称为非准静态过程．如图2.1.1所示，虽然初态 i 和末态 f 都是平衡态，在 p-V 图上可以用一个点表示，但是在初态 i 到末态 f 的过程中系统的状态参量都在变化（如压强或体积等量都在改变），并不是平衡态，也就不能用点来表示，因为坐标系中的任一点都有确定的坐标（也就是有确定的状态参量），而事实上，非准静态过程中系统的状态参量一直在变化中．这种非准静态过程经常用一条任意的虚线表示（图2.1.1中的虚线 i-B-f）．

这样，问题就来了．从 i-f 的过程，状态参量一直在变化，没有一个确切的值，以至于我们很难甚至无法研究中间的物理过程．但是，我们可以通过建立理想模型来解决这个问题．正如力学中把物体的体积与形状忽略，建立质点这个理想模型一样．假设系统的状态参量每次只作极其微小的变化，系统达到平衡态有了新的状态参量后，再作下一个微小变化，如此继续下去，直到系统达到最终的平衡态．这样的变化过程，所经历的每一个中间状态都是平衡态，都有确定的状态参量，在状态图上都可以用一个确定的点来表示，这一系列平衡态所对应的点就可以连接成一条实线（图 2.1.1 中的 i-A-f）. 这样的过程称为**准静态过程**（quasi-static process）.

准静态过程是一个理想的过程，虽然达不到，但是可以无限地接近它. 对于实际进行的过程，只要状态的变化足够缓慢，就可以视为准静态过程，而过程是否足够缓慢的标准是弛豫时间 τ. 弛豫时间是处于平衡态的系统在受到瞬时微小扰动后恢复到原平衡态或达到新平衡态所需的时间. 它反映了系统趋于平衡态的能力. 只要过程进行的时间远大于系统的弛豫时间，就可看作准静态过程. 如：实际气缸的压缩过程（弛豫时间 $\tau_F \approx 10^{-3}$ s，过程进行时间一般为 10^{-1} s）可看作准静态过程. 为了更好地理解非准静态过程与准静态过程的区别，我们来看一个例子.

如图 2.1.2（a）所示，在导热性很好、截面积为 A 的气缸中用活塞密封了一定量的气体. 活塞上还放着很多质量相等的砝码，这时气体处于平衡态. 我们分两种情况将砝码拿掉，将得到不同的两种过程，即准静态过程与非准静态过程.

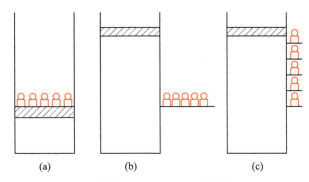

图 2.1.2　非准静态过程（a→b）和准静态过程（a→c）

（1）非准静态过程：将全部砝码移到右边搁板上，由于活塞上方的力突然减少，内外压强差很大，活塞将迅速向上移动，经过多次振动后，活塞最终将停在某一高度，如图 2.1.2（b）所示. 在这一变化过程中，气体经历的所有中间状态都是非平衡态，无法用确定的状态参量来描述，是非准静态过程.

（2）准静态过程：从图 2.1.2（a）的状态出发，每次只拿走一个质量为 m（m 足够小）的小砝码，这时活塞缓慢上升，等到活塞到达新的平衡位置后，继续拿走一个小砝码. 按这样的方法拿走所有小砝码后，活塞达到与（b）一样的高度. 由于气缸导热性很好，气体经历的所有状态的温度都与外界温度相等. 而且从图 2.1.2（a）的状态变化到图 2.1.3（c）的状态的过程进行得非常缓慢，每次外界压强只改变一个小量 $\Delta p = \dfrac{mg}{A} \ll p$，可以认为系统内部压强时刻处处相等，所以系统经历的中间状态都是平衡态，在状态图上用一个个点表示，这些点连接而成的曲线称为准静态过程曲线.

准静态过程要求经历的任何一个中间状态都是平衡态，因此，在过程进行时，若系统与外界之间和系统各部分之间时刻满足热学平衡条件，过程就是准静态过程. 如果严格满足平衡条件，系统的状态将不会发生任何变化，所以，只要系统与外界之间和系统各部分之间的压强差、温度差以及同一组分的浓度差分别与系统的平均压强、平均温度、平均浓度相比很小，就可以认为系统满足热平衡条件．

例 2.1

试判断下面两种情况是否是准静态过程.

（1）热量传递过程．把温度为 T 的固体与温度为 T_0 的恒温热源接触（$T<T_0$）．只要固体温度低于恒温热源的温度，热量就源源不断地从热源传给固体，一直到固体温度变为 T_0，热量不再传递．

（2）在等温等压条件下氧气和氮气互相扩散的过程.

解：（1）在传热过程中，固体温度处处不同，并不满足热学平衡条件，经历的每一个中间状态都不是平衡态，所以该过程不是准静态过程．要使固体温度从 T 变为 T_0 的过程是准静态过程，要求任何时刻，物体内部各部分之间的温度差都足够小，即 $\Delta T \ll T$（其中 T 为这一时刻物体的平均温度）．所以可以采用一系列温差 ΔT 很小（$\Delta T \ll T_1$）的恒温热源依次给固体加热，使固体的温度逐渐升高，最终达到温度 T_0．在这个过程中，可以认为中间的状态都是平衡态，整个过程是准静态过程．

（2）在等温等压条件下，氧气与氮气互相扩散，所经历任一中间状态，氮气与氧气的组分都处处不均匀，不满足化学平衡条件，系统经历的每一个中间状态都不是平衡态，是非准静态过程．

最后，我们需要再次强调：① 准静态过程是一个理想过程，实际上是不可能严格地实现的，但可以用它来近似地处理许多实际问题，得到很好的结果；② 除一些进行得极快的过程（如爆炸过程）外，大多数情况下都可以把实际过程看成准静态过程；③ 准静态过程在状态图上对应一条曲线，比如图 2.1.1 中的 i–A–f．今后若无特指，所涉及的热力学过程均指准静态过程．

2.1.3 几种特殊的准静态过程

1. 等温过程

图 2.1.2 从（a）到（c）的过程中，导热性能很好的气缸始终与温度为 T 的恒温热源接触，因为过程进行得足够缓慢，温度保持不变，这就是准静态的等温过程．等温过程满足的方程为：$pV=$ 常量．在 p–V 图中，过程曲线如图 2.1.3①所示．

2. 等压过程

设想导热气缸中被活塞封有一定量的气体，活塞的压强始终保持常量，例如把气缸开端向上竖直放置后再加活塞，则气体压强等于活塞的重量所产生的压强再加上大气压强．然后使气体与一系列温度分别为 $T_1+\Delta T$、$T_1+2\Delta T$、$T_1+3\Delta T$、…、$T_2-\Delta T$、T_2 的热源依次相接触，每次只有当气体的温度达到均匀一致，且与所接触的热源温度相等时，才使气缸与该热源脱离，再与下一个热源接触，如此进行直至气体温度达到终温，这就是准静态的等压加热过程．等压过程的方程为：$p=$ 常量，或 $V/T=$ 常量．在 p–V 图中，过程曲线如图 2.1.3②所示．

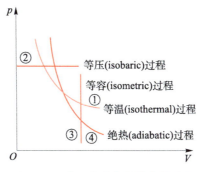

图 2.1.3 典型的准静态热力学过程

3. 等容过程

若将图 2.1.2 中的活塞用鞘钉卡住，使活塞不能上下移动. 然后同样使气缸依次与一系列温度相差很小的热源接触，以保证气体在温度升高过程中所经历的每一个中间状态都是平衡态，这样就进行了一个准静态的等容过程，等容过程的方程为：V = 常量，或 p/T = 常量. 在 p-V 图中，过程曲线如图 2.1.3③所示.

4. 绝热过程

若图 2.1.2 中的气缸和活塞都是绝热的，从（a）到（c）的过程中，系统与外界始终不交换热量，这样进行的过程就是准静态绝热膨胀过程，准静态绝热过程的方程为：pV^{γ} = 常量，γ 称为绝热指数（见 2.5.3 小节）. 在 p-V 图中，过程曲线如图 2.1.3④所示.

2.2 内能 功 热量

2.2.1 内能

在力学中，外力对物体做功，引起物体运动状态的变化，系统的机械能（包括动能和势能）也随之发生变化，物体的运动状态确定时，物体的机械能也确定，所以机械能是物体运动状态的函数. 而热学只研究系统内部状态及状态的变化，外界对系统的作用也是改变系统内部状态，发生的能量改变也在系统内部，这就是**内能**（internal energy）.

从微观上来看，内能是系统内部所有微观粒子（例如分子、原子、离子等）做无规则热运动的动能以及所有分子之间的相互作用势能之和. 内能是状态函数，系统处于平衡态时，其内能是确定的.

对于理想气体，内能 U 仅仅是温度 T 的函数（见 2.5.1 小节），其表达式为

$$U = \nu C_{V,\,m} T \tag{2.2.1}$$

其中，$C_{V,\,m}$ 为摩尔定容热容，对于单原子分子理想气体（如 He），$C_{V,\,m} = \dfrac{3}{2}R$；对于刚性双原子分子理想气体（如 H_2、O_2），$C_{V,\,m} = \dfrac{5}{2}R$；对于非刚性双原子分子理想气

体（如高温下的 H_2、O_2），$C_{V, m} = \dfrac{7}{2}R$；对于刚性多原子分子理想气体（如 H_2O），$C_{V, m} = 3R$. 后续 5.7 节将给出内能的进一步解释，以及理想气体内能仅是温度的函数这一结论的证明.

2.2.2 功

当系统不满足力学平衡条件时，系统和外界之间将有相互作用，系统的状态也将发生改变，这种相互作用称为力学相互作用. 例如，图 2.1.2 中从（a）准静态地变化到（c）的过程中，由于气体的压强始终比外界的压强（包括外界大气压和活塞重力产生的压强）大一点点，气体准静态地膨胀对外做功，系统和外界之间有能量交换.

在力学相互作用过程中，系统和外界之间通过做功来交换能量. 做的功常用 W 表示，我们规定：其值为正时，表示外界对系统做功，系统压缩；其值为负时，表示系统对外界做功，系统膨胀. 这是功的符号规则.

在热学中，力学相互作用的作用力是广义力，包括压强、表面张力等机械力，也包括电场力、磁场力等. 所以功也是一种广义功.

系统通过做功从一个状态达到另外一个状态，做功的值不仅仅与两个状态有关，还和具体的过程有关，也就是说功是过程量. 在非准静态过程中，很难计算系统对外做的功. 例如，在图 2.1.2（a）变化到图 2.1.2（b）的过程中，气缸内各部分气体的压强不相等，同时还随时间在变化，无法求出气体推动活塞的力是多少，做了多少功. 在以后的讨论中，做功的计算均局限在无摩擦的准静态过程的情况.

1. 热学过程中的功

用一个可无摩擦左右移动的横截面积为 A 的活塞将一定量的气体封闭在气缸中，如图 2.2.1（a）所示. 设活塞外侧的压强为 p_e，在 p_e 作用下，活塞缓慢地向左移动了微距离 $\mathrm{d}x$，则外界对气体所做的元功为

$$\text{\dj}W = p_e A \mathrm{d}x \tag{2.2.2}$$

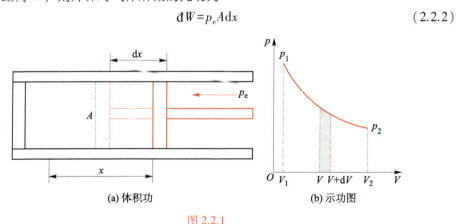

(a) 体积功   (b) 示功图

图 2.2.1

功是过程量. 从初态到末态，经历的过程不同，则所做的功也不同. 所以式（2.2.2）的元功 $\text{\dj}W$ 并不是多元函数中的全微分，仅表示沿某一无穷小过程外界所做

的元功，所以在微分符号 d 上加一短横来表示.

在这个过程中，气体体积减小了 Adx，所以 $dV=-Adx$，上式可以写成

$$\text{đ}W=-p_e\text{d}V \qquad (2.2.3)$$

在无摩擦的准静态过程中，气体与外界在任意时刻均处于力学平衡条件，即 $p_e=p$，所以上式又可以写成

$$\text{đ}W=-p\text{d}V \qquad (2.2.4)$$

đW 在数值上等于 p-V 图上从 V 到 $V+\text{d}V$ 区间内曲线下面的面积，即图 2.2.1（b）中的阴影部分面积.

如果系统经历一个有限的无摩擦准静态过程（体积 V_1 变化到 V_2），外界对系统所做的功为

$$W=-\int_{V_2}^{V_2}p\text{d}V \qquad (2.2.5)$$

同样，数值就是 p-V 图中从 V_1 到 V_2 区间内曲线下面的面积.

关于做功，我们再强调几点：

（1）式（2.2.4）是在无限小的无摩擦的准静态过程中，外界对气体所做元功的表达式.

（2）当 $\text{d}V<0$ 时，đ$W>0$，外界对系统做正功；当 $\text{d}V>0$ 时，đ$W<0$，外界对系统做负功，即系统对外界做正功.

（3）从功的结果可以看出，系统做的功与体积膨胀或压缩有关，所以我们形象地称之为体积功.

2. 理想气体在几种准静态过程中功的计算

（1）等温过程

将理想气体物态方程 $p=\dfrac{\nu RT}{V}$ 代入式（2.2.5），求得气体在等温过程中所做的功

$$W=-\int_{V_1}^{V_2}p\text{d}V=-\nu RT\int_{V_1}^{V_2}\frac{\text{d}V}{V}=-\nu RT\ln\frac{V_2}{V_1} \qquad (2.2.6)$$

如果是等温膨胀，$V_2>V_1$，$W<0$，说明气体对外做正功；若是等温压缩，则 $W>0$，外界对气体做正功. 将理想气体物态方程代入式（2.2.6），等温过程的功也可以用压强来表示：

$$W=\nu RT\ln\frac{p_2}{p_1} \qquad (2.2.7)$$

（2）等压过程

等压过程中，外界对系统做功为

$$W=-\int_{V_1}^{V_2}p\text{d}V=-p\int_{V_1}^{V_2}\text{d}V=-p(V_2-V_1) \qquad (2.2.8)$$

根据理想气体物态方程，等压过程的功也可以表示为

$$W=-\nu R(T_2-T_1) \qquad (2.2.9)$$

（3）等容过程

显然，在等容过程中，$\text{d}V=0$，故做的功也为零.

2.2.3　热量

1. 过程中的热量

当系统不满足热学平衡条件，即系统和外界之间存在温差时，系统和外界之间也有相互作用，这种相互作用称为热学相互作用. 在热学相互作用中，系统和外界之间通过传递热量来交换能量. 热量的传递方式有三种：热传导、对流、辐射，具体内容将在第六章介绍. 热量也与过程有关，不是系统状态的函数. 所以和功相类似，传递的热量也不满足多元函数的全微分条件，只能写成 dQ，不能写成 dQ. 功与热量来源于不同的相互作用. 除了力学和热学相互作用，还有化学相互作用，当系统不满足化学平衡条件时，系统内部或系统与外界之间将发生物质交换，这就是化学相互作用. 扩散现象就是由化学相互作用而产生的.

热量可以通过后面讲授的热容定义式（见 2.4 节）或者热力学第一定律（见 2.3 节）求出.

2. 热质说与热动说

在物理学史上，关于热量本质的问题，曾经存在两种不同的观点：热质说（热是一种物质）和热动说（热来源于运动）. 在热学发展的早期（17 世纪），笛卡儿、培根、玻意耳、胡克和牛顿等科学家支持热动说，认为热是一种运动形式，但是由于当时缺乏足够的实验证据，观点不够有说服力，到 18 世纪热动说被抛弃. 热质说的思想首先由化学家在解释燃烧现象时提出，然后，在量热学的研究上做出重大贡献的英国科学家布莱克推动了热质说的发展. 热质说认为，热是一种称为"热质"（caloric）的物质，这是一种无质量、不生不灭、可以穿透任何物体的气体，当物体吸收热质时，温度会升高. 当温度不同的物体接触时，热质会从温度较高的物体流向温度较低的物体. 虽然学界最终否定了热质说，但是在 18 世纪基于热质说提出的一些结论至今还是正确的，例如卡诺用热质说的观点论证了卡诺定理，同时利用热质说也解释了很多热现象，推动了科学的发展. 1798 年，英国科学家伦福德（Rumford，1753—1814）发表论文，论述了在加工炮筒时，只要持续摩擦，就会持续产生热，否定了热质守恒的观点. 用实验事实反驳了热质说. 1840 年，焦耳进行了大量的热功当量实验和导体发热的实验，发现导体发热量与电流的平方成正比，并于1851 年在著作《论热的动力学理论》中提出："热并非一种物质，而是一种运动现象，我们认为在机械功和热量之间必存在着一种等量关系."

2.3　热力学第一定律

热力学第一定律就是能量守恒定律在热力学中的具体体现. 它是在大量的科学实验和生产实践的基础上总结出来的宏观普适结论，并且已由实践所证明是正确的.

2.3.1 能量守恒定律的建立

1. 能量转化的实验研究

19 世纪上半叶，人们已经发现了很多种能量转化的形式，例如蒸汽机、伏打电池、赫斯定律、电流磁效应、法拉第电磁感应现象、塞贝克的温差电现象等含有的能量转化形式，其中最重要的是焦耳（Joule，1818—1889）的研究. 在 1840 到 1879 年期间，焦耳进行了大量的功热转化实验. 经过反复的实验和测量，焦耳精确测出了功热转化的数值关系，即热功当量（heat equivalent of work done），并于 1850 年发表论文，给出热功当量为 4.157 J·cal^{-1}. 他以几十年的实验研究为热力学第一定律的建立提供了无可置疑的实验基础. 这种精益求精的实验研究精神为后人提供了很好的范例.

热力学第一定律的思想最初是由德国医生迈耶（Mayer，1814—1878）在实验的基础上于 1842 年提出来的. 他提出了机械能与热能之间转化的原理，并利用空气的摩尔定压热容与摩尔定容热容的差值（迈耶公式）计算出热功当量，后于 1845 年提出了 25 种运动形式相互转化的形式. 1847 年，德国生理学家、物理学家亥姆霍兹（Helmholtz，1821—1894）出版了《力量的守恒》一书，总结了许多科学家的工作，从多方面论证了能量守恒定律，并第一次用数学方式表述了能量守恒定律.

2. 能量守恒定律

能量守恒定律（law of conservation of energy）指出：能量不可能被创造，也不可能被消灭，它可以从一种形式转化为另一种形式，或者从一个物体转移到另一个物体，在转化和转移中，能量的总量保持不变. 它是自然界普遍的基本规律之一. 在热学中，当涉及热量时，能量守恒定律也称为热力学第一定律，可以表述为：能量可以从一种形式转化为另一种形式，或者从一个系统传递到另一个系统，能量转化与传递可以通过做功或热传递的方式来实现，在转化和热传递中，能量的总量保持不变.

2.3.2 内能定理

19 世纪 40 年代，科学家提出能量守恒定律时只是一种思想，只有文字表述，并没有数学表达. 马克思曾经说过："一门科学只有达到了能成功地运用数学时，才算真正发展了." 所以热力学第一定律也应该建立其数学表达式.

从能量守恒定律可知：如果系统吸热，内能应该增加；如果外界对系统做功，内能也应该增加；如果系统吸热，同时外界也对系统做功，内能增量应该是这两者之和. 为了简化问题，我们可以利用控制变量法，先考虑系统和外界之间不交换热量，$Q=0$，即绝热过程，这时系统和外界之间只通过做功传递能量. 焦耳通过大量绝热过程的实验发现：所有的绝热过程中，让相同质量的水升高相同的温度所需要外界做的功是相等的. 也就是说，系统从某一平衡态绝热地变为另一平衡态的过程中，外界对系统做的功只与初、末平衡态有关，与过程无关，类似于力学中的势能，可以引入一个与系统状态相关的物理量——内能，内能的增量可以用绝热过程

外界对系统所做的功来衡量，即

$$U_2 - U_1 = W_{绝热} \tag{2.3.1}$$

这就是内能定理. 在这里，我们用绝热过程外界对系统所做的功来定义内能的增量，只是从宏观角度给出内能的定义，没有办法探究内能的本质，要探究内能的本质，需要从微观角度出发，我们将在本书的第五章来探究内能的微观本质. 当系统从一个平衡态变化到另一个平衡态时，我们关注的是内能的增量，所以可以不去关注内能的绝对值，而关注内能的变化量. 这里需要再次强调，热学中的内能只是系统内部的能量，不包括系统整体运动的能量.

2.3.3 热力学第一定律

若将内能定理 $U_2 - U_1 = W_{绝热}$ 推广到非绝热过程，系统内能增量还可以来源于外界传递的热量 Q，所以

$$U_2 - U_1 = Q + W \tag{2.3.2}$$

这就是**热力学第一定律**（First Law of Thermodynamics）的数学表达式. 其中 $U_2 - U_1$ 是系统初、末平衡态内能的增量，Q 为系统从初态变到末态过程中吸收或放出的热量，W 为从初态变到末态过程中系统所做的功. 对于无限小的过程，上式可改写为

$$dU = đQ + đW \tag{2.3.3}$$

因为 U 是态函数，是状态参量（p，V 等）的函数，所以 U 存在全微分. 式（2.3.3）中，要注意物理量的符号规则. 对于热量，系统吸热取正号，放热取负号. 对于功，外界对系统做功取正号，系统对外界做功取负号.

如果过程是准静态过程，利用式（2.2.4），式（2.3.3）可以改写为

$$dU = đQ - pdV \tag{2.3.4}$$

如果一个物理过程，不仅仅有内能的变化，也有其他能量（机械能、电磁能等）的变化，不仅仅有体积功，也有其他功，那么总能量变化和功分别用 dE 和 $đW$ 表示，则热力学第一定律的数学表达式可以写为

$$dE = đQ + đW \tag{2.3.5}$$

热力学第一定律也被表示为，**第一类永动机**（perpetual motion machine of the first kind）是不能制作出来的. 所谓第一类永动机，是指不消耗任何形式的能量而能对外做功的机械. 下一章我们还会介绍第二类永动机.

2.4__热容　焓

2.4.1 热容的定义

任何一个系统在某个过程中，使其温度升高（或降低）单位温度时与外界交换的热量称为物体的热容（heat capacity），其数学表达式为

$$C = \lim_{\Delta T \to 0} \frac{\Delta Q}{\Delta T} = \frac{đQ}{dT} \tag{2.4.1}$$

热容的单位是 $J \cdot K^{-1}$.

热容与物质的属性有关，也与在什么温度下升温（或降温）有关，即热容还是温度的函数. 当过程经历的温度变化范围较小时，可以认为热容是不随温度变化的常量. 同一物质在同一初始状态升高相同的温度，如果沿不同过程进行，则吸收的热量不相同，所以热容还与具体的热力学过程有关，即热容和热量一样，都是一个过程量.

2.4.2 定容热容与内能

定容热容（等容过程的热容）记为 C_V，下角标 V 表示体积不变的过程，即等容过程. 在等容过程中，$dV=0$，体积功为 0，根据热力学第一定律，在一个小的变化过程中有

$$(\Delta Q)_V = \Delta U \text{ 或 } dU = (\text{d}Q)_V \tag{2.4.2}$$

上式表明：在等容过程中吸收的热量等于内能的增量. 根据热容定义式（2.4.1），可知

$$C_V = \lim_{\Delta T \to 0}\left(\frac{\Delta Q}{\Delta T}\right)_V = \lim_{\Delta T \to 0}\left(\frac{\Delta U}{\Delta T}\right)_V = \left(\frac{\partial U}{\partial T}\right)_V \tag{2.4.3}$$

比定容热容（单位质量的等容热容）为

$$c_V = \lim_{\Delta T \to 0}\frac{1}{m}\left(\frac{\Delta Q}{\Delta T}\right)_V = \lim_{\Delta T \to 0}\left(\frac{\Delta u}{\Delta T}\right)_V = \left(\frac{\partial u}{\partial T}\right)_V \tag{2.4.4}$$

摩尔定容热容（1 mol 物质的定容热容）为

$$C_{V,\text{m}} = \lim_{\Delta T \to 0}\frac{1}{\nu}\left(\frac{\Delta Q}{\Delta T}\right)_V = \lim_{\Delta T \to 0}\left(\frac{\Delta U_{\text{m}}}{\Delta T}\right)_V = \left(\frac{\partial U_{\text{m}}}{\partial T}\right)_V \tag{2.4.5}$$

定容热容、比定容热容、摩尔定容热容之间的关系为

$$C_V = mc_V = \nu C_{V,\text{m}} \tag{2.4.6}$$

其中 m 表示物质的质量；u 表示单位质量内能，称为比内能（specific internal energy）；U_{m} 表示摩尔内能（molar internal energy）. 对于一般的系统，内能既与温度有关，也与体积有关，即 $U = U(T, V)$，所以 C_V 也是温度和体积的函数. 而式（2.4.2）表明任何系统在等容过程中吸收的热量等于系统内能的增量. 这与在上一节的内能定理一样，从不同的宏观角度来阐明内能概念.

2.4.3 定压热容与焓

对于等压过程，热力学第一定律 $dU = \text{d}Q - pdV$ 可改写为

$$(\Delta Q)_p = \Delta(U+pV) \tag{2.4.7}$$

令

$$H = U+pV \tag{2.4.8}$$

则

$$(\Delta Q)_p = \Delta H \tag{2.4.9}$$

其中 H 称为焓（enthalpy），其单位为 J. 式（2.4.9）表明：在等压过程中吸收的热量

等于焓的增量. 因为内能 U、压强 p、体积 V 都是状态参量, 所以这几个量的组合 H 也是态函数.

定压热容 (等压过程的热容) 记为 C_p, 下角标 p 表示为压强不变的过程, 即等压过程. 根据式 (2.4.1) 和式 (2.4.9), 定压热容为

$$C_p = \lim_{\Delta T \to 0}\left(\frac{\Delta Q}{\Delta T}\right)_p = \lim_{\Delta T \to 0}\left(\frac{\Delta H}{\Delta T}\right)_p = \left(\frac{\partial H}{\partial T}\right)_p \tag{2.4.10}$$

比定压热容为

$$c_p = \lim_{\Delta T \to 0}\frac{1}{m}\left(\frac{\Delta Q}{\Delta T}\right)_p = \lim_{\Delta T \to 0}\left(\frac{\Delta h}{\Delta T}\right)_p = \left(\frac{\partial h}{\partial T}\right)_p \tag{2.4.11}$$

摩尔定压热容为

$$C_{p,\,m} = \left(\frac{\partial H_m}{\partial T}\right)_p \tag{2.4.12}$$

定压热容、比定压热容、摩尔定压热容之间的关系为

$$C_p = mc_p = \nu C_{p,\,m} \tag{2.4.13}$$

其中 h 分别表示单位质量的焓, 称为比焓; H_m 表示摩尔焓.

黏性很小的流体在管道中流动时, 压强基本保持不变, 可以近似地视为等压过程, 所以黏性很小的流体在管道中流动时所吸收的热量等于流体焓的增量. 另外, 一般情况下, 汽化、熔化、升华等相变过程都是在大气压下进行的, 都是等压过程, 所以在这些过程中吸收的热量也等于焓的增量. 因为地球表面的物体一般都处在恒定大气压下, 而且定压热容在实验上比定容热容更容易测定 (绝大部分物体都会热胀冷缩, 在温度发生变化时, 体积很难维持不变, 所以定容热容很难测定), 所以在实验及工程技术中, 焓与定压热容比内能与定容热容更有实用价值. 因此, 对于一些重要物质, 工程上通过实验测定不同温度和压强下的焓值, 将数据制成图表, 供大家查阅, 注意: 对热力学来说重要的是焓的变化值, 所以工程上测定的这些焓值都是指与参考态的焓值之差.

例 2.2

从表中查得在 0.101 3 MPa、100 ℃ 时水与饱和水蒸气的单位质量焓值分别为 $419.06 \times 10^3 \text{ J} \cdot \text{kg}^{-1}$ 和 $2\,676.3 \times 10^3 \text{ J} \cdot \text{kg}^{-1}$, 试求此条件下的汽化热.

解: 水的汽化是在等压情况下进行的. 汽化热也是水汽化时焓的增量

$$Q = h_{汽} - h_{水} = 2\,257.2 \times 10^3 \text{ J} \cdot \text{kg}^{-1}$$

2.5__理想气体的内能与焓

2.5.1 焦耳实验与焦耳定律

由上一节的学习可知, 内能是状态函数, 即内能应该是状态参量 p、V、T 的函

数(对于一定量的系统，独立的状态参量只有两个)，所以内能可以是温度和体积的函数. 这一节我们将研究理想气体，理想气体的内能与状态参量之间又有什么样的函数关系呢？1845 年，焦耳通过著名的自由膨胀实验得到了理想气体的内能是温度的单值函数. 第五章将要介绍的微观理论的能量均分定理给出了理想气体内能和温度的定量关系 $U_m = \dfrac{i}{2}RT$，其中 i 为能量自由度.

1. 焦耳实验

如图 2.5.1 所示是气体真空自由膨胀的实验装置，容器 A 中充满气体，容器 B 中为真空，C 为阀门，整个装置放在盛有水的容器中.

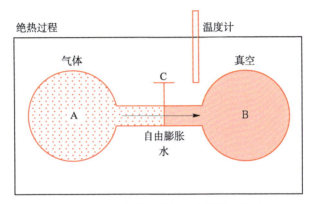

图 2.5.1　气体真空自由膨胀的实验装置

打开阀门 C，气体由 A 向 B 自由膨胀，"自由"是指气体不受任何阻碍，所以气体对外界不做功，外界对气体也不做功，即 $W = 0$. 用温度计测量气体自由膨胀前后气体与水的平衡温度. 实验发现，自由膨胀前后温度没有发生变化，说明水与气体没有热量交换，即 $Q = 0$. 根据热力学第一定律 $\Delta U = Q + W$，可知在自由膨胀前后，有

$$U_1(T, V_1) = U_2(T, V_2) = 常量 \qquad (2.5.1)$$

2. 焦耳定律

焦耳的气体自由膨胀实验的结果说明，气体在自由膨胀前后，体积增加，温度不变，而膨胀前后内能不变，$U_1 = U_2$，这就说明气体的内能与体积无关，内能是温度的函数，即 $U(T)$. 一般地，常压下的气体可近似看成理想气体，所以焦耳实验得到了理想气体的内能仅是温度的函数，与体积无关，这称为焦耳定律（Joule's law）. 焦耳实验的结果仅仅是近似成立的，但是对于理想气体却是精确成立的. 物理学的发展历史上，经常发生利用粗糙的实验结果，却归纳出物理学基本规律的事件.

3. 对焦耳实验的讨论

焦耳自由膨胀实验是非准静态过程. 焦耳实验是在 1845 完成的，当时温度计能够达到的精度为 0.01 ℃. 水的热容比气体热容大得多，因此气体和水之间可能有热量交换，水的温度可能有一点点变化，但是由于温度计精度不够而可能测不出来. 后来通过改进实验（焦耳–汤姆孙实验）证实了上述的结论仅对理想气体才成立.

常温常压下的气体，其气体性质与理想气体非常接近，所以采用理想气体模型，在一定精度范围内是完全可以的.

2.5.2 理想气体的宏观特性

焦耳定律是理想气体又一个非常重要的性质. 通过前面的学习, 我们可以把理想气体的宏观特性总结为以下三点:

(1) 严格满足理想气体物态方程 $pV=\nu RT$;

(2) 满足阿伏伽德罗定律 (同温同压下, 相同体积的任何气体都含有相同的分子数);

(3) 满足焦耳定律 $U=U(T)$.

2.5.3 理想气体的热容及内能

1. 理想气体的等容热容

对于理想气体, 有 $U=U(T)$, 由 $C_{V,\,m}=\left(\dfrac{\partial U_{m}}{\partial T}\right)_{V}$ 可得理想气体的摩尔定容热容为

$$C_{V,\,m}=\frac{\mathrm{d}U_{m}}{\mathrm{d}T} \tag{2.5.2}$$

$$\mathrm{d}U=\nu C_{V,\,m}\mathrm{d}T \tag{2.5.3}$$

对上式积分可得内能的变化量

$$U_{2}-U_{1}=\int_{T_{1}}^{T_{2}}\nu C_{V,\,m}\mathrm{d}T \tag{2.5.4}$$

理想气体经历的过程可能是各式各样的, 可能是等压过程、等容过程、绝热过程、甚至可能是非准静态过程, 但是因为理想气体的内能仅是温度的函数, 所以理想气体任何过程的内能的改变量只与初、末态温度有关.

2. 理想气体等压热容及焓

利用理想气体物态方程、理想气体的内能仅是温度的函数, 以及焓的定义式 $H=U+pV=U(T)+\nu RT$, 可知, 焓也仅是温度的函数. 由 $C_{p,\,m}=\left(\dfrac{\partial H_{m}}{\partial T}\right)_{p}$ 可得理想气体的摩尔定压热容为

$$C_{p,\,m}=\frac{\mathrm{d}H_{m}}{\mathrm{d}T} \tag{2.5.5}$$

$$\mathrm{d}H=\nu C_{p,\,m}\mathrm{d}T \tag{2.5.6}$$

对上式积分可得焓的改变量

$$H_{2}-H_{1}=\int_{T_{1}}^{T_{2}}\nu C_{p,\,m}\mathrm{d}T \tag{2.5.7}$$

同样, 在任何过程中, 理想气体焓的改变量只与初、末态温度有关.

3. 迈耶公式

联立式 (2.5.2)、式 (2.5.6) 及 $H_{m}=U_{m}+pV_{m}=U_{m}+RT$, 有

$$C_{p,\,m}-C_{V,\,m}=R \tag{2.5.8}$$

上式称为迈耶公式 (Mayer's formula). 一般情况下, 摩尔定容热容和摩尔定压热容都

与温度有关. 但是同温度下两者的差值都等于摩尔气体常量.

引入热容比（比热容比、摩尔定压热容与摩尔定容热容之比）

$$\gamma = \frac{C_{p,\ m}}{C_{V,\ m}} = \frac{C_{V,\ m}+R}{C_{V,\ m}} \tag{2.5.9}$$

实验表明，当温度变化范围不大时，理想气体的 $C_{p,\ m}$、$C_{V,\ m}$ 和 γ 都近似为常量（见 2.2.1 小节）. γ 也就是绝热方程 $pV^\gamma =$ 常量中的绝热指数.

2.6 __ 热力学第一定律在理想气体中的应用

对于理想气体，有 $\mathrm{d}U = \nu C_{V,\ m}\mathrm{d}T$，所以对于理想气体准静态过程，热力学第一定律的数学表达式写为

$$\text{đ}Q = \nu C_{V,\ m}\mathrm{d}T + p\mathrm{d}V \tag{2.6.1}$$

2.6.1 等容过程、等压过程、等温过程

1. 等容过程

对于图 2.6.1 所示的状态 1 到状态 2 的等容过程：

（1）外界对系统做功：$W = -\int_{V_1}^{V_2} p\mathrm{d}V = 0$，不做功；

（2）吸收的热量：$Q = \nu \int_{T_1}^{T_2} C_{V,\ m}\mathrm{d}T = \nu C_{V,\ m}(T_2 - T_1)$；

（3）内能的增量：$\Delta U = \int_{T_1}^{T_2} \nu C_{V,\ m}\mathrm{d}T = \nu C_{V,\ m}(T_2 - T_1)$；

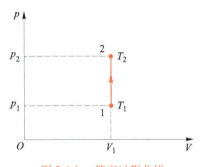

图 2.6.1　等容过程曲线

当理想气体系统的体积不变时，外界对系统做的功为零，根据热力学第一定律，系统吸收的热量等于系统内能的增加.

2. 等压过程

对于图 2.6.2 所示的从状态 1 到状态 2 的等压过程：

（1）外界对系统做功：$W = -\int_{V_1}^{V_2} p\mathrm{d}V = -p(V_2 - V_1)$；

（2）等压过程中吸收的热量等于焓的增量，所以理想气体在等压过程中吸收的热量为 $Q = \nu \int_{T_1}^{T_2} C_p\mathrm{d}T = \nu C_p(T_2 - T_1)$；

（3）根据热力学第一定律，可得内能的增量：$\Delta U = Q_p + W = \nu C_{p,\,\text{m}}(T_2 - T_1) - p(V_2 - V_1)$

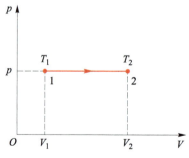

图 2.6.2　等压过程曲线

另外，无论是什么过程，只要温度改变相同，理想气体内能的改变均为

$$\Delta U = \int_{T_1}^{T_2} \nu C_{V,\,\text{m}} dT = \nu C_{V,\,\text{m}}(T_2 - T_1);$$

根据热力学第一定律，等压过程吸收的热量为

$$Q_p = \Delta U - W = \nu C_{V,\,\text{m}}(T_2 - T_1) + p(V_2 - V_1)$$

等压过程中气体吸收的热量，一部分用来增加系统内能，使其温度上升，另一部分用来对外做功.

3. 等温过程

对于图 2.6.3 所示的从状态 1 到状态 2 的等温过程：

（1）理想气体内能仅是温度的函数，所以在等温过程中内能不变，即 $dU = 0$，等温过程也是等内能过程.

（2）外界对系统做功：$W = -\int_{V_1}^{V_2} p dV = -\int_{V_1}^{V_2} \dfrac{\nu RT}{V} dV = -\nu RT \ln \dfrac{V_2}{V_1} = \nu RT \ln \dfrac{p_2}{p_1}$；

（3）根据热力学第一定律，可得吸收的热量：$Q = \Delta U - W = \nu RT \ln \dfrac{V_2}{V_1} = \nu RT \ln \dfrac{p_1}{p_2}$.

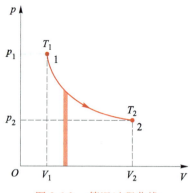

图 2.6.3　等温过程曲线

在等温膨胀过程中，理想气体吸收的热量全部用来对外做功，等温压缩中，外界对系统所做的功，都转化为气体向外界放出的热量.

例 2.3

质量为 2.8 g，温度为 300 K，压强为 1 atm 的氮气，等压膨胀到原来的 2 倍. 求氮气对外所做的功，内能的增量以及吸收的热量.

解： $\nu = \dfrac{m}{M} = 0.1$ mol

根据等压过程方程，有

$$\frac{V_2}{T_2} = \frac{V_1}{T_1}$$

$$T_2 = 600 \text{ K}$$

因为是双原子分子气体

$$C_{V,\,m} = \frac{5}{2}R$$

外界对氮气所做的功：$W = -\displaystyle\int_{V_1}^{V_2} p\mathrm{d}V = -p(V_2 - V_1) = \nu R(T_2 - T_1) = -249$ J

即氮气对外所做的功为 249 J.

内能的增量：

$$\Delta U = \nu C_{V,\,m}(T_2 - T_1) = 624 \text{ J}$$

吸收的热量：

$$Q_p = \nu C_{p,\,m}(T_2 - T_1) = 873 \text{ J}$$

例 2.4

质量一定的单原子分子理想气体开始时（a）压强为 3.039×10^5 Pa，体积为 10^{-3} m³，先等压膨胀至（b）体积为 2×10^{-3} m³，再等温膨胀至（c）体积为 3×10^{-3} m³，最后被等容冷却到（d）压强为 1.013×10^5 Pa. 求气体在全过程中内能的变化、所做的功和吸收的热量.

解： 内能是状态的函数，与过程无关

$$\Delta U = U_d - U_a = \frac{m}{M}\frac{i}{2}R(T_d - T_a) = \frac{i}{2}(p_d V_d - p_a V_a) = 0$$

等压过程（ab）外界对系统做功：$W_{ab} = -p_a(V_b - V_a) = -304$ J

等温过程（bc）外界对系统做功：$W_{bc} = -\dfrac{m}{M}RT_b\ln\dfrac{V_c}{V_b} = -p_b V_b \ln\dfrac{V_c}{V_b} = -246$ J

等容过程（cd）外界对系统做功：$W_{cd} = 0$

全过程外界对系统做功：$W = W_p + W_T + W_V = -550$ J

即，系统对外界做功 550 J.

气体吸收热量：

$$Q = \Delta U - W = 550 \text{ J}$$

2.6.2 绝热过程

如果系统在变化的过程中始终与外界没有热量交换，该过程称为**绝热过程**（adiabatic process）. 这是一个理想的模型，实际上不存在严格意义的绝热过程.

1. 一般的绝热过程

以下几种过程可以近似地看成绝热过程：① 良好绝热材料包围的系统中发生的过程；② 过程进行得很快，系统来不及与外界交换热量的过程；③ 过程进行得非常缓慢，系统热容比较大，与外界交换的热量对系统影响较小，可以认为系统与外界

没有交换热量.

绝热过程中，系统与外界不交换热量，$Q=0$，根据热力学第一定律可知，在任何绝热过程（可以是非准静态过程）中，任何系统（可以不是理想气体的系统）的内能增量都等于外界对系统做的功，即内能定理：$U_2-U_1=W_{绝热}$.

2. 理想气体的准静态绝热过程方程

根据热力学第一定律，对理想气体经历无限小的准静态绝热过程，有

$$-p\mathrm{d}V=\nu C_{V,\,\mathrm{m}}\mathrm{d}T \tag{2.6.2}$$

对理想气体物态方程 $pV=\nu RT$ 微分得

$$p\mathrm{d}V+V\mathrm{d}p=\nu R\mathrm{d}T \tag{2.6.3}$$

联立两式，消去 $\mathrm{d}T$，得

$$C_{V,\,\mathrm{m}}(p\mathrm{d}V+V\mathrm{d}p)=-Rp\mathrm{d}V \tag{2.6.4}$$

利用迈耶公式 $C_{p,\,\mathrm{m}}-C_{V,\,\mathrm{m}}=R$，可得

$$C_{p,\,\mathrm{m}}p\mathrm{d}V+C_{V,\,\mathrm{m}}V\mathrm{d}p=0 \tag{2.6.5}$$

根据比热容比的定义 $\gamma=\dfrac{C_{p,\,\mathrm{m}}}{C_{V,\,\mathrm{m}}}=\dfrac{C_{V,\,\mathrm{m}}+R}{C_{V,\,\mathrm{m}}}$，上式可化为

$$\frac{\mathrm{d}p}{p}+\gamma\frac{\mathrm{d}V}{V}=0 \tag{2.6.6}$$

当系统的温度变化不大时，比热容比可看作常量，对上式积分可得

$$\ln p+\gamma\ln V=a' \tag{2.6.7}$$

即

$$pV^{\gamma}=a_1 \tag{2.6.8}$$

这是比热容比 γ 为常量的理想气体准静态绝热过程的过程方程，由式（2.6.8）和理想气体物态方程联立分别消去 p 或者 V，可得理想气体准静态绝热过程的过程方程的另外两种形式：

$$TV^{\gamma-1}=a_2,\quad p^{\gamma-1}T^{-\gamma}=a_3 \tag{2.6.9}$$

a_1、a_2、a_3 均为常量，式（2.6.8）和式（2.6.9）称为泊松公式（Poisson's formula）.

3. 理想气体准静态绝热过程曲线

根据理想气体准静态绝热过程的过程方程（2.6.8）可知，其在 p-V 图中是一条指数曲线，和等温过程曲线相比，同一状态的斜率不同.

对等温过程方程 $pV_{\mathrm{m}}=a$ 两边微分，可得 $V_{\mathrm{m}}\mathrm{d}p=-p\mathrm{d}V_{\mathrm{m}}$，等温线的斜率为

$$\left(\frac{\partial p}{\partial V_{\mathrm{m}}}\right)_T=-\frac{p}{V_{\mathrm{m}}} \tag{2.6.10}$$

其中下角标"T"表示温度不变.

同理，对绝热过程方程 $PV_{\mathrm{m}}^{\gamma}=a_1$ 两边微分，可得 $V_{\mathrm{m}}^{\gamma}\mathrm{d}p+\gamma\,pV_{\mathrm{m}}^{\gamma-1}\mathrm{d}V=0$，绝热线的斜率为

$$\left(\frac{\partial p}{\partial V_{\mathrm{m}}}\right)_S=-\gamma\frac{p}{V_{\mathrm{m}}} \tag{2.6.11}$$

其中下角标"S"表示熵不变（熵的概念见 3.5.2 小节），即绝热过程.

根据等温线和绝热线的斜率公式可知，在 p-V 图中，等温线和绝热线的斜率都为负，由于比热容比始终满足 $\gamma > 1$，所以绝热线要比等温线陡，如图 2.6.4 所示。下面从宏观状态变化角度来分析为什么绝热线要比等温线陡，若气体从同一状态出发，膨胀相同的体积，在等温过程中，压强的减小仅来源于体积的增加，而在绝热过程中，体积的增加、温度的降低（系统对外界做功，根据热力学第一定律，内能减少）都将导致压强的降低，所以膨胀相同的体积，绝热过程的压强降低量比等温过程的大，所以绝热线比等温线更陡，也可从能量的角度分析二者斜率的不同，请读者自行分析。

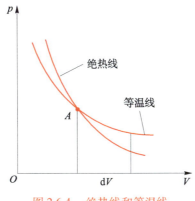

图 2.6.4　绝热线和等温线

4. 理想气体准静态绝热过程中功及温度变化

由热力学第一定律可知，绝热过程中，外界对系统所做的功等于内能的增量：

$$W_{\text{绝热}} = U_2 - U_1 = \nu C_{V,\text{m}}(T_2 - T_1) = \frac{\nu R}{\gamma - 1} \cdot (T_2 - T_1) = \frac{p_2 V_2 - p_1 V_1}{\gamma - 1} \qquad (2.6.12)$$

对于准静态绝热过程，利用式（2.2.5）也可以得到绝热过程外界对系统所做的功：

$$W_{\text{绝热}} = -\int_{V_1}^{V_2} p \, dV = -\int_{V_1}^{V_2} p_1 \left(\frac{V_1}{V}\right)^{\gamma} dV = \frac{p_1 V_1}{\gamma - 1} \cdot \left[\left(\frac{V_1}{V_2}\right)^{\gamma - 1} - 1\right] \qquad (2.6.13)$$

例 2.5

气体在气缸中运动速度很快，而热量传递很慢，可近似认为这是一绝热过程。试问：要把 300 K、0.1 MPa 的空气分别压缩到 1 MPa 及 10 MPa，则末态温度分别有多高？

解：
$$T_2 = T_1 \left(\frac{p_2}{p_1}\right)^{\frac{\gamma - 1}{\gamma}}$$

对于空气，$\gamma = 1.4$。

若 $\dfrac{p_2}{p_1} = 10$，$T_2 = 579$ K $= 306\ ℃$；

若 $\dfrac{p_2}{p_1} = 100$，$T_2 = 1\ 118$ K $= 845\ ℃$。

对于实际情况，因气缸中活塞不可能发生无摩擦移动，所以还需要克服摩擦力做功，这部分功也将转化为热量，提高气体的温度，所以末态温度比理想情况下的温度还要高. 而且压缩比越大，末态温度也越高. 为了减少活塞和气缸之间的摩擦，接触处都加了润滑油，润滑油的燃点在 300 ℃ 左右. 如果压缩比过大，润滑油就会发生燃烧. 为了避免这一问题，压缩气体通常采用分级压缩、分级冷却的方法，如图 2.6.5 所示. 从平衡态 A 出发，先绝热压缩到 B，再等压冷却到 C，再次绝热压缩到 D，这样分级压缩、分级冷却的结果，可使末态 D 的温度比直接从 A 绝热压缩到末态 F 的温度低很多.

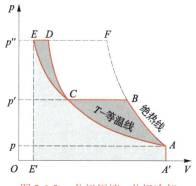

图 2.6.5　分级压缩、分级冷却

例 2.6

如图 2.6.6 所示. 体积为 V 的大瓶中装有气体，一截面积为 A 的均匀玻璃管插入瓶塞中. 有一质量为 m 的小金属球紧贴着塞入管中作为活塞，球与管内壁的摩擦忽略不计. 最初球处于静止状态（设此时坐标 $x=0$，并取竖直向上为 x 轴正方向），现将球抬高 x_0（且 $x_0 A \ll V$），并从静止释放，小球将开始振动，试求小球的振动周期 T，设瓶中气体是比热容比为 γ 的理想气体.

解： 当瓶内气体处于平衡态时，瓶内气体的体积为 V、压强为 $p = p_0 + \dfrac{mg}{A}$，其中 p_0 为瓶外大气压强. 因振动较快，瓶内气体与外界之间来不及交换热量，同时由于 $x_0 A \ll V$，瓶内气体状态参量变化较小，可以认为整个过程是准静态绝热过程.

当小球处于任意位置 x（$|x| < x_0$）时，瓶内气体体积变为 $V + Ax$，设此时瓶内气体压强为 p'，利用绝热过程方程 $pV^\gamma = a$，可得

$$\left(p_0 + \frac{mg}{A}\right)V^\gamma = p'(V+Ax)^\gamma, \quad p' = \frac{p_0 + \dfrac{mg}{A}}{\left(1 + \dfrac{Ax}{V}\right)^\gamma}$$

由于 $x_0 A \ll V$，有 $\left(1 + \dfrac{Ax}{V}\right)^{-\gamma} \approx 1 - \gamma\dfrac{Ax}{V}$，所以小球处于任意位置 x 时，小球所受的合力为

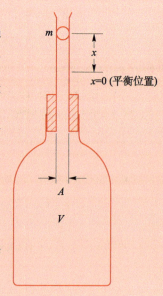

图 2.6.6　例 2.6 图

$$F = \left[p' - \left(p_0 + \frac{mg}{A} \right) \right] \cdot A = -\frac{\gamma A^2}{V} \cdot \left(p_0 + \frac{mg}{A} \right) x$$

小球所受的合力是准线性回复力，根据动力学方程，可得小球振动的角频率为

$$\omega = \sqrt{\frac{\gamma \left(p_0 + \frac{mg}{A} \right) A^2}{mV}}$$

小球振动的周期为

$$T = \frac{2\pi}{\omega} = 2\pi \sqrt{\frac{mV}{\gamma \left(p_0 + \frac{mg}{A} \right) A^2}}$$

如果实验中可以测得小球的振动周期，就可以计算得到气体的比热容比

$$\gamma = \frac{4\pi^2 mV}{A^2 T^2 \left(p_0 + \frac{mg}{A} \right)}$$

利用该实验可测得气体的比热容比.

2.6.3　多方过程

1. 多方过程方程

前面讲过的四种过程，都是一些特殊过程，很多实际的过程并非如此，例如气体在压缩机中被压缩的过程既有和外界的热量交换，所有的状态参量又有变化. 上述四种特殊过程并不能完全满足解决实际问题的需要.

理想气体等压过程、等容过程、等温过程及绝热过程四种过程的过程方程，分别为 $p = C_1$，$V = C_2$，$pV = C_3$，$pV^{\gamma} = C_4$（其中 C_1、C_2、C_3、C_4 都是常量）. 这些方程都可以统一地表达为

$$pV^n = a_1 \tag{2.6.14}$$

其中 a_1 是常量，n 是与过程相关的常量. 例如等温过程 n 为 1，绝热过程 n 为 γ，等压过程 n 为 0，等容过程 $n \to \infty$. 如图 2.6.7 所示.

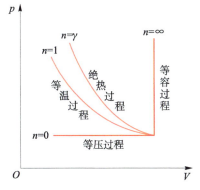

图 2.6.7　四种典型过程的过程曲线

我们将满足 $pV^n = a_1$ 这一公式的过程称为理想气体的多方过程，指数 n 称为多方指数. 和绝热过程的过程方程相同，多方过程方程 $pV^n = a_1$ 只适用于 $C_{V,m}$ 为常量的理

想气体准静态方程.利用多方过程方程及理想气体物态方程,可以得到

$$TV^{n-1}=a_2, \quad p^{n-1}T^{-n}=a_3 \tag{2.6.15}$$

多方指数 n 可以取任意实数值,n 可以取正值,从图 2.6.7 可以看到,随着 n 的增加,曲线越来越陡;n 也可以取负值,此时,多方过程曲线的斜率是正值,随着 $|n|$ 的增加,曲线也越来越陡.

2. 多方过程摩尔热容

设多方过程的摩尔热容为 $C_{n, \, m}$,根据热容的定义,有

$$đQ=\nu C_{n, \, m}dT \tag{2.6.16}$$

根据理想气体准静态过程的热力学第一定律表达式,有

$$\nu C_{n, \, m}dT=\nu C_{V, \, m}dT+pdV \tag{2.6.17}$$

即

$$C_{n, \, m}=C_{V, \, m}+p\left(\frac{dV_m}{dT}\right)_n \tag{2.6.18}$$

其中下标 n 表示是按多方指数为 n 的过程变化.利用多方过程方程 $TV_m^{n-1}=a_2$,有

$$V_m^{n-1}dT+(n-1)TV_m^{n-2}dV_m=0 \tag{2.6.19}$$

即

$$\left(\frac{\partial V_m}{\partial T}\right)_n=-\frac{1}{n-1}\cdot\frac{V_m}{T} \tag{2.6.20}$$

联立理想气体物态方程、式(2.6.20)及式(2.6.18),可得

$$C_{n, \, m}=C_{V, \, m}+p\left(\frac{dV_m}{dT}\right)_n=C_{V, \, m}+\frac{RT}{V_m}\left(\frac{\partial V_m}{\partial T}\right)_n=C_{V, \, m}-\frac{R}{n-1}=C_{V, \, m}\cdot\frac{\gamma-n}{1-n} \tag{2.6.21}$$

这就是理想气体准静态多方过程的摩尔热容,对于给定的气体种类($C_{V, \, m}$ 和 γ 确定)和多方过程(n 确定),多方过程的摩尔热容是一常量(可以证明,摩尔热容为常量的过程都是多方过程).

如果用多方指数 n 作为自变量(横轴),$C_{n, \, m}$ 是 n 的函数作为因变量(纵轴),可以画出 $C_{n, \, m}-n$ 曲线,如图 2.6.8 所示.当 $1<n<\gamma$ 时,有 $C_{n, \, m}<0$,这意味着系统放热时,温度升高,而系统吸热时,温度降低,这是多方过程负比热容的特征.对于这样的多方过程,气体对外做的功大于吸收的热量,很有实际应用意义.

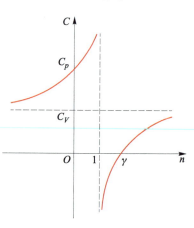

图 2.6.8 $C_{n,m}-n$ 曲线

例 **2.7**

已知 1 mol 氧气经历如图 2.6.9 所示,是一个其延长线经过原点 O 的直线过程,已知 A 点和 B 点的温度分别为 T_1、T_2.求在该过程中氧气所吸收的热量.

解: 设状态 A 和 B 的压强分别为 p_1、p_2,体积分别为 V_1、V_2,温度分别为 $T_1=\dfrac{p_1V_1}{R}$、$T_2=$

$\dfrac{p_2 V_2}{R}$，在这个过程中，外界对系统做的功为

$$W = -\frac{1}{2}(p_1 + p_2)(V_2 - V_1)$$

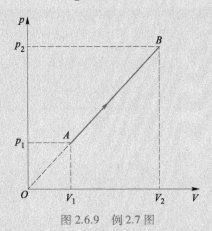

图 2.6.9　例 2.7 图

从状态 A 变为状态 B 的内能增量为

$$\Delta U = C_{V,m}(T_2 - T_1)$$

根据热力学第一定律，在这个过程中，系统吸收的热量为

$$Q = C_{V,m}(T_2 - T_1) + \frac{1}{2}(p_1 + p_2)(V_2 - V_1)$$

$$= C_{V,m}(T_2 - T_1) + \frac{1}{2}(p_2 V_2 - p_1 V_1 + p_1 V_2 - p_2 V_1)$$

利用直线方程 $\dfrac{p_1}{p_2} = \dfrac{V_1}{V_2}$（$p_1 V_2 - p_2 V_1 = 0$），及氧气的摩尔定容热容为 $C_{V,m} = \dfrac{5}{2}R$，则

$$Q = \left(C_{V,m} + \frac{R}{2}\right)(T_2 - T_1) = 3(T_2 - T_1)R$$

另解： 这是一个多方过程，过程方程为 $pV^{-1} = C$，多方指数为 $n = -1$. 根据多方过程摩尔热容 $C_{n,m} = C_{V,m} \cdot \dfrac{\gamma - n}{1 - n}$，可得

$$C_{n,m} = C_{V,m} \cdot \frac{7/5 - (-1)}{1 - (-1)} = 3R$$

则

$$Q = C_{n,m}(T_2 - T_1) = 3(T_2 - T_1)R$$

例 2.8

定容热容为 C_V 的理想气体经历 $V = \dfrac{1}{K}\left(\ln\dfrac{p_0}{p}\right)$ 的热力学过程，其中 K 是常量. 当系统按此过程体积由 V_0 扩大到 $2V_0$ 时，问：

（1）外界对系统做了多少功？

（2）在这一过程中的热容是多少？

解:（1）由过程方程 $V=\dfrac{1}{K}\left(\ln\dfrac{p_0}{p}\right)$，可得

$$p=p_0\exp(-KV) \qquad \text{①}$$

外界对系统做的功为

$$W=-\int_{V_0}^{2V_0}p_0\exp(-KV)\mathrm{d}V=-\frac{p_0}{K}\cdot\exp(-KV_0)\big[1-\exp(-KV_0)\big] \qquad \text{②}$$

（2）根据热容的定义，需先求出该过程的任意元过程温度升高 $\mathrm{d}T$ 时，系统吸收的热量 $\mathrm{d}Q$. 对过程方程求微分，有

$$\mathrm{d}V=-\frac{1}{Kp}\mathrm{d}p \qquad \text{③}$$

利用热力学第一定律 $\mathrm{d}Q=C_V\mathrm{d}T+p\mathrm{d}V$ 及上式，可得

$$\mathrm{d}Q=C_V\mathrm{d}T-\frac{1}{K}\mathrm{d}p \qquad \text{④}$$

根据热容的定义，有

$$C=\frac{\mathrm{d}Q}{\mathrm{d}T}=C_V-\frac{1}{K}\cdot\frac{\mathrm{d}p}{\mathrm{d}T} \qquad \text{⑤}$$

由物态方程有

$$p\mathrm{d}V+V\mathrm{d}p=\nu R\mathrm{d}T \qquad \text{⑥}$$

$$\frac{\mathrm{d}p}{\mathrm{d}T}=\frac{R}{V-1/K} \qquad \text{⑦}$$

联立⑤、⑦二式，可得该过程中任意元过程（体积为 V）的热容为

$$C=C_V-\frac{R}{KV-1} \qquad \text{⑧}$$

结果表明，该过程的热容与体积有关，并不是一个常量，所以该过程并不是一个多方过程，对于非多方过程，同样可以用热力学第一定律处理.

2.7__ 循环与应用

　　历史上，对热力学各种过程的研究，即热力学理论的研究，主要目的就是研究热机和制冷机，探索如何制造高效率的热机. 热机是通过某种工作物质（简称工质）把吸收的热量转化为对外做机械功的装置. 制冷机和热机通过外界做功将热量从低温热源传向高温热源，让低温热源（又称冷库）的温度更低（制冷机），让高温热源（又称热库）的温度更高（热泵）.

2.7.1　循环过程

　　热机工作时，工质不断地从热源吸收热并不断地向外做功. 这仅仅靠一个单一过程是实现不了的. 如等温膨胀，虽然可以把热全部转化为功，但不能源源不断. 要实现源源不断地做功，必须使工质经历一系列的状态变化后回到原来的状态，重复变化，周而复始. 如果工作物质（热力学系统）的状态经历一系列的变化后，又回到了原状态，就称系统经历了一个循环过程（cycle process）.

如果循环是准静态过程，在 p-V 图上就构成一条闭合曲线，图 2.7.1 表示理想气体的任意一个准静态热机循环过程．由图 2.7.1 可见，任何热机不可能仅吸热而不放热，也不可能只与一个热源相接触．循环过程所做的净功就是 p-V 图上循环曲线所围的面积．对于在 p-V 图上顺时针变化的循环，系统对外做净功，这就是热机循环．

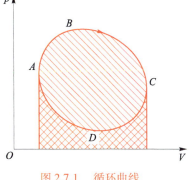

图 2.7.1　循环曲线

2.7.2　热机

1. 热机的构成

在人类飞速发展的历程中，热机扮演了极其重要的角色，被称为第一次工业革命动力源的蒸汽机属于热机中的外燃机，而在汽车上广泛使用的汽油发动机、柴油发动机则属于热机中的内燃机．在现代航空运输飞机上使用的是空气喷气发动机（需要大气中的氧气来助燃），而在火箭上使用的则是火箭喷气发动机（自带燃料和氧化剂，工作时无需空气，可在大气层外工作）．

以蒸汽机（如图 2.7.2 所示）为例．水由水泵压进锅炉 A，对其加热，水吸收热量，变成温度和压强较高的饱和蒸汽，之后进入过热器 B 中，继续吸收热量，成为温度和压强都更高的非饱和蒸汽，然后进入气缸 C，并在气缸中绝热膨胀，推动活塞对外界做功，最后废汽进入冷凝器 D 中冷却，向低温热源放出热量而凝结成水，再开始新的循环．蒸汽机的每一次循环中，工质水从高温热源吸收的热量，只能把其中的一部分用于气缸对外做功，而剩余的热量需要向低温热源释放．从蒸汽机中，我们可以知道，热机至少要有三个部分：

（1）循环工作物质，如：水；

（2）至少两个不同温度的热源，使工质从高温热源吸热，向低温热源放热；

（3）对外做功的机械装置．

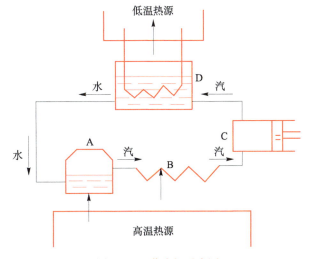

图 2.7.2　蒸汽机示意图

2. 热机效率

热机工作时，工质从高温热源吸热所增加的内能不能全部转化为对外做的有用功，因为它还要向外放出一部分热，这是由循环过程的特点决定的.

循环一周后，系统对外所做的净功为

$$-W = 闭合曲线包围的面积 \tag{2.7.1}$$

气体吸热为 Q_1，气体放热为 Q_2. 内能的变化量为 $\Delta U = 0$，根据热力学第一定律 $\Delta U = Q + W$，所以有

$$-W = Q_1 + Q_2 \tag{2.7.2}$$

如果只考虑大小不考虑正负，则有

$$|W| = |Q_1| - |Q_2| \tag{2.7.3}$$

由于历史的原因，在热机中，往往将绝对值符号省掉，将式（2.7.3）写成

$$W = Q_1 - Q_2 \tag{2.7.4}$$

式（2.7.3）和式（2.7.4）的物理意义：系统从高温热源吸收了热量 Q_1，其中一部分 Q_2 向低温热源释放出去了，剩余的部分 $Q_1 - Q_2$ 用来对外做净功.

既然不可能把从高温热源吸收的热量全部转化为有用功，人们就必然关心从高温热源吸收的热量中，有多少能量转化为功. 这就是热机效率的问题. 设工质从高温热源吸热 Q_1，向低温热源放热 Q_2，对外做功 $W = Q_1 - Q_2$，则热机的效率为

$$\eta = \frac{W}{Q_1} = \frac{Q_1 - Q_2}{Q_1} = 1 - \frac{Q_2}{Q_1} \tag{2.7.5}$$

上式和式（2.7.4）一样，出现的物理量都取绝对值.

例 2.9

1 mol 单原子分子理想气体的循环过程如图 2.7.3 所示. 已知 $T_a = T_b = 600$ K，$V_a = V_c = 1.0 \times 10^{-3}$ m³，$V_b = 2.0 \times 10^{-3}$ m³.

（1）作出 p-V 图；

（2）求此循环的效率.

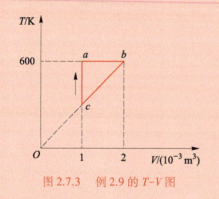

图 2.7.3　例 2.9 的 T-V 图

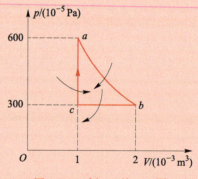

图 2.7.4　例 2.9 的 p-V 图

解：（1）变换成 p-V 图（如图 2.7.4 所示）

（2）ab 是等温过程，有

$$Q_{ab} = -W = RT\ln\frac{V_b}{V_a}$$
$$= 600R\ln 2$$

bc 是等压过程，有

$$Q_{bc} = \nu C_p \Delta T = -750R$$

ca 是等容过程，有

$$Q_{ca} = \Delta U = \nu C_V (T_a - T_c)$$
$$= \frac{3}{2}V(p_a - p_c) = 450R$$

循环过程中系统吸热

$$Q_1 = Q_{ab} + Q_{ca} = 600R\ln 2 + 450R \approx 866R$$

循环过程中系统放热

$$Q_2 = 750R$$

循环效率

$$\eta = 1 - \frac{Q_2}{Q_1} = 1 - \frac{750R}{866R} = 13.4\%$$

3. 卡诺热机

热机刚出现时，热机的效率是很低的，大概是 3%~5%. 除了大部分要放给低温热源，还有漏热、漏气、摩擦等因素造成的耗散，降低了效率. 提高热机效率是热机研究的重要课题，为了研究问题的简便，法国工程师卡诺（Carnot，1796—1832）提出了一个简化的理想模型——卡诺热机，这是一种理想热机，效率最高，其循环为卡诺循环. 他设想整个循环过程只有两个热源，温度分别为 T_1、T_2，当热机和热源接触时，经历等温过程，离开热源后，和外界没有热量的交换，经历的是绝热过程，所以卡诺循环是由两个等温过程和两个绝热过程组成的循环. 如图 2.7.5 所示，具体包括四个步骤：① 工质通过等温过程从高温热源 T_1 吸收热量 Q_1；② 工质离开热源，完成绝热膨胀降温过程，温度降到 T_2；③ 工质通过等温过程向低温热源 T_2 放出热量 Q_2；④ 经绝热压缩过程升温到 T_1.

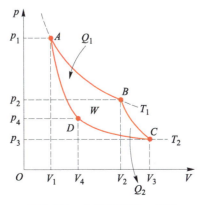

图 2.7.5　卡诺循环的 p-V 图

以理想气体为工质，研究卡诺循环的效率.

（1）气体从高温热源吸收的热量

$$Q_1 = \nu R T_1 \ln \frac{V_2}{V_1} \qquad (2.7.6)$$

（2）气体向低温热源放出的热量

$$Q_2 = \nu R T_2 \ln \frac{V_3}{V_4} \qquad (2.7.7)$$

应用绝热过程方程 $T_1 V_2^{\gamma-1} = T_2 V_3^{\gamma-1}$，$T_2 V_4^{\gamma-1} = T_1 V_1^{\gamma-1}$，有

$$\frac{V_2}{V_1} = \frac{V_3}{V_4} \qquad (2.7.8)$$

由以上各式，可计算出卡诺循环的热机效率

$$\eta = 1 - \frac{Q_2}{Q_1} = 1 - \frac{T_2}{T_1} \qquad (2.7.9)$$

对于卡诺循环热机，其效率只与高温热源温度 T_1、低温热源温度 T_2 有关. 当升高 T_1 和降低 T_2 时，热机效率就可以提高，这就指出了改善热机效率的根本途径. 但低温热源温度一般都是环境温度，所以实际中通常采用的方法是提高热机高温热源的温度 T_1.

4. 奥托循环

煤油发动机和汽油发动机为点燃式，燃料与空气的可燃混合物经压缩后被电火花点燃. 四冲程火花塞点燃式汽油发动机的理想循环为奥托（Otto）定容吸热循环（如图 2.7.6 所示），由两绝热过程和两等容过程组成. 1→2 绝热压缩过程结束时，火花塞点燃可燃混合气体，混合气体定容燃烧，其效率为

$$\eta = 1 - \frac{1}{R^{\gamma-1}} \qquad (2.7.10)$$

式中 $R = V_1/V_2$ 为绝热压缩比.

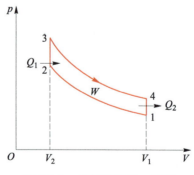

图 2.7.6　奥托循环的 p–V 图

5. 狄塞尔循环

柴油机为压燃式，其理想循环为狄塞尔（Diesel）等压吸热循环（如图 2.7.7 所示），由两绝热过程、一等压过程和一等容过程组成. 空气在 1→2 被绝热压缩结束时，经高压喷油嘴喷入柴油，发生等压燃烧，其效率为

$$\eta = 1 - \frac{1}{\gamma} \frac{1}{R^{\gamma-1}} \frac{\rho^{\gamma}-1}{\rho-1} \qquad (2.7.11)$$

式中，$R = V_1/V_2$ 为绝热容积压缩比，$\rho = V_3/V_2$ 为定压容积膨胀比.

在相同的压缩比下，狄塞尔循环的效率低于奥托循环的效率.

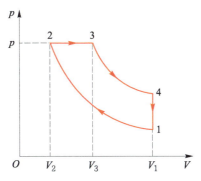

图 2.7.7　狄塞尔循环的 $p-V$ 图

6. 布莱敦循环

燃气涡轮机采用布莱敦（Bragton）等压加热循环（如图 2.7.8 所示），由两等压过程、两绝热过程组成，热效率为

$$\eta = 1 - \frac{1}{\varepsilon_P^{(\gamma-1)/\gamma}} \qquad (2.7.12)$$

式中，$\varepsilon_P = p_2/p_1$ 为绝热过程增压比，γ 为绝热指数.

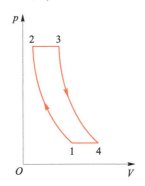

图 2.7.8　狄塞尔循环的 $p-V$ 图

7. 萨巴德循环

现代柴油机采用等压、等容混合加热循环，即萨巴德（Sabathe）循环，由两绝热过程、两等容过程和一等压过程组成，如图 2.7.9 所示，其效率为

$$\eta = 1 - \frac{1}{\varepsilon^{\gamma-1}} \cdot \frac{\lambda\rho^{\gamma}-1}{(\rho-1)\gamma\lambda+(\lambda-1)} \qquad (2.7.13)$$

式中 $\varepsilon = V_1/V_2$ 为绝热压缩比、$\lambda = p_3/p_2$ 为定容升压比，$\rho = V_4/V_2$ 为定压膨胀比.

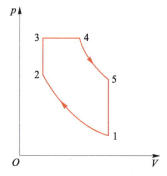

图 2.7.9　萨巴德循环的 $p\text{-}V$ 图

2.7.3　制冷与热泵

1. 制冷循环与制冷系数

在 $p\text{-}V$ 图上，循环进行的方向为逆时针方向，称为逆循环，在逆循环中，系统在外界做功的条件下，把低温热源的热量转移到高温热源去，使低温热源温度降低、高温热源温度升高. 逆循环过程中，工质从低温热源吸收热量 Q_2，并向高温热源放出热量 Q_1，外界必须对工质做功 W.

在低温热源的角度，外界做功使得低温热源的温度更低了，所以起到制冷机的作用. 制冷机工作时，通常高温热源是恒温热源（如大气），比如冰箱制冷、夏天空调制冷. 在制冷机中人们关心的是从低温热源吸收的总热量 Q_2，其代价是外界必须对制冷机做功 $W=Q_1-Q_2$，故定义制冷系数为

$$\varepsilon_{冷}=\frac{Q_2}{W}=\frac{Q_2}{Q_1-Q_2} \tag{2.7.14}$$

例 2.10

逆向斯特林制冷循环的热力学循环原理如图 2.7.10 所示. 该循环由四个过程组成，先把工质由初态 $A(V_1，T_1)$ 等温压缩到状态 $B(V_2，T_1)$，再等容降温到状态 $C(V_2，T_2)$，然后经等温膨胀达到状态 $D(V_1，T_2)$，最后经等容升温回到初状态 A，完成一个循环. 求该制冷循环的制冷系数.

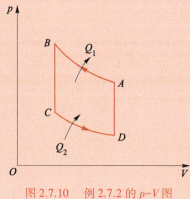

图 2.7.10　例 2.7.2 的 $p\text{-}V$ 图

解： 在过程 *CD* 中，工质从冷库吸取热量为

$$Q_2 = \nu R T_2 \ln \frac{V_1}{V_2}$$

在过程 *AB* 中，工质向外界放出热量为

$$Q_1 = \nu R T_1 \ln \frac{V_1}{V_2}$$

整个循环中外界对工质所做的功为

$$W = Q_1 - Q_2$$

制冷系数为

$$\varepsilon_{冷} = \frac{Q_2}{W} = \frac{Q_2}{Q_1 - Q_2} = \frac{T_2}{T_1 - T_2}$$

思考： 为什么没有考虑等容过程吸热、放热？等容过程的吸热、放热对于功的计算没有影响，而从低温热源吸热没有考虑等容过程的吸热部分，是基于实际机器考虑的，人们只关心从冷库中吸收热量，从其他地方吸热无益于冷库制冷.

2. 卡诺制冷循环

以理想气体为工质，研究卡诺制冷机的制冷系数（图 2.7.11）.

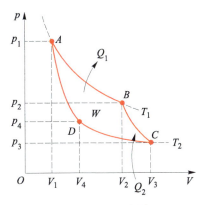

图 2.7.11　卡诺制冷机

（1）气体向高温热源放出的热量

$$Q_1 = \nu R T_1 \ln \frac{V_2}{V_1} \tag{2.7.15}$$

（2）气体从低温热源吸收的热量

$$Q_2 = \nu R T_2 \ln \frac{V_3}{V_4} \tag{2.7.16}$$

由 *cb*，*ad* 的绝热过程方程，有

$$\frac{V_2}{V_1} = \frac{V_3}{V_4} \tag{2.7.17}$$

可得卡诺制冷循环的制冷系数：

$$\varepsilon_{卡冷} = \frac{Q_2}{W} = \frac{Q_2}{Q_1 - Q_2} = \frac{T_2}{T_1 - T_2} \tag{2.7.18}$$

对于卡诺制冷机，低温热源温度越低，制冷系数越小. 欲使 $T_2 \to 0$，则 $\varepsilon_{卡冷} \to 0$，要求 $Q_2 \neq 0$ 时，$W = \infty$，这是不可能的. 所以绝对零度不可能用有限过程达到. 这也称为热力学第三定律（关于热力学第三定律，将在 3.4.2 小节中具体介绍.）. 当高温热源的温度 T_1 一定时，理想气体卡诺循环的制冷系数只取决于 T_2.

3. 热泵与热泵系数

在逆循环中，站在高温热源的角度，外界做功，使得高温热源的温度更高了，所以起到热机的作用. 热泵工作时，通常低温热源是恒温热源（如大气），比如冬天的空调制热. 在热泵中，人们关心的是释放给高温热源的总热量 Q_1，其代价是外界必须对制热机做功 $W = Q_1 - Q_2$，故定义热泵系数为

$$\varepsilon_{热} = \frac{Q_1}{W} = \frac{Q_1}{Q_1 - Q_2} \qquad (2.7.19)$$

同样，对于卡诺热泵的热泵系数为

$$\varepsilon_{卡热} = \frac{T_1}{T_1 - T_2} \qquad (2.7.20)$$

其中，T_1 是高温热源温度，T_2 是低温热源温度.

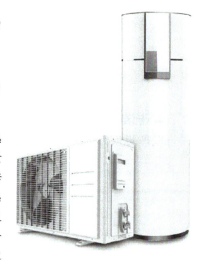

空气能热泵（图 2.7.12）利用空气中的热量来产生热能，在生活中，全天 24 h 提供能满足全家使用的热水，水量大、水压高、温度恒定、消耗少. 空气能热泵利用的是卡诺制冷循环原理. 通过压缩机系统运转工作，吸收空气中的热量制造热水. 具体过程是：压缩机将冷媒压缩，压缩后温度升高的工质，经过水箱中的冷凝器制造热水，热交换后的冷媒回到压缩机进行下一循环，在这一过程中，空气热量通过蒸发器被吸收导入冷媒中，冷媒再导入水中，产生热水.

图 2.7.12　空气能热泵

例 2.11

地球上的人类要在月球上建造房屋居住，首先要解决的问题就是保持起居室处于一个舒适的温度. 现考虑用卡诺循环机来进行温度调节. 设月球白昼温度为 $t_1 = 100\ ℃$，而夜间温度为 $t_3 = -100\ ℃$，起居室温度要保持在 $t_2 = 20\ ℃$ 左右，通过起居室墙壁导热的速率为每度温差 $0.5\ \mathrm{kW}$ （$a = 0.5\ \mathrm{kW \cdot K^{-1}}$），求白昼和夜间给卡诺机所供的功率.

解： 在白昼欲保持室内温度比室外低，卡诺机工作处于制冷状态，从室内吸取热量 Q_2，向室外放出热量 Q_1，则

$$\varepsilon_{冷} = \frac{Q_2}{W} = \frac{T_2}{T_1 - T_2}$$

$$W = \frac{Q_2}{\varepsilon_{冷}} = Q_2 \frac{T_1 - T_2}{T_2}$$

每秒钟从室内取走的热量为

$$Q_2 = a(T_2 - T_1)$$

$$W = \frac{Q_2}{\varepsilon_{冷}} = Q_2 \frac{T_1 - T_2}{T_2} = a \frac{(T_1 - T_2)^2}{T_2} = 10.9 \times 10^3\ \mathrm{W}$$

在黑夜欲保持室内温度比室外高，卡诺机工作处于热泵状态，从室外吸取热量 Q_3，向室内放出热量 Q_4，则

$$\varepsilon_{\text{热}} = \frac{Q_4}{W} = \frac{T_2}{T_2 - T_3}$$

每秒钟放入室内的热量为

$$Q_4 = W \frac{T_2}{T_2 - T_3}$$

$$W = \frac{a(T_2 - T_3)^2}{T_2} = 24.6 \times 10^3 \text{ W}$$

此种用可逆循环原理制作的空调装置既可加热，又可降温，这即所谓的冷暖双制空调.

中国是全球最大的冰箱生产国，其冰箱产量占全球总产量的 50% 以上，出口量在全球占比达 25% 以上. 中国家用空调产量持续占据全球 80% 以上份额，畅销全球 160 多个国家和地区，服务了 20 亿以上的家庭和用户，是名副其实的"空调之王".

寻找清洁能源成为人类当前面临的迫切课题，从太阳获得电力是人们最关注的方法之一. 无需通过热过程，直接将光能转化为电能的发电方式称为太阳能发电，包括光伏发电、光化学发电等. 通过水或其他工质和装置将太阳辐射能转化为电能的发电方式，称为太阳能热发电. 它先将太阳能转化为热能，再将热能转化成电能，两种转化方式：一种是将太阳热能直接转化成电能，如半导体或金属材料的温差发电，真空器件中的热电子和热电离子发电，碱金属热电转化，以及磁流体发电等；另一种是将太阳热能通过热机（如汽轮机）带动发电机发电，与常规热力发电类似. 目前，有些国家已制造了太阳能热发电示范电站，实现了并网发电，我国在太阳能发电方面处于世界领先地位.

2.8__ 焦耳-汤姆孙效应（等焓过程）

1852 年，英国物理学家焦耳和 W. 汤姆孙（即开尔文）为了进一步研究气体的内能与状态参量之间的关系，对焦耳的气体自由膨胀实验进行了改进，设计了多孔塞实验，发现了焦耳-汤姆孙效应（Joule-Thomson effect），也称为节流效应（throttling effect），它是气态工质降温后能以液态出现的有效手段. 图 2.8.1 是焦耳-汤姆孙实验示意图. 一个绝热性良好的管子 L 中，放置一个用多孔物质制成的多孔塞 H，多孔塞对气流有较大阻滞作用. 实验中使气体从多孔塞的左边稳定地、持续地流到多孔塞右边，维持多孔塞两边的压强差. 焦耳和汤姆孙通过实验发现，气体流过多孔塞前后的温度一般情况下会发生变化，温度变化量与气体的种类和流过多孔塞前后的压强有关. 绝热条件下，压强较高的气体经过多孔塞、小孔、通径很小的阀门等稳定地流向压强较低一边的过程称为节流过程. 目前在工业上通过节流阀或毛细管来实现气体的节流膨胀.

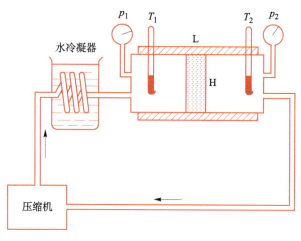

图 2.8.1 焦耳-汤姆孙实验

2.8.1 焦耳-汤姆孙效应是等焓过程

利用图 2.8.2 可以来讨论节流的热力学过程. 左右两端都开口的绝热气缸 (截面积为 A), 中心放置了一个多孔塞, 开口的两端分别放有一个绝热活塞, 活塞可以无摩擦地移动, 在两个活塞上分别作用有一个恒定不变的外力以维持两侧不同的压强 p_1 和 p_2, 且 $p_1>p_2$. 刚开始时, 气体全部在多孔塞的左边, 当所有气体穿过多孔塞后, 气体从平衡态 1 (状态参量为 V_1、p_1、T_1, 内能为 U_1) 变化为平衡态 2 (状态参量为 V_2、p_2、T_2, 内能为 U_2). 在气体穿过多孔塞的整个过程中, 外界对左边的气体做正功:

$$W_1 = p_1 A l_1 = p_1 V_1 \tag{2.8.1}$$

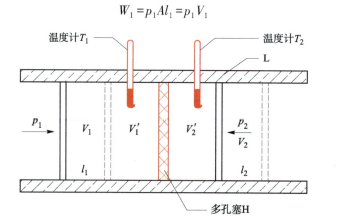

图 2.8.2 节流过程

同时外界对右边的气体做负功:

$$W_2 = -p_2 A l_2 = -p_2 V_2 \tag{2.8.2}$$

外界在整个过程中对气体所做的净功为

$$W = W_1 + W_2 = p_1 V_1 - p_2 V_2 \tag{2.8.3}$$

由于整个过程与外界没有交换热量, $Q=0$, 根据热力学第一定律 $\Delta U = Q + W$ 可得

$$U_2 - U_1 = p_1 V_1 - p_2 V_2 \qquad (2.8.4)$$

根据焓的定义, 有

$$H_1 = H_2 \qquad (2.8.5)$$

焦耳–汤姆孙实验表明绝热节流过程前后的焓值不变. 对于理想气体, 内能仅是温度的函数, $U = U(T)$, 因此焓也仅是温度的函数: $H = H(T)$, 所以, 所有的理想气体在节流过程前后温度都不发生变化, 这已被实验所证实. 实验表明, 对于实际气体, 节流过程前后温度的变化与气体种类、节流前温度、节流前后压强有关. 在常温下, 对于氮气、氧气、空气等气体, 节流后温度将降低, 称为节流制冷效应 (或正节流效应); 但对于氢气、氦气等气体, 节流后温度反而会升高, 称为负节流效应. 在低温工程中, 经常利用节流制冷效应来降低物体的温度.

2.8.2 焦耳–汤姆孙系数与转换曲线

不同种类气体在不同压强、不同温度下, 经节流过程后, 气体温度的变化都不一样, 为了研究的方便, 工程上经常通过实验测定, 并在 T–p 图作出各类气体的各条等焓线. 在实验进行时, 可以先任意选定高压一边的压强 p_i 和温度 T_i, 控制多孔塞另一边的压强为一系列固定数值 p_1、p_2、…、p_7, 测出节流后所对应的一系列末态温度 T_1、T_2、…、T_7, 在 T–p 图上标出 i 及 1、2、…、7 状态的点, 如图 2.8.3 所示. 这些点的焓值都相等, 都等于气体在状态 T_i、p_i 时的焓值. 只要测量的点数足够多, 这些点就可以连接成一条等焓线. 从图 2.8.3 可以看到, 如果选在初态为 "i"、末态为 "4" 的两个状态之间进行节流膨胀, 则节流膨胀后温度将升高; 如果选在初态 "4" 点到末态 "7" 点之间进行, 则节流膨胀后温度将降低. 利用等焓线能很方便地确定节流后的温度.

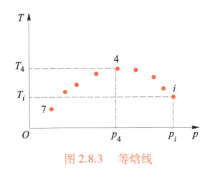

图 2.8.3　等焓线

节流过程并不是准静态过程, 中间状态都是非平衡态, 无法用热力学参量来表示它. 也无法在状态图中用一条曲线来描述, 所以等焓线并不是节流过程状态变化曲线, 等焓线只是把焓值相等的各个平衡态连接起来. 等焓线的斜率称为焦耳–汤姆孙系数

$$\mu = \left(\frac{\partial T}{\partial p} \right)_H \qquad (2.8.6)$$

任意一条等焓线的极大值的平衡态, μ 值均等于零. 将这些平衡态连接起来的曲线就是转换曲线 (如图 2.8.4 的虚线所示). 转换曲线将平衡态分为两个区域, $\mu > 0$ 的

区域称为节流制冷区，在这一区域，通过节流过程，温度将降低；$\mu < 0$ 的区域称为节流制热区，在这一区域通过节流过程，温度将升高.

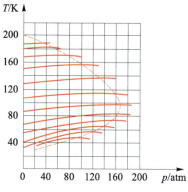

图 2.8.4　等焓线和转换曲线

思考题

2.1　何为准静态过程？

2.2　我们日常生活中用电水壶烧水的过程是准静态过程吗？如果不是，试设想如何用准静态过程烧水.

2.3　绝热线比等温线陡，其物理原因是：等温过程中压强的减小仅是体积_____所致；而绝热过程中压强减小是由体积_____，同时温度_____两个原因所致.

2.4　等压膨胀过程中，温度如何变化？绝热膨胀过程中温度又如何变化？

2.5　何为功、热量、内能？

2.6　简述热力学第一定律. 为什么第一类永动机没有办法实现？

2.7　定量理想气体，从同一状态开始把其体积由 V_0 压缩到 $V_0/2$，分别经历以下三种准静态过程：① 等压过程；② 等温过程；③ 绝热过程. 其中____过程外界对气体做功最多；____过程气体内能减小最多；____过程气体放热最多.

2.8　简述热容的定义. 定容热容和内能之间的关系是什么？定压热容和焓之间的关系是什么？

2.9　"物体的热容是物体热学性质的体现，与系统经历过程无关."试分析这句话是否正确，并给出理由.

2.10　焦耳实验说明了什么？焦耳实验中的气体自由膨胀是准静态过程吗？为什么？

2.11　"真实气体的内能只是温度的函数，与体积无关."试分析这句话是否正确，并给出理由.

2.12　公式 $U_2 - U_1 = \int_{T_1}^{T_2} \nu C_{V, \mathrm{m}} \mathrm{d}T$ 只适用于理想气体等容过程，还是适用于理想气体所有过程？为什么？

2.13　公式 $H_2 - H_1 = \int_{T_1}^{T_2} \nu C_{p, \mathrm{m}} \mathrm{d}T$ 只适用于理想气体等压过程，还是适用于理想气体所有过程？为什么？

2.14　"任何热力学系统在等压过程中所吸收的热量总是等于此系统态函数焓的增加."试分析该说法是否正确，并给出理由.

2.15　为什么 $C_{p, \mathrm{m}} > C_{V, \mathrm{m}}$？

2.16　如图所示，对同一气体，1 为绝热过程，那么这三个过程，哪个过程的热容最大？为什么？

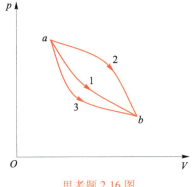

思考题 2.16 图

2.17　根据式（2.6.20）可知，多方过程摩尔热容是常量. 那么，摩尔热容是常量的过程是否都是多方过程？为什么？

2.18　何为热机循环？热机循环效率的定义是什么？

2.19　卡诺循环由哪几个过程构成？

2.20　如何计算奥托循环、狄塞尔循环、布莱敦循环、萨巴德循环的效率？

2.21　何为制冷循环？制冷循环的制冷系数的定义是什么？

2.22　何为热机系数？其意义是什么？

2.23　焦耳-汤姆孙实验说明了什么？焦耳-汤姆孙实验中的气体膨胀是准静态过程吗？

2.24　"气体节流膨胀实验反映了气体内能仅仅是温度的函数."试分析该说法是否正确，并给出理由.

2.25　节流膨胀与准静态绝热膨胀都可以降温，哪一个降温效率更高？为什么？

习　题

2.1　理想气体经历如图中实线所示的循环过程，两条等容线分别和该循环过程曲线相切于 a 点、c 点，两条等温线分别和该循环过程曲线相切于 b 点、d 点，a、b、c、d 四个点将该循环过程分成了 ab、bc、cd、da 四个阶段，则该四个阶段中从图上可肯定为放热的阶段为_____.

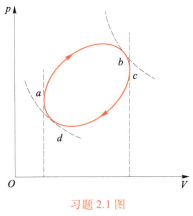

习题 2.1 图

2.2　物质的量相同的两种理想气体，第一种由单原子分子组成，第二种由双原子分子组成，现将两种气体从同一初态出发，经历一个准静态等压过程，体积膨胀到原来的两倍（假定气体的温度在室温附近). 在两种气体经历的过程中, 外界对气体做的功 W_1 与 W_2 之比 $W_1/W_1 =$ _____; 两种气体内能的变化 ΔU_1 与 ΔU_2 之比 $\Delta U_1/\Delta U_2 =$ _____.

2.3 如图所示, 一定量的理想气体, 在 $p\text{-}V$ 图上从初态 a 经历 (1) 或 (2) 过程到达末态 b, 已知 a、b 两态处于同一绝热线上 (图中虚线是绝热线), 则气体在 (1) 过程中_____, (2) 过程中_____. (填 "吸热" 或 "放热".)

2.4 如图所示为一理想气体几种状态变化过程的 $p\text{-}V$ 图, 其中 MT 为等温线, MQ 为绝热线, 在 AM、BM、CM 三种准静态过程中, 温度降低的是_____过程; 气体吸热的是_____过程.

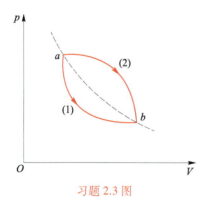

习题 2.3 图

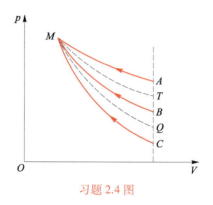

习题 2.4 图

2.5 在大气中有一绝热气缸, 其中装有一定量的理想气体, 然后用电热丝缓慢加热 (如图所示), 使活塞 (无摩擦地) 缓慢上升. 在此过程中, 以下物理量将如何变化? (用 "变大" "变小" "不变" 填空.) (1) 气体压强_____; (2) 气体内能_____.

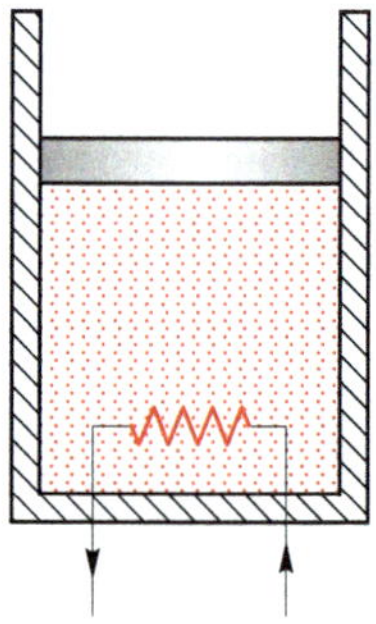

2.6 对于一定质量的理想气体, 如图所示, AE 是等温线上的一段, EB 是绝热线上的一段. 当由 A 沿路径 a 无摩擦准静态地到达 B 时, 已知 $p\text{-}V$ 图上四块阴影的面积分别为 S_1、S_2、S_3、S_4, 试用这几个阴影的图形面积表示出沿 a 路径的过程中, 对外做功的大小, 内能变化的大小, 并分析该过程吸热还是放热, 其值是多少.

2.7 物质的量为 ν 的单原子分子理想气体, 经历如图所示的热力学过程, 求在该过程中, 放热和吸热的转折点以及所经历的最高温度 T_{max}.

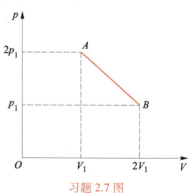

习题 2.5 图

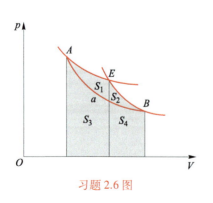

习题 2.6 图

习题 2.7 图

2.8 理想气体状态变化遵从 $pV^2 = b$ 的规律 (b 为正的常量). 当其体积从 V_1 膨胀至 $2V_1$ 时, 气体对外做的功为多少?

2.9 气缸内储有 10 mol 的单原子分子理想气体，在压缩过程中外界对气体做功 209 J，气体的温度升高 1 ℃，则气体向外界传递的热量为多少？气体的摩尔热容为多少？

2.10 三个容器内分别贮有 1 mol 氦气、1 mol 氢气和 1 mol 氨气（均视为刚性分子的理想气体）．若它们的温度都升高 1 K，则三种气体的内能的增加值分别为多少？

2.11 如图所示，一理想气体系统由状态 a 沿 acb 到达状态 b，系统吸收热量 350 J，而系统做功为 130 J. 经过过程 adb，系统对外做功 40 J，则系统吸收的热量为多少？

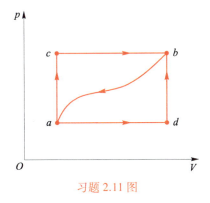

习题 2.11 图

2.12 如图所示，器壁与活塞均绝热的容器中间被一隔板等分为两部分，其中左边储有 1 mol 处于标准状态的氦气（可视为理想气体），另一边为真空．

（1）现先把隔板拉开，待气体平衡后，问氦气的压强和温度变为多少？

（2）在（1）的基础上，再缓慢向左推动活塞，把气体压缩到原来的体积．问氦气的温度改变了多少？

2.13 如图所示，一个用绝热材料制成的气缸，中间有一用导热材料制成的固定隔板 C 把气缸分成 A、B 两部分．D 是一绝热的活塞．A 中盛有 1 mol 氦气，B 中盛有 1 mol 氮气（均视为刚性分子的理想气体）．今缓慢地移动活塞 D，压缩 A 部分的气体，对气体做功为 W，试求：

（1）在此过程中两部分气体温度的变化；

（2）两部分气体内能的变化．

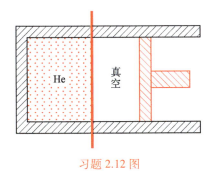

习题 2.12 图

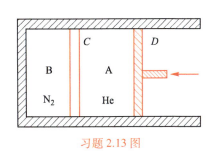

习题 2.13 图

2.14 如图所示，有一除底部外都是绝热的气筒，被一位置固定的导热板隔成相等的两部分 A 和 B，其中各盛有 1 mol 的理想气体氮气．今将 334.4 J 的热量缓慢地由底部供给气体，设活塞上的压强始终保持为 0.101 MPa，求 A 部分和 B 部分温度的改变以及各部分吸收的热量（导热板的热容可以忽略）．若将位置固定的导热板换成可以自由滑动的绝热隔板，再次进行上述计算．

2.15 如图所示，C 是固定的绝热隔板，D 是可动活塞，C、D 将容器分成 A、B 两部分．开始时 A、B 两室中各装入同种类的理想气体，它们的温度 T、体积 V、压强 p 均相同，并与大气压强相平衡. 现对 A、B 两部分气体缓慢地加热, 对 A 和 B 给予相等的热量 Q 以后, A 室中气体的温度升高度数与 B 室中气体的温度升高度数之比为 7 : 5.

（1）求该气体的摩尔定容热容 $C_{V,m}$ 和摩尔定压热容 $C_{p,m}$.

（2）B 室中气体吸收的热量有百分之几用于对外做功?

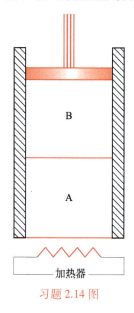

习题 2.14 图

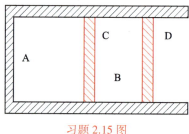

习题 2.15 图

2.16　一定量的某单原子分子理想气体装在封闭的气缸里. 此气缸有可活动的活塞（活塞与气缸壁之间无摩擦且无漏气）. 已知气体的初压强 $p_1 = 1$ atm, 体积 $V_1 = 1$ L, 现将该气体在等压下加热至体积为原来的两倍, 然后在等体积下加热至压强为原来的 2 倍, 最后作绝热膨胀, 直到温度下降到初温为止.

（1）在 p-V 图上将整个过程表示出来;

（2）试求在各个过程中气体内能的改变、吸收的热量、所做的功. (1 atm = 1.013×10^5 Pa.)

2.17　0.02 kg 的氦气（视为理想气体）, 温度由 17 ℃ 升为 27 ℃. 若在升温过程中,（1）体积保持不变;（2）压强保持不变;（3）不与外界交换热量; 试分别求出气体内能的改变、吸收的热量、外界对气体所做的功.

2.18　有 0.080 kg 的氦气温度由 17 ℃ 上升到 127 ℃. 若在升温过程中:（1）体积保持不变;（2）压强保持不变;（3）不和外界交换热量. 试分别求出在这些过程中气体内能的增量、气体从外界吸收的热量和外界对气体所做的功. 设氦气可看作理想气体, 且其摩尔定容热容 $C_{V,m} = \frac{3}{2}R$, 氦气的摩尔质量为 0.004 kg·mol^{-1}, 摩尔气体常量 $R = 8.31$ J·mol^{-1}·K^{-1}.

2.19　1 mol 氮气处于 a 态时的温度为 300 K, 体积为 2.0×10^{-3} m^3. 求氮气在下列过程中做的功:

（1）从 a 态绝热膨胀到 b 态 ($V_b = 20.0 \times 10^{-3}$ m^3);

（2）从 a 态等温膨胀到 c 态, 再由 c 态等容冷却到 b 态.

2.20　一定量的双原子分子（可视为刚性）理想气体由状态 A 经直线 AB 所示的过程到状态 B（如图所示）. 求此过程中:

（1）气体对外做的功;

（2）气体内能的增量;

（3）气体吸收的热量、放出的热量和交换的净热量.

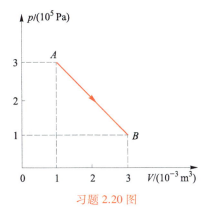

习题 2.20 图

2.21　一气缸内盛有一定量的刚性双原子分子理想气体，气缸活塞的面积 $S = 0.05\ \text{m}^2$，活塞与气缸壁之间不漏气，摩擦忽略不计. 活塞右侧通大气，大气压强 $p_0 = 1.0 \times 10^5\ \text{Pa}$. 弹性系数 $k = 5 \times 10^4\ \text{N} \cdot \text{m}^{-1}$ 的一根弹簧的两端分别固定于活塞和一固定板上（如图所示）. 开始时气缸内气体处于压强、体积分别为 $p_1 = p_0 = 1.0 \times 10^5\ \text{Pa}$，$V_1 = 0.015\ \text{m}^3$ 的初态. 今缓慢加热气缸，缸内气体缓慢地膨胀到 $V_2 = 0.02\ \text{m}^3$. 求在此过程中气体从外界吸收的热量.

2.22　一容器被一可移动、无摩擦且绝热的活塞分割成两部分，如图所示. 左端封闭且导热，其他部分绝热. 开始时在 Ⅰ，Ⅱ 中各有温度为 0 ℃，压强 $1.013 \times 10^5\ \text{Pa}$ 的刚性双原子分子的理想气体，两部分的容积均为 36 L，现从容器左端缓慢地对 Ⅰ 中气体加热，使活塞缓慢地向右移动，直到 Ⅱ 中气体的体积变为 18 L 为止. 求：

（1）Ⅰ 中气体末态的压强和温度.

（2）外界传给 Ⅰ 中气体的热量.

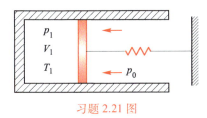

习题 2.21 图　　　　习题 2.22 图

2.23　竖直放置的两端等高的 U 形管的横截面积为 S，管内容积为 V_0，将密度为 ρ 的液体注满该 U 形管，管子的左端与容积为 V_0 的球形容器密封相连，球形容器中盛有一定量的理想的单原子分子气体，管子的右端与大气相通，大气压强恒定为 p_0. 现在对球形容器中的气体加热，使得一半液体排出，试问：需要吸收多少热量？设整个装置的热量散失忽略不计.

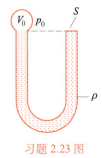

习题 2.23 图

2.24　一圆柱形气筒，长度 $l_0 = 10\ \text{cm}$，截面积 $S = 1.7 \times 10^{-2}\ \text{m}^2$，器壁与活塞均绝热，如图所示. 用一个弹性系数为 $k = 1.5 \times 10^4\ \text{N} \cdot \text{m}^{-1}$ 的轻弹簧将两个活塞连接起来，气筒中有带孔的固定隔板，筒壁有开口与大气相通，大气压强 $p_0 = 1 \times 10^5\ \text{Pa}$. 两室分别装有同种理想气体，温度均为 $T_0 = 300\ \text{K}$，压强均为 p_0，现对左室缓慢加热，弹簧长度的最大改变量 $l_m = 7.4 \times 10^{-2}\ \text{m}$，气体的摩尔内能满足 $U_m = \dfrac{RT}{\alpha - 1}$（SI 单位），$\alpha$ 为常量. 当左室气体吸热 $Q = 1\ 000\ \text{J}$ 时，求左右两室气体的温度和压强.

2.25 如图所示一个可以自由滑动的不导热轻活塞,将一个竖直放置的上端开口的绝热圆筒隔成上、下两部分,活塞上部装满水银,下部装有 1 mol、300 K 的单原子分子理想气体,在平衡状态时,气体体积是水银体积的 2 倍,气体压强是大气压的 2 倍. 为使得水银全部溢出,气体需要吸收多少热量?

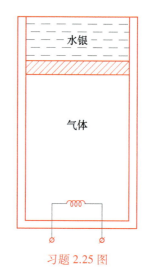

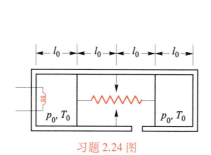

习题 2.24 图   习题 2.25 图

2.26 设某单原子分子理想气体作如图所示的循环,其中 ab 为等温过程,$p_2 = 2p_1$,$V_2 = 2V_1$. 求:

(1)每一过程系统从外界吸收的热量和对外所做的功(用 p_1、V_1 表示).

(2)该循环的循环效率.

2.27 如图所示,1 mol 单原子分子的理想气体经历如所示的循环. 已知 $V_1 = 2V_2$,求热机效率.

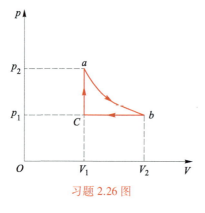

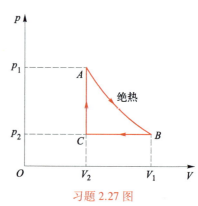

习题 2.26 图   习题 2.27 图

2.28 气缸内储有 36 g 水蒸气(视为刚性分子理想气体),经 $abcda$ 循环过程如图所示. 其中 $a\text{-}b$、$c\text{-}d$ 为等容过程,$b\text{-}c$ 为等温过程,$d\text{-}a$ 为等压过程. 试求:

(1)$d\text{-}a$ 过程中水蒸气做的功 W_{da};

(2)$a\text{-}b$ 过程中水蒸气内能的增量 ΔU_{ab};

(3)循环过程水蒸气做的净功 W;

(4)循环效率 η.

2.29 1 mol 刚性双原子分子理想气体,作如图所示的循环,其中 1—2 为直线,2—3 为绝热线，3—1 为等温线，且已知 $\theta = 45°$，$T_1 = 300 \, \text{K}$，$T_2 = 2T_1$，$V_3 = 8V_1$，试求：

（1）1—2、2—3、3—1 各分过程中气体做功、吸热及内能的增量；

（2）此循环的效率．

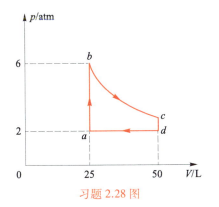

习题 2.28 图

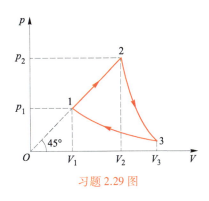

习题 2.29 图

2.30 1 mol 双原子分子的理想气体，经历如图所示的可逆循环，连接 ac 两点的曲线 Ⅲ 的方程为 $p = (V/V_0)^2 p_0$，a 点的温度为 T_0．

（1）试以 T_0、R 表示 Ⅰ、Ⅱ、Ⅲ 过程中气体吸收的热量；

（2）求此循环的效率．

2.31 如图所示，用绝热材料包围的圆筒内盛有一定量的刚性双原子分子的理想气体，并用可活动的、绝热的轻活塞将其封住．图中 K 为用来加热气体的电热丝，MN 是固定在圆筒上的环，用来限制活塞继续向上运动．Ⅰ、Ⅱ、Ⅲ 是圆筒体积等分刻度线，每等分刻度为 $10^{-3} \, \text{m}^3$．开始时活塞在位置 Ⅰ，系统与大气同温、同压、同为标准状态，现将小砝码逐个加到活塞上，缓慢地压缩气体，当活塞到达位置 Ⅲ 时停止加砝码；然后接通电源缓慢加热使活塞移至位置 Ⅱ；断开电源，再逐步移去所有砝码使气体继续膨胀至位置 Ⅰ，当上升的活塞被环 MN 挡住后，拿去周围绝热材料，系统逐步恢复到原来的状态，完成一个循环．

（1）在 p-V 图上画出相应的循环曲线；

（2）求出各分过程的始、末状态温度；

（3）求该循环过程吸收的热量和放出的热量；

（4）求该循环的效率．

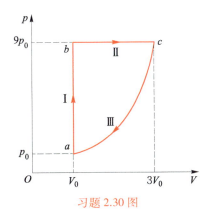

习题 2.30 图

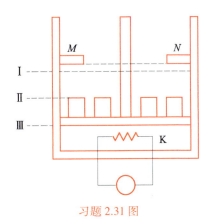

习题 2.31 图

2.32　比热容比 $\gamma = 1.4$ 的理想气体进行如图所示的循环. 已知状态 A 的温度为 $300\ \text{K}$. 求该循环的效率.

2.33　物质的量为 ν 的理想气体（比热容比为 γ）经历如图所示的循环过程，$1 \rightarrow 2$ 是绝热压缩过程，$2 \rightarrow 3$ 是等容吸热过程，$3 \rightarrow 4$ 是绝热膨胀过程，$4 \rightarrow 1$ 是等容放热过程，已知状态 1、4 的体积为 V_1，状态 2、3 的体积为 V_2，求该循环的效率.

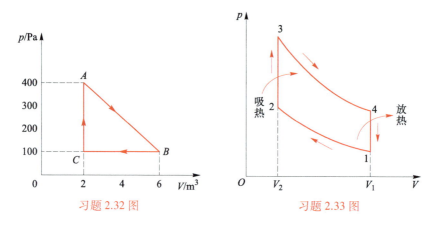

习题 2.32 图　　　　　　　习题 2.33 图

2.34　喷气发动机的循环近似如图所示，$b \rightarrow c$ 和 $d \rightarrow a$ 是等压过程，$a \rightarrow b$ 和 $c \rightarrow d$ 是绝热过程. 已知：$T_a = T_0$，$T_b = T_1$. 试求此循环的效率.

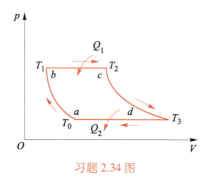

习题 2.34 图

2.35　一热机工作于两个相同材料的系统 A 和 B 之间，两系统的温度分别为 T_A、T_B（$T_A > T_B$），每个物体的质量为 m，比热容恒定，均为 c，设两个物体的压强保持不变且不发生相变.

（1）假定热机能从系统获得理论上允许的最大机械能，求出物体 A 和 B 最终达到的温度 T_0 的表达式.

（2）由此得出允许获得的最大功的表达式.

（3）假定热机工作于两箱水之间，每箱水的体积为 $2.50\ \text{m}^3$，一箱水的温度为 $350\ \text{K}$，另一箱水的温度为 $300\ \text{K}$，计算可获得的最大机械能. 已知水的比热容为 $4.19 \times 10^3\ \text{J} \cdot \text{kg}^{-1} \cdot {}^{\circ}\text{C}^{-1}$，水的密度为 $1.00 \times 10^3\ \text{kg} \cdot \text{m}^{-3}$.

2.36　如图所示，一金属圆筒中盛有 1 mol 刚性双原子分子的理想气体，用可动活塞封住，圆筒浸在冰水混合物中，迅速推动活塞，使气体从标准状况（活塞位置 I）压缩到体积为原来一半的状态（活塞位置 II），然后维持活塞不动，待气体温度下降至 0 ℃，再让活塞缓慢上升到位置 I，完成一次循环.

（1）试在 p-V 图上作出相应的理想循环曲线；

（2）分别计算各个过程气体吸收的热量；

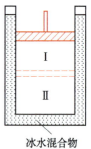

冰水混合物

习题 2.36 图

（3）若作 100 次循环放出的总热量全部用来熔化冰，则有多少冰被熔化？（已知冰的熔化热 $\lambda = 3.35 \times 10^5$ J·kg^{-1}.）

2.37　将热机与热泵组合在一起的暖气设备称为动力暖气设备，其中带动热泵的动力由热机燃烧燃料对外界做功来提供，如图所示．热泵从天然蓄水池或从地下水吸取热量，向温度较高的暖气系统的水供热．同时，暖气系统的水又作为热机的冷却水．锅炉、地下水、暖气系统的水温分别为 217 ℃、17 ℃、67 ℃．设热机及热泵均为可逆卡诺机．问：每燃烧 1 kg 燃料（燃烧值为 2.09×10^7 J·kg^{-1}），所能供给暖气系统热量的理想值（不计各种实际损失）是多少？

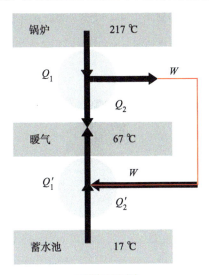

习题 2.37 图

2.38　某空调器是采用可逆卡诺循环制成的制冷机，它工作于某房间（设其温度为 T_2）及室外（设其温度为 T_1）之间，消耗的功率为 P.

（1）若在 1 s 内它从房间吸取热量 Q_2，向室外散热 Q_1，则 Q_2 是多大？（以 T_2 和 T_1 表示．）

（2）若室外向房间的漏热遵从牛顿冷却定律，即 $\dfrac{\mathrm{d}Q}{\mathrm{d}t} = -D(T_1 - T_2)$，其中 D 是与房屋的结构有关的常量．试问：制冷机长期运转后，房间所能达到的最低温度 T_2 是多少？（以 T_1、P、D 表示．）

（3）若室外温度为 30 ℃，温度控制器开关使其间断运转 30% 的时间（例如开了 3 min 就停 7 min，如此交替开停），这时发现室内保持 20 ℃ 温度不变．试问：在夏天仍要求维持室内温度 20 ℃，则该空调器可允许正常连续运转的最高室外温度是多少？

（4）在冬天，制冷机从外界吸热，向室内放热，制冷机起了热泵的作用，仍要求维持室内为 20 ℃，则它能正常运转的最低室外温度是多少？

2.39　用一可逆卡诺热泵从温度为 T_0 的河水中吸热给某一建筑物供暖．设热泵的功率为 W，该建筑物的散热率即单位时间内向外散失热量为 $\dfrac{\mathrm{d}Q}{\mathrm{d}t} = -D(T - T_0)$，其中 D 为常量，T 为建筑物的室内温度．

（1）试问：建筑物的平衡温度 T_1 是多少？

（2）若把热泵换成一个功率同为 W 的加热器直接对建筑物加热，其平衡温度 T_2 是多少？哪种方法较为经济？

2.40　1 mol 的氧在节流过程中膨胀．其摩尔体积由高压强一边的 4.0×10^{-3} m^3·mol^{-1} 增至低压

强一边的 1.2×10^{-2} m^3 · mol^{-1}，设氧气遵从范德瓦耳斯方程，其摩尔内能的变化为 $U_{m2} - U_{m1} = C_{V,m}(T_2 - T_1) + a\left(\dfrac{1}{V_{m1}} - \dfrac{1}{V_{m2}}\right)$．试计算节流膨胀前后温度之变化．已知氧气的范德瓦耳斯常量：$a = 0.138$ Pa · m^6 · mol^{-2}，$b = 3.2 \times 10^{-5}$ m^3 · mol^{-1}，$C_{V,m} = 20.8$ J · mol^{-1} · K^{-1}．

2.41　节流过程的转换温度可以用摩尔体积的函数来表示．已知某气体的状态方程为 $p(V_m - b) = RT\exp\left(-\dfrac{a}{RTV_m}\right)$，其中 a，b 为常量，R 为摩尔气体常量，V_m 为摩尔体积．

（1）试求这种气体转换温度的表达式（焦耳–汤姆孙系数 $\mu = \left(\dfrac{\partial T}{\partial p}\right)_H = \dfrac{1}{C_{p,m}}\left[T\left(\dfrac{\partial V_m}{\partial T}\right)_p - V_m\right]$）；

（2）试计算最高转换温度 T_m（最高转换温度的含义是：若气体初温高于 T_m，则通过节流膨胀过程不会使气体冷却）．

习题答案

第三章

热力学第二定律与熵

自然界中与热学有关的所有过程都是不可逆的，但是为了研究热学相关过程，我们需要建立可逆过程的模型，在 3.1 节对此予以介绍。通过研究可逆过程与不可逆过程的问题，人们对热学有了深刻的认识，最终发现和归纳出了卡诺定理和热力学第二定律，这些在第 3.2、第 3.3 节给出了详细叙述。为了把过程方向的判断提高到定量水平，必须引入态函数——熵，进而学习熵增原理。为了引入熵，需要先学习克劳修斯等式，详见 3.5 节和 3.6 节。

3.1＿ 可逆过程与不可逆过程

3.1.1　自然过程的方向

在气体自由膨胀实验（如图 2.5.1 所示）中，打开阀门后，气体能够自发地从左室自由膨胀到右室，但是要使气体再回到左室，则无法自发进行。这说明，气体自由膨胀是有方向的。

实际上，所有的自然过程都是有方向的。例如，一杯热水放在桌上，经过一段时间后，水的温度将自发地降低到与环境的温度相同。但是反过来，杯子中水的温度却无法**自发地**变得更高。如果要使水的温度变得更高，就需要通过加热等方式，这就不是自发过程了。

19 世纪，随着蒸汽机的广泛使用，提高蒸汽机的效率成为非常重要的工作，从热力学第一定律来看，可以将从高温热源所吸收的热量完全转化为对外所做的功，让热机的效率达到 100%。但是，无论怎么提高热机的效率，热机效率都达不到 100%，即从高温热源吸收的热量，总有一部分要向低温热源放热。为此，科学家们通过对大量的自然现象进行认真观察、归纳、总结，发现所有与热相联系的自然过程都是单方向进行的，并得出了热力学第二定律。

3.1.2　可逆过程与不可逆过程

在力学及电磁学中，所有不与热相联系的过程都是可逆的。例如完全弹性碰撞过程就是可逆的。但是，实际上所有的碰撞都不是完全弹性碰撞，机械能并不守恒，一部分机械能会因摩擦转化为热能，这就是不可逆过程。

那么如何定义可逆过程？系统从初态出发经历某一过程（原过程）到达末态，若可以找到一个能使系统和外界都复原的过程（这时系统回到初态，对外界也不产生任何影响），则原过程是可逆的，称为可逆过程。若过程发生后，系统和外界都不能同时恢复到原来的状态，则原过程是不可逆的。

我们来看第二章的图 2.1.2 中的例子，如果活塞与气缸之间没有摩擦，那么从状态（a）变为状态（c）的过程可以视为可逆的。它的逆过程可以这样进行：把砝码一个个十分缓慢地移到活塞上，活塞将缓慢地压缩气体，砝码移完后，气缸中的气体回到原始状态（a），同时外界也复原。但是，如果气缸与活塞之间有摩擦，那么，由于摩擦力的作用产生了热量，就没有办法让活塞回到原来的位置，气缸中的气体也不能回到原始状态，如果想让气体回到原始状态，需要外界对气体做额外的功。经过这样一个逆过程后，系统虽然可以回到原始状态，但是需要外界做功，对外界有影响。图 2.1.2 中状态（a）变为状态（b）的过程也是不可逆的。因为要使活塞回到原来的位置，外界需要对气体做功，所做的功全部转化为热量传给外界，从而产生不可消除的影响。从上面所举例子可看出：从图 2.1.2 状态（a）到状态（c）的过程是准静态过程，并且在过程进行中没有摩擦等耗散因素，该过程是可逆过程；而从图 2.1.2 状态（a）到状态（b）是非准静态过程，该过程是不可逆过程。下面详细分析产生不可逆过程的因素。

1. 耗散因素

碰撞的非弹性以及损耗、吸收、摩擦、黏性等都是功转化为热的现象，称为耗散过程。

机械功、电磁功转化为热量的过程都是耗散过程。除摩擦过程外，其他耗散过程的例子还有：液体或气体流动时克服黏性力做的功转化为热量；电流克服电阻做的功转化为热量；日光灯镇流器工作时，硅钢片的磁滞使电磁功转化为热量；电介质电容器在工作时发热。

可以这么认为，一切不与热相关的力学及电磁学过程都是可逆的；但力学、电磁学过程只要与热相关，就必然是不可逆的。

2. 非平衡因素

前面提到，从图 2.1.2 状态（a）变为状态（b）是不可逆的，因为状态（a）变为状态（b）是非准静态过程。而准静态过程中系统应始终满足：① 力学平衡条件（一般理解为压强处处相等）；② 热学平衡条件（温度处处相等）；③ 化学平衡条件（无外力场时，同一组分的浓度处处相等）。所以可逆过程也需要满足这些平衡条件。

总之，无耗散的准静态过程才是可逆过程。

如果过程存在耗散因素或过程是非准静态过程，该过程就不可能是可逆过程。这已由大量实验事实所证实。由此可见，可以利用四种不可逆因素来判断过程是否可逆。这四种不可逆因素是：耗散不可逆因素、力学不可逆因素、热学不可逆因素、化学不可逆因素。在这里，把系统内各部分之间的压强差、温度差、化学组分差，从零放宽为无穷小，也即

$$\frac{\Delta p}{p} \ll 1; \quad \frac{\Delta T}{T} \ll 1; \quad \frac{\Delta n_i}{n_i} \ll 1 \tag{3.1.1}$$

这是因为实际过程变化时各部分的状态参量必有差异。只要其差异相对很小就可以认为满足准静态的条件。所以，严格来说，自然界所有的过程都是不可逆的，只是在忽略了某些次要因素后，才可以认为过程是可逆的。所以，可逆过程是一个理想模型，是为了研究问题的方便而引入的。

3.2__ 热力学第二定律的表述及其实质

3.2.1 热力学第二定律的两种表述及其等效性

1. 开尔文表述（Kelvin's statement of second thermodynamics Law）

对于热机，能否制造出热机效率等于100%的热机？

根据热机效率的定义

$$\eta = \frac{W}{Q_1} = 1 - \frac{Q_2}{Q_1} \tag{3.2.1}$$

可知，当向低温热源放出的热量为零时，$W = Q_1$，热机的效率达到100%. 当 $Q_2 = 0$ 时，要求工质在一个循环过程中，把从高温热源吸收的热量全部转化为有用功，而工质本身又回到初始的状态，并不放出任何热量到低温热源. 如果热机效率能达到100%，那么仅使地球上的海水冷却 1 ℃，所获得的功相当于 10^{14} t 煤燃烧后放出的热量.

但是，实践表明，一切热机都不可能从单一热源吸收热量全部转化为对外所做的功. 功可以自发地全部转化为热；但热转化为功是有条件的，也就是说功自发地转化为热的过程是不可逆过程. 1851 年，开尔文把这一普遍规律总结为热力学第二定律的开尔文表述：

不可能从单一热源吸收热量，使之完全转化为有用功而不产生其他影响.

开尔文表述反映了功热转化的不可逆性. 下面对开尔文表述作几点说明：

（1）"单一热源"是指温度处处相等且不发生变化的热源，如果温度不均匀，那么系统可以从温度较高的部分吸热而向温度较低的部分放热，这相当于两个热源.

（2）"其他影响"是指除"把从单一热源吸收的热量全部转化为功"之外的任何其他变化. 开尔文表述指出，系统吸收热量对外做功的同时肯定要产生其他的影响. 例如，在第二章提到的等温膨胀过程，可以把从单一热源吸收的热量全部转化为功，但是产生了其他影响——气缸中的气体体积发生了变化.

（3）开尔文表述实际上表明：热机的效率不能达到100%，即

$$\eta = \frac{W}{Q_1} = 1 - \frac{Q_2}{Q_1} < 1$$

（4）热力学第二定律开尔文表述的另一叙述形式：不可能制作出第二类永动机. 所谓第二类永动机，是相对于第一类永动机（不满足能量守恒定律）而言的，它是从单一热源吸热并将其全部用来做功，而不放出热量给其他物体的机器，符合能量守恒定律，热机效率 $\eta = 100\%$.

（5）开尔文表述揭示了自然界普遍存在的功转化为热的不可逆性，即功可以完全转化为热，但是热不能完全转化为功而不产生其他影响.

2. 克劳修斯表述（Clausius's statement of second thermodynamics Law）

对于制冷机，能否制造不需要外界做功、制冷系数达到无限大的制冷机？

根据制冷机制冷系数的定义

$$\varepsilon_{\mathrm{冷}} = \frac{Q_2}{W} = \frac{Q_2}{Q_1 - Q_2} \qquad (3.2.2)$$

可知,当 $Q_1 = Q_2$ 时,$W = 0$,$\varepsilon_{\mathrm{冷}} \to \infty$,即热量可以自动地从低温物体传向高温物体.

但是,实践证明,自然界中的宏观过程是有方向性的.1850 年,克劳修斯把这一规律总结为热力学第二定律的克劳修斯表述:

不可能把热量从低温物体传到高温物体而不引起其他影响.

克劳修斯表述反映了热传导过程的不可逆性.下面对克劳修斯表述作几点说明:

(1)"其他影响"是指除"热量从低温物体传到高温物体"之外的其他任何变化.克劳修斯表述指出,热量从低温物体传到高温物体的同时必然会产生其他的影响,例如,制冷机可以让热量从低温物体传到高温物体,但是对外界产生了影响,外界对系统做功,而获得的是热量.

(2)热力学第二定律的克劳修斯表述实际上表明:制冷机的制冷系数不能达到无穷大.

(3)热力学第二定律克劳修斯表述的另一叙述形式:不可能制作出理想制冷机.所谓理想制冷机,就是不需要外界对其做功,就可以自动给系统降温的、制冷系数等于无穷大的制冷机.

3. 两种表述的等效性

克劳修斯表述和开尔文表述,虽然文字内容不同,描述的角度不同,但都描述了某些热力学过程是不可逆的这一事实,它们实际上是等效的,下面用反证法来证明这两种表述是等效的.

(1)假设克劳修斯表述不成立导出开尔文表述也不成立

假设克劳修斯表述不成立,存在理想制冷机[热量可以从低温热源(温度为 T_2)传到高温热源(温度为 T_1)而不产生其他任何影响].如图 3.2.1 所示,在这两个热源之间,有一正常的热机从高温热源(温度为 T_1)吸收热量 Q_1 对外做功 W,释放给低温热源(温度为 T_2)的热量为 Q_2,同时利用理想制冷机,将热量 Q_2 从低温热源(温度为 T_2)无影响地传到高温热源(温度为 T_1),联合理想制冷机和正常的热机,

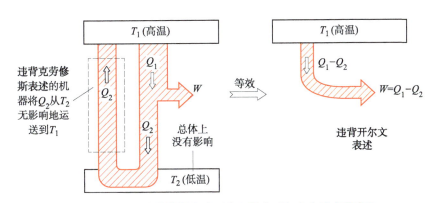

图 3.2.1　假设克劳修斯表述不成立导出开尔文表述也不成立

总效果为：从单一的高温热源（温度为 T_1）吸收热量 $(Q_1-Q_2)=W$，全部用来对外做功，没有产生其他影响. 这是违背开尔文表述的.

（2）假设开尔文表述不成立导出克劳修斯表述也不成立

假设开尔文表述不成立，存在第二类永动机［可以从高温热源（温度为 T_1）吸热 Q_1，全部转化为功 W，而不产生其他任何影响］. 将第二类永动机和一台正常的制冷机联合工作，让第二类永动机输出的功 W 去推动正常的制冷机工作，如图 3.2.2 所示. 总效果为：从低温热源（温度为 T_2）吸收热量 Q_2，传到高温热源（温度为 T_1），而不产生其他任何影响. 这是违背克劳修斯表述的.

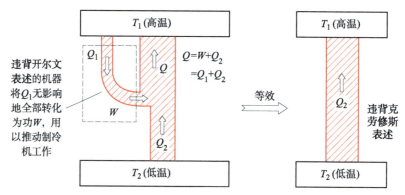

图 3.2.2　假设开尔文表述不成立导出克劳修斯表述也不成立

综合以上两点，这两种表述是等效的.

例 3.1

在 p–V 图中的任意两条绝热线不可能相交.

证明： 设两绝热线 I 和 II 相交于 a，在两绝热线上寻找温度相同的两点 b、c，在 bc 间作一条等温线. 分两种情况讨论.

第一种情况：a 点在等温线的下方，如图 3.2.3（a）所示，$abca$ 构成一热机循环过程. 在此循环过程中：对外所做的净功等于曲线所围的面积，只有等温过程吸收热量，根据热力学第一定律，有 $Q_{ab}=W$，构成了从单一热源吸收热量的热机，这违背热力学第二定律的开尔文表述. 因此，任意两条绝热线不可能相交.

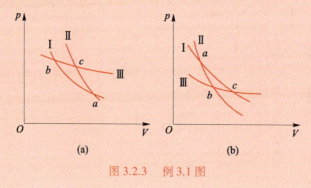

图 3.2.3　例 3.1 图

第二种情况: a 点在等温线的上方, 如图 3.2.3 (b) 所示, $acba$ 构成一热机循环过程. 在此循环过程中, 对外所做的净功等于曲线所围的面积, 两个绝热过程不吸收热量, 而等温压缩过程放出热量, 因此整个循环是系统放热, 同时对外做功, 违背了热力学第一定律. 因此, 任意两条绝热线不可能相交.

例 3.2

利用热力学第二定律说明绝热线与直线的切点是直线所表达的过程吸热和放热的转折点 (图 3.2.4).

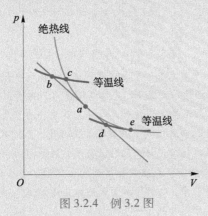

图 3.2.4　例 3.2 图

证明: (1) 设绝热线和直线相切于 a 点;

(2) 在 a 点上方分别在直线和绝热线上寻找温度相同的两点 b、c, 在 bc 间作一条等温线;

(3) 循环 $bcab$ 是热机循环, 等温过程 bc 是吸热过程, 过程 ca 是绝热过程, 根据热力学第二定律, 过程 ab 应该是放热过程.

(4) 在 a 点下方分别在直线和绝热线上寻找温度相同的两点 d、e, 在 de 间作一条等温线;

(5) 循环 $aeda$ 是热机循环, 等温过程 ed 是放热过程, 过程 ae 是绝热过程, 根据热力学第一定律, 过程 da 应该是吸热过程.

(6) 两条等温线可以无限趋近相切点, 所以相切点 (a 点) 是吸热和放热的转折点.

1871 年, 麦克斯韦提出了一个假设, 后人称之为麦克斯韦妖 (Maxwell's demon) 佯谬. 一个孤立容器内部存在若干快分子与慢分子, 容器被中间的隔板分隔开, 隔板上有个小门, 由一个小妖控制其开关, 使快分子单向通过小门进入容器左侧, 慢分子则单向通过小门进入容器右侧. 经过一段时间后, 容器左侧聚集了快分子 (温度升高), 右侧聚集了慢分子 (温度降低), 整个容器没有能量的输入, 热量自动地从低温热源传向高温热源. 这个结果显然是违背热力学第二定律的. 匈牙利物理学家希拉德认为, 小妖在测量分子快慢的瞬间, 需要付出能量作为代价. 这样将小妖付出的能量也一并考虑进整个系统, 便不违反热力学第二定律. 希拉德将分子的快或慢称作 1 个 "bit", 信息学的概念也在此后逐渐形成. 1961 年, 美国物理学家兰道尔基于计算机热力学的研究, 提出了兰道尔定理: 擦除 1 bit 信息将会导致 $kT\ln 2$ 的热量耗散.

有一种叫饮水鸟的玩具, 如图 3.2.5 所示, 市面上常见的饮水鸟由上、下两个玻璃球 (鸟头和鸟尾) 和连接两个球的玻璃管组成, 其内部常常装有易挥发的液体 (二氯甲烷), 其沸点和室温相近. 饮水鸟的内部没有空气, 只有二氯甲烷和其蒸气, 二者处于气液平衡状态. 鸟头上有一个用吸水性材料制成的鸟嘴. 将饮水鸟放到一个支点上.

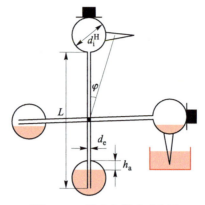

图 3.2.5　饮水鸟饮水示意图

这只会喝水的鸟经历了一个看上去似乎是永动的循环. 在这个循环中, 鸟起初是直立的, 所有的内部液体都在下球中. 在给定的室温下, 先让鸟嘴吸水, 鸟嘴上的水和空气中水蒸气直接接触. 如果此时水的蒸气压小于该温度下的饱和蒸气压, 蒸发会自发进行. 蒸发会带走鸟头部的热量, 因此内部的二氯甲烷蒸气就会液化成小液滴附着在内壁, 上、下球因此而产生了压强差, 此压强差将推动液体从下球向上球运动, 与此同时, 整个系统的质心位置发生了变化, 当质心和支点不在同一竖直线上时, 系统会受到力矩的作用而发生摆动, 当头部的液体积累到一定量的时候, 鸟会倒下, 在鸟倒下的过程中, 头部中积累的液体会逐渐流向下球, 系统重心发生改变, 使鸟重新回到直立摆动的状态, 于是开始了一个新的循环. 由以上的分析可见, 饮水鸟运动的原因在于上、下球温度不同, 从而便有了高温和低温热源, 因此, 事实上饮水鸟并不是一类永动机, 而是一类热机.

在第八章学习化学势的概念后, 我们就会知道在相同的温度和压强下, 液体和它的饱和蒸气具有相同的化学势. 但是当蒸气的局部压强低于饱和蒸气压的时候 (对于水, 当相对湿度低于 100% 时), 液体的化学势会高于蒸气的化学势, 与此同时蒸发现象发生, 该现象可用于饮水鸟的工作. 因此, 饮水鸟最基本的工作动力来源是液体和其不饱和蒸气之间化学势的差异.

3.2.2　热力学第二定律与热力学第一定律、热力学第零定律的比较

1. 热力学第二定律的实质

热力学第二定律可有多种表述, 这些表述都是等价的. 第二定律的实质是: 一切与热相关的自然现象中能够自发实现的过程都是不可逆的. 热力学第二定律是针对与热相关的自然现象而言的. 而这类现象只要是自发发生的过程就必然是不可逆的. 当然, 与热相关的非自发过程, 仍然可能是不可逆的. 6.1 节将介绍的一些近平衡的非平衡态过程 (泻流、热传导、黏滞、扩散以及大多数的化学反应过程) 都是不可逆的; 在远离平衡时自发发生的自组织现象 (例如贝纳德对流等, 称为耗散结构) 也是不可逆的.

2. 热力学第一定律与热力学第二定律的区别与联系

热力学第一定律是从数量上说明功和热量是等价的. 而热力学第二定律却从能量转化的方向性上说明功和热量有本质的区别, 揭示了自然界中普遍存在的不可逆过程. 我们关心的是能够用来对外做有用功的能量. 例如, 功热转化是不可逆的, 吸收的热量并不能全部用来对外做有用功. 所以, 所有不可逆过程的出现, 总伴随

着"可用能量"被贬值为"不可用能量"的现象发生. 例如两个温度不同的物体之间的传热过程,有什么可用能量被浪费? 如果两物体不是直接接触,而是借助于卡诺热机,把两物体分别作为高温热源和低温热源. 在卡诺热机运行过程中,两物体温度逐渐接近,最后达到热平衡,卡诺热机输出有用功. 这部分能量就是"可用能量". 如果让两物体直接接触,一样也达到热平衡. 这一部分"可用能量"就被浪费了. 在自由膨胀过程、扩散过程、有耗散发生的过程中也都浪费了"可用能量". 正因为如此,需要研究各个过程中的不可逆因素,消除这些不可逆因素,提高可用能量的利用率,从而最终提高效率.

3. 热力学第二定律与热力学第零定律的区别

在 1.3.1 节中我们介绍过热力学第零定律,达到热平衡的物体之间具有相同的温度. 热力学第零定律只能判断温度是否相等,没有办法判断未达到热平衡的两物体的温度高低,而热力学第二定律可以从热量自发流动的方向判断两物体温度的高低,所以热力学第零定律与热力学第二定律是两个相互独立的基本定律.

在低温情况下确实存在一些与"热"相联系的自发过程,但它们却是可逆过程. 例如在超流体中可发生喷泉效应,这时超流体从强光照射中所吸收的能量可无条件地、100%地全部转化为机械功(产生喷泉). 在机械热效应中可自发发生能量从低温区流动到高温区的现象,但是它们并不与热力学第二定律相违背,因为在这样的自发过程中并没有与微观粒子的无规则热运动相联系,所以要在"热"上打双引号.

3.3 卡诺定理及其应用

热力学第二定律无论是利用两种表述,还是利用四种不可逆因素来判别过程的可逆与不可逆都有很多局限性. 事实上,这两种文字表述只是规律的总结,既没有定量化,也没有提到为什么. 我们再来看一下热力学第一定律,它是因为找到了态函数——内能,建立了数学表达式才成功地解决了很多实际问题. 同样地,如果要更方便地判断过程是否可逆,需要更进一步揭示不可逆性的本质,也需要找到一个态函数——熵,在此基础上进一步建立热力学第二定律的数学表达式,运用数学工具来分析和判断过程是否可逆. 为了引入态函数熵,首先需要建立卡诺定理,这是本节的主要内容;其次通过克劳修斯等式引入态函数熵;最后建立热力学第二定律的数学表达式.

3.3.1 卡诺定理

1. 卡诺定理

早在开尔文与克劳修斯给出热力学第二定律两种表述的 26 年前,卡诺在 1824年研究卡诺热机时,就提出了卡诺定理,其表述如下:

(1)在相同的高温热源和相同的低温热源之间工作的一切可逆热机的效率都相等,与工作物质无关.

$$\eta_{\text{卡}} = 1 - \frac{Q_2}{Q_1} = 1 - \frac{T_2}{T_1} \qquad (3.3.1)$$

（2）在相同的高温热源和相同的低温热源之间工作的一切热机中，不可逆热机的效率都不可能大于可逆热机的效率.

对于卡诺定理，需要注意以下几点：

（1）高、低温热源都是温度均匀的、不随时间变化的热源，否则一个温度不均匀的热源就相当于很多个热源了.

（2）如果可逆热机工作在两个热源之间，那么和高、低温接触时，经历的都是等温过程，离开热源之后，没有任何损耗，经历的都是绝热过程，也就是说，工作在两个热源之间的所有可逆热机都是由两条等温线和两条绝热线构成的可逆卡诺热机，所以卡诺定理中的可逆热机都是可逆卡诺热机.

（3）可逆热机效率与工质无关是指：不论是理想气体还是非理想气体，也可以不是气体，可逆卡诺热机的效率都相等. 至于非理想气体的循环效率的求解，同学们可作为一个课题来讨论研究.

（4）卡诺最初在证明卡诺定理时是基于热质说的，所以卡诺最初在错误的前提（把热质类比为水，热机类比为水轮机）下证明了卡诺定理，但其得到的卡诺定理却是正确的.

（5）卡诺定理给出了提高热机效率的途径：一方面是增加温差 ΔT，使效率提高；另一方面要尽可能地减小热机循环的不可逆性，减少摩擦、漏气、散热等耗散因素也可以提高热机效率. 卡诺定理还给出了热机效率的极限：$\eta_{\text{卡}} = 1 - \dfrac{T_2}{T_1}$.

2. 卡诺定理的证明

下面以热力学第二定律为基础来证明卡诺定理，采用反证法.

设两热机 a 和 b，其中 a 为可逆热机，用圆圈表示，b 为不可逆热机，用方框表示，如图 3.3.1 所示. 假设

$$\eta_{\text{a可逆}} < \eta_{\text{b不可逆}} \qquad (3.3.2)$$

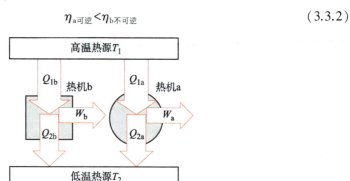

图 3.3.1　工作在相同高、低温热源的两热机 a、b

假设热机 a 从高温热源吸热 Q_{1a}，向外输出功 W_a 后，再向低温热源放热 Q_{2a}. 调节热机 b 的冲程，使两热机在每一个循环中都输出相同的功，即

$$W_b = W_a \qquad (3.3.3)$$

此时，热机 b 在一个循环中从高温热源吸热 Q_{1b}，向低温热源放出热量 Q_{2b}. 根据热力学第一定律，有

$$Q_{1b}-Q_{2b}=Q_{1a}-Q_{2a} \tag{3.3.4}$$

利用式（3.3.2）及热机效率公式（2.7.5），有

$$\frac{W_a}{Q_{1a}}<\frac{W_b}{Q_{1b}} \tag{3.3.5}$$

根据式（3.3.3）及式（3.3.5），有

$$Q_{1a}>Q_{1b} \tag{3.3.6}$$

再根据式（3.3.4），有

$$Q_{1a}-Q_{1b}=Q_{2a}-Q_{2b}>0 \tag{3.3.7}$$

因为可逆热机循环的特点是：在进行正循环和逆循环时，热机与外界交换的热量和功都是相同的. 将可逆热机 a 逆向运转作为制冷机，该制冷机在外界做功 W_a 的条件下，从低温热源吸收热量 Q_{2a}，向高温热源放出热量 Q_{1a}，再把制冷机 a 与热机 b 联合运转，如图 3.3.2 所示，这时热机 b 的输出功恰好用来驱动制冷机 a. 联合热机循环一周的效果：向高温热源放出热量 $Q_{1a}-Q_{1b}$，从低温热源吸收热量 $Q_{2a}-Q_{2b}$，并且满足式（3.3.7）. 这样，唯一的结果是，热量从低温热源传向高温热源，没有其他的变化，显然这违背了热力学第二定律的克劳修斯表述. 所以假设不成立，即式（3.3.2）不正确，正确的应该是

$$\eta_{a可逆} \geqslant \eta_{b不可逆} \tag{3.3.8}$$

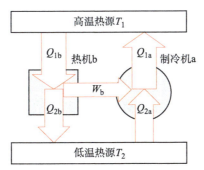

图 3.3.2　可逆热机 a 作制冷机循环，a，b 组成联合热机

若 a，b 都为可逆热机，则根据上面的证明可知：当可逆热机 a 作逆循环时，有 $\eta_a \geqslant \eta_b$；当可逆热机 b 作逆循环时，有 $\eta_b \geqslant \eta_a$，所以唯一的可能就是 $\eta_{a可逆}=\eta_{b可逆}$.

3. 不可能性与基本定律

卡诺热机的效率 $\eta_卡$ 不大于可逆卡诺热机的效率 $\eta_{卡可逆}$，即 $\eta_卡 \leqslant \eta_{卡可逆}$，这是一个不等式，表述了热机的效率不能超越的极限. 这正是热力学第二定律给出的不可超越的极限. 热力学中还有其他的"极限"的表述，例如热力学第一定律可以表述为"任何机器的效率不可能大于 1"或者"第一类永动机不可能存在". 热力学第三定律也可以表述为"绝对零度是不可能达到的". 这种否定式的表达方式，并不是热学所特有的. 例如相对论中有"真空中的光速是物体运动速度的极限"；在粒子统计中有"粒子是不可区分的"（全同粒子）；量子力学中有"粒子的位置和动量不可

能同时测准"（不确定关系）. 正是由于发现了上述的"极限"，并将它们作为基本假定，才能准确地表述自然界的各种规律.

4. 卡诺的功绩

卡诺的伟大就在于，他早在 1824 年，即热力学第二定律发现的 26 年前就给出了热机效率的极限，但是卡诺基于热质说证明了卡诺定理，因此他并没有发现热力学第二定律. 事实上，克劳修斯就是从卡诺在证明卡诺定理的破绽中意识到在能量守恒定律之外还应有另一条独立的定律. 于是他于 1850 年提出了热力学第二定律. 正如恩格斯所说："他（卡诺）差不多已经探究到问题的底蕴，阻碍他完全解决这个问题的，并不是事实材料的不足，而只是一个先入为主的错误理论". 这个错误理论就是"热质说".

卡诺英年早逝，但是他在短暂的科学研究岁月中作出了不朽贡献，原因是他善于采用科学抽象的方法. 卡诺在错综复杂的客观事物中建立了理想模型（可逆卡诺热机），在抽象过程中，把热机效率的最主要特征（两个热源的温度）提取并呈现出来，从而揭示了热机的客观规律. 卡诺热机和力学中的质点、刚体、理想流体等、热学中的理想气体、量子力学中的绝对黑体等理想模型一样，都是抓住了客观事物的最主要因素，忽略了次要因素，但是它们能最真实地反映出客观事物的基本特征.

3.3.2　卡诺定理的应用

卡诺定理有很多重要应用. 它可以给出热机效率的极限，同时也可以求出处于平衡态的物质所满足的一些基本关系. 下面举一个光子气体的例子.

例 3.3

利用卡诺定理证明平衡热辐射光子气体的内能密度 u（单位体积中光子气体的能量）与热力学温度四次方成正比，即 $u(T) = aT^4$. 已知光子气体的压强为 $p = \frac{1}{3}u(T)$，且 u 仅是温度 T 的函数.

解： 平衡热辐射的光子气体与理想气体十分相似，例如各向同性、产生压强的机理等都和理想气体相同，但是也有差异，光子均以光速 c 运动（理想气体分子速率有一定的分布规律，见第四章）. 光子能量差异来源于光子频率的不同，而且光子数并不守恒.

将卡诺定理应用于光子气体时，需要设计一个热机，设想有一个真空空腔，一端有一个可以无摩擦移动的活塞. 活塞的质量忽略不计，活塞和空腔壁的热容忽略不计.

空腔内的光子气体在光压强的驱动下经历温度为 $T+dT$ 的等温膨胀，体积扩大 ΔV，然后进行绝热膨胀，温度变为 T，再经历温度为 T 的等温压缩，体积减小 ΔV，最后经绝热压缩回到原状态，完成一个循环，如图 3.3.3 所示.

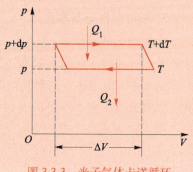

图 3.3.3　光子气体卡诺循环

由 $p=\dfrac{1}{3}u(T)$ 可知，光压强 p 也仅是温度 T 的函数，因此在 p-V 图上，等温线也就是等压线. 设温度为 T 及 $T+\mathrm{d}T$ 时的光压强分别为 p 及 $p+\mathrm{d}p$. 由于 $\mathrm{d}p$ 很小，可把循环曲线近似看作一个很扁的平行四边形，则系统经历一个循环，对外所做的净功为

$$W=\Delta V(p+\mathrm{d}p-p)=\Delta V\mathrm{d}p$$

由于光子气体能量密度仅是 T 的函数，等温过程中内能改变只来源于系统体积的膨胀，即

$$\Delta U=u(T+\mathrm{d}T)\Delta V\approx u(T)\Delta V$$

利用热力学第一定律及 $p=\dfrac{1}{3}u(T)$ 得

$$Q_1=\Delta U+(p+\mathrm{d}p)\Delta V\approx\left[u(T)+p(T)\right]\Delta V=\dfrac{4u(T)\Delta V}{3}$$

热机效率为

$$\eta=\dfrac{W}{Q_1}=\dfrac{3\mathrm{d}p\Delta V}{4u(T)\Delta V}=\dfrac{\mathrm{d}u}{4u(T)}$$

上式利用了 $3\mathrm{d}p=\mathrm{d}u$，可逆卡诺热机的循环效率为

$$\eta=\dfrac{(T+\mathrm{d}T)-T}{T+\mathrm{d}T}\approx\dfrac{\mathrm{d}T}{T}$$

联立求得

$$\dfrac{\mathrm{d}T}{T}=\dfrac{\mathrm{d}u}{4u}$$

积分可得，热辐射定律为

$$u(T)=aT^4$$

3.4 热力学温标 热力学第三定律

3.4.1 热力学温标

热力学温度是热力学和统计物理中的重要物理量之一，也是国际单位制七个基本物理量之一，用符号 T 表示，单位为 K（开尔文）.

热力学温标是热力学温度的度量，又称开尔文温标，以纪念英国物理学家开尔文爵士在热学方面的杰出贡献，热力学温标是制定国际协议温标的基础.

在第一章，我们学习了很多经验温标，例如：摄氏温标、华氏温标、理想气体温标等. 这些经验温标都依赖于测温物质. 依据不同测温物质的不同测温属性制作的温度计测量同一物体的温度并不完全相同. 能否建立一种温标，与测温物质无关呢？下面简单介绍如何利用卡诺定理建立热力学温标.

卡诺定理告诉我们，工作在高温热源（温度为 T_1）与低温热源（温度为 T_2）之间的一切可逆热机，其效率均为 $\eta_卡=1-\dfrac{T_2}{T_1}$，和工作物质无关.

因此，1848 年，英国科学家汤姆孙建议建立一种与测温物质无关的温标. 假设用该温标表示的高、低温热源的温度分别为 θ_1 及 θ_2，而工作在这两个高、低温热源

之间的可逆卡诺热机吸收和放出的热量分别为 Q_1 及 Q_2. 根据热机效率式（2.7.5）及卡诺定理可知，比值 Q_2/Q_1 与工作物质无关，只由两个热源的温度 θ_1 及 θ_2 决定，即 Q_2/Q_1 仅是 θ_1 及 θ_2 的函数. 可以简单地规定

$$\frac{Q_2}{Q_1}=\frac{\theta_2}{\theta_1} \tag{3.4.1}$$

这种温标称为热力学温标. 这是一种理论温标，实际中不可能制造一台可逆卡诺热机，更不可能制造一台工作于任意待测物体温度与固定点（水的三相点温度）之间的可逆卡诺热机. 那么是不是这样的绝对温标没有实际意义呢？其实并不是. 前面都是用理想气体温标表示可逆卡诺热机的效率：

$$\eta=1-\frac{Q_2}{Q_1}=1-\frac{T_2}{T_1} \tag{3.4.2}$$

比较式（3.4.1）与式（3.4.2），有

$$\frac{\theta_2}{T_2}=\frac{\theta_1}{T_1}=\frac{\theta_{tr}}{T_{tr}}=\text{常量} \tag{3.4.3}$$

其中 θ_{tr} 及 T_{tr} 分别是用热力学温标和理想气体温标表示的水的三相点温度. 从 1954 年开始的历届国际度量衡会议上都规定 $\theta_{tr}=273.16$ K，并令常量为 1，这样规定之后，只要在理想气体温标适用的范围之内，用热力学温标和理想气体温标所表示的温度就完全一致，这就为热力学温标的广泛应用奠定了基础.

热力学温标 T 与摄氏温度 t 的关系是：$T/\text{K}=273.15+t/(\,^{\circ}\!\text{C})$，所以在表示温度差和温度间隔时，用 K 和用 ℃ 的值相同.

2018 年 11 月 16 日，第 26 届国际计量大会通过决议，1 K 定义为"对应玻耳兹曼常量为 $1.380\,649\times10^{-23}$ J·K^{-1} 时的热力学温度".

3.4.2 热力学第三定律

是否存在最低温度的极限？1702 年，法国物理学家阿蒙顿已经提到了"绝对零度"的概念. 由于空气受热时体积和压强都随温度的增加而增加，于是他设想在某个温度下空气的压强将等于零. 根据他的计算，这个温度约为 −239 ℃，后来，兰伯特更精确地重复了阿蒙顿的推理，计算出这个温度为 −270.3 ℃. 他认为，在这个"绝对的冷"的情况下，空气将紧密地挤在一起. 他们的这个看法在当时并没有得到人们的重视. 直到盖·吕萨克定律被提出，存在绝对零度的思想才得到物理学界的普遍承认.

热力学温标建立后，科学家重新提出了绝对零度是温度的下限的理论. 1906 年，德国物理学家能斯特在研究低温条件下物质的变化时，把热力学的原理应用到低温现象和化学反应过程中，发现了一个新的规律，这个规律被表述为："当热力学温度趋于零时，凝聚系等温过程中熵的改变趋于零." 德国物理学家普朗克把这一定律改述为："当热力学温度趋于零时，固体和液体的熵也趋于零." 这就消除了熵常量取值的任意性（熵的定义见 3.5 节）. 1912 年，能斯特又将这一规律表述为绝对零度不可能达到原理："不可能使一个物体冷却到热力学温度的零度." 这就是热力

学第三定律. 1940 年，福勒和古根海姆提出了热力学第三定律的另一种表述形式：任何系统都不能通过有限的步骤使自身温度降低到 0 K，称为 0 K 不能达到原理. 此原理和前面所述及的热力学第三定律的几种表述是相互有联系的.

*3.4.3 负温度

热力学温标设立后，从热力学第三定律和现实生活中的现象都可以得到：绝对零度无法达到. 但是，从第六章将要学到的玻耳兹曼分布律来看，可以存在负温度. 我们周围的环境和所研究的系统都是无限量子态的系统，都不存在负热力学温度. 但是，如果是有限量子态的体系，如激光介质，当达到"粒子布居数反转"的状态时，可以认为其处于负热力学温度. 一些研究（如核自旋平衡体系）表明，负温度也有存在必要.

3.4.4 关于各种温标的小结

在第一章，我们已经学习了几种温标. 其中摄氏温标、华氏温标，属于经验温标，测温参量依赖于测温物质和测温属性. 为了解决这一问题，利用理想气体的特性，给出了理想气体温标，严格来说，理想气体温标也属于经验温标，它的测温物质是理想气体. 测温属性是理想气体的压强或者体积.

热力学温标是基于卡诺定理提出来的、不依赖于任何测温物质和测温属性的理想化温标. 不管用什么样的测温物质，只要测得吸收和放出的热量，明确固定点，就可以得到温度值. 热力学温标具有绝对的意义，所以把热力学温标规定为最基本的温标. 如果采用相同的固定点，热力学温标在数值上与理想气体温标一致.

3.5__ 态函数熵

得到卡诺定理 $\eta_卡 \leq \eta_{卡可逆}$ 后，就可以建立态函数——熵，在这之前，需要先引入克劳修斯等式.

3.5.1 克劳修斯等式

根据卡诺定理，在相同的高、低温热源之间工作的一切可逆卡诺热机的效率都相等，即 $\eta = 1 - \dfrac{Q_2}{Q_1} = 1 - \dfrac{T_2}{T_1}$，由此得到

$$\frac{Q_1}{T_1} - \frac{Q_2}{T_2} = 0 \qquad (3.5.1)$$

因为 Q_2 是放出热量，考虑到符号规则，则上式可改写为

$$\frac{Q_1}{T_1} + \frac{Q_2}{T_2} = 0 \qquad (3.5.2)$$

Q_1 和 Q_2 分别是 $a \to b$ 的等温（温度为 T_1）膨胀过程吸收的热量、$c \to d$ 的等温（温度为 T_2）压缩过程中放出的热量，过程 $b \to c$ 及 $d \to a$ 是两个绝热过程，与外界没有热

量的交换. 可把上式改写为

$$\int_a^b \frac{\dslash Q}{T} + \int_b^c \frac{\dslash Q}{T} + \int_c^d \frac{\dslash Q}{T} + \int_d^a \frac{\dslash Q}{T} = 0 \tag{3.5.3}$$

即

$$\oint_卡 \frac{\dslash Q}{T} = 0 \tag{3.5.4}$$

其中 $\oint_卡$ 表示沿可逆卡诺循环进行积分. 式 (3.5.4) 表明: 对于任意的可逆卡诺循环, $\frac{\dslash Q}{T}$ 对循环的积分都等于零.

对于如图 3.5.1 所示的任意可逆循环, 在 $p\text{-}V$ 图中可以作很多条绝热线, 如图 3.5.1 的虚线所示, 这些绝热线都与循环曲线相交(除了两条绝热线与循环曲线相切). 在每个交点处再作一条等温线, 等温线又会和绝热线相交. 相邻两条绝热线和他们之间的等温线就构成了一个小的可逆卡诺循环. 这一系列小的可逆卡诺循环叠加起来就是图中锯齿状的循环. 只要绝热线作得足够多, 锯齿状的循环就无限接近原来的可逆循环, 即

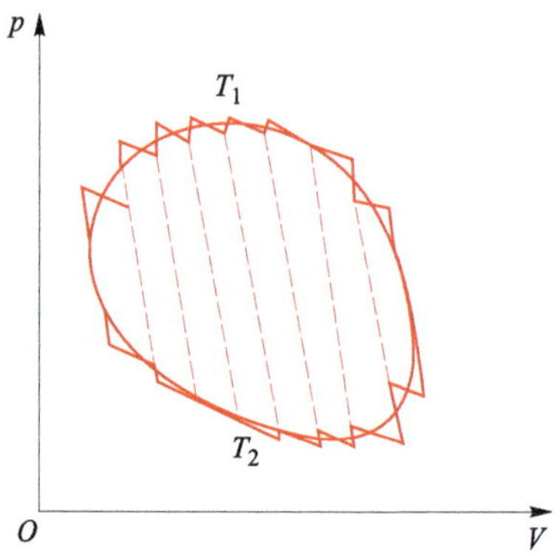

图 3.5.1 任意可逆循环

$$\oint \left(\frac{\dslash Q}{T} \right)_{可逆} = \sum_{i=1}^n \frac{\Delta Q_i}{T} = 0 \tag{3.5.5}$$

$$\oint \left(\frac{\dslash Q}{T} \right)_{可逆} = 0 \tag{3.5.6}$$

这就是克劳修斯等式. 式 (3.5.6) 表明: 对于任意的可逆循环, $\frac{\dslash Q}{T}$ 对循环的积分都为零.

3.5.2 熵

1. 态函数熵的引入

设想在 $p\text{-}V$ 图上有 $a \to A \to b \to B \to a$ 的任意可逆循环, 如图 3.5.2 所示, 它由过程 A 与 B 构成, 根据克劳修斯等式, 有

$$\oint \frac{\dslash Q}{T} = \int_{a(A)}^b \frac{\dslash Q}{T} + \int_{b(B)}^a \frac{\dslash Q}{T} = 0 \tag{3.5.7}$$

即 $\int_{b(B)}^a \frac{\dslash Q}{T} = -\int_{a(B)}^b \frac{\dslash Q}{T}$, 或

$$\int_{a(A)}^b \frac{\dslash Q}{T} = \int_{a(B)}^b \frac{\dslash Q}{T} \tag{3.5.8}$$

如果在 a、b 两点间再作一个任意可逆过程 E, 则必然有

$$\int_{a(A)}^b \frac{\dslash Q}{T} = \int_{a(B)}^b \frac{\dslash Q}{T} = \int_{a(E)}^b \frac{\dslash Q}{T} \tag{3.5.9}$$

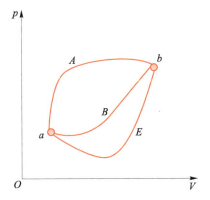

图 3.5.2 $a \rightarrow A \rightarrow b \rightarrow B \rightarrow a$ 的任意可逆循环

即, 积分 $\int_a^b \left(\dfrac{\dj Q}{T} \right)_{可逆}$ 的值仅与初、末态有关, 而与过程无关. 这个结论对任意选定的可逆过程都能成立.

在内能定理 (2.3.2 节) 中曾讲到, 在系统从某一平衡态绝热地变为另一平衡态的过程中, 外界对系统做的功只与始、末平衡态有关, 与过程无关, 可以引入内能, 内能增量就是绝热过程中外界对系统所做的功. 类似地, $\int_a^b \left(\dfrac{\dj Q}{T} \right)_{可逆}$ 也仅与初、末平衡态有关, 与所选的可逆过程无关, 也可以引入一个状态的函数, $\int_a^b \left(\dfrac{\dj Q}{T} \right)_{可逆}$ 是这个态函数的增量, 这个态函数称为**熵** (entropy), 用 S 表示, 它满足

$$S_b - S_a = \int_a^b \left(\frac{\dj Q}{T} \right)_{可逆} \tag{3.5.10}$$

熵的单位是 $\mathbf{J \cdot K^{-1}}$, 与热容的单位相同. 对于无限小的可逆过程, 上式可改写为

$$T\mathrm{d}S = (\dj Q)_{可逆}, \quad \mathrm{d}S = \left(\frac{\dj Q}{T} \right)_{可逆} \tag{3.5.11}$$

虽然 $\dj Q$ 是过程量, 但在可逆过程中, $\left(\dfrac{\dj Q}{T} \right)_{可逆}$ 是态函数熵的全微分. 如果系统经历了可逆微过程, 系统与热源 (温度为 T) 交换的热量为 $\dj Q$, 则系统熵的变化量为 $\mathrm{d}S = \left(\dfrac{\dj Q}{T} \right)_{可逆}$, 这是从宏观角度对熵给出的定义, 同样也没有办法探究熵的微观本质, 这是热力学这种宏观描述方法的局限性所决定的. 5.8 节中将介绍熵的统计解释.

将上式代入准静态过程的热力学第一定律 (2.3.4) 可得

$$\mathrm{d}U = T\mathrm{d}S + p\mathrm{d}V \tag{3.5.12}$$

这是应用了热力学第一定律与热力学第二定律后的热力学基本方程, 它只适用于可逆过程.

1854 年, 克劳修斯引入态函数熵. 1865 年, 他把熵称为 Entropy (希腊文原名是 Entropie), 词义为转化, 指热量转化为功的本领. 熵是广延量. 由于热力学温度恒大

于零，所以系统在可逆吸热过程中，熵增加；系统在可逆放热过程中，熵减少.

熵是态函数. 如果系统状态参量确定，熵也就确定了. 如果封闭系统在经历的过程中只有体积功，则熵可以是 T，V 的函数，即 $S(T, V)$；熵也可以是 T，p 的函数，即 $S(T, p)$.

如果把某一平衡态 a 定为参考态，熵为 S_a，则任意平衡态 b 的熵可表示为

$$S_b = \int_a^b \left(\frac{\text{d}Q}{T}\right)_{\text{可逆}} + S_a \tag{3.5.13}$$

其中积分沿从平衡态 a 开始到平衡态 b 的任意可逆过程，S_a 为平衡态 a 的熵，可以是任意常量（和内能一样，我们关注的是熵的增量）.

由于式（3.5.10）是从仅适用于可逆循环的克劳修斯等式导出的，所以利用式（3.5.10）计算熵差也只能按可逆过程进行.

2. 以熵来表示热容

熵是态函数，对于可逆过程，也可以用熵来表示热容：

$$C_V = \left(\frac{\text{d}Q}{\text{d}T}\right)_V = T\left(\frac{\partial S}{\partial T}\right)_V \tag{3.5.14}$$

$$C_p = \left(\frac{\text{d}Q}{\text{d}T}\right)_p = T\left(\frac{\partial S}{\partial T}\right)_p \tag{3.5.15}$$

这是除 $C_V = \left(\frac{\partial U}{\partial T}\right)_V$，$C_p = \left(\frac{\partial H}{\partial T}\right)_p$ 表示热容之外的另一种表达式. 对于任意可逆过程 "L"（例如 2.6.3 小节学过的多方过程等），其热容可表示为

$$C_L = \left(\frac{\text{d}Q}{\text{d}T}\right)_L = T\left(\frac{\partial S}{\partial T}\right)_L \tag{3.5.16}$$

3.5.3 温-熵图

对于一个有限的可逆过程 $a \to b$，利用式（3.5.11），可知系统从外界所吸收的热量为

$$Q = \int_a^b T\text{d}S \tag{3.5.17}$$

系统的状态可由任意两个独立的状态参量来确定，并不一定是 p 和 V、T 和 V 或 T 和 p，我们也可以把态函数熵作为一个独立的状态参量，另一个状态参量任意选取. 所以，也可以以 T 为纵轴，S 为横轴，得到任意可逆过程的曲线图，如图 3.5.3 所示，这种图称为温-熵图（T-S 图）. 根据式（3.5.17），T-S 图中任一个可逆过程曲线下面的面积就是在该过程中吸收的热量. 在图 3.5.3 的热机循环（也是顺时针方向为热机循环）中，可逆过程 a-c-b 是吸热过程，吸收的热量就是曲线 a-c-b 下面的面积，可逆过程 b-d-a 是放热过程，放出的热量也等于曲线 b-d-a 下面的面积. 整个循环曲线所围的面积就是热机在

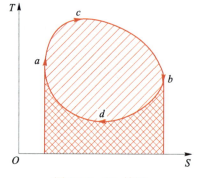

图 3.5.3　温-熵图

热机循环中吸收的净热量，也等于热机在这个循环中对外所做的净功．循环所围的面积（对外所做的净功）与可逆过程 a-c-b 曲线下面的面积（吸收的热量）的比值就是热机的效率．如果是制冷机循环（逆时针方向）曲线，则整个循环曲线所围的面积就是制冷机（热泵）在循环中放出的净热量，也等于在一个循环中外界对制冷机（热泵）所做的净功．

3.6__ 熵增原理

3.6.1　热力学第二定律的数学表达式

克劳修斯等式 $\oint \left(\dfrac{\mathrm{d}Q}{T} \right)_{可逆} = 0$ 仅适用于一切可逆循环过程．对于不可逆循环过程，根据卡诺定理 $\eta = 1 - \dfrac{Q_2}{Q_1} < 1 - \dfrac{T_2}{T_1}$，可得

$$\oint \left(\frac{\mathrm{d}Q}{T} \right)_{不可逆} < 0 \tag{3.6.1}$$

称为克劳修斯不等式．克劳修斯等式与不等式合在一起可写为

$$\oint \frac{\mathrm{d}Q}{T} \leqslant 0 \text{（等号对应可逆过程，小于号对应不可逆过程）} \tag{3.6.2}$$

对于任意的不可逆过程（设初态为 i，末态为 f，均为平衡态），可在平衡态 i、平衡态 f 之间再连接一个任意的可逆过程，使系统从末态 f 回到初态 i，这样就构成了一个不可逆循环过程．根据克劳修斯不等式，可知

$$\int_i^f \left(\frac{\mathrm{d}Q}{T} \right)_{不可逆} + \int_f^i \left(\frac{\mathrm{d}Q}{T} \right)_{可逆} < 0 \tag{3.6.3}$$

其中下标"不可逆"表示不可逆过程，下标"可逆"表示可逆过程．利用式（3.5.10），上式可改写为

$$\int_i^f \left(\frac{\mathrm{d}Q}{T} \right)_{不可逆} < - \int_f^i \left(\frac{\mathrm{d}Q}{T} \right)_{可逆} = \int_i^f \left(\frac{\mathrm{d}Q}{T} \right)_{可逆} = S_f - S_i \tag{3.6.4}$$

将不可逆过程的式（3.6.4）和可逆过程的式（3.5.10）合并，可写为

$$S_f - S_i \geqslant \int_i^f \frac{\mathrm{d}Q}{T} \text{（等号对应可逆过程，大于号对应不可逆过程）} \tag{3.6.5}$$

对于任意的不可逆过程，初、末态的熵差总是大于 $\dfrac{\mathrm{d}Q}{T}$ 的积分；在可逆过程中，这两者是相等的，这就是热力学第二定律的数学表达式．也可以将式（3.6.5）写成微分形式，即

$$\mathrm{d}S \geqslant \frac{\mathrm{d}Q}{T} \text{（等号对应可逆过程，大于号对应不可逆过程）} \tag{3.6.6}$$

3.6.2　熵差的计算

1. 不可逆过程中熵差的计算

初、末态均为平衡态的不可逆过程的熵差的计算有以下三种方法：

（1）设计连接相同初、末态的任意可逆过程，利用式（3.5.10）或式（3.5.11）计算熵差.

（2）计算得到熵作为状态参量的函数形式，再用初、末两平衡态的状态参量代入计算熵差.

（3）如果工程上已经测量了某些物质处于一系列平衡态时的熵值（一般用图表给出），则可查图表计算初、末态的熵差.

2. 理想气体的熵差

由熵的定义 $T\mathrm{d}S=(đQ)_{可逆}$ 及热力学第一定律 $đQ=\mathrm{d}U+p\mathrm{d}V$ 可得

$$T\mathrm{d}S=\mathrm{d}U+p\mathrm{d}V \tag{3.6.7}$$

对于理想气体：

$$\mathrm{d}S=\nu C_{V,\mathrm{m}}\frac{\mathrm{d}T}{T}+\nu R\frac{\mathrm{d}V}{V} \tag{3.6.8}$$

在温度变化范围不大时，$C_{V,\mathrm{m}}$ 可近似视为常量，则

$$S-S_0=\nu C_{V,\mathrm{m}}\ln\frac{T}{T_0}+\nu R\ln\frac{V}{V_0} \tag{3.6.9}$$

其中，S 为平衡态（状态参量为 p，V，T）的熵，S_0 为平衡态（状态参量 p_0，V_0，T_0）的熵.

利用 1 mol 理想气体物态方程 $pV=RT$，有 $\mathrm{d}V/V=\mathrm{d}T/T-\mathrm{d}p/p$，所以

$$\mathrm{d}S=\nu C_{p,\mathrm{m}}\frac{\mathrm{d}T}{T}-\nu\frac{\mathrm{d}p}{p} \tag{3.6.10}$$

$$S-S_0=\nu C_{p,\mathrm{m}}\ln\frac{T}{T_0}-\nu R\ln\frac{p}{p_0} \tag{3.6.11}$$

对于理想气体，只要初、末态的状态参量确定，就可利用式（3.6.9）或式（3.6.11）计算熵差.

3. 某些不可逆过程中熵差的计算

例 3.4

　　一容器被一隔板分隔为体积相等的两部分，左半部分中充有物质的量为 ν 的理想气体，右半部分是真空，试问：将隔板抽除并经绝热自由膨胀后，系统的熵变是多少？

　　解： 理想气体在绝热自由膨胀中有 $Q=0$，$W=0$，所以 $\Delta U=0$，故温度不变. 若将 $Q=0$ 代入式（3.5.10），会得到自由膨胀中熵差为零的错误结论，这是因为绝热自由膨胀是不可逆过程，不能直接利用式（3.5.10）求熵差，应找一个连接相同初、末态的可逆过程计算熵差. 由于初、末态温度不变，可设想物质的量为 ν 的气体经历可逆等温膨胀. 若将隔板换成一个无摩擦活塞，使这一容器与一个比气体温度高一个无穷小量的温度的恒温热源接触，并使气体准静态地从体积 V 膨胀到体积 $2V$，这样的过程是可逆的. 利用式（3.5.10）可得

$$S_2 - S_1 = \int_1^2 \left(\frac{\text{d}Q}{T} \right)_{\text{可逆}}$$

$$\text{d}Q = -\text{d}W = p\,\text{d}V$$

所以

$$S_2 - S_1 = \int_1^2 \frac{p}{T}\text{d}V = \nu R \int_V^{2V} \frac{\text{d}V}{V} = \nu R \ln 2$$

可见在绝热自由膨胀这一不可逆绝热过程中，$\Delta S > 0$.

例 3.5

一绝热真空容器中有两个完全相同的孤立物体 A，B，其温度分别为 T_1，T_2（$T_1 > T_2$），其等压热容均为 C_p，且为常量. 现使两物体接触而达到热平衡，试求在此过程中的总熵差.

解： 这是在等压条件下进行的传热过程. 设热平衡温度为 T，由于 $|Q_1| = |Q_2|$，有

$$\int_{T_1}^{T} C_p \text{d}T + \int_{T_2}^{T} C_p \text{d}T = 0$$

$$C_p(T - T_1) + C_p(T - T_2) = 0$$

$$T = \frac{1}{2}(T_1 + T_2)$$

因为这是不可逆过程，在计算熵差时应设想一连接相同初、末态的可逆过程. 例如，可设想 A 物体依次与很多个温度分别从 T_2 逐渐递升到 T 的热源接触而达到热平衡，使其温度准静态地从 T_2 升为 T；设想 B 物体依次与很多个温度分别从 T_1 逐渐递减到 T 的热源接触而达到热平衡，使其温度准静态地从 T_1 降为 T，设这两个物体初态的熵及末态的熵分别为 S_{10}，S_{20}，S_1，S_2 则

$$S_1 - S_{10} = \int_{T_1}^{(T_1+T_2)/2} \frac{\text{d}Q}{T} = C_p \int_{T_1}^{(T_1+T_2)/2} \frac{\text{d}T}{T} = C_p \ln \frac{T_1+T_2}{2T_1}$$

$$S_2 - S_{20} = \int_{T_2}^{(T_1+T_2)/2} \frac{\text{d}Q}{T} = C_p \int_{T_2}^{(T_1+T_2)/2} \frac{\text{d}T}{T} = C_p \ln \frac{T_1+T_2}{2T_2}$$

总熵差为

$$\Delta S = (S_1 - S_{10}) + (S_2 - S_{20}) = C_p \ln \frac{(T_1+T_2)^2}{4T_1 T_2}$$

当 $T_1 \neq T_2$ 时，存在不等式 $T_1^2 + T_2^2 > 2T_1 T_2$，即 $(T_1 + T_2)^2 > 4T_1 T_2$，于是 $\Delta S > 0$. 这说明孤立系统内部由于传热所引起的总熵变也是增加的.

例 3.6

电流为 I 的电流通过电阻为 R 的电阻器，历时 5 s. 若电阻器置于温度为 T 的恒温水槽中：

（1）试问：电阻器及水的熵分别变化多少？

（2）若电阻器的质量为 m，比定压热容 c_p 为常量，电阻器被绝热壳包起来，电阻器的熵又会如何变化？

解：（1）可认为电阻加热器的温度比恒温水槽温度高一个无穷小量，这样的传热是可逆的：

$$S_b - S_a = \int_a^b \left(\frac{\text{d}Q}{T} \right)_{\text{可逆}}$$

水的熵差为

$$\Delta S_水 = \int \frac{\text{d}Q}{T} = \frac{1}{T} I^2 Rt$$

至于电阻器的熵差,初看起来好像应为

$$-\frac{Q}{T} = -\frac{1}{T} I^2 Rt$$

但由于在电阻器中发生的是将电功转化为热的耗散过程,这是一种不可逆过程,需要注意的是,电阻器的温度、压强、体积均未改变,即电阻器的状态未变,故态函数熵也应不变:

$$\Delta S_{电阻器} = 0$$

这时电阻器与水合在一起的总熵变为

$$\Delta S_总 = \Delta S_{电阻器} + \frac{I^2 Rt}{T} > 0$$

(2) 电阻器被绝热壳包起来后,电阻器的温度从 T 升到 T' 的过程也是不可逆过程. 也要设想一个连接相同初、末态的可逆过程. 故

$$\Delta S'_{电阻器} = \int_T^{T'} \frac{\text{d}Q}{T} = \int_T^{T'} \frac{mc_p}{T} \text{d}T = mc_p \ln \frac{T'}{T}$$

$$mc_p (T' - T) = I^2 Rt$$

$$\frac{T'}{T} = 1 + \frac{I^2 Rt}{mc_p T}$$

$$\Delta S'_{电阻器} = mc_p \ln \left(1 + \frac{I^2 Rt}{mc_p T} \right) > 0$$

3.6.3　熵增原理

上一小节求解熵差的实例分别是:① 绝热自由膨胀过程(不满足力学平衡条件);② 热传导过程(不满足热学平衡条件);③ 电阻发热过程(耗散过程). 孤立系统经历这三类过程的总熵都是增加的. 同样,孤立系统在扩散过程及化学反应过程中的总熵也是增加的.

另外,从式(3.6.5)可知,绝热过程的熵永不减少,可逆绝热过程中的熵是不变的,不可逆绝热过程中的熵总是增加的. 这样就得到一个利用熵差来判断过程是可逆还是不可逆的判据——熵增原理:热力学系统从一个平衡态绝热地到达另一个平衡态的过程中,它的熵永不减少. 若过程是可逆的,则其熵不变;若过程是不可逆的,则其熵增加.

根据熵增原理可知:不可逆绝热过程总是向熵增的方向变化,可逆绝热过程则沿等熵的方向变化. 对于孤立系统,其发生的所有过程都是绝热过程,所以在孤立系统内部自发进行的与热相关的过程必然向熵增的方向进行. 由于孤立系统不受外界任何影响,系统最终将达到平衡态,故在平衡态时的熵取极大值.

可以证明,熵增原理与热力学第二定律的开尔文表述或克劳修斯表述等效,或

者说，熵增原理就是热力学第二定律．从熵增原理可看出，对于一个绝热的不可逆过程，其按相反顺序重复的过程不可能发生，因为这种情况下的熵将减少．所以不可逆过程相对于时间坐标轴而言肯定是不对称的．

例 3.7

把质量 m 为 $1\ kg$，温度为 $20\ ℃$ 的水放到 $100\ ℃$ 的炉子上加热，最后达到 $100\ ℃$，水的比定压热容为 $c_p = 4.18 \times 10^3\ \mathrm{J\cdot kg^{-1}\cdot K^{-1}}$．求水和炉子的熵变．

解： 水在炉子上加热，是不可逆过程．计算熵变需要设计一个可逆过程连接初态 R_1、末态 R_2：把水由初态 R_1（温度为 T_1）开始依次与一系列彼此温差为无限小的高温热源接触吸热而达到平衡末态 R_2，温度为 T_2：

$$\Delta S_\text{水} = \int_{R_1}^{R_2} \frac{\mathrm{d}Q}{T} = \int_{T_1}^{T_2} \frac{c_p m \mathrm{d}T}{T} = c_p m \ln \frac{T_2}{T_1} = 1.01 \times 10^3\ \mathrm{J\cdot K^{-1}}$$

炉子供给水热量的过程也是不可逆过程，考虑到炉子的温度始终保持 $100\ ℃$ 不变，故可设计一个可逆的等温放热过程来求炉子的熵差：

$$\Delta S_\text{炉} = \int_{R_1}^{R_2} \frac{\mathrm{d}Q}{T} = \frac{1}{T_2} \int_{R_1}^{R_2} \mathrm{d}Q = \frac{-\mathrm{d}m(T_2 - T_1)}{T_2}$$

$$= -9.0 \times 10^2\ \mathrm{J\cdot K^{-1}}$$

讨论：所得结果显示：炉子的熵变为负，即熵值减小了，这是否与熵增原理矛盾？答案是并不矛盾．熵增原理中所说的系统熵值永不减少的系统为孤立系统或绝热系统，水或炉子均不满足这个条件，所以熵值不一定增加．若取水与炉子的总体为系统，这时系统的总熵差为

$$\Delta S = \Delta S_\text{水} + \Delta S_\text{炉} = 1.1 \times 10^2\ \mathrm{J\cdot K^{-1}} > 0$$

系统的总熵差大于零，符合熵增原理．

*3.6.4 热力学研究的新进展

1. 黑洞热力学

黑洞是广义相对论所预言的最令人惊奇的天体．在经典（非量子的）物理学内，相对论决定了任何进入黑洞的物质都无法从中逃脱．它的引力是如此之强，以至于连光也无法逃脱它的吸引．大量的观测证据表明，我们的宇宙中存在许多这样令人惊奇的天体．

既然黑洞只吸收物质，不"吐"出物质，惠勒提出了一个问题：设想一个带熵的物体和某个黑洞组成一个系统，物体被黑洞吸收前，整个系统的熵即物体的熵；当物体被黑洞吸收后，整个系统的熵消失了．这一过程明显地违反了热力学第二定律．贝肯斯坦在 1972 年设想热力学第二定律应该是普适成立的，他从信息论的角度出发，认为黑洞应该有一个正比于它的视界面积 A 的熵．霍金指出，当考虑黑洞附近的量子场论时，黑洞的辐射温度正比于它的表面引力（重力加速度），黑洞熵与视界面积的关系被确定为 $S = \dfrac{kc^3 A}{4hG}$，其中，k、c、h、G 分别是玻耳兹曼常量、光速、普朗克常量、引力常量．显然黑洞热辐射是一种量子效应．

对照普遍的热力学体系，黑洞热力学可由所谓的 4 个黑洞热力学定律来概括：① 黑洞热力学第零定律：对于一个稳态黑洞，它的视界表面引力是一常量，定义了黑洞的温度．② 黑洞热力学第一定律：黑洞的热力学量满足如下能量守恒定律：$\mathrm{d}M = T\mathrm{d}S + \Omega \mathrm{d}J + \Phi \mathrm{d}Q$，这里 J 和 Q 分别是黑

洞的角动量和电荷，Ω 和 Φ 是黑洞的角速度和静电势.③ 黑洞热力学第二定律（推广的）：黑洞熵和黑洞外物质熵之和在任何物理过程中永不减小.④ 黑洞热力学第三定律：不能经过有限的物理过程将黑洞的温度（表面引力）降低到零.

2. 相对论热力学

物理学的所有分支中，经典热力学和相对论被认为最重要，因为它们描述了每个物理系统所必须遵守的普遍规则，而不论系统的具体构成.从普朗克和爱因斯坦时代开始，寻找经典热力学和相对论原理同时适用的情况一直是令人着迷的课题.科学家试图将热力学和相对论结合起来的努力已经持续了 110 多年，然而，其结果却颇具争议.即使不考虑广义相对论效应，经典热力学和狭义相对论的结合也导致了温度变换规则的几个相互矛盾的结论的出现.它的基本观点包括：① 移动的物体看起来更冷；② 移动的物体显得更热；③ 温度是一个相对论不变量；④ 没有此类变换，因为热力学仅在静止坐标系中定义.

为了解决宏观热力学量相对论变换规则的难题，人们提出从相对论动力学理论的角度重新考虑温度和压力等宏观参量的相对论变换.在狭义相对论下，温度的变换关系直接造成热力学定律的变化，鉴于现代实验技术的进步，已经有可能在实验室设计实验并检验理论预言了.

3. 光合作用的热力学循环

光合作用可以被视为一个热力学过程，其中能量从太阳转移到植物.其主要热力学要求包括：首先，必须有一个能源供应源，通常称为储热器；其次，储热器和散热器（通常称为冷库）之间必须存在温差；最后，必须存在传热介质，在储热器和冷库之间传递热量.太阳是一个储热器，可供所有生物利用；植物通过蒸发散热作用、反渗透、植物组织和土壤中的水，可以将它们所占据的空间中的空气形成一个冷库；空气为传热介质；因此，光合作用可以被视为热力学循环并使用传统的热力学关系进行计算.

一些对传统的热力学关系的建模可用于计算和预测光合作用.绿色植物产生的化学反应需要太阳能.当绿色植物的尺寸扩大时，周围环境接收到的太阳能就会减少，植物中储存的化学能就会增加.如果其他条件相同，则产生的化学能的增加等于太阳能热量的减少，反之亦然.因此，光合作用相当于从太阳到绿色植物的热传递.基于这种理解，可以根据观察推导并验证预测绿色植物生长和树木直径扩大的方程.

思考题

3.1　简述可逆过程和不可逆过程，如何判断一个过程是可逆的还是不可逆的？不可逆因素有哪些？

3.2　关于可逆过程和不可逆过程的判断：（1）可逆热力学过程一定是准静态过程；（2）准静态过程一定是可逆过程；（3）不可逆过程就是不能向相反方向进行的过程；（4）凡有摩擦的过程，一定是不可逆过程.以上四种判断，其中正确的有哪几种？为什么？

3.3　简述热力学第二定律的开尔文表述及克劳修斯表述，并证明两种表述是等价的.

3.4　根据热力学第二定律的实质，提出热力学第二定律自己的表述，并证明它和热力学第二定律的开尔文/克劳修斯表述等价.

3.5　用热力学第二定律的两种表述证明绝热自由膨胀是不可逆过程.

3.6　下面所列四图分别表示理想气体的四个假想的循环过程.请选出一个在物理上可能实现的循环过程，并说明为什么其他循环不能实现.

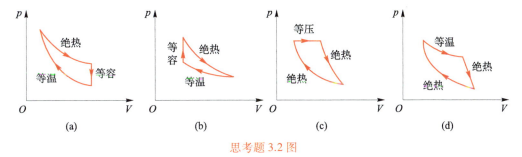

思考题 3.2 图

3.7 "功可以完全转化为热量，但热量不能全部转化为功""热量能从高温物体传递到低温物体，但不能从低温物体传递到高温物体"，用热力学第二定律判断上述说法是否正确，并说明理由。

3.8 理想气体等温膨胀过程中，气体吸收的热量全部转化为对外所做的功，这与热力学第二定律矛盾吗？为什么？

3.9 为什么第二类永动机不能实现？

3.10 用热力学第二定律证明等温线和绝热线不能相交于两点。

3.11 简述卡诺定理，并用热力学第二定律证明卡诺定理。

3.12 有人设计一台卡诺热机（可逆的），每循环一次可从 400 K 的高温热源吸热 1 800 J，向 300 K 的低温热源放热 800 J。若使其在循环中同时对外做功 1 000 J，这样的设计是否可行？为什么？

3.13 简述熵增原理。

3.14 设有以下一些过程：（1）两种不同气体在等温条件下互相混合；（2）理想气体在等容条件下降温；（3）液体在等温条件下汽化；（4）理想气体在等温条件下压缩；（5）理想气体绝热自由膨胀。在这些过程中，系统发生熵增的过程是哪些？为什么？

3.15 "熵变的微分形式为 $dS = dQ/T$，因为熵是一个态函数，所以求两个态的熵差可以沿任意过程积分"，试分析该说法是否正确，并给出理由。

3.16 在绝热过程中，$dQ = 0$，所以 $dS = 0$。试判断该结论是否正确？为什么？

3.17 一杯热水置于空气中，它总会冷却到与周围环境相同的温度，在这一自然过程中，水的熵是增加还是减少？是否违背熵增原理？

3.18 冰熔化成水需要吸热，因而其熵是增加的。但水结成冰，这时要放热，即 dQ 为负，其熵是减少的。这是否违背了熵增原理？试解释之。

3.19 用熵增原理证明理想气体的绝热自由膨胀是不可逆过程。

3.20 如果将例 3.7 中的水先放到 50 ℃ 的炉子上加热，然后再把水放到 100 ℃ 的炉子上加热达到 100 ℃，计算此过程的熵差。与直接放到 100 ℃ 的炉子上加热相比，熵增变大还是变小？根据这样的思路，如何将水加热的过程变成可逆过程？

习　题

3.1 一可逆卡诺热机工作于 50 ℃ 与 250 ℃ 之间，在一循环中对外输出的净功为 1.05×10^5 J，求：

（1）这一热机的效率；

（2）在一个循环中热机吸收的热量和放出的热量。

3.2 一可逆的卡诺热机，当高温热源的温度为 127 ℃、低温热源的温度为 27 ℃ 时，其每次循环对外做净功 8 000 J. 今维持低温热源的温度不变，提高高温热源的温度，使其每次循环对外做净功 10 000 J. 若两个卡诺循环都工作在相同的两条绝热线之间，求第二个循环的热机效率及第二个循环的高温热源的温度.

3.3 如图所示，一体积为 $2V_0$ 的导热气缸，正中间用隔板将它隔开，左边装有压强为 p_0 的理想气体，右边为真空，外界温度恒定为 T_0.

（1）设将隔板迅速抽掉，气体自由膨胀到整个容器为过程 1，请问：在过程 1 中气体对外做的功和传的热分别为多少？

（2）随后利用活塞将气体缓慢地压缩到原来的体积，设这样的过程为过程 2，在过程 2 中外界对气体做的功和传的热又分别为多少？

（3）有人说，过程 2 已经使系统回到原来的状态，并且外界的能量收支平衡，能否说过程 1 是可逆过程？为什么？

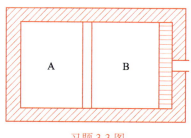

习题 3.3 图

3.4 一台可逆卡诺制冷机在温度为 75.0 ℃和 15.0 ℃的两个恒温热源之间工作，求其制冷系数.

3.5 一热机每秒从高温热源（$T_1 = 600$ K）吸取热量 $Q_1 = 3.34 \times 10^4$ J，做功后向低温热源（$T_2 = 300$ K）放出热量 $Q_2 = 2.09 \times 10^4$ J.

（1）它的效率是多少？它是不是可逆热机？

（2）如果尽可能地提高热机的效率，每秒从高温热源吸热 3.34×10^4 J，则每秒最多能做多少功？

3.6 一实际制冷机工作于两恒温热源之间，热源温度分别为 $T_1 = 400$ K，$T_2 = 200$ K. 设工作物质在每一循环中，从低温热源吸收的热量为 840 J，向高温热源放热 2 520 J.

（1）在工作物质进行的每一循环中，外界对制冷机做了多少功？

（2）制冷机经过一循环后，热源和工作物质的熵的总变化（ΔS）为多少？

（3）若上述制冷机的循环过程是可逆的，经过一循环后，热源和工作物质的熵的总变化应是多少？

（4）若（3）中的可逆制冷机在一循环中从低温热源吸收的热量仍为 840 J，试用（3）中结果求该可逆制冷机的工作物质向高温热源放出的热量以及外界对它所做的功.

3.7 一个平均输出功率为 50 MW 的发电厂，热机循环的高温热源（温度为 $T_1 = 1\,000$ K）和低温热源（温度为 $T_2 = 300$ K）.

（1）理论上热机的最高效率为多少？

（2）这个厂只能达到最高效率的 70%，为了产生 50 MW 的电功率，每秒钟需要提供多少焦耳的热量？

（3）如果低温热源是一条河流，其流量为 10 m³ · s⁻¹，试问由电厂释放的热量而引起的河水温度升高多少？（水的比定压热容为 4.18 kJ · kg⁻¹ · K⁻¹.）

3.8 理想气体进行准静态卡诺循环，当高温热源温度为 100 ℃，低温热源温度为 0 ℃时，做

净功 800 J. 今若维持低温热源温度不变, 提高热源温度, 使净功增为 $1.60×10^3$ J, 则这时:

（1）热源的温度为多少?

（2）效率增大到多少? 由此有何启示? （设这两个循环都工作于相同的两绝热线之间.）

3.9　水的比热容是 4.18 kJ·kg^{-1}·K^{-1}.

（1）1 kg、0 ℃的水与一个 373 K 的大热源相接触, 当水到达 373 K 时, 水的熵改变多少?

（2）如果先将水与一个 323 K 的大热源接触, 然后再让它与一个 373 K 的大热源相接触, 当水到达 373 K 时, 整个系统的熵改变多少?

（3）试说明怎样才可使水从 273 K 升高到 373 K 而整个系统的熵不变.

3.10　设热量 Q 从温度为 T_1 的恒温高温热源传到温度为 T_2 的恒温低温热源. 求两热源的总熵变.

3.11　如图所示, 1 mol 氢气（理想气体）在 1 点的状态参量为 $V_1 = 0.02$ m^3, $T_1 = 300$ K; 在 3 点的状态参量为 $V_3 = 0.04$ m^3, $T_3 = 300$ K. 图中 1—3 为等温线, 1—4 为绝热线, 1—2 和 4—3 均为等压线, 2—3 为等容线. 试分别用如下三条路径计算 $S_3 - S_1$:（1）1—2—3;（2）1—3;（3）1—4—3.

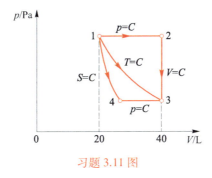

习题 3.11 图

3.12　均匀杆的一端温度为 T_1, 另一端的温度为 $T_2(T_2 \neq T_1)$, 沿着杆的方向, 温度梯度相同, 试求达到均匀温度 $(T_1+T_2)/2$ 后的熵差, 并由熵增原理说明热量从高温热源向低温热源的传递是不可逆过程. 假设均匀杆的总质量为 m, 比定压热容为 c_p.

3.13　将质量为 1.00 kg、压强为 1 atm、温度为 100 ℃的水蒸气经过准静态过程冷凝成水, 再降温到 20 ℃时, 其熵差是多少? 可认为水的热容与温度无关, 在 1 atm 下水的比热容为 4.18 kJ·kg^{-1}·K^{-1}, 汽化热为 2 250 kJ·kg^{-1}.

3.14　温度为 T_1, 质量为 m_1 的水, 与温度为 T_2, 质量为 m_2 的水在绝热材料制成的容器内混合. 求混合后系统的熵增量 ΔS, 同时给出 $m_1 = m_2 = m$ 时系统的熵增量, 并证明此时 $\Delta S > 0$.（水的比定压热容为 c_p.）

3.15　把 0.20 kg 温度为 100 ℃的铁块放入量热器中, 已知铁的比热容 $c_{Fe} = 0.11$ kcal·kg^{-1}·K^{-1}, 量热器中原来存有 0.30 kg 温度为 12 ℃的水. 假定热量只在铁和水之间交换, 并不流失到外部. 问: 此系统在温度平衡时, 熵的变化量 ΔS 为多少?（水的比热容 $c_{H_2O} = 1.0$ kcal·kg^{-1}·K^{-1}; 热功当量 = 4.18 J·cal^{-1}.）

3.16　理想气体的摩尔定容热容 $C_{V, m}$ 为常量, 体积由 V_0 膨胀到 $4V_0$, 膨胀过程中压强和体积满足 $pV^2 = C$（常量）, 试求 1 mol 理想气体在上述过程中:

（1）对外界做的功;

（2）内能的增量;

（3）焓的增量;

（4）熵的增量.

3.17　体积为 V_1，温度为 T_1 的 1 mol 双原子分子的理想气体，经下列过程后体积膨胀为 V_2：（1）可逆等温膨胀；（2）向真空自由膨胀；（3）节流膨胀；（4）可逆绝热膨胀. 求在此四种情形下，理想气体的内能、温度及熵的变化.

3.18　刚性双原子分子理想气体开始处于 T_1，p_1，V_1 的状态. 该气体等温膨胀到体积 $4V_1$，接着经过一等容过程而达到某一压强，从这个压强再经绝热压缩就能使气体回到它的初态. 设全部过程是可逆的.

（1）分别在 p-V 图和 T-S 图上作出上述循环；

（2）计算每段过程气体所做的功和熵的变化；

（3）计算该循环的效率.

3.19　如图所示，将两部可逆热机串联起来. 可逆热机 1 工作于温度为 T_1 的热源 1 与温度为 $T_2 = 400$ K 的热源 2 之间. 可逆热机 2 吸收可逆热机 1 放给热源 2 的热量 Q_2，转而放热给 $T_3 = 300$ K 的热源 3. 在两部热机的效率和做功相同的情况下，分别求 T_1.

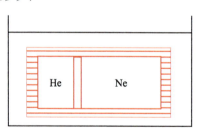

习题 3.19 图

3.20　如图所示，一长为 0.8 m 的圆柱形容器被一薄活塞隔成两部分. 开始时活塞固定在距左端 0.3 m 处，活塞左边充有 1 mol 压强为 5×10^5 Pa 的氦气. 右边充有压强为 1×10^5 Pa 的氖气. 它们都是理想气体. 将气缸浸于 1 L 水中，开始时整个物体体系的温度均匀地处于 25 ℃. 气缸及活塞的热容忽略不计. 放松后振动的活塞最后将处于新的平衡位置，试问此时：

（1）水的温度升高多少？

（2）活塞将静止在距气缸左边多大距离的位置？

（3）物体体系的总熵增为多少？

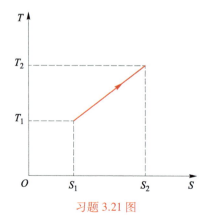

习题 3.20 图

3.21　物质的量为 ν 的理想气体经历的某过程的 T-S 曲线是如图所示的一条直线，设绝热指数 γ 为常量，试导出该过程的过程方程.

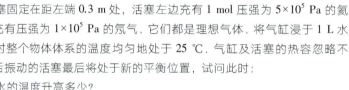

习题 3.21 图

3.22　物体的初温 T_1 高于恒温热源的温度 T_2，即 $T_1 > T_2$，一热机在此物体和热源之间工作，直到将物体的温度降到 T_2 为止，假设热机从物体吸收的热量为 Q，利用熵增原理证明：此热机所能输出的最大功 $W_{max} = Q + T_2 \Delta S$，这里 ΔS 是物体的熵变。

3.23　如图所示，1 mol 氢气在状态 1 时 $T_1 = 300$ K，经历两个不同过程到达末态 3，1—3 为等温过程。

（1）由路径 1—2—3 计算熵差；

（2）由路径 1—3 计算熵差；

（3）对上面两个过程的熵差加以分析。

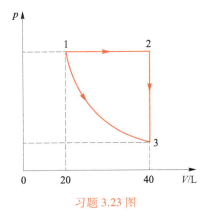

习题 3.23 图

3.24　已知苯在 101.325 kPa、80.1 ℃时会沸腾，其汽化热为 30 878 J·mol^{-1}，液态苯的平均摩尔定压热容为 142.7 J·mol^{-1}·K^{-1}，将 1 mol、0.4 atm 的苯蒸气在恒温 80.1 ℃下压缩至 1 atm，然后凝结为液态苯，并将液态苯冷却到 60 ℃，求整个过程的熵差。（设苯蒸气为理想气体。）

3.25　今有两个容器相互接触，外面用绝热外套围着，均处于压强 101.325 kPa 下，一个容器中有 0.5 mol 的液态苯与 0.5 mol 的固态苯处于平衡状态，在另一个容器中有 0.8 mol 的冰与 0.2 mol 的水处于平衡状态。求两容器互相接触达到平衡后的熵变。已知常压下苯的熔点为 5 ℃，冰的熔点为 0 ℃，固态苯的摩尔定压热容为 122.59 J·mol^{-1}·K^{-1}，水的比定压热容为 4.18 kJ·kg^{-1}·K^{-1}，苯的熔化热为 9 916 J·mol^{-1}，冰的熔化热为 6 004 J·mol^{-1}。

3.26　1 mol 温度为 300 K 的氢气，与 2 mol 温度为 350 K 的氢气在 101.325 kPa 的压强下绝热混合，求氢气的熵差，并判断过程进行的方向。

3.27　气缸中有 3 mol 温度为 400 K 的氢气，在 101.325 kPa 的压强下向 300 K 的大气中等压地散热直到达到平衡为止，求氢气的熵差并判断过程进行的方向。已知氢气的 $C_{p,m} = 29.1$ J·K^{-1}·mol^{-1}。

3.28　1 mol 理想气体在 298 K 时等温可逆膨胀，体积变为原来的 10 倍。

（1）求气体系统从初态到末态的熵差，判断过程进行的方向；

（2）若在上述初、末态间进行的是绝热自由膨胀过程，求系统熵差，判断过程进行的方向。

习题答案

气体平衡态的分子动理论

前三章，我们主要介绍了理想气体的实验规律，实验规律的总结是热力学系统宏观研究方法的基础，具有高度的普适性和可靠性．宏观现象和规律的本质是什么呢？比如，系统的压强和温度的物理本质究竟是什么？这就需要从微观角度来入手进行解释．宏观物质是由大量微观粒子（分子、原子、离子等，为简单起见，后文统一将其称为分子）组成；分子之间存在着相互作用；它们的无规则运动引发了宏观热现象和热学宏观规律.

分子动理论是热学的一种微观理论，它通过分子的运动来解释物质的宏观热性质．本章将从物质由大量微观粒子组成这一基本事实出发，运用统计方法，把物质的宏观性质作为大量微观粒子热运动的统计平均结果，找出宏观物理量与微观物理量的关系，进而解释物质的宏观性质．本章首先在 4.1 节简要介绍了概率与统计的相关知识，接着在 4.2 节介绍了热力学系统的微观描述，4.3 和 4.4 节分别叙述了气体分子特性和分子间的相互作用力，4.5 节和 4.6 节则从统计角度描述了分子在速度和速率空间的运动，以及分子碰撞规律．在此基础上，4.7 节从微观上解释了气体的压强和温度.

4.1 __ 概率与统计简介

热现象微观理论的关键方法是概率统计方法，依靠统计方法可以构建描述物质或系统状态的宏观物理量与微观物理量之间的关系，因此本章先简要介绍一些概率统计的基础知识.

4.1.1 概率的基本概念

统计规律中最基本的概念是**概率**，表示一个随机事件发生的可能性的大小，随机事件对应随机现象的结果．那么什么是随机事件和随机现象呢？

1. 随机现象与随机事件

简单来说，任何事情的发展都可以归为两大类．一类是可以预知结果的现象，如向上抛的苹果一定会落地，依据牛顿力学，总能计算出苹果在任意时刻的位置和速度，这就是**确定现象**；反之，还有大量现象，因某些不能控制或无法预测的因素的存在，事情发展存在着多个可能性的结果，这类现象就是**随机现象**．如天气变化就是由自然环境引起的随机现象；空气中的气体分子在什么时间、什么地点，哪个分子会发生碰撞都不能提前预测．**随机事件**则对应着随机现象的结果．若一个随机现象能出现多种结果，那么每一个结果就对应一个随机事件.

随机事件可分为**基本随机事件**和**复杂随机事件**．对一个随机现象进行实验观测，若在单次实验中出现的结果不能再"分解"，这就是基本随机事件；反之，则是复杂随机事件．如在掷骰子实验中，单次实验中，掷一个骰子可能出现的结果包括：1 点、2 点、3 点、4 点、5 点、6 点，共 6 种可能性，每一个结果都不可再分，即对应 6 个基本随机事件；若我们感兴趣的随机现象是骰子出现大于 3 的结果，那么 4 点、5 点和 6 点这三个基本随机事件都满足这一结果，所以，骰子出现大于 3 的结果就是一个复杂随机事件.

2. 概率

无论是基本随机事件还是复杂随机事件，在单次实验中均呈现结果的不确定性，但是在一定条件下，大量随机事件又具有一定的规律性，这就是<u>统计规律性</u>. 只是统计规律性也一定伴随着单次实验结果的随机性，即"涨落"的存在，而能显示随机事件统计规律的基础就是随机事件发生的可能性，即<u>概率</u>.

一定条件下，对某一随机现象进行实验观测，若总实验次数为 N，其中观测到的随机事件 A 出现的次数为 N_α，定义随机事件 A 出现的**频数** ν_A 为

$$\nu_A = \frac{N_\alpha}{N}$$

当 N 趋于无穷大时，ν_A 也会趋于一个极限，即

$$P_A = \lim_{N \to \infty} \nu_A = \lim_{N \to \infty} \frac{N_\alpha}{N} \tag{4.1.1}$$

P_A 称为随机事件 A 的**概率**.

3. 古典概率模型

古典概率模型是一个简单且常见的模型，它必须要满足以下两个条件：

① 该随机现象所有可能出现的基本随机事件的数目是有限的；

② 每一个基本随机事件发生的可能性相等.

若假设一古典式随机现象包含 N 个基本随机事件，那么可知每一个基本随机事件发生的概率为

$$P_1 = P_2 = \cdots = P_N = \frac{1}{N} \tag{4.1.2}$$

例 4.1

任意向上抛掷硬币，硬币落地后，出现国徽面向上和数字面向上的概率各是多少？

解：掷硬币游戏是一个典型的古典式随机现象，它包含了 2 个基本随机事件：国徽面向上、数字面向上，每个随机事件发生的可能性相等，即

$$P_{国徽} = P_{数字} = \frac{1}{2}$$

4.1.2　概率的基本性质

概率具有如下一些基本性质：

1. 以 P_i 表示任一随机事件发生的概率，必有 $0 \le P_i \le 1$. 其中 $P_i = 1$ 代表此事件一定会发生，对应确定性事件；$P_i = 0$ 对应此事件必定不会发生.

2. 概率是归一的，即所有可能出现的基本随机事件的概率之和等于 1，表示为

$$\sum_{i=1}^{N} P_i = 1 \tag{4.1.3}$$

其中 N 代表该随机现象所有可能出现的基本随机事件个数，P_i 表示第 i 个基本随机

事件出现的概率.

3. 不相容事件的加法定理

若随机事件 1 出现了, 随机事件 2 就不能出现, 称这两个事件是不相容的, 若一复杂随机事件中包含随机事件 1 和随机事件 2, 那么这个复杂随机事件出现的概率 $P_{1,2}$, 等于两随机事件单独出现的概率 P_1 和 P_2 之和, 表示为 $P_{1,2} = P_1 + P_2$. 依次类推, 对包含 m 个不相容事件的复杂随机事件, 其出现的概率 P 可表示为

$$P = \sum_{i=1}^{m} P_i \qquad (4.1.4)$$

这称为不相容事件的加法定理.

4. 相容事件的乘法定理

若随机事件 1 的出现不影响随机事件 2 的出现, 称这两个事件是相容的, 那么这两个相容的随机事件同时出现的概率 $P_{1,2}$, 等于两随机事件单独出现的概率 P_1 和 P_2 的乘积, 表示为 $P_{1,2} = P_1 \cdot P_2$. 依次类推, m 个相容事件同时出现的概率 P' 可表示为

$$P' = \prod_{i=1}^{m} P_i \qquad (4.1.5)$$

这称为相容事件的乘法定理.

例 4.2

同时投掷两个骰子, 一个骰子出现数字 2 向上, 另一个骰子出现数字 5 向上的概率是多少?

解: 依据古典概率模型, 对每一个骰子来说, 出现数字 2 或 5 向上的概率都是 $\frac{1}{6}$, 而且第一个骰子出现的 2 或 5 向上的结果并不影响第二个骰子出现 5 或 2 向上的结果, 因此两个骰子出现各自数字的结果是相容的, 有

① 第一个骰子出现 2 向上, 第二个骰子出现 5 向上的结果, 满足相容事件的乘法定理, 对应出现的概率是: $\frac{1}{6} \times \frac{1}{6} = \frac{1}{36}$;

② 第一个骰子出现 5 向上, 第二个骰子出现 2 向上的结果, 满足相容事件的乘法定理, 对应出现的概率是: $\frac{1}{6} \times \frac{1}{6} = \frac{1}{36}$.

由于①和②两种情况不能同时发生, 因此是两个不相容的事件, 但是都满足一个骰子出现 2 向上, 另一个骰子出现 5 向上的结果, 满足概率加法定理, 因此出现这个结果最终对应的概率为

$$\frac{1}{36} + \frac{1}{36} = \frac{1}{18}$$

4.1.3 离散型随机变量的概率分布

随机事件一般可用随机变量 X 来描述. 若在一定区间内, X 的取值为有限个或可数个, 这就是**离散型随机变量**. 但只知道 X 的取值还不够, 还需要知道 X 取各个

数值的概率，才能完全地描述一个随机现象.

如例 4.1 的掷硬币游戏中，若选取国徽面向上的随机事件对应的随机变量取值为 $X_1 = 1$，数字面向上的随机事件对应的随机变量为 $X_2 = 0$，其相应的概率都是 0.5. 依此类推，若随机变量 X 可能的取值为 x_1，x_2，$\cdots$，x_N，对应的概率分别是 P_1，P_2，$\cdots$，P_N，表 4.1.1 就是随机变量 X 的概率分布表. 若通过适当选取函数，将随机变量取值 X 与对应的概率 P 联系起来，则有

$$P = f(X) \tag{4.1.6}$$

这就是**离散型随机变量的概率分布函数**.

表 4.1.1　离散型随机变量的概率分布

X	x_1	x_2	$\cdots$	x_i	$\cdots$	x_N
P	p_1	p_2	$\cdots$	p_i	$\cdots$	p_N

典型的离散型概率分布函数是二项式分布，指的是若一个随机现象只包括两个基本随机事件，记作 A 和 B，且 A 和 B 各自的出现概率分别是 P 和 Q，那么在 N 次试验中有 n_1 次出现事件 A 的概率 $P_N(n_1)$ 为

$$P_N(n_1) = \frac{N!}{n_1!\,(N-n_1)!} P^{n_1} Q^{N-n_1} \tag{4.1.7}$$

当然，这也是 $N-n_1$ 次 B 事件出现的概率. 对于古典式随机现象，必有 $P = Q = 1/2$，其他随机现象就不一定如此了.

4.1.4　连续型随机变量的概率密度分布函数

当随机变量 X 在实数轴的某一区间内连续取值，即使是 x 到 $x+\mathrm{d}x$ 中的无限小区间 $\mathrm{d}x$ 内也可取无穷多个值，这就是**连续型随机变量**. 需要注意的是，连续型随机变量中取某一确定值对应的概率必为 0. 简单来说，由古典概率模型可知每一个随机变量对应的概率都为随机变量总数目的倒数（式 4.1.2）. 对连续型随机变量来说，由于随机变量的总数目是无穷大的，因此对任一具有确定值的随机变量来说，它的概率都是零. 那么连续型随机变量的概率究竟要如何确定？我们以气体分子按速率的分布为例.

假设某气体系统中包含 N 个气体分子，通过测量不同速率区间的分子数，可以发现气体分子运动速率的统计规律. 实验中，以 $100~\mathrm{m\cdot s^{-1}}$ 为速率间隔，测得不同速率区间内的分子数 ΔN 与总分子数 N 的比值，见表 4.1.2 第二行.

表 4.1.2　分子数 ΔN 与总分子数 N 的比值（速率间隔 $100~\mathrm{m\cdot s^{-1}}$）

速率/($\mathrm{m\cdot s^{-1}}$)	0~100	100~200	200~300	300~400	400~500	500~600	600~700
$\dfrac{\Delta N}{N}$/（%）	2.25	12.8	23.4	25.3	19.0	10.6	4.55
$\dfrac{\Delta N}{N\Delta v}$	0.022 5	0.128	0.234	0.253	0.190	0.106	0.045 5

以速率 v 为横坐标，分子数所占比值 $\Delta N/N$ 为纵坐标，依据表 4.1.2 中数据可绘出图 4.1.1 中的实线.

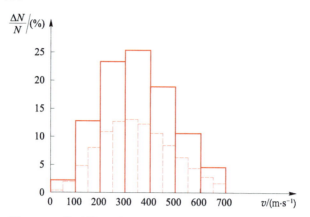

图 4.1.1　分子数 ΔN 与总分子数 N 的比值随速率的变化

当把速率间隔改为 $50\ \mathrm{m \cdot s^{-1}}$ 时，再次测量不同速率区间内的分子数 ΔN 与总分子数 N 的比值，如表 4.1.3 第 2 行和第 5 行所示. 此时再以速率为横坐标，$\Delta N/N$ 为纵坐标，依据表 4.1.3 中数据，就可绘出图 4.1.1 中的虚线.

表 4.1.3　分子数 ΔN 与总分子数 N 的比值（速率间隔 $50\ \mathrm{m \cdot s^{-1}}$）

速率/($\mathrm{m \cdot s^{-1}}$)	0~50	50~100	100~150	150~200	200~250	250~300	300~350
$\dfrac{\Delta N}{N}$/（%）	0.299	1.95	4.79	8.02	10.8	12.6	13.0
$\dfrac{\Delta N}{N\Delta v}$	0.005 97	0.039 0	0.095 7	0.160	0.217	0.252	0.261
速率/($\mathrm{m \cdot s^{-1}}$)	350~400	400~450	450~500	500~550	550~600	600~650	650~700
$\dfrac{\Delta N}{N}$/（%）	12.3	10.6	8.43	6.26	4.34	2.82	1.72
$\dfrac{\Delta N}{N\Delta v}$	0.245	0.211	0.169	0.125	0.086 9	0.056 5	0.034 5

相同的系统，相同的变量，为什么会作出不同的折线？经过思考就能发现，是因为两条曲线选取了不同的速率间隔，而且速率间隔越小，$\Delta N/N$ 的数值也越小. 可以想象，若进一步减小速率间隔，作类似的图，曲线将会逐渐逼近横坐标轴. 那么如何消除不同速率间隔带来的影响呢？可以将纵坐标调整为 $\Delta N/(N\Delta v)$. 重新对上述两种情况作图，如图 4.1.2 所示，可以看出这两种情况的折线已经趋于一致了.

当速率间隔足够小，即 $\Delta v \to \mathrm{d}v \to 0$ 时，其轮廓线终将趋于一条光滑的曲线，如图 4.1.3 所示.

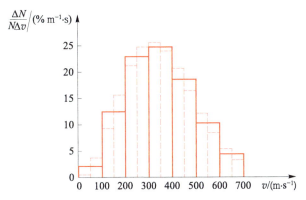

图 4.1.2　单位速率间隔内分子数比值按速率的分布

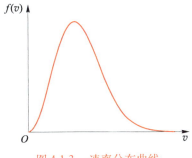

图 4.1.3　速率分布曲线

这条曲线就代表了速率 v 附近，单位速率间隔内的分子数 $\mathrm{d}N$ 随速率 v 的变化，称为速率分布曲线，相应的速率分布函数记为

$$f(v) = \frac{\mathrm{d}N}{N\mathrm{d}v} \tag{4.1.8}$$

$f(v)$ 是单位速率间隔内的概率，因此又被称为**概率密度分布函数**. 根据概率的基本定义，可知 $f(v)\mathrm{d}v$ 才是速率位于 $v\sim v+\mathrm{d}v$ 区间内的分子数概率，即

$$f(v)\mathrm{d}v = \frac{\mathrm{d}N}{N} \tag{4.1.9}$$

由此可见，**连续型随机变量**对应的是**概率密度分布函数**，而**离散型随机变量**对应的是**概率分布函数**.

4.1.5　统计平均值及涨落

实际问题中，我们感兴趣的往往不是一个随机事件表现出来的特性，而是大量随机事件综合表现出来的平均结果，即需要计算随机变量的统计平均值. 就像年级考试中，学校考查的往往是各个班级的平均分.

1. 离散型随机变量的统计平均值

以某班级热学课程的考试成绩为例. 设班级共有 N 名学生，把成绩相同的学生看成一组，那么 N 名学生可以分成 m 组，满足 $m \leqslant N$. 若令每组的成绩分别对应 x_1，x_2，$\cdots$，x_m，每组的学生数对应 y_1，y_2，$\cdots$，y_m，那么该班级热学课程的平均考

试成绩就可以写成

$$\overline{X} = \frac{\sum\limits_{i=1}^{m} x_i \cdot y_i}{N} = \sum\limits_{i=1}^{m} x_i P_i \tag{4.1.10}$$

其中 $P_i = \dfrac{y_i}{N}$，代表成绩为 x_i 的学生数 y_i 占总人数 N 的比例. 对于这个班级来说，P_i 实际上就是这次热学考试中，对应成绩 x_i 出现的概率.

由上例可见，**离散型随机变量的统计平均值**，可表示为**加权平均**，由随机变量的取值，以及与取值相对应的概率共同决定.

2. 连续型随机变量的统计平均值

连续型随机变量的典型特点是随机变量可取无穷多个数值，因此需要把对有限个数值的求和变成对无限个数值的积分.

以气体分子的速率分布为例，求分子热运动的平均速率 $\bar{v}$. 此时，我们仍需要先对所有的气体分子速率求和，再除以气体分子总数 N. 需要注意的是，我们无法得到每个分子精确的速率，因为连续型随机变量中任何确定数值对应的概率都为 0，需要用概率密度分布函数来描述其概率特性，因此我们只能通过划分区间，把**确定数值**变成**确定数值附近区间**，即把 v 变成 $v+dv$，此速率区间对应的概率为 $f(v)\,dv$，处于这个速率区间的分子数为 $dN = Nf(v)\,dv$. 由于 dv 非常小，可以认为这个区间内的 dN 个分子都具有相同的速率 v，它们的速率和就是 $vdN = Nvf(v)\,dv$.

对于整个速率区间 $0\sim\infty$，N 个气体分子的总速率可表示为

$$\int_0^\infty v\,dN = \int_0^\infty Nvf(v)\,dv \tag{4.1.11}$$

对应的每个气体分子的平均速率为

$$\bar{v} = \frac{\int_0^\infty Nvf(v)\,dv}{N} = \int_0^\infty vf(v)\,dv \tag{4.1.12}$$

同理，我们还可以得到分子热运动的方均速率

$$\overline{v^2} = \int_0^\infty v^2 f(v)\,dv \tag{4.1.13}$$

方均速率中的"方"对应的是平方项，"均"就是平均值，因此方均速率对应的是速率平方的平均值，即 $\overline{v^2}$. 若是把"方"与"均"调整一下位置，就是均方速率，此时对应的是平均速率的平方值，即 $\bar{v}^2$，这两个量具有不同的物理含义. 物理量在数学上不同的先后运算顺序，产生的物理效应往往也不相同，一般可以通过名称加以分辨.

一般情况下，连续型随机变量 $a(x)$ 的统计平均值可以通过与其相关的概率密度分布函数 $P(x)$ 得到，记作：

$$\overline{a(x)} = \int a(x)P(x)\,dx \tag{4.1.14}$$

积分遍布 x 的所有取值范围.

3. 统计平均值的简单定理

根据式（4.1.14）统计平均值的定义，易于证明下面定理的成立.

（1）假设 $a(x)$ 和 $b(x)$ 是同一随机变量 x 的两个函数，有

$$\overline{a(x)\pm b(x)}=\overline{a(x)}\pm\overline{b(x)} \tag{4.1.15}$$

（2）假设 $a(x)$ 是某一随机变量 x 的函数，C 是与该随机变量无关的量，有

$$\overline{C\cdot a(x)}=C\cdot\overline{a(x)} \tag{4.1.16}$$

（3）假设 $g(x, y)$ 是包含两个随机变量 x 和 y 的函数，且这两个随机变量相互独立，没有任何关联作用，可用 $a(x)$ 和 $b(y)$ 分别表示随机变量 x 和 y 的函数，则有

$$\overline{g(x, y)}=\overline{a(x)\cdot b(y)}=\overline{a(x)}\cdot\overline{b(y)} \tag{4.1.17}$$

对离散型随机变量，其统计平均值依然遵从上述定理.

4. 围绕统计平均值的涨落

统计平均值基于概率和概率密度分布函数，表征统计规律的结果，因此必然伴随着涨落现象. 假设某实验经过大量观测后，得到物理量 X 的统计平均值为 $\overline{X}$，单次实验测量结果 X 与其统计平均值的偏离值为 $\Delta X=X-\overline{X}$，此时的 ΔX 可正可负，且变化随机，但 ΔX 的波动情况却能反映客观现象. 对多次测量结果的偏离值 ΔX 求平均值，可以发现，

$$\overline{\Delta X}=\overline{X-\overline{X}}=\overline{X}-\overline{X}=0 \tag{4.1.18}$$

这表明不能用 ΔX 来衡量物理量 X 的涨落情况. 此时可以引入涨落散差（或弥散度）$\overline{(\Delta X)^2}$，来讨论物理量 X 的涨落：

$$\overline{(\Delta X)^2}=\overline{(X-\overline{X})^2}=\overline{X^2-2X\overline{X}+(\overline{X})^2}=\overline{X^2}-2\overline{X}\cdot\overline{X}+(\overline{X})^2=\overline{X^2}-(\overline{X})^2 \tag{4.1.19}$$

必有 $\overline{(\Delta X)^2}\geq 0$. 通常用 $\sqrt{\overline{(\Delta X)^2}}$ 来描述物理量 X 的标准误差或者涨落，其与统计平均值 $\overline{X}$ 的比值称为**相对误差**或**相对涨落**，即

$$\frac{\sqrt{\overline{(\Delta X)^2}}}{\overline{X}}=\frac{\sqrt{\overline{X^2}-(\overline{X})^2}}{\overline{X}} \tag{4.1.20}$$

需要注意的是，只有相对涨落很小的时候，统计平均值 $\overline{X}$ 才是有意义的，此时才能把 $\overline{X}$ 看成经过大量实验后的、确定的结果.

例 4.3

考虑分子在一维路径上的运动. 假设有一个分子可在 x 轴上忽左忽右地随机运动，每运动一次，步长都是 l，那么该分子从原点开始出发，走 N 步后偏离原点的方均位移是多少？

解： 这是求离散型随机变量的统计平均值问题，而且是典型的二项式概率分布问题. 根据古典概率模型，可知分子向 x 轴正向（向右）和 x 轴负向（向左）运动的概率 P 和 Q 相等，即 $P=Q=1/2$. 假设分子在 N 步的运动中，其中 n 次向右移动，由式（4.1.7）可知该分子向右移动的概率 $P_N(n)$ 是

$$P_N(n) = \frac{N!}{n!(N-n)!}P^n Q^{N-n}$$

分子在 $x=0$ 处开始出发,N 步后分子距离原点的位移为

$$x = nl - (N-n)l = (2n-N)l$$

由于分子向右和向左移动的概率相等,可以预期 $\bar{x}=0$,而方均位移 $\overline{x^2}$ 表示为

$$\overline{x^2} = \sum_{n=0}^{N} x^2 P_N(n) = \sum_{n=0}^{N}(2n-N)^2 l^2 P_N(n) = \sum_{n=0}^{N}(2n-N)^2 l^2 \frac{N!}{n!(N-n)!}P^n Q^{N-n}$$

$$(4.1.21)$$

可以看出,为求得方均位移,需要先求出

$$\bar{n} = \sum_{n=0}^{N} n P_N(n), \quad \overline{n^2} = \sum_{n=0}^{N} n^2 P_N(n)$$

其中

$$\bar{n} = \sum_{n=0}^{N} n P_N(n) = \sum_{n=0}^{N} n \frac{N!}{n!(N-n)!}P^n Q^{N-n}$$

$$= \sum_{n=1}^{N} \frac{Np(N-1)!}{(n-1)![(N-1)-(n-1)]!}P^{n-1}Q^{(N-1)-(n-1)} \quad (4.1.22)$$

令 $n'=n-1$,$N'=N-1$,则上式变为

$$\bar{n} = Np \times \sum_{n'=0}^{N'} \frac{N'!}{n'!(N'-n')!}P^{n'}Q^{N'-n'} = NP(P+Q)^{N'} = NP \quad (4.1.23)$$

其中应用了概率归一原理,$p+q=1$。类似地,

$$\overline{n^2} = \sum_{n=0}^{N} n^2 P_N(n) = \sum_{n=1}^{N} n^2 \frac{N!}{n!(N-n)!}P^n Q^{N-n} = \sum_{n=1}^{N}[1+(n-1)]\frac{N!}{(n-1)!(N-n)!}P^n Q^{N-n}$$

$$= NP + \sum_{n=2}^{N} \frac{Np^2(N-1)(N-2)!}{(n-2)![(N-2)-(n-2)]!}P^{n-2}Q^{(N-2)-(n-2)}$$

此时,令 $n'=n-2$,$N'=N-2$,则上式变为

$$\overline{n^2} = NP + N(N-1)P^2 \sum_{n'=0}^{N'} \frac{N'!}{n'!(N'-n')!}P^{n'}Q^{N'-n'} = NP + N(N-1)P^2 \quad (4.1.24)$$

由此可以得到分子偏离 x 原点的方均位移

$$\overline{x^2} = Nl^2[(N-1)(P-Q)^2+1] \quad (4.1.25)$$

当 $P=Q=\dfrac{1}{2}$ 时,有

$$\overline{x^2} = Nl^2 \quad (4.1.26)$$

即分子移动 N 步后偏离初始位置的方均位移与它移动的步数 N 成正比。

这就是求解统计平均值的常规解法,对于连续型随机变量对应的统计平均值则需要应用概率密度分布函数以及数学积分运算得到。

4.2 __ 热力学系统的微观描述

热力学系统都由大量的微观粒子构成,且这些微观粒子一直在作永不停歇的热运动。以微观粒子为研究对象,研究它们的运动行为,找到这些微观粒子运动的统

计规律性，就可以表征热力学系统的宏观物理特性.

4.2.1 相空间

经典力学中，每一个微观粒子的运动都遵从经典力学框架下的运动方程，常用广义坐标 q_i 和广义动量 p_i 来描述其运动行为（感兴趣的读者可以参考理论力学，进一步理解广义坐标和广义动量的含义.），其中 $i = 1, 2, \cdots, f$，f 是描述一个微粒运动的自由度数. 这意味着对每一个微粒来说，都需要 $2f$ 个变量才能完全确定其运动状态，其中 f 个变量对应微粒的广义坐标，另外 f 个变量对应微粒的广义动量. 把广义坐标和广义动量合起来，可以构造一个空间，称为"**相空间**"或者"**μ 空间**"（$\mu = 2f$），那么一个微粒的运动状态就能用相空间中的一点来描述. 若系统中包含 N 个微粒，则需要 $2Nf$ 个变量才能完全确定系统内所有微粒的运动行为.

我们来考察理想气体系统，把气体分子都看作质点，即只需考虑气体分子的平动，忽略其转动和振动行为，此时描述气体分子运动的广义坐标和广义动量就可用分子的位置 r 和动量 p 来表征，其运动轨迹遵循牛顿第二定律. 考虑气体分子在三维空间中运动，即需要用 3 个自由度（x、y、z）来描述一个分子的位置坐标 r，同时还需要用 3 个自由度（p_x、p_y、p_z）来描述一个分子的动量 p. 如图 4.2.1（a）所示的 6 维（此时 $f = 3$，共 $2f = 2 \times 3 = 6$ 维）相空间中的一个点就对应一个气体分子的运动状态. 这个点在水平坐标轴上的投影对应着分子的位置 r，在竖直轴上的投影对应着分子的动量 p，且每一个坐标轴实际上各包含着三个维度［图 4.2.1（b）、图 4.2.1（c）］，因此整个相空间实际上包含了 6 个维度. 对分子运动来说，一个分子的运动轨迹可表示为相空间中的一条曲线.

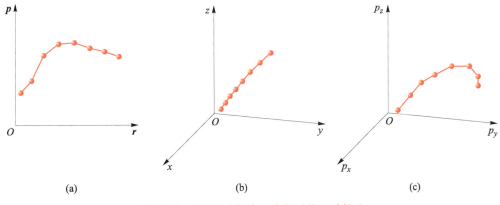

图 4.2.1 6 维相空间中一个粒子的运动轨迹

对包含 N 个分子的气体系统来说，就需要 $6N$ 个变量才能描述整个系统的分子运动行为，对应相空间中 N 个点的特征，它们的运动轨迹同样可用 N 条曲线来描述，如图 4.2.2 所示.

这里我们引入了**动量空间** $p(p_x, p_y, p_z)$ 的概念，如果忽略分子质量效应，可简单用**速度空间** $v(v_x, v_y, v_z)$ 来表征. 为了把分子的速度具象化，我们可以仿照分子在几何坐标空间的描述方式，假想出一个速度空间，其中的速度 v 就代表了分子瞬时速度的大小和方向，如图 4.2.3 所示. 若是不考虑速度的方向，只考虑速度的大小，我们还能假想出**速率空间**，就如一维坐标空间一样，只需要用线段长短来表示大小即可.

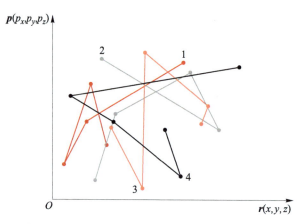

图 4.2.2　6 维相空间中 4 个气体分子的运动轨迹

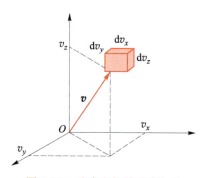

图 4.2.3　速度空间的速度矢量

需要注意的是，虽然可以用相空间中的点来描述气体分子的运动状态，但是分子的坐标和动量都是空间的连续变量，依据连续型随机变量的特性，可通过引入一个抽象的小体积元 $\Delta\omega=\Delta\boldsymbol{r}\cdot\Delta\boldsymbol{p}$，这个小体积元被称为"**相格**". 规定，在 $\omega\to\omega+\Delta\omega$ 相格内的分子具有相同的运动状态，即处在 $\boldsymbol{r}\to\boldsymbol{r}+\Delta\boldsymbol{r}$，$\boldsymbol{p}\to\boldsymbol{p}+\Delta\boldsymbol{p}$ 相格内的分子具有相同的位置 $\boldsymbol{r}$ 和相同的动量 $\boldsymbol{p}$.

把相空间划分为若干个网格，每一个小格对应一个相格，不同位置的相格代表着不同的运动状态，这样落在相格内的分子对应的位置和动量就能完全掌握了，如图 4.2.4 所示. 此时可能有读者会问，落在相格边界和 4 个顶点的分子的位置和动量如何选取？这种情况可以在划分相格时作好规定，如规定：落在相格竖直边界的分子所具有的位置 $\boldsymbol{r}$ 和动量 $\boldsymbol{p}$ 分别与其左边的相格取值相同；落在水平边界的分子运动状态与上面的相格取值相同；落在相格 4 个顶点的分子所具有的 $\boldsymbol{r}$ 和 $\boldsymbol{v}$ 等同于各顶点左侧上面相格的取值. 诸如此类的规定可以是随意的，因为相格本身的划分也是任意的，毕竟 $\Delta\boldsymbol{r}$ 和 $\Delta\boldsymbol{v}$ 的选取也是任意的. 似乎只有当 $\Delta\omega\to\mathrm{d}\omega\to0$，即 $\mathrm{d}\boldsymbol{r}\to0$、$\mathrm{d}\boldsymbol{p}\to0$ 时，相格将变成一个点，这样相格的任意性才能消除. 在经典力学中的确如此，这是因为经典力学中每个气体分子在每时每刻都有确定的坐标和动量. 但是在量子力学中，分子不能同时具有确定的坐标和动量，有$(\Delta\omega)_{\min}=\Delta r\Delta p=h^3$，即相格的（超）体积不能小于$h^3$（$h$是普朗克常量）. 有了相格的概念，系统中所有气体分子的微观运动状态就确定了.

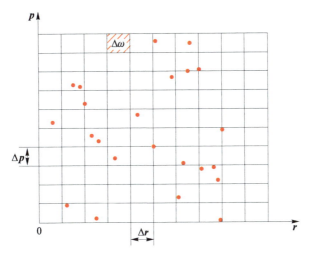

图 4.2.4 6 维相空间的相格和微观粒子的运动状态

经典力学中相空间可以用曲线描述每一个微观粒子的运动，这代表每一个微粒都是可以区分的，因此我们才能追踪每一个微粒的运动轨迹. 但现实中，只有特殊的热力学系统才能分辨出每一个微粒的运动，如包含极少数微粒的热力学系统，对于包含大量微观粒子的系统，实际上很难分辨出每一个微观粒子，因为它们的属性完全相同，可以称之为"全同粒子". 再者，微观粒子遵从的应当是量子力学规律，如：① 不确定关系；② 一些物理量的取值不连续，只能取离散值. 不确定关系表明，无法在相空间内用一个确定的点来描述微粒的运动状态，也不能明确给出微观粒子在相空间的运动轨迹；同时，量子力学中一些物理量只能取离散值，这使得计算物理量的统计平均值要依据离散型变量的特性进行累加求和，这与连续型变量的求积分有很大差异. 此时需要用量子力学的方法来讨论每个粒子的运动行为. 实际上，量子力学的不确定关系给出了相格大小满足的条件$\Delta r\Delta p\sim h^f$，其中普朗克常量$h=6.626\,070\,15\times10^{-34}$ J·s，是一个非常小的量，很多情况下都可以近似看作零，f则是广义坐标或广义动量的自由度数. 此时物理量也可以近似看作连续型变量，在统计平均值的计算中可以用积分代替求和，这样就有效地简化了计算.

4.2.2 微观状态与分布

经典力学中，每个微观粒子都是可以分辨的，因此只要知道了**所有粒子的运动状态**，即已知N粒子系统中的$2Nf$个变量，则该系统的"**微观状态**"就确定了. 同理，在描述热力学系统的相空间中，N个微粒的位置也对应着系统的一个"微观状态". 微粒的热运动使得它们可以遍布整个相空间，只要有至少一个微粒所处的相格位置发生变化，就对应不同的"微观状态". 微观粒子的状态无时无刻不在变化，因此一个热力学系统包含着巨大的"微观状态"数目，这些微观状态对应着可以实验测量的"宏观状态"，而宏观状态由相应的宏观物理量决定，如气体系统的温度、密度、压强等，也就是说，粒子的微观运动与系统的宏观性质是有关联的.

这里，我们把决定系统"宏观状态"的因素称为"**分布**".

以包含 4 个气体分子的热力学系统为例，假设分子在几何空间不变（控制变量法），只考虑分子在速度空间或动量空间内的运动行为，讨论此系统的微观状态和分布，并建立分子运动的微观状态与宏观物理量的关联.

为简单起见，假设系统内 4 个气体分子完全相同，质量均为 m_0，用编号 a、b、c、d 加以区分. 仅将速度空间简单分为两部分，每一个部分代表一个相格，即此相空间只有两个相格，定义两相格分别为 A 和 B，其中相格 A 对应的速度为 $\boldsymbol{v}_1$，相格 B 对应的速度为 $\boldsymbol{v}_2$，且两个相格表征的速率大小不同，$v_1 \neq v_2$. 4 个分子可以在 A、B 两个相格中作任意排布，所有可能的分子排布一共有 16 种，如表 4.2.1 中的第一、第二列所示，这 16 种排布对应的就是系统的"**微观状态**".

表 4.2.1　微观状态与分布示例

微观状态		分布（相格 A 和相格 B 内的分子数比例）	系统动能
相格 A 中分子	相格 B 中分子		
a, b, c, d	无	4 : 0	$4 \times \frac{1}{2} m_0 v_1^2$
a, b, c	d	3 : 1	$3 \times \frac{1}{2} m_0 v_1^2 + 1 \times \frac{1}{2} m_0 v_2^2$
a, b, d	c		
a, c, d	b		
b, c, d	a		
a, b	c, d	2 : 2	$2 \times \frac{1}{2} m_0 v_1^2 + 2 \times \frac{1}{2} m_0 v_2^2$
a, c	b, d		
a, d	b, c		
b, c	a, d		
b, d	a, c		
c, d	a, b		
a	b, c, d	1 : 3	$1 \times \frac{1}{2} m_0 v_1^2 + 3 \times \frac{1}{2} m_0 v_2^2$
b	a, c, d		
c	a, b, d		
d	a, b, c		
无	a, b, c, d	0 : 4	$4 \times \frac{1}{2} m_0 v_2^2$

讨论该系统的宏观物理量——系统动能，可以发现，16 种不同的微观状态实际只对应了 5 种不同的系统动能数值结果，如表 4.2.1 中的第四列所示. 这意味着对任一相格来说，该相格提供给系统动能的贡献只与其内包含的分子数目有关，而与相格内实际包含了哪些分子无关. 因此系统动能是由每个相格内的分子数目共同决定

的，正如表 4.2.1 中的第三列所示，这就是气体分子的"**分布**"，对应着不同相格内气体分子数目的排列.

推而广之，对于包含大量微观粒子的宏观系统，更会存在多种微观状态对应同一种分布的现象，而一种分布对应的系统宏观属性是确定的. 这也表明系统的宏观属性与单一微粒的运动状态无直接关联，而只与微观粒子的分布有关. 或者说，微观粒子的分布确定了系统的宏观状态参量，而每一种分布则包含着若干种微观状态.

4.2.3 等概率原理

热力学系统通常都包含大量微观粒子，其包含的总的微观状态数目也是巨大的. 玻耳兹曼在 19 世纪 70 年代提出了著名的"**等概率原理**"（equal probability principle）：**处于平衡态的孤立系统，其各个可能的微观状态出现的概率是相等的**. 换言之，如果已知一个系统的微观状态总数为 Ω，那么每一个微观状态出现的概率就是 $\dfrac{1}{\Omega}$.

由于热力学系统中的微粒数目巨大，实际上我们无法确切地追踪每一个微粒的运动轨迹，也无法有效测量每一个微观状态出现的概率. 上述等概率原理不是通过实际测量得到的，只是统计物理中的一个基本假设. 但是基于该假设的各种推论都与客观实际相符，因而该假设是可信的，它已成为平衡态统计物理的基础.

4.2.4 热力学概率

热力学概率（thermodynamic probability）是统计物理学中常用的一个概念，定义为**一种分布包含的微观状态个数**，因此热力学概率可以取远大于 1 的正整数，它并不是数学上定义的概率. 如上述 4 个气体分子的例子中，5 种分布对应的热力学概率分别是 1、4、6、4、1.

与数学上定义的概率相比，热力学概率其实就是忽略了分母中的微观状态总数 Ω. 对一个确定的系统来说，微观状态总数 Ω 是个常量，在计算中忽略 Ω 并不会改变系统的性质，反而有利于更好地理解真实的物理含义.

4.2.5 最概然分布

微观状态等概率出现的假设对应着系统中所有可能的微观状态都会出现的情况，这其实就是"各态历经"现象. 但是与系统宏观物理性质相关联的并不是微观状态，而是分布，而且不同分布包含的微观状态数目也有很大差异. 根据等概率原理，可以得到各种分布出现的概率，即每种分布出现的概率等于它包含的微观状态数目除以系统的微观状态总数. 如上述 4 个气体分子分布的例子，系统总共包含 16 种微观状态，5 种分布. 其中第 1 种分布只包含 1 种微观状态，因此第 1 种分布出现的概率就是 $\dfrac{1}{16}$；第 2 种分布包括 4 种微观状态，其出现的概率为 $\dfrac{1}{4}$；第 3 种分布共包括 6 种微观状态，其出现的概率为 $\dfrac{3}{8}$；同理，第 4 种、第 5 种分布出现的概率分

别为 $\frac{1}{4}$ 和 $\frac{1}{16}$. 把 5 种分布出现的概率相加, 正好满足概率归一原理.

系统的**最概然分布**指的是, **系统所有可能的分布中, 出现概率最大的分布**. 换言之, 包含最多微观状态数量, 或具有最大概率 (热力学概率) 的分布就是系统的最概然分布. 尤其在包含大量微观粒子的热力学系统中, 最概然分布包含的微观状态数量往往要远大于其他分布包含的微观状态数量.

4.2.6 宏观量是相应微观量的统计平均值

我们习惯将描述系统宏观性质的物理量称为**宏观量**, 而描述微观粒子性质的物理量就是**微观量**. 如上述 4 个气体分子的系统中, 描述单个分子的物理量——速度, 就是微观量; 描述所有气体分子总动能, 即系统动能, 就是宏观量. 由于分子的运动状态时刻都在改变, 系统的微观状态难以精确测量, 但是宏观物理量原则上可以通过实验测量得到. 由此可知, 想要了解一个宏观量的物理本质, 需要知道它与微观量之间的联系.

虽然分子的状态无时无刻不在变化, 而任何实验上的测量均需要一定的时间, 即使从宏观角度来看, 测量时间很短, 但是与微观上的微观状态发生变化所经历的时间相比, 测量时间还是要长很多. 比如, 我们用温度计测量室内的温度时, 在测量所需要的时间段内, 室内任何一个气体分子的位置和速度都有过多次变化. 也就是说, 在宏观量的测量过程中, 不同的微观状态可能都已经出现过了. 微观状态的"各态历经"现象表明, 我们观测到的宏观量其实是微观粒子在各种可能出现的微观状态中相应微观量的统计平均值. 由于最概然分布出现的概率最大, 因此它对宏观量的统计平均值的贡献也最大. 这也说明了热力学系统的宏观平衡态实际上对应的是微观上粒子时刻处于不同微观状态的动态平衡.

以上述 4 个气体分子的总动能为例, 由离散型随机变量的统计平均值算法, 式 (4.1.10), 可知系统动能 E_k 的结果应为

$$
\begin{aligned}
E_k = \sum_{i=1}^{5} P_i \varepsilon_i = {} & \frac{1}{16} \times \left(4 \times \frac{1}{2} m v_1^2 \right) + \frac{1}{4} \times \left(3 \times \frac{1}{2} m v_1^2 + 1 \times \frac{1}{2} m v_2^2 \right) + \\
& \frac{3}{8} \times \left(2 \times \frac{1}{2} m v_1^2 + 2 \times \frac{1}{2} m v_2^2 \right) + \frac{1}{4} \times \left(1 \times \frac{1}{2} m v_1^2 + 3 \times \frac{1}{2} m v_2^2 \right) + \\
& \frac{1}{16} \times \left(4 \times \frac{1}{2} m v_2^2 \right) = m v_1^2 + m v_2^2
\end{aligned}
\tag{4.2.1}
$$

其中 P_i 表示每种分布出现的概率, ε_i 则是每种分布对应的分子总动能.

4.3 气体分子的特性

4.3.1 布朗运动

"宏观物质由微观粒子构成"这一结论早在古希腊时代就有人猜想过, 但一直

到 1827 年，才由英国植物学家罗伯特·布朗（Robert Brown，1773—1858）在实验上首次证明. 他在显微镜下观察到，悬浮在水面上的花粉颗粒是随机运动的. 事实上，悬浮在液体或者气体中的花粉、病毒、尘埃（如 PM2.5、PM10）等微小颗粒的运动也是随机的. 因此，后人把这种悬浮微粒称为布朗粒子，而把布朗粒子的这种随机的**无规则运动**称为**布朗运动**（Browian motion）.

布朗运动的发现，使之成为 19 世纪中叶到 20 世纪初的热门研究课题，很多数学家和物理学家都投身到布朗运动的研究中，如：1887 年，英国的德尔索科思（J. Delsaux）指出，布朗运动起因于花粉颗粒受到周围水分子的碰撞，碰撞造成了花粉颗粒的受力不平衡，因而产生了无规则运动；1904 年，法国的庞加莱（H. Poincare）指出，较大的颗粒（大于 0.1 mm）受到周围水分子在不同方向的频繁碰撞，却不会出现布朗运动，是因为较大的颗粒受到的合力几乎为零；1905 年，爱因斯坦（A. Einstein）从统计力学角度提出了布朗粒子的方均位移与时间成正比的设想，即 $\overline{x^2} \propto t$，这是随机过程的典型结果；1906 年，俄国的莫卢乔夫斯基（Smoluchovski）用统计力学方法证明了布朗粒子的方均位移与时间成正比；1908 年，法国的朗之万（P. Langevin）通过引入随机力，从动力学角度给出了布朗粒子满足的朗之万方程，通过求解也得到了 $\overline{x^2} \propto t$ 的结果.

前面例 4.3 的分子运动现象，实际上就是一维空间的无规则行走问题. 式（4.1.26）给出了分子的方均位移 $\overline{x^2} = Nl^2$. 由于方均位移与总的移动步数 N 成正比，而 N 又与总的移动时间 t 成正比，因此也满足 $\overline{x^2} \propto t$ 这一随机过程的典型结果.

以上这些研究，其实只涉及布朗粒子的宏观运动规律，还没有回答布朗粒子为什么运动，又是怎么证明"宏观物质由微观粒子构成"这一猜测的. 直到 1908 年，法国的佩兰（J. B. Perrin）通过显微镜观察到了悬浮在水面上的三粒藤黄颗粒（每个颗粒半径约为 2.0×10^{-7} m，质量约为 3.0×10^{-17} kg）的无规则运动（图 4.3.1），藤黄颗粒在 27 ℃时的热运动速率约为 0.02 m·s^{-1}. 佩兰还在测量布朗运动的过程中得到了阿伏伽德罗常量，其数值已经非常接近 6.022×10^{23}.

考虑到当时的实验条件，可以说这一结果是非常了不起的. 佩兰的实验结果验证了对布朗运动的理论猜测，即物质是由微粒组成的，这些微粒（水分子）一直在做永不停歇的无规则运动，使得悬浮着的布朗粒子跟着做随机运动. 佩兰也因此贡献获得了 1926 年的诺贝尔物理学奖.

布朗运动可以看成分子动理论和统计力学发展的基础，但还需要指出的是，微粒能否做布朗运动还取决于微粒的大小，正如庞加莱实验已经证明了较大颗粒是不容易出现布朗运动的. 这是因为颗粒越大越容易被碰撞，而大量没有方向优先性的碰撞使得颗粒受力更容易均匀，即合力越接近于零. 与此同时，大颗粒一般代表着颗粒质量也较大，其运动惯性也越强. 当随机受力不足以影响它的惯性运动时，大颗粒依然保持其原有的运动行为，因此大颗粒的运动就变得有迹可循了.

对布朗运动的研究一直方兴未艾，布朗运动在物理学以外的众多领域中也有着举足轻重的作用，如大气环境中 PM2.5 的治理，医疗成像技术品质的提升，机器人导航精准度的优化，甚至股票走势的预测，等等. 除此之外，还有更多的应用在等

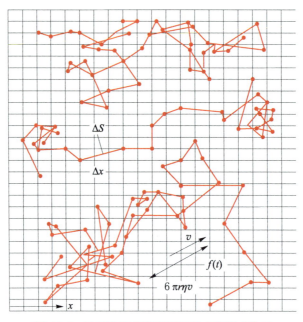

图 4.3.1　悬浮水面的藤黄颗粒的布朗运动轨迹

着人们去发掘和实现.

4.3.2　气体分子的特征参量

气体是热学中的重点研究对象，自 17 世纪以来，很多科学家都对气体进行了深入研究，得出了很多规律性的结论.

1. 阿伏伽德罗定律

意大利物理学家阿莫迪欧·阿伏伽德罗（Amedeo Avogadro，1776—1856）经过大量实验得到了气体分子的重要实验结论，即**阿伏伽德罗定律**：标准状态下（压强 $p_0 = 1.013\ 25 \times 10^5$ Pa，温度 $T_0 = 273.15$ K），1 mol 任何气体的体积 V_m，及其包含的气体分子个数 N_A 分别为

$$V_m = 22.4\ \text{L} \cdot \text{mol}^{-1} \tag{4.3.1}$$

$$N_A = 6.02 \times 10^{23}\ \text{mol}^{-1} \tag{4.3.2}$$

其中 V_m 称为**摩尔体积**，N_A 称为**阿伏伽德罗常量**. 严格来说，只有理想气体满足阿伏伽德罗定律. 不过，常温、常压下的气体一般都可以近似看作理想气体，因此阿伏伽德罗定律经常应用于任意气体系统.

例 4.4

试估算一下，标准状态下，100 m^3 的空间内包含的空气分子数目有多少？

解： 由标准状态下的摩尔体积和阿伏伽德罗常量可知：

$$N = \frac{V}{V_m} N_A = \frac{100}{22.4 \times 10^{-3}} \times 6.02 \times 10^{23} \approx 2.7 \times 10^{27}$$

由此可知，空气系统中包含着大量的空气分子.

2. 洛施米特数（气体的分子数密度）

由阿伏伽德罗定律可计算出标准状态下，单位体积（$1 \mathrm{~m}^3$）内包含的理想气体分子个数 n_0（即分子数密度）为

$$n_0 = \frac{N_A}{V_m} = \frac{6.02 \times 10^{23}}{22.4 \times 10^{-3}} \mathrm{~m}^{-3} \approx 2.69 \times 10^{25} \mathrm{~m}^{-3} \tag{4.3.3}$$

这一数值由奥地利物理学家洛施米特（Johann Josef Loschmidt）首先（1865 年）计算得出，因此也被称为**洛施米特数**.

3. 气体分子的平均间距

处于平衡态的气体系统，假设气体分子均匀分布，且每个气体分子都占据一个边长为 L_g 的正方体，依据阿伏伽德罗定律有

$$L_g^3 = \frac{V_m}{N_A} = \frac{22.4 \times 10^{-3}}{6.02 \times 10^{23}} \mathrm{~m}^3 \approx 37.2 \times 10^{-27} \mathrm{~m}^3 \tag{4.3.4}$$

可知 $L_g \approx 3.34 \times 10^{-9} \mathrm{~m}$，$L_g$ 也就是**气体分子的平均间距**，简称为**分子间距**.

例 4.5

已知常温（27 ℃）下，一理想气体系统的压强是 $1.00 \times 10^5 \mathrm{~Pa}$. 那么此系统中气体分子的平均间距是多少？

解： 假设每个气体分子都能在以 l 为边长的正方体内自由运动，则有

$$l^3 = \frac{V}{N}$$

依据理想气体物态方程，可知

$$N = \frac{pV}{kT} = \frac{pV}{RT} N_A$$

由此可知，

$$l = \sqrt[3]{\frac{RT}{pN_A}} = \sqrt[3]{\frac{8.31 \times 300.15}{1.00 \times 10^5 \times 6.02 \times 10^{23}}} \mathrm{~m} \approx 3.46 \times 10^{-9} \mathrm{~m}$$

4. 气体分子的大小

理想气体模型中忽略了气体分子的体积，这一假设是否合理呢？我们来看一个例子. 实验上已测得 1 mol 水蒸气的体积为 22.4 L，而 1 mol 液态水的体积为 $1.8 \times 10^{-5} \mathrm{~m}^3$. 假设每个水分子都占据边长为 d_l 的正方体空间，则液态水分子密堆积为

$$N_A \times d_l^3 = 1.8 \times 10^{-5} \mathrm{~m}^3 \tag{4.3.5}$$

由此可得每个水分子的线度为 $d_l = 3.1 \times 10^{-10} \mathrm{~m}$.

可以用电子显微镜（Electron Microscope，缩写 EM，分辨率为 $10^{-8} \mathrm{~m}$）和扫描隧穿显微镜（Scanning Tunneling Microscope，缩写 STM，分辨率为 $10^{-10} \mathrm{~m}$）观测物质的微观结构. 观测结果表明，虽然不同物质的原子及其内部结构和性质不尽相同，但是原子直径 d 的数量级为 $10^{-10} \mathrm{~m}$，与理论估算结果一致.

与气体分子间距 L_g 相比较，可知 $L_g / d \sim 10$. 这一结果意味着，若将一个气体分

子放大 10^{10} 倍，其分子线度将达到 1 m 的量级，那么其周围临近的分子就在它 10 m 开外了．这么远的距离，对中性分子来说，二者之间的相互作用力是极小的，理论上是可以忽略的．对整个气体系统，系统中所有气体分子本身的体积与系统总体积相比也要低至少三个数量级，因此理论上气体分子的体积往往也可以忽略．尤其对于稀薄气体来说，其分子平均间距更是远大于分子线度（几个量级），此时理想气体模型就更为准确了．

例 4.6

把氧气看成范德瓦耳斯气体，已知由于氧气分子大小在范德瓦耳斯方程中引入的修正量 $b = 0.031\,83\ \text{L} \cdot \text{mol}^{-1}$．假设 b 是 1.00 mol 氧气分子体积总和的 4 倍，试估算氧气分子的直径．

解： 假设球形氧气分子的有效直径为 d，则有

$$\frac{b}{4} = N_A \cdot \frac{4}{3} \pi \left(\frac{d}{2} \right)^3$$

由此解得

$$d \approx 2.93 \times 10^{-10}\ \text{m}$$

4.4__ 分子间的相互作用力模型

经典力学表明，要想改变物体原有的运动行为，需要对其施加力，否则物体将保持其原有的运动行为继续做匀速直线运动或保持静止状态．对构成物质的原子或分子（后面均以分子代替）运动来说，经典力学也是成立的，只是物质分子的热运动使得其没有静止状态而已，此时影响分子运动的力主要是来自分子间的相互作用力．

取一个直径为 2 cm 的铅柱，切成两块，再用一定的力挤压，就可以把两个断面对接起来，下面即使挂上几公斤的重物也不会让这两个铅块分开．这个实验现象表明当铅柱断面处的分子挤压到一定程度时，分子间就产生了引力，且这个引力足够大，以至于需要较大的力才能拉开这两个铅块．但是要想把这两个铅块再进一步压缩则非常困难，这说明当分子间的距离太近时，又会有斥力出现．有意思的是，如果是切成两半的玻璃，还能出现挤压在一起就能挂重物的现象吗？这肯定是非常难的，主要是断面处玻璃分子之间的距离太远，还不足以产生足够强的引力，但如果把断面处的玻璃熔化，可将玻璃断面处的分子融合在一起，此时玻璃断面处的分子间距变小，分子间的引力增大了，那么两块玻璃就容易再结合在一起了．

对于液体来说，与固体一样，液体的体积也很难被压缩，这表明液体分子之间也存在着排斥作用．但是一定体积的水既容易被分成若干份，又容易混合如初，且一滴水的形成是相当容易的，这表明水分子间存在着引力，只是水分子间的引力要远小于固体分子间的引力，其原因在于液体的分子间距要大于固体的分子间距．

对于气体来说，温度不变时，增大气体压强，分子间距会变小，会产生凝结现

象，这也是分子之间存在作用力的一个证明.

4.4.1 常见的气体分子间相互作用力模型

大量实验结果表明，分子之间的相互作用力 F 与分子间距 r 的关系密切.下面给出了气体分子间几种常见的相互作用力模型.

1. 力心点模型

假设分子间的作用力是有心力，且力心在分子的中心，则分子之间的相互作用力 F 与分子间距 r 之间的关系可用半经验公式表示为

$$F = \frac{\lambda}{r^s} - \frac{\mu}{r^t} \quad (s > t) \tag{4.4.1}$$

式中的 4 个参量 λ、μ、s 和 t 的值都是正数.一般情况下，s 的值介于 9~15 之间，t 的值介于 4~7 之间.上式右边第一项是正的，代表分子间的斥力，第二项是负的，代表分子间的引力.把斥力曲线和引力曲线作出来，如图 4.4.1（a）所示，可知，在距离 r_0 处，

$$r_0 = \left(\frac{\lambda}{\mu} \right)^{t-s} \tag{4.4.2}$$

有 $F = 0$，此时斥力等于引力.

当 $r > r_0$ 时，分子间相互作用表现为引力，并且随着分子间距的增大，引力逐渐增大；但是当分子间距大于一定距离时，引力将逐渐减小，且当分子间距趋于无穷大的时候，引力作用为零.此时可以引入**分子作用力程** r_m，即分子力能影响分子运动的最远距离，对分子间作用力进行截断.这意味着，当 $r \leqslant r_m$ 时，分子间作用力会影响分子运动；反之，当 $r > r_m$ 时，分子间作用力可以忽略.

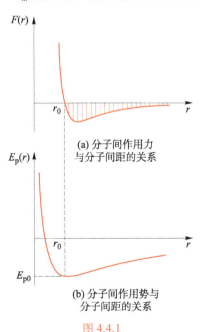

(a) 分子间作用力
与分子间距的关系

(b) 分子间作用势与
分子间距的关系

图 4.4.1

当 $r<r_0$ 时，分子间相互作用表现为斥力，并且随着分子间距的减小而急剧增大．当分子间距无限接近 0 时，排斥作用也趋于无穷大．

因为有心力是保守力，可知有心力做功等于相关势能 E_p 的减小，即

$$\boldsymbol{F} \cdot \mathrm{d}\boldsymbol{r} = -\mathrm{d}E_p \tag{4.4.3}$$

且满足无限远处（$r\to\infty$）的势能为零，有

$$E_p(r) = -\int_{\infty}^{r} \boldsymbol{F} \cdot \mathrm{d}\boldsymbol{r} = \frac{\lambda'}{r^{s-1}} - \frac{\mu'}{r^{t-1}} \tag{4.4.4}$$

对应的势能曲线如图 4.4.1（b）所示．可以看出，在 $r=r_0$ 处有势能最小值，对应着斥力和引力大小相等、方向相反；当 $r>r_0$ 时，E_p 曲线的斜率为正，对应着分子间表现为相互吸引作用；反之，当 $r<r_0$ 时，E_p 曲线的斜率为负，对应着分子间表现为排斥作用，且此区间的 E_p 曲线很陡，说明斥力很大．

当 $\lambda'=\lambda/(s-1)$，$\mu'=\mu/(t-1)$ 时，对应的 E_p 称为 **米势**，是米（Mie）在 1907 年得出的结果．当取 $t=7$ 时，E_p 方程（4.4.4）右边第二项表示的引力作用势能与范德瓦耳斯作用势能恰巧有同样的特征．另外，当 $s=13$，$t=7$ 时，力心点模型所对应的势能也叫做 **伦纳德-琼斯**（Lennard-Jones）**势**，或 **12-6 势**．

势能曲线可以用来解释分子间的碰撞过程．假设两个分子在一条直线上相向运动，若把坐标原点取在一个分子上，那么两分子之间的势能曲线就如图 4.4.1（b）所示．两个分子在从相距很远到相互碰撞的过程中，开始时由于两分子的相对距离大于分子作用力程 r_m，作用力大小可以忽略，此时总能量等于两分子的初始相对动能；随着两分子的靠近，当 r 进入分子作用力程范围后，分子间开始出现引力，此时两分子的相对动能增大、势能减小（势能绝对值增大）；当分子间距离 $r=r_0$ 时，两分子的势能最小而相对动能最大；随着两个分子再接近，分子之间开始出现斥力，此时分子间势能增大，而相对动能减小（相对速度变慢），直到最后初始相对动能全部转化为势能，此时分子不能再靠近，而且由于斥力，两分子必定会相互远离，这就是分子碰撞的整个过程．在这个过程中，始终只有保守力在做功，也没有能量耗散，因此是弹性碰撞．

2. 苏则朗分子力模型

从图 4.4.1（b）中可以看出，$r<r_0$ 区域内的曲线非常陡峭，对应分子间的斥力很大．为简便起见，可以建立一个简单模型：假设分子是有效直径为 d 的刚性小球．当两分子的球心相距为 d 时，就不能再靠近了，可以认为 $r\leqslant d$ 区域内两分子的势能无穷大，而 $r>d$ 区域内两分子仍能相互吸引，此时势能可表示为

$$E_p = \begin{cases} \infty, & (r\leqslant d) \\ -\dfrac{\mu'}{r^{t-1}}, & (r>d) \end{cases} \tag{4.4.5}$$

如图 4.4.2（b）所示，这种简化了的分子作用势称为 **苏则朗**（Sutherland）**势**，相应的分子模型就是 **苏则朗模型**，或称为 **"有吸引力的刚性球" 模型**．

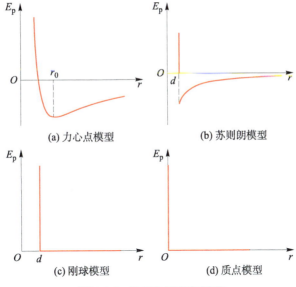

$$\text{(a) 力心点模型}$$

$$\text{(b) 苏则朗模型}$$

$$\text{(c) 刚球模型}$$

$$\text{(d) 质点模型}$$

图 4.4.2　分子作用势能模型

3. 刚球模型

分子间的吸引力本来就很弱, 尤其在气体中, 其吸引力非常小以至于常常被忽略, 因此可把式 (4.4.5) 再进一步简化为

$$E_p = \begin{cases} \infty, & (r \leqslant d) \\ 0, & (r > d) \end{cases} \tag{4.4.6}$$

这就是不考虑引力的刚球模型, 如图 4.4.2 (c) 所示. 此时已把分子看作直径为 d 的刚性小球, 碰撞时分子之间的作用势能为无穷大, 因此分开时分子之间没有任何作用势能.

4. 质点模型

当分子线度 d 很小时, 尤其气压下降, 会让气体分子间距变大, 分子线度与分子间距相比可以忽略不计, 即 $d = 0$, 所以式 (4.4.5) 可以进一步简化为

$$E_p = \begin{cases} \infty, & (r = 0) \\ 0, & (r > 0) \end{cases} \tag{4.4.7}$$

其势能曲线如图 4.4.2 (d) 所示, 这就是无相互作用力的**质点模型**, 或称为**体积趋于零的刚性气体模型**.

通常情况下, 气体分子之间的平均间距约为分子本身线度的十倍、数十倍甚至上百倍, 远大于分子之间的有效作用力程, 因此气体分子之间的相互作用力常可以忽略. 就如装在容器中的气体, 总能充满整个容器, 正是因为气体分子间的相互作用力很小, 可以在它所能达到的最大空间内自由运动; 但是当气体分子之间的平均间距接近或小于有效作用力程时, 分子间相互作用力会对气体分子的运动产生一定的束缚作用, 此时就需要考虑分子力对气体性质的影响.

4.4.2　理想气体模型

在前面章节的内容介绍中, 我们已经从宏观实验规律的基础上, 给出了理想气

体的特征. 这里, 我们再从微观上, 给出理想气体应满足的条件:

① 分子自身线度远小于分子的平均间距;

② 中性气体分子之间的弱相互作用, 使得分子之间的相互作用只体现在碰撞的一瞬间, 因此分子在两次碰撞之间不受力而保持匀速直线运动, 即除碰撞外, 分子之间的相互作用力可以忽略不计;

③ 分子之间、分子与容器壁之间的碰撞都是弹性碰撞.

实验表明, 在常温常压, 甚至数个标准大气压的情况下, 诸如氧气、氮气、氢气、氦气等常见的单原子、双原子分子气体都可以视为理想气体.

4.4.3 范德瓦耳斯气体模型

1.5.2 小节给出了范德瓦耳斯方程. 对理想气体模型的两条基本假定 (忽略分子固有体积、忽略除碰撞外分子间相互作用力) 作出两条重要修正, 就可以得到描述真实气体行为的范德瓦耳斯气体模型, 进而得到范德瓦耳斯方程.

1. 分子固有体积修正

由于理想气体忽略分子的固有体积, 说明理想气体方程中容器的体积 V 就是每个分子可以自由活动的空间. 如果把分子看成有一定大小的刚性球, 则分子有效活动的空间不再是容器的体积 V. 设 1 mol 气体的体积为 V_m, 那么分子能自由活动空间的体积比 V_m 小, 为 $V_m - b$, 则有

$$V_m - b = \frac{RT}{p}, \quad p = \frac{RT}{V_m - b} \tag{4.4.8}$$

称为克劳修斯方程. 当压强 $p \to \infty$ 时, 气体体积 $V_m \to b$. b 为修正量, 是与气体种类有关的待定常量, 可用实验的方法来确定.

可以证明, b 约为 1 mol 分子总体积的 4 倍 (见思考题 4.15).

说明: ① 在标准状况下, 1 mol 气体 $V_m = 2.24 \times 10^{-2}$ $m^3 \gg 10^{-5}$ m^3, 可以不考虑 b; ② 当 p 很大时, 如 $p = 1\,000$ atm, 则 $V_m = 2.24 \times 10^{-5}$ m^3, 已经和 10^{-5} m^3 相当了, 此时就必须要考虑 b 的修正. ③ 气体分子只发生两两成对碰撞, 而三个分子或更多分子同时碰在一起的情况几乎不发生.

2. 分子引力修正

设分子在相互分离时的引力为球对称分布, 引力作用半径为 R_0, 每一分子均有以 R_0 为半径的引力作用球.

气体内部的任一分子的作用球内其他分子对它的作用力相互抵消, 合力为零.

故气体内部压强 $p_内$ 与分子吸引力无关, 故 $p_内$ 等于理想气体压强 $p_理$.

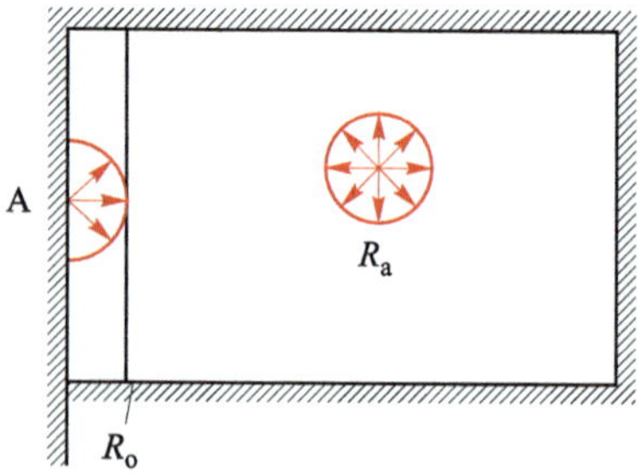

但是靠近器壁的一层厚度为 R_0 的界面层内的气体分子并不如此. 例如在器壁表面上有一个分子 A, 它的引力作用球有一半在器壁内, 另一半在气体界面层内 (见图 4.4.3). 作用力合力都垂直于器壁指向气体内部. 在界面层中所有分子都大小不等

图 4.4.3

地受到这样的分子合力的作用. 气体内部的分子在越过界面层向器壁运动, 以及在与器壁碰撞以后返回、穿过界面层的过程中, 都受到一指向气体内侧的力, 使分子碰撞器壁产生的动量改变要比不考虑分子引力时要小. 器壁实际受到的压强要比气体内部的压强小, 使气体施于器壁的压强减少了一个量值 Δp_i, 这称为气体的内压强修正量. 若仪器所测出的气体压强为 p, 则气体内部的压强 $p_{内}$ 为

$$p + \Delta p_i = p_{内} \qquad (4.4.9)$$

同时考虑到分子固有体积修正及分子间引力修正后得到的真实气体物态方程:

$$p + \Delta p_i = \frac{RT}{V_m - b} \qquad (4.4.10)$$

若令 Δk 表示每一分子进入界面层时受到指向气内部的平均拉力作用所产生的平均动量减少量, 由于分子与器壁作完全弹性碰撞, 气体分子每与器壁碰撞一次造成器壁的冲量减少了 $2\Delta k$ 的数值. 因为 Δp_i 为分子吸引力存在而引起的压强修正量, 故

$$\Delta p_i = \Gamma \times 2\Delta k = \frac{1}{6} n \, \bar{v} \times 2\Delta k \qquad (4.4.11)$$

其中, Γ 为单位时间碰撞到单位面积上的分子数 (详细见 4.6.3 小节), Δk 与平均拉力成正比, 平均拉力与分子数密度 n 成正比, 故 Δk 与分子数密度 n 成正比, 设比例系数为 K, 则 $\Delta k = Kn$, 故

$$\Delta p_i = \frac{1}{6} n \, \bar{v} \times Kn = \frac{1}{6} K \left(\frac{N_A}{V_m} \right)^2 \bar{v}, \quad \Delta p_i = \frac{a}{V_m^2} \qquad (4.4.12)$$

其中 a 是与温度及气体种类有关的常量.

3. 范德瓦耳斯方程

由以上讨论可知:

$$\left(p + \frac{a}{V_m^2} \right) (V_m - b) = RT \qquad (4.4.13)$$

这是 1 mol 气体的范德瓦耳斯方程. 常量 a 和 b 分别表示 1 mol 范德瓦耳斯气体分子固有体积修正量及吸引力改正量, 其数值随气体种类不同而异, 通常由实验确定.

若气体不是 1 mol, 而是质量为 m, 体积为 V 的系统, 则范德瓦耳斯方程可写为

$$\left[p + \left(\frac{m}{M} \right)^2 \cdot \left(\frac{a}{V^2} \right) \right] \left[V - \left(\frac{m}{M} \right) b \right] = \frac{m}{M} RT \qquad (4.4.14)$$

说明: ① 范德瓦耳斯方程比理想气体方程进了一步, 但它仍然是个近似方程; ② 从范德瓦耳斯方程可知, 当 $p \to \infty$ 时, $V_m \to b$, 所有气体分子都被压到相互紧密"接触"而像固体一样, 则 b 应等于分子固有体积. 但理论和实验指出, b 等于分子体积的四倍而不是一倍. 这是因为范德瓦耳斯方程只考虑分子之间的两两相互碰撞, 而不考虑三个以上分子同时碰在一起的情况.

范德瓦耳斯方程最重要的特点是它的物理图像十分鲜明, 它能同时描述气体、液体及气液相互转变的性质, 也能说明临界点的特征, 从而揭示相变与临界现象的

特点. 范德瓦耳斯是 20 世纪十分热门的相变理论的创始人，他于 1910 年获诺贝尔物理学奖.

例 4.7

把标准状态下 224 L 的氮气不断压缩，它的体积将变为多少升？此时由分子间引力所产生的内压强约为多大？已知对于氮气，范德瓦耳斯方程中的常量 $a = 0.14 \ \text{Pa} \cdot \text{m}^6 \cdot \text{mol}^{-2}$，$b = 3.91 \times 10^{-5} \ \text{m}^3 \cdot \text{mol}^{-1}$.

解： 在标准状态下 224 L 的氮气是 10 mol 的气体，所以不断压缩气体时，则其体积将趋于 $10b$，即 0.391 L，内压强

$$P_{内} = \frac{a}{V_m^2} = \frac{a}{b^2} \approx 9.2 \times 10^7 \ \text{Pa}$$

4.5 分子在速度和速率空间运动的统计描述

4.5.1 速度分布函数

前面我们以气体分子按速率的分布为例讨论了连续型随机变量的特点，类似地，分子在速度空间的运动也具有统计规律性.

平衡态下，气体分子按速度分布的规律，可由处于 $v_x \sim v_x + \mathrm{d}v_x$，$v_y \sim v_y + \mathrm{d}v_y$ 和 $v_z \sim v_z + \mathrm{d}v_z$ 区间内的分子数 $\mathrm{d}N_{v_x, v_y, v_z}$ 占系统分子数 N 的比例得到，即

$$\frac{\mathrm{d}N_{v_x, v_y, v_z}}{N} = f(\boldsymbol{v}) \mathrm{d}\boldsymbol{v} = f(v_x, v_y, v_z) \mathrm{d}v_x \mathrm{d}v_y \mathrm{d}v_z \tag{4.5.1}$$

其中 $f(\boldsymbol{v})$ 或 $f(v_x, v_y, v_z)$ 就是连续性随机变量 $\boldsymbol{v}$ 对应的分子数概率密度分布函数，也称为分子的**速度分布函数**.

在平衡态下，气体的宏观性质与方向性无关，那么微观上，气体分子在各个方向上的运动机会必然均等，即分子运动无择优方向，这也意味着分子在速度空间内不同方向的运动是相容的随机事件，因此分子的速度分布函数总能写成不同速度分量分布函数的乘积

$$f(v_x, v_y, v_z) = f(v_x) f(v_y) f(v_z) \tag{4.5.2}$$

$f(v_i)$，$(i = x, y, z)$ 就是分子处于 $v_i \sim v_i + \mathrm{d}v_i$ 区间内的速度 i 分量的分布函数. 需要注意的是，速度 i 分量的分布函数仅包含一个速度分量，那么其他两个速度分量的变化就不应影响速度 i 分量的分布函数. 速度 i 分量的分布函数可由速度分布函数得到，即

$$f(v_x) = \int_{-\infty}^{\infty} \mathrm{d}v_y \int_{-\infty}^{\infty} \mathrm{d}v_z f(v_x, v_y, v_z) \tag{4.5.3}$$

$$f(v_y) = \int_{-\infty}^{\infty} \mathrm{d}v_x \int_{-\infty}^{\infty} \mathrm{d}v_z f(v_x, v_y, v_z) \tag{4.5.4}$$

$$f(v_z) = \int_{-\infty}^{\infty} \mathrm{d}v_x \int_{-\infty}^{\infty} \mathrm{d}v_y f(v_x, v_y, v_z) \qquad (4.5.5)$$

因此，速度 i 分量的分布函数 $f(v_i)$ 代表的真正含义是，分子处于速度 i 分量在 $v_i \sim v_i + \mathrm{d}v_i$ 区间，而其他两个速度分量任意的分子数概率密度分布函数.

4.5.2 速率分布函数

若只关心速度的大小，而不讨论速度的方向，则可以选用分子的**速率分布函数**. 前面式 (4.1.9) 已经给出了气体分子按速率分布的概率密度分布函数. 由此可知，速率处于 $v \sim v + \mathrm{d}v$ 区间内的分子数为

$$\mathrm{d}N = Nf(v)\mathrm{d}v \qquad (4.5.6)$$

若将速度空间从 3 维直角坐标系 (v_x, v_y, v_z) 转换为球坐标系 (v, θ, φ)，θ 和 φ 分别是球坐标系中的极向角和方位角，有

$$\mathrm{d}v_x \mathrm{d}v_y \mathrm{d}v_z = v^2 \sin\theta \mathrm{d}\theta \mathrm{d}\varphi \mathrm{d}v \qquad (4.5.7)$$

这样易于得到分子的速率分布函数，即对应分子速率处于 $v \sim v + \mathrm{d}v$ 区间，而极向角 θ 和方位角 φ 取任意值的速度分布函数. 整理式 (4.5.1)、式 (4.5.6) 和式 (4.5.7)，有

$$f(v)\mathrm{d}v = \int_0^{\pi} \sin\theta\mathrm{d}\theta \int_0^{2\pi} \mathrm{d}\varphi f(v_x, v_y, v_z)\mathrm{d}v = 4\pi v^2 f(v_x, v_y, v_z)\mathrm{d}v$$

因此，气体分子的速率分布函数 $f(v)$ 和速度分布函数 $f(v_x, v_y, v_z)$ 有如下关系：

$$f(v) = 4\pi v^2 f(v_x, v_y, v_z) \qquad (4.5.8)$$

4.6__ 分子碰撞的统计规律

系统的宏观物理量既然可以用微观量的统计平均值来描述，那么在微观角度上是如何体现的？简单来说，若能知道每一个分子所具有的热运动性质，再把所有分子的运动特性合起来讨论，最后平均到每一个分子上，此时每个分子都具有相同的热运动性质，不再具有单个分子的运动特性.

4.6.1 气体分子间的碰撞

通常，只有热力学系统处于平衡态，才能定量测量系统的宏观物理量，而气体中的分子通过彼此碰撞，交换能量和动量，建立了系统的平衡态. 那么分子间的碰撞有什么规律呢？

1. 分子碰撞截面

如图 4.6.1 所示，考虑两个气体分子 A 和 B，假设二者均为刚球模型，其直径分别为 d_1 和 d_2. 只有当两分子中心间距小于 d 时，分子 A 和 B 才能发生碰撞，d 就是两分子能碰撞的最大间距，有

$$d = \frac{1}{2}(d_1 + d_2) \qquad (4.6.1)$$

即
$$\begin{cases} 碰撞, & r \leq d \\ 不碰撞, & r > d \end{cases}$$

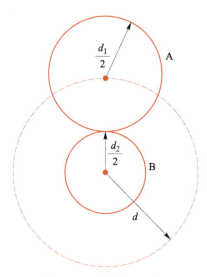

图 4.6.1 碰撞截面示意图

对 B 分子来说，只要 A 分子处于以 B 分子中心为圆心，d 为半径的圆内，就必能与 B 分子发生碰撞；反之，对 A 分子来说，处于以 A 分子中心为圆心，d 为半径的圆面内的 B 分子一定能与 A 分子发生碰撞. 这就是分子能发生碰撞的最大面积，称为**碰撞截面**，碰撞截面 σ 表示为

$$\sigma = \frac{\pi}{4}(d_1 + d_2)^2 \tag{4.6.2}$$

对于同种分子，其分子直径都为 d，碰撞截面就可以简单写成 $\sigma = \pi d^2$.

2. 气体分子的平均自由程和平均碰撞频率

对于理想气体分子，不考虑分子间的引力和斥力，只有碰撞能改变分子原有的运动行为，这意味着分子在连续两次碰撞之间是做匀速直线运动的，在此期间内分子自由行走的路程称为**自由程**（free path），常用 λ 表示，如图 4.6.2（a）所示. 分子在什么时间，什么地点发生碰撞是随机的，这使得自由程的长短也在变化. 只是我们感兴趣的往往是一段时间内，分子不断运动、不断碰撞后自由程的平均值，即**平均自由程 $\overline{\lambda}$**. 假设分子的平均速率是 $\overline{v}$，**平均碰撞频率**（单位时间的碰撞次数，常简称为**碰撞频率**）为 Z，显然有

$$\overline{\lambda} = \frac{\overline{v}}{Z} \tag{4.6.3}$$

Z 和 $\overline{\lambda}$ 都代表分子间碰撞的频繁程度，它们的大小是由气体的性质及其所处状态决定的.

气体分子的无规则运动使得我们不能直接得到碰撞频率和平均自由程，但可以通过分子的相对运动给出结果. 如图 4.6.2（b）所示，在由同种分子（直径为 d）构成的气体系统中，平衡态下我们追踪一个分子 A 的运动情况，假设其他分子相对 A 分子都是静止的，可知只有处于 A 分子碰撞截面内的分子才能与它碰撞. A 分子运动一段时间 Δt 后，也只有处于以 A 分子碰撞截面为底、运动距离为高的圆柱内的分子才能与 A 分子发生碰撞. 有意思的是，这个圆柱是曲折的，因为碰撞改变了 A 分

子原有的直线运动轨迹，则 Δt 时间内，与 A 分子发生碰撞的总的分子数目是

$$N = n V_{圆柱} = n \sigma \cdot l$$

其中，n 为平衡态下的气体分子数密度，碰撞截面 $\sigma = \pi d^2$，l 是 Δt 时间内 A 分子经过的距离，有 $l = \bar{u} \Delta t$.

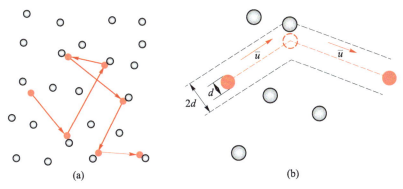

图 4.6.2　分子热运动和碰撞模型

需要注意的是，相对运动中用到的速率也应是相对速率，因此这里的 $\bar{u}$ 代表的是气体分子平均相对运动速率，同种气体分子满足 $\bar{u} = \sqrt{2}\,\bar{v}$，这可运用统计方法严格得到．此时可以得到该系统的碰撞频率

$$Z = \frac{N}{\Delta t} = \frac{n \pi d^2 \bar{u} \Delta t}{\Delta t} = \sqrt{2}\, n \pi d^2 \bar{v} \tag{4.6.4}$$

平均自由程为

$$\bar{\lambda} = \frac{\bar{v}}{Z} = \frac{1}{\sqrt{2}\, n \sigma} = \frac{1}{\sqrt{2}\, n \pi d^2} \tag{4.6.5}$$

利用理想气体物态方程 $p = nkT$，式 (4.6.5) 可以改写为

$$\bar{\lambda} = \frac{kT}{\sqrt{2}\, \pi d^2 p} \tag{4.6.6}$$

碰撞频率公式（4.6.4）和平均自由程公式（4.6.5）、式（4.6.6）适用于具有单一成分的中性气体系统．

例 4.8

在标准状态下，一医用氧气瓶中充满了氧气，若假设所有分子都以平均速率 $\bar{v} = 425\ \mathrm{m \cdot s^{-1}}$ 运动，当氧气分子直径为 $d = 3.60 \times 10^{-10}\ \mathrm{m}$ 时，该氧气瓶中氧气分子的碰撞频率和平均自由程各是多少？

解： 将平均自由程的定义式（4.6.6）代入标准状态下的温度和压强数值，有

$$\bar{\lambda} = \frac{1.38 \times 10^{-23} \times 273}{\sqrt{2}\, \pi \times (3.60 \times 10^{-10}) \times 1.01 \times 10^5}\ \mathrm{m} \approx 6.48 \times 10^{-8}\ \mathrm{m}$$

由碰撞频率定义式可得

$$Z = \frac{\bar{v}}{\bar{\lambda}} = \frac{425}{6.48 \times 10^{-8}}\ \mathrm{s^{-1}} \approx 6.56 \times 10^9\ \mathrm{s^{-1}}$$

3. 混合理想气体的平均自由程

对平衡态的混合气体来说，情况则复杂得多，不同种类分子的碰撞频率和平均自由程不尽相同. 对任一种分子来说，它的碰撞频率既包括该种类分子之间的碰撞，又包括它与其他种类分子的碰撞.

例 4.9

已知由 CO_2 和 O_2 分子构成的混合理想气体处于温度为 T 的平衡态，若其中 CO_2 和 O_2 的分子数密度分别为 n_1 和 n_2，对应的分子质量分别为 m_1 和 m_2，分子的有效直径分别为 d_1 和 d_2，分子的热运动平均速率分别是 $\bar{v}_1$ 和 $\bar{v}_2$. 那么 CO_2 分子的碰撞频率和平均自由程各是多少？

解： 对 CO_2 分子来说，它的碰撞频率包括自身分子之间的碰撞频率 Z_1 以及它与 O_2 分子之间的碰撞频率 Z_2，即

$$Z = Z_1 + Z_2 \qquad ①$$

对于同种 CO_2 分子的碰撞，由式 (4.6.4) 可知

$$Z_1 = \sqrt{2}\,\pi n_1 d_1^2 \bar{v}_1 \qquad ②$$

对于 CO_2 分子和 O_2 分子之间的碰撞，可以把 O_2 分子假设为静止状态，CO_2 分子以相对于 O_2 分子的平均速率 $\bar{u}$ 做运动，因此能与 CO_2 分子碰上的 O_2 分子一定处于以 $d = \dfrac{d_1+d_2}{2}$ 为半径的圆为底、高为 $\bar{u}\Delta t$ 的圆柱体内. 相对速率为

$$\bar{u} = \sqrt{\bar{v}_1^2 + \bar{v}_2^2} \qquad ③$$

式③可由统计方法得到，因此可知在 Δt 时间内，能与 CO_2 分子碰撞的 O_2 分子个数为

$$N = n_2 \pi \frac{(d_1+d_2)^2}{4} \bar{u}\Delta t \qquad ④$$

对应的碰撞频率为

$$Z_2 = n_2 \pi \frac{(d_1+d_2)^2}{4} \bar{u} = n_2 \pi \frac{(d_1+d_2)^2}{4} \sqrt{\bar{v}_1^2 + \bar{v}_2^2} \qquad ⑤$$

由式①可知，CO_2 分子的碰撞频率为

$$Z = \sqrt{2}\,\pi n_1 d_1^2 \bar{v}_1 + \pi n_2 \frac{(d_1+d_2)^2}{4} \sqrt{\bar{v}_1^2 + \bar{v}_2^2} \qquad ⑥$$

对应的平均自由程为

$$\bar{\lambda} = \frac{\bar{v}_1}{Z} = \bar{v}_1 \left(\sqrt{2}\,\pi n_1 d_1^2 \bar{v}_1 + \pi n_2 \frac{(d_1+d_2)^2}{4} \sqrt{\bar{v}_1^2 + \bar{v}_2^2} \right)^{-1} \qquad ⑦$$

4.6.2　气体分子按自由程的分布

虽然气体分子在任意连续两次碰撞过程中能自由运动的距离是多变的，但该距离在一定条件下也具有一定的统计规律性，即气体分子个数能按自由程分布. 下面我们从一个简单模型入手，讨论一下分子按自由程分布的函数形式.

假设气体系统中所有气体分子都以平均速率 $\overline{v}$ 运动，以沿着 x 轴正方向运动的气体团簇为研究系统（团簇：分子或原子集团. 团簇在物理、化学、材料、信息等领域都具有重要的研究价值. 中国国家自然科学基金委员会对团簇的构造、功能和演化等研究内容已设立了多个重大研究项目），同向运动使得团簇内的分子可以忽略彼此间的碰撞，而只有来自其他方向的分子碰撞才能改变团簇内气体分子的数目；规定团簇内的分子一旦经过碰撞就会脱离系统，因此多次碰撞会让团簇内的分子个数越来越少. 只要我们记录下来不同位置的分子个数，就能知道分子按自由程的分布了，如图 4.6.3 所示.

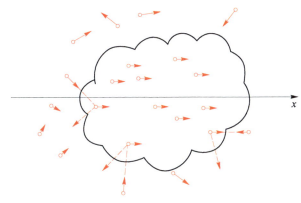

图 4.6.3　气体分子按自由程分布的简单模型

假设初始时刻共有 N_0 个分子一起从原点开始沿 x 轴正向运动；若在 x 处，团簇内的分子个数为 N，则 $x+\mathrm{d}x$ 处的分子个数为 $N+\mathrm{d}N$，且 $\mathrm{d}N<0$，这意味着系统内只有 N 个分子的自由程大于 x. 类似地，也只有 $N+\mathrm{d}N$ 个分子的自由程大于 $x+\mathrm{d}x$，而有 $|\mathrm{d}N|$ 个分子的自由程介于 $x\sim x+\mathrm{d}x$ 区间内. 可以判断 $|\mathrm{d}N|$ 应正比于 N 和 $\mathrm{d}x$，假设比例系数为 C，可知其关系为

$$-\mathrm{d}N = CN\mathrm{d}N \tag{4.6.7}$$

由初始条件：$x=0$ 时，$N=N_0$，可求解上式，得

$$N = N_0 \mathrm{e}^{-Cx} \tag{4.6.8}$$

求导得到

$$-\mathrm{d}N = N_0 C \mathrm{e}^{-Cx} \mathrm{d}x \tag{4.6.9}$$

其中的常量 C 可通过求分子平均自由程的方法来确定.

由于自由程处于 $x\sim x+\mathrm{d}x$ 区间内的分子数为 $|\mathrm{d}N|$，则这些分子自由程的和为

$$-x\mathrm{d}N = N_0 C x \mathrm{e}^{-Cx} \mathrm{d}x$$

假设团簇内分子数足够大，以至于分子的自由程可以从零至正无穷，那么 N_0 个分子的自由程总和可以用积分表示为

$$\int_0^\infty N_0 C x \mathrm{e}^{-Cx} \mathrm{d}x$$

而分子的平均自由程就是

$$\overline{\lambda} = \frac{\displaystyle\int_0^\infty N_0 C x \mathrm{e}^{-Cx} \mathrm{d}x}{N_0} = \frac{1}{C} \tag{4.6.10}$$

由此，式（4.6.8）可以记作

$$N = N_0 e^{-x/\bar{\lambda}} \qquad (4.6.11)$$

代表着 N_0 个分子中自由程大于 x 的分子个数. 由概率的定义，可知自由程大于 x 的分子数占比为 $\dfrac{N}{N_0} = e^{-x/\bar{\lambda}}$，而自由程处于 $x \sim x+dx$ 区间内的分子数为

$$-\mathrm{d}N = \frac{N_0}{\bar{\lambda}} e^{-x/\bar{\lambda}} \mathrm{d}x = \frac{N}{\bar{\lambda}} \mathrm{d}x \qquad (4.6.12)$$

对应的分子数概率是

$$\frac{-\mathrm{d}N}{N_0} = \frac{1}{\bar{\lambda}} e^{-x/\bar{\lambda}} \mathrm{d}x \qquad (4.6.13)$$

式（4.6.13）也代表着分子在 $x \sim x+dx$ 区间内被碰撞的概率. 由此可得分子按自由程分布的概率密度函数为

$$f(x) = \frac{-\mathrm{d}N}{N_0 \mathrm{d}x} = \frac{1}{\bar{\lambda}} e^{-x/\bar{\lambda}} \qquad (4.6.14)$$

例 4.10

已知室温下的空气分子的平均速率是 $\bar{v}$，假设空气分子都以速率 $\bar{v}$ 运动，分子运动的平均自由程是 $\bar{\lambda}$. 若 $t=0$ 时刻恰好有一分子团簇刚与其他分子碰撞过，那么多长时间后该团簇内的分子个数还能保留原有分子数的 2/3、1/2 和 1/3?

解： 假设 $t=0$ 时刻，团簇内的分子总数为 N_0，由分子按自由程分布式（4.6.11）可知，自由程大于 x 且有 $x = \bar{v}t$ 的分子个数为

$$N = N_0 e^{-x/\bar{\lambda}} = N_0 e^{-\bar{v}t/\bar{\lambda}}$$

由此可知，任意 t 时刻团簇内剩余的分子数与初始分子数之比满足

$$\ln \frac{N}{N_0} = -\frac{\bar{v}}{\bar{\lambda}} t$$

因此，有

$$t = \frac{\bar{\lambda}}{\bar{v}} \ln \frac{N_0}{N}$$

对应团簇内分子个数剩余 2/3、1/2 和 1/3 的时间分别为

$$t_{2/3} = \frac{\bar{\lambda}}{\bar{v}} \ln \frac{3}{2}, \quad t_{1/2} = \frac{\bar{\lambda}}{\bar{v}} \ln 2, \quad t_{1/3} = \frac{\bar{\lambda}}{\bar{v}} \ln 3$$

4.6.3 气体分子的平均碰壁数

平衡态气体系统中，分子的无规则热运动使得分子在每个方向的运动都是随机的，因此分子的运动必然在各个方向机会均等，无择优方向运动. 但在一确定方向上，单位时间内碰在单位面积上的平均分子个数是可以得到的. 我们以理想气体为

例，简单介绍如何求分子的平均碰壁数，这对压强的微观解释非常重要.

1. 简单模型

如图 4.6.4 所示，假设某容器内理想气体的分子数密度为 n，依据分子热运动无择优运动方向的特性，在直角坐标系内，可将分子的运动方向简单分为前、后、左、右、上、下六个方向，讨论自左向右碰撞到面积为 ΔS 的器壁上的分子数有多少.

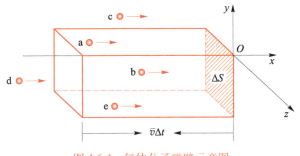

图 4.6.4　气体分子碰壁示意图

平衡态时，气体分子在坐标空间是均匀分布的，可以简单地认为自左向右运动的分子数密度为 $\frac{1}{6}n$，每一个分子的运动速率都为平均速率 $\bar{v}$. 因此能碰撞到 ΔS 器壁上的分子数实际上就是 Δt 时间内能够运动到 ΔS 面上的分子数，即以 $\bar{v}\Delta t$ 为高、ΔS 为底的立方体内的分子数. 如图 4.6.4 中的 a、b 分子可以碰到器壁；而在这个立方体左侧面左边的分子，如分子 d，虽然也在面向 ΔS 前进，但是在 Δt 时间，到达不了右侧面 ΔS；立方体外侧面的分子，如分子 c，也碰不到 ΔS 器壁. 也就是说，只有在以 ΔS 为底、$\bar{v}\Delta t$ 为高的立方体内，且自左向右运动的分子，才有可能碰到右侧面器壁 ΔS. 由此可知，Δt 时间内能碰到右侧面器壁 ΔS 的分子个数为

$$dN = \frac{1}{6}n \cdot \bar{v}\Delta t \Delta S \qquad (4.6.15)$$

因此，单位时间能碰到单位面积上的平均分子数（或者平均碰壁数）Γ 为

$$\Gamma = \frac{dN}{\Delta t \cdot \Delta S} = \frac{1}{6}n\bar{v} \qquad (4.6.16)$$

例 4.11

一密闭容器内充满了温度为 50 ℃的氮气，若此时系统的压强为 1.01×10^5 Pa，那么每秒内有多少个氮气分子会碰到单位面积的器壁上？假设氮气分子的平均速率为 $\bar{v} = \sqrt{\dfrac{8RT}{\pi M}}$，氮气的摩尔质量 $M = 28$ g·mol^{-1}.

解： 假设氮气为理想气体，因此可知系统内氮气的分子数密度为

$$n = \frac{p}{kT}$$

依据式（4.6.15），可知每秒内碰到单位面积（1 m²）器壁上的氮气分子数为

$$N = \Gamma = \frac{1}{6} n \bar{v} = \frac{p}{6kT} \sqrt{\frac{8RT}{\pi M}} = \frac{1.01 \times 10^5}{6 \times 1.38 \times 10^{-23} \times 323.15} \sqrt{\frac{8 \times 8.31 \times 323.15}{3.14 \times 28 \times 10^{-3}}}$$

$$\approx 1.87 \times 10^{27}$$

2. 优化模型

上述模型中，把自左向右运动的气体分子数密度简化为 $\frac{1}{6} n$ 是不够精确的，它忽略了来自上、下侧面进入立方体内的碰壁分子数，但是该模型的物理思维非常清晰，而且这个简单模型得到的结果与实际情况也没有数量级上的偏差，所以在不严格的情况下是可行的.

若想得到更为精确的结果，可利用气体分子的速度分布函数求得. 此时，假设气体分子向右运动的方向为 v_x 正方向. 考虑以 ΔS 为底、$v_x \Delta t$ 为高的长方体内，能碰壁的分子必为会聚成一股具有向右做定向运动的分子流. 此时，长方体内具有速度为 $v_x \sim v_x + \mathrm{d} v_x$，$v_y \sim v_y + \mathrm{d} v_y$，$v_z \sim v_z + \mathrm{d} v_z$ 的分子个数为

$$\mathrm{d} N = n f(v_x, \ v_y, \ v_z) \mathrm{d} v_x \mathrm{d} v_y \mathrm{d} v_z \cdot v_x \Delta t \Delta S \tag{4.6.17}$$

考虑容器中只有向右，即具有 $v_x \geqslant 0$ 的分子才能与 ΔS 碰上，而沿着 v_y 和 v_z 方向的分子运动并不影响 v_x 方向的运动，可知其碰壁数为

$$\mathrm{d} N = \int_0^\infty \mathrm{d} v_x \int_{-\infty}^\infty \mathrm{d} v_y \int_{-\infty}^\infty \mathrm{d} v_z n f(v_x, \ v_y, \ v_z) v_x \Delta t \Delta S \tag{4.6.18}$$

利用速度分量的分布函数式 (4.5.3)，上式可写为

$$\mathrm{d} N = n \int_0^\infty \mathrm{d} v_x f(v_x) v_x \Delta t \Delta S \tag{4.6.19}$$

此时，分子的平均碰壁数为

$$\Gamma = n \int_0^\infty \mathrm{d} v_x f(v_x) v_x \tag{4.6.20}$$

此时只要知道气体分子在 x 方向上的速度分布函数 $f(v_x)$ 的具体形式，就能得到气体分子的平均碰壁数 Γ（可参见 5.3.2 小节的讨论）. 相较于简单模型，优化模型还包含了来自碰壁参考面积左侧上方和下方具有向右运动分量的分子个数，因而比简单模型要精确得多.

4.7__ 气体压强和温度的微观解释

4.7.1 气体压强的微观解释

压强是气体系统的宏观性质，微观上可以将其看成气体分子多次撞击器壁产生的力学效应，压强为

$$p = \frac{\mathrm{d} I}{\Delta S \Delta t} \tag{4.7.1}$$

其中的平均冲量 $\mathrm{d} I$ 对应为 Δt 内，所有能碰到面积为 ΔS 器壁的分子的冲量总和.

在理想气体中，假设气体分子与垂直于 x 方向的 ΔS 器壁进行弹性碰撞，对任一碰壁的分子来说，其动量改变量都为 $2m_0 v_x$，其中 m_0 为单个分子质量。依据前面的讨论，只有 $v_x \geq 0$，v_y 和 v_z 可任意大小的分子在 Δt 时间内，才有可能碰到 ΔS 器壁上。其中，处于 $v_x \sim v_x + \mathrm{d}v_x$ 区间内，v_y 和 v_z 任意大小的碰壁分子数为

$$\mathrm{d}N = n \int_{-\infty}^{\infty} \mathrm{d}v_y \int_{-\infty}^{\infty} \mathrm{d}v_z f(v_x,\ v_y,\ v_z) v_x \mathrm{d}v_x \Delta t \Delta S = n v_x f(v_x) \Delta t \Delta S \quad (4.7.2)$$

考虑 $v_x \geq 0$，气体分子施加给器壁的分子冲量为

$$\mathrm{d}I = \int_0^{\infty} \mathrm{d}v_x (2m_0 v_x) \cdot [n v_x f(v_x) \Delta t \Delta S] = 2n m_0 \int_0^{\infty} \mathrm{d}v_x v_x^2 f(v_x) \cdot \Delta t \Delta S \quad (4.7.3)$$

因为

$$\int_0^{\infty} \mathrm{d}v_x v_x^2 f(v_x) = \frac{1}{2} \int_{-\infty}^{\infty} \mathrm{d}v_x v_x^2 f(v_x) = \frac{1}{2} \overline{v_x^2} \quad (4.7.4)$$

所以

$$\mathrm{d}I = n m_0 \cdot \overline{v_x^2} \cdot \Delta t \Delta S \quad (4.7.5)$$

此时，可以得到压强公式

$$p = n m_0 \overline{v_x^2} \quad (4.7.6)$$

在平衡态下，分子热运动速度方向无择优选择，而且这里的 v_x 方向也是任意规定的，只要速度的三个分量满足笛卡儿坐标系即可，因此有

$$\overline{\frac{1}{2} m_0 v_x^2} = \overline{\frac{1}{2} m_0 v_y^2} = \overline{\frac{1}{2} m_0 v_z^2} = \frac{1}{3} \times \overline{\frac{1}{2} m_0 v^2} \quad (4.7.7)$$

此时，理想气体压强可以写为

$$p = \frac{1}{3} n m_0 \overline{v^2} \quad (4.7.8)$$

也可以用分子的平均平动动能 $\overline{\varepsilon_k} = \overline{\frac{1}{2} m_0 v^2}$ 来表示，有

$$p = \frac{2}{3} n \overline{\varepsilon_k} \quad (4.7.9)$$

上式表明，分子热运动的平均平动动能越大，压强就越大；分子数密度越大，压强也越大。而且压强公式不仅适用于容器的器壁，也适用于容器内部的气体压强，或者说，器壁上的压强和气体内部的压强是相同的。

气体压强公式中的 $\overline{v^2}$ 或 $\overline{\varepsilon_k}$ 显然都是微观量的统计平均值，而且分子数密度 n 本身也是一个统计平均值。压强作为宏观上可以测量的物理量，与分子数密度和分子热运动能量的统计平均值成正比，由此可见宏观量与相应微观量的统计平均值密切相关。

4.7.2 温度的微观解释

将理想气体物态方程

$$p = nkT$$

与压强公式（4.7.9）相对比，容易得到

$$kT = \frac{2}{3}\overline{\varepsilon_k}$$ (4.7.10)

由此可见，宏观可测量的温度是与大量分子平动动能的统计平均值相联系的，分子运动越激烈，对应的系统温度越高；反之，温度也是分子平均平动动能的量度，这就是温度的微观解释. 需要注意的是，这里的 $\overline{\varepsilon_k}$ 是分子相对于气体系统质心的平动动能，而气体系统整体宏观运动的动能不应计入其内.

例 4.12

求标准状态下，空气分子的平均速率. 假设空气分子的摩尔质量是 $29 \text{ g} \cdot \text{mol}^{-1}$，空气分子的平均速率与方均根速率近似相等.

解： 假设空气为理想气体，以 1 mol 的空气为研究对象，每个空气分子的质量为 m_0，与空气分子的摩尔质量满足关系 $m_0 = M/N_A$.

方法一：依据式（4.7.10），有

$$kT = \frac{2}{3}\overline{\varepsilon_k} = \frac{2}{3} \times \frac{1}{2}m_0\overline{v^2} = \frac{1}{3}m_0\overline{v^2}$$

可得

$$\overline{v^2} = \frac{3kT}{m_0} = \frac{3N_A kT}{M} = \frac{3 \times 6.02 \times 10^{23} \times 1.38 \times 10^{-23} \times 273.15}{29 \times 10^{-3}} \text{ m}^2 \cdot \text{s}^{-2} \approx 2.35 \times 10^5 \text{ m}^2 \cdot \text{s}^{-2}$$

空气分子的平均速率为

$$\overline{v} \approx \sqrt{\overline{v^2}} \approx 485 \text{ m} \cdot \text{s}^{-1}$$

方法二：依据式（4.7.8），有

$$p = \frac{1}{3}n_0 m_0 \overline{v^2}$$

其中 n_0 是洛施米特数，式（4.3.3）表明 $n_0 = 2.69 \times 10^{25} \text{ m}^{-3}$，可得

$$\overline{v^2} = \frac{3p}{n_0 m_0} = \frac{3pN_A}{n_0 M} = \frac{3 \times 1.013 \times 10^5 \times 6.02 \times 10^{23}}{2.69 \times 10^{25} \times 29 \times 10^{-3}} \text{ m}^2 \cdot \text{s}^{-2} \approx 2.35 \times 10^5 \text{ m}^2 \cdot \text{s}^{-2}$$

同样可得，$\overline{v} \approx 485 \text{ m} \cdot \text{s}^{-1}$.

思 考 题

4.1 随机事件出现的频数与概率的本质区别是什么？

4.2 概率的加法定律和乘法定律的适用条件是什么？请举几个例子加以说明.

4.3 为什么说速率是连续型随机变量？你对离散型随机变量和连续型随机变量有怎样的认识？连续型随机变量和离散型随机变量的概率各自有什么特点？

4.4 在求连续型随机变量 $a(x)$ 对应的统计平均值时，要求积分遍布 x 的所有取值范围，若只讨论 x 在 x_1 到 x_2 区间内的统计平均值，要如何做？此时对应的 x 值处于 x_1 到 x_2 区间内的概率如何表示？

4.5 如何看待统计和涨落的关系？统计规律指的是什么呢？

4.6 什么是相空间？相空间有什么特点？如何在相空间内描述微观粒子的运动行为？

4.7 什么是速度空间？它与坐标空间的共性和区别是什么？

4.8 热力学系统的微观状态和分布的本质区别是什么？它们与系统的宏观物理量又有何关联？

4.9 等概率原理和古典概率模型都有基本随机事件概率相等的特性，它们的区别是什么？

4.10 热力学概率是概率吗？它有什么特点？

4.11 什么是系统的最概然分布？它与系统的微观粒子分布有什么关联？

4.12 有人认为实验上测量的宏观物理量一定来源于系统的最概然分布，你如何看待这个观点？

4.13 常用的气体分子间相互作用模型有哪些？它们各自的特点是什么？请举例说明这些相互作用模型适用于什么情况.

4.14 在微观角度，什么是理想气体模型？它与实际气体的区别体现在哪些方面？

4.15 容器内装有一定量的理想气体，若对其进行等容加热和等压加热，气体分子的平均自由程和碰撞频率将随温度如何变化？

4.16 在讨论分子数按自由程分布时，用了哪些简化模型？各有什么意义？

4.17 在分子的平均碰撞数中，优化模型对应的结果需要知道速度概率密度分布函数的具体形式，若不知道 $f(v_x, v_y, v_z)$ 的形式，能否通过其他方法得到比简单模型更为准确的结果？如何实现？

4.18 在地面附近，气体分子受到地球的吸引力，但气体分子为什么没有都被吸引到地面上？

4.19 在推导理想气体压强公式时，哪里用到了理想气体模型？哪里用了平衡态的特点？哪里用了统计平均的概念？

4.20 若想用分子的平均碰壁数研究实际气体的压强，那么它与讨论理想气体压强的主要不同之处在哪里？

4.21 多组分的理想气体系统压强满足道尔顿分压定律，这表明不同组分的气体分子压强可以不相同，那么平衡态时，系统的温度是否也等于不同组分的气体的温度和？试说明原因.

4.22 温度是一个宏观可测量的物理量，而单个分子的动能是微观上难以测量的物理量，那么这一宏观量和微观量是否等价？请说明原因.

习　题

4.1 "中国梦"的英文是"Chinese Dream"，从中任意取出一个字母，取出字母"e"的概率是多少？

4.2 同时投掷两个骰子，两个骰子向上的数字之和的统计规律是怎样的？

4.3 一学生在热学课上参加了 4 次测验，依照他/她平时学习情况，可知他/她在第一次测验中成绩排名第一的概率为 0.9，第二次、第三次和第四次获得第一名的概率分别为：0.85、0.8 和 0.92. 求：

（1）他/她在四次小测验中均获得第一名的概率是多少？

（2）只有一次未获得第一名的概率是多少？

4.4 一个不透明的盒子中装有 5 个小球，其中 3 个红色球，2 个黄色球，除颜色外，5 个小球完全一样. 现在从盒子中每次任取一球，而且每次取出后并不放回小球，连续取两次，问：

（1）取出的两个球都是红色球的概率是多少？

（2）取出的两个球中至少有一个是红色球的概率是多少？

4.5 已知一连续型随机变量 x 的概率为 $p(x)\,dx = \begin{cases} 4\pi C x^2 \,dx, & (0 \leqslant x \leqslant x_0) \\ 0, & (x > x_0) \end{cases}$

（1）求常量 C 的取值；

（2）求 $\overline{x^2}$ 的值.

4.6 已知一随机变量 x 的概率密度分布函数 $p(x)$ 如图所示.

（1）求常量 C 的取值；

（2）求 $\overline{x}$ 的值.

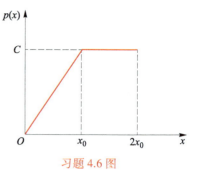

习题 4.6 图

4.7 已知一滴水的直径为 $d = 2\ \text{mm}$，试估计其所包含的水分子个数. 已知水分子的摩尔质量为 $M = 18\ \text{g} \cdot \text{mol}^{-1}$，水的密度为 $\rho = 10^3\ \text{kg} \cdot \text{m}^{-3}$.

4.8 有一压强为 $10^{-13}\ \text{mmHg}$ 的真空系统，系统温度为 $27\ ^{\circ}\text{C}$，求该真空系统中每立方厘米内包含多少个空气分子. 已知 $1\ \text{mmHg} = 1.33 \times 10^2\ \text{N} \cdot \text{m}^{-2}$.

4.9 故宫屋顶的琉璃瓦绚丽多彩，其琉璃瓦用釉料属于 PbO-SiO_2 混合物. 假设釉料中掺杂了质量比为 1% 的 Er_2O_3 作为着色剂. 估算一下 $1\ \text{cm}^3$ 的琉璃瓦釉料中包含了多少个 Er^{3+}. 已知 Er_2O_3 的摩尔质量为 $383\ \text{g} \cdot \text{mol}^{-1}$，琉璃瓦釉料的密度为 $2.21\ \text{g} \cdot \text{cm}^{-3}$.

4.10 若一个氧气分子中的两个氧原子 A 和 B 之间的相互作用力 F（径向）与两原子中心间距 r 的关系满足：$F = \dfrac{a}{r^3} - \dfrac{b}{r^2}$（$a$，$b$ 为与 r 无关的参量）.

（1）求氧原子 A 受力平衡时对应的位置.

（2）将一个氧原子从平衡位置移动到两倍平衡位置处所需要做的功是多少？

4.11 两个分子之间的势能 E_p 与它们之间的距离 r 之间的关系如图所示，当 $r = r_0$ 时，分子间的引力等于斥力，当 r 很大时，E_p 趋于 0. 下列说法正确的是：

（A）当 $r > r_0$ 时，E_p 随 r 的增大而增大；

（B）当 $r < r_0$ 时，E_p 随 r 的减小而增大；

（C）当 $r < r_0$ 时，E_p 不随 r 的变化而变化；

（D）当 $r = r_0$ 时，$E_p = 0$.

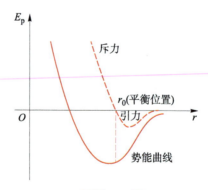

习题 4.11 图

4.12 已知气体分子满足的速率分布函数为 $f(v)$，说明下列各式的物理含义.

（1）$f(v)\mathrm{d}v$；（2）$Nf(v)\mathrm{d}v$；（3）$\displaystyle\int_{v_1}^{v_2} f(v)\,\mathrm{d}v$；（4）$\displaystyle\int_{v_1}^{v_2} vf(v)\,\mathrm{d}v$；（5）$\displaystyle\int_{v_1}^{v_2} Nvf(v)\,\mathrm{d}v$.

4.13 试证明图 4.6.2 中，同种气体分子的平均相对速率与平均速率的关系为 $\overline{u} = \sqrt{2}\,\overline{v}$.

4.14 已知氦分子的有效直径是 $1 \times 10^{-10}\ \text{m}$，问：

（1）标准状态下，氦分子的碰撞频率是多少？

（2）保持温度不变，压强降为 1.5×10^{-2} Pa 时，氦分子的碰撞频率是多少？已知氦分子的摩尔质量是 4 g·mol^{-1}，氦分子运动的平均速率是 $\sqrt{\dfrac{8RT}{\pi M}}$。

4.15 已知由氧气和二氧化碳组成的混合气体处于温度为 T 的平衡态下，若已知 O_2 和 CO_2 的分子数密度分别为 n_1 和 n_2，分子质量分别为 m_1 和 m_2，分子有效直径分别为 d_1 和 d_2，分子热运动的平均速率分别为 $\sqrt{\dfrac{8kT}{\pi m_1}}$ 和 $\sqrt{\dfrac{8kT}{\pi m_2}}$。试求 O_2 分子的碰撞频率和平均自由程。

4.16 容器内储有一定量的氢气，平衡态下，当已知系统的压强 p 和温度 T 时，若氢气分子的平均自由程为 λ，那么氢气分子的有效直径是多少？

4.17 研究飞机机翼表面的气体流动特性，有助于优化机翼的形状和结构，减小阻力提高飞机的性能。假设在机翼表面流动的气体为二维理想气体，即气体分子限制在一平面内运动。已知平衡态下，气体系统的温度为 T，分子数密度为 n，气体分子的质量为 m_0，其速率分布函数为 $f(v)$。试证明：单位时间内碰撞在机翼单位长度"器壁"上的分子数为

$$\frac{n}{\pi} \int_0^\infty v f(v) \, \mathrm{d}v = n \frac{\bar{v}}{\pi}$$

4.18 已知处于平衡态的理想气体中，有一个分子在行进长度为 x 的路程中受到的碰撞概率是 $1 - \dfrac{1}{e^3}$，那么这个分子的平均自由程是多少？

4.19 已知 1 mol 二氧化碳气体系统，系统中所有二氧化碳分子的平均平动动能之和为 3.6×10^3 J，利用摩尔气体常量 R，求系统的温度。

4.20 利用 $p = \dfrac{2}{3} n \overline{\varepsilon_k}$ 和 $kT = \dfrac{2}{3} \overline{\varepsilon_k}$ 证明道尔顿分压定律。

4.21 如图所示，分子束的横截面积为 S，分子数密度为 n，其中分子以相同的速度 v 垂直射向容器壁（已知分子质量为 m_0，分子与器壁的碰撞为弹性碰撞），问：

（1）容器壁上单位时间受到多少分子的撞击？

（2）分子撞击时对器壁产生的压强为多大？

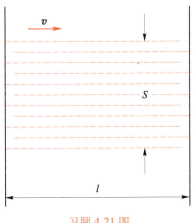

习题 4.21 图

4.22 已知银原子具有动能 $E = 10^{-17}$ J，对器壁产生的压强为 $p = 0.1$ Pa，那么器壁的银原子将以多大的速率增长？已知银原子的摩尔质量为 $M = 108$ g·mol^{-1}，密度为 $\rho = 10.5 \times 10^3$ kg·m^{-3}。

4.23 有一边长为 L 的正方体真空容器，体积为 V。假设把直径为 d 的气体分子看作刚体，并

设想分子是一个一个地放入容器.

（1）第一个分子放入容器后，其中心能自由活动的空间体积是多大？

（2）第二个分子放入容器后，其中心能自由活动的空间体积是多大？

（3）第 N_A 个分子放入容器后，其中心能自由活动的空间体积是多大？

（4）对 1 mol 分子来说，每个分子的中心能自由活动的平均空间体积是多大？

（5）试证明范德瓦耳斯方程中，对分子能自由运动的空间体积 V 的修正量 b，约等于 1 mol 气体中所有分子体积总和的 4 倍.

4.24　常温下（27 ℃）的空气系统处于平衡态.

（1）系统内气体分子的平均平动动能是多少电子伏？

（2）若气体分子的平均平动动能是 1 000 eV，那么此时系统的温度是多少？

4.25　质量为 1.0 g 的氮气，当压强为 1.0 atm，体积为 7 700 cm³ 时，其分子的平均平动动能是多少？已知氮气分子的摩尔质量是 28 g·mol⁻¹.

4.26　一绝热密闭容器被一可自由移动的普通隔板分成两部分，容器两侧分别装有 1 mol 的氧气和氮气. 当隔板静止时：

（1）哪种气体分子的平均平动动能最大？

（2）哪种气体分子的方均根速率最大？

（3）若此时把隔板固定，并把普通隔板换成绝热隔板，加热哪种气体能让氧气和氮气分子具有相同的方均根速率？加热的温度与气体原有温度之比是多少？（已知氧气的摩尔质量是 32 g·mol⁻¹，氮气的摩尔质量是 28 g·mol⁻¹.）

4.27　若要使氧气分子的方均根速率分别等于它在地球表面和月球表面的逃逸速率，各需要多高的温度？已知地球半径是 6 370 km，重力加速度是 9.8 m·s⁻²；月球半径是 1 720 km，重力加速度是 1.67 m·s⁻²；氧气的摩尔质量是 32 g·mol⁻¹.

4.28　质量 50.0 g，温度为 18 ℃的氦气装在容积为 10.0 L 的密闭容器内，容器以 $v = 200$ m·s⁻¹ 的速率做匀速直线运动. 如果容器突然停下来，其定向运动的动能将全部转化成氦气分子热运动的平动动能，那么平衡后氦气的温度和压强各增大多少？

习题答案

第五章

玻耳兹曼分布及其应用

由前面的知识我们可知，当热力学系统处于平衡态时，表征其宏观性质的宏观物理量是不随时间而改变的，而宏观物理量又由分布确定，那么系统平衡态对应的分布是怎样的呢？

对微观粒子来说，若我们能分辨每一个粒子，并能追踪所有粒子的运动轨迹，那么可以得到任意时刻下系统的微观状态，也能了解其分布。这些可分辨的粒子被称为经典粒子或玻耳兹曼粒子，遵循经典力学的运动规律。如包含少量微观粒子的系统——稀薄气体系统，可以通过给每个粒子编号进而区分每个粒子的运动行为，粒子数量越少，对粒子运动轨迹的观察越准确。但若系统由大量具有完全相同属性（质量、电荷等）的同类粒子构成，我们很难分辨每一个粒子，更无法追踪它们的轨迹，也就无法得到任意时刻下系统的微观状态和分布。此时"各态历经"成为讨论粒子数分布重要的依据，而这些不可分辨的粒子被称为全同粒子，遵循量子力学的规律。感兴趣的读者可以参看量子力学的相关知识。实际上，即便是由经典粒子构成的系统，由于巨大的粒子数目，我们依然难以测量任意时刻下系统的微观状态和分布。因此，无论是经典粒子系统，还是全同粒子系统，微观状态的"各态历经"特性都是分子动理论的基本要求，由此得到的粒子数分布决定了系统的宏观特性。

本章的 5.1 节首先介绍了玻耳兹曼最概然分布，5.2 节、5.3 节与 5.4 节分别阐述了重力场和速度场中的具体应用，其中速度分布考虑方向因素而速率分布不考虑方向因素。5.5 节和 5.6 节则是速度分布的实验验证和应用，5.7 节介绍了能量均分定理，5.8 节从微观角度重新对熵进行了审视，表明了宏观与微观的统一。

*5.1*__ 玻耳兹曼最概然分布

1877 年，玻耳兹曼提出，对于由可分辨的经典粒子构成的热力学系统来说，若这些经典粒子具有相同的力学性质且又彼此近似独立（弱耦合或可以忽略彼此间的相互作用），当系统的总粒子数 N 和总能量 E 不变时，处在第 l 个能级（其能量为 ε_l）的粒子数 N_l 表示为（注意：此处按照量子力学中能量分立的本质，引入了不同能量表示不同能级的概念，感兴趣的读者可参看量子力学中的相关物理概念。）

$$N_l = N \frac{g_l e^{-\varepsilon_l/kT}}{\sum_l g_l e^{-\varepsilon_l/kT}} \tag{5.1.1}$$

式（5.1.1）就是著名的**玻耳兹曼分布**（Boltzmann distribution）。注意，此时的能量 ε_l 是离散的，故而式（5.1.1）用求和表示，并且满足粒子数目和系统能量守恒条件：

$$N = \sum_l N_l, \qquad E = \sum_l \varepsilon_l \tag{5.1.2}$$

其中，能量 ε_l 包括坐标空间 $\boldsymbol{r}$ 和速度空间 $\boldsymbol{v}$ 的总能量，不同能级对应的能量大小不同；g_l 是能级 ε_l 的简并度，表示 ε_l 能级上的量子态个数，定义为：$g_l = \dfrac{\Delta \omega_l}{h^f}$，其中 $\Delta \omega_l$ 是 $2f$ 维相空间中第 l 个相格的体积元大小，满足 $\Delta \omega_l = \Delta \boldsymbol{r}_l \cdot \Delta \boldsymbol{v}_l = (\Delta r_1 \Delta r_2 \cdots \Delta r_f)_l$ $(\Delta v_1 \Delta v_2 \cdots \Delta v_f)_l = (\Delta r)_l^f (\Delta v)_l^f \sim h^f$ [可参见前面相空间的内容，需要注意的是，此处

及后续讨论中，我们均把动量空间简化为速度空间，用以突出动量空间的速度变化，即用 $(\boldsymbol{r}, \boldsymbol{v})$ 空间来描述 $(\boldsymbol{r}, \boldsymbol{p})$ 相空间]；k 是玻耳兹曼常量，T 则是处于平衡态的系统温度.

在大粒子数系统中，尤其是 $N \to \infty$ 时，最概然分布中包含的微观状态数目往往在总微观状态数目中占压倒性比例，可以认为最概然分布对应的宏观态就是平衡态，此时其他分布出现的概率极小，可以忽略. 因此最概然分布对应的宏观量就是相应微观量的统计平均值. 我们通常说的玻耳兹曼分布，实际上指的是**玻耳兹曼最概然分布**.

简单来说，微观粒子的能量一般可以写成与坐标 $\boldsymbol{r}$ 相关的势能 ε_r 以及与速度 $\boldsymbol{v}$ 相关的动能 ε_v 之和，粒子在外场中的能量，也可以用势能来表征. 由于相空间中的坐标空间和速度空间相互独立，因此通常可以分开单独讨论，即玻耳兹曼分布可以写为

$$N_l = N \frac{g_l \mathrm{e}^{-\varepsilon_l/kT}}{\sum\limits_l g_l \mathrm{e}^{-\varepsilon_l/kT}} = N \frac{\mathrm{e}^{-(\varepsilon_r+\varepsilon_v)/kT} \cdot \dfrac{\Delta \boldsymbol{r}_l \cdot \Delta \boldsymbol{v}_l}{h^f}}{\sum\limits_l \mathrm{e}^{-(\varepsilon_r+\varepsilon_v)/kT} \cdot \dfrac{\Delta \boldsymbol{r}_l \cdot \Delta \boldsymbol{v}_l}{h^f}}$$

$$= N \frac{\mathrm{e}^{-\varepsilon_r/kT} \Delta \boldsymbol{r}_l}{\sum\limits_l \mathrm{e}^{-\varepsilon_r/kT} \Delta \boldsymbol{r}_l} \cdot \frac{\mathrm{e}^{-\varepsilon_v/kT} \Delta \boldsymbol{v}_l}{\sum\limits_l \mathrm{e}^{-\varepsilon_v/kT} \Delta \boldsymbol{v}_l} \tag{5.1.3}$$

定义处在 $\Delta \omega_l$ 相格内的粒子数 N_l 占系统总粒子数 N 的百分比，即概率为 $P_l(\boldsymbol{r}, \boldsymbol{v})$

$$P_l(\boldsymbol{r}, \boldsymbol{v}) = \frac{N_l}{N} = \frac{g_l \mathrm{e}^{-\varepsilon_l/kT}}{\sum\limits_l g_l \mathrm{e}^{-\varepsilon_l/kT}} \tag{5.1.4}$$

且可以写成坐标空间和速度空间各自的概率乘积

$$P_l(\boldsymbol{r}, \boldsymbol{v}) = a_l(\boldsymbol{r}) \times a_l(\boldsymbol{v}) \tag{5.1.5}$$

其中

$$P_l(\boldsymbol{r}) = \frac{\mathrm{e}^{-\varepsilon_r/kT} \Delta \boldsymbol{r}_l}{\sum\limits_l \mathrm{e}^{-\varepsilon_r/kT} \Delta \boldsymbol{r}_l} \tag{5.1.6}$$

$$P_l(\boldsymbol{v}) = \frac{\mathrm{e}^{-\varepsilon_v/kT} \Delta \boldsymbol{v}_l}{\sum\limits_l \mathrm{e}^{-\varepsilon_v/kT} \Delta \boldsymbol{v}_l} \tag{5.1.7}$$

$P_l(\boldsymbol{r})$ 是坐标空间处于 $\boldsymbol{r} \to \boldsymbol{r} + \Delta \boldsymbol{r}_l$ 区域内的粒子数概率，而 $P_l(\boldsymbol{v})$ 则是速度空间处于 $\boldsymbol{v} \to \boldsymbol{v} + \Delta \boldsymbol{v}_l$ 区域内的粒子数概率. 对于连续变化的空间，有 $\Delta \boldsymbol{r}_l \to \mathrm{d}\boldsymbol{r}$，$\Delta \boldsymbol{v}_l \to \mathrm{d}\boldsymbol{v}$，离散化的能量变为连续能量，式 (5.1.6) 和式 (5.1.7) 中的求和符号可以变为积分，相应的粒子数概率密度分布函数 $f(\boldsymbol{r})$ 和 $f(\boldsymbol{v})$ 可以写为

$$f(\boldsymbol{r}) = \frac{P(\boldsymbol{r})}{\mathrm{d}\boldsymbol{r}} = \frac{\mathrm{e}^{-\varepsilon_r/kT}}{\int_r \mathrm{e}^{-\varepsilon_r/kT} \mathrm{d}\boldsymbol{r}} \tag{5.1.8}$$

$$f(\boldsymbol{v}) = \frac{P(\boldsymbol{v})}{\mathrm{d}\boldsymbol{v}} = \frac{\mathrm{e}^{-\varepsilon_v/kT}}{\displaystyle\int_v \mathrm{e}^{-\varepsilon_v/kT}\mathrm{d}\boldsymbol{v}} \tag{5.1.9}$$

此时相空间的相格 $\mathrm{d}\omega = \mathrm{d}\boldsymbol{r} \cdot \mathrm{d}\boldsymbol{v}$.

由概率归一化性质

$$\int_r f(\boldsymbol{r})\,\mathrm{d}\boldsymbol{r} = 1 \tag{5.1.10}$$

$$\int_v f(\boldsymbol{v})\,\mathrm{d}\boldsymbol{v} = 1 \tag{5.1.11}$$

即

$$\int_r \frac{\mathrm{e}^{-\varepsilon_r/kT}\mathrm{d}\boldsymbol{r}}{\displaystyle\int_r \mathrm{e}^{-\varepsilon_r/kT}\mathrm{d}\boldsymbol{r}} = \frac{\displaystyle\int_r \mathrm{e}^{-\varepsilon_r/kT}\mathrm{d}\boldsymbol{r}}{\displaystyle\int_r \mathrm{e}^{-\varepsilon_r/kT}\mathrm{d}\boldsymbol{r}} = 1 \tag{5.1.12}$$

$$\int_v \frac{\mathrm{e}^{-\varepsilon_v/kT}\mathrm{d}\boldsymbol{v}}{\displaystyle\int_v \mathrm{e}^{-\varepsilon_v/kT}\mathrm{d}\boldsymbol{v}} = \frac{\displaystyle\int_v \mathrm{e}^{-\varepsilon_v/kT}\mathrm{d}\boldsymbol{v}}{\displaystyle\int_v \mathrm{e}^{-\varepsilon_v/kT}\mathrm{d}\boldsymbol{v}} = 1 \tag{5.1.13}$$

若式 (5.1.8) 和式 (5.1.9) 中分母的积分数值均为 1, 那么概率密度分布函数可以直接写为

$$f(\boldsymbol{r}) = \mathrm{e}^{-\varepsilon_r/kT} \tag{5.1.14}$$

$$f(\boldsymbol{v}) = \mathrm{e}^{-\varepsilon_v/kT} \tag{5.1.15}$$

但若分母的积分数值不为 1, 则需要加上一个与积分变量无关的系数, 使得分母的积分数值等于 1, 即满足

$$\int_r C_1 \mathrm{e}^{-\varepsilon_r/kT}\mathrm{d}\boldsymbol{r} = 1 \tag{5.1.16}$$

$$\int_v C_2 \mathrm{e}^{-\varepsilon_v/kT}\mathrm{d}\boldsymbol{v} = 1 \tag{5.1.17}$$

系数 C_1 和 C_2 可通过概率归一化条件反解得到, 此时对应的坐标分布函数和速度分布函数记作

$$f(\boldsymbol{r}) = C_1 \mathrm{e}^{-\varepsilon_r/kT} \tag{5.1.18}$$

$$f(\boldsymbol{v}) = C_2 \mathrm{e}^{-\varepsilon_v/kT} \tag{5.1.19}$$

我们经常会省略掉系数 C_1 和 C_2, 其实是默认相空间内粒子的坐标和速度分布函数均已满足概率归一化条件, 但只有它们在相空间的积分数值严格等于 1 的情况下, 式 (5.1.14) 和式 (5.1.15) 才成立. 还需要注意的是, 对连续型随机变量来说, $P_l(\boldsymbol{r})$ 和 $P_l(\boldsymbol{v})$ 才是粒子在坐标空间和速度空间处于 $\boldsymbol{r} \sim \boldsymbol{r}+\mathrm{d}\boldsymbol{r}$, $\boldsymbol{v} \sim \boldsymbol{v}+\mathrm{d}\boldsymbol{v}$ 的概率, 与概率密度分布函数的关系满足

$$P_l(\boldsymbol{r}) = f(\boldsymbol{r})\,\mathrm{d}\boldsymbol{r}, \quad P_l(\boldsymbol{v}) = f(\boldsymbol{v})\,\mathrm{d}\boldsymbol{v}$$

下面我们通过重力场和速度空间中的例子, 来进一步了解坐标空间和速度空间内各自的概率密度分布函数形式, 及其与宏观物理量的具体联系.

5.2 __ 重力场中分子数目和压强按高度的分布律

我们生活在地球表面的大气环境中，研究地球表面大气分子的分布对于我们在地球上的生活，以及探索其他星球，都具有重要意义. 地球表面大气具有其独特的性质，一方面气体分子在永不停歇地进行着无规则热运动，另一方面气体分子又受到地球引力的束缚作用. 我们在第一章阐述热力学系统平衡态时曾提过，地球表面均匀分布的大气系统不是平衡系统，因为气体分子受到重力影响，均匀分布的气体会一直运动交换能量，所以不是平衡态，那么重力场中的气体分子究竟是如何分布的？

5.2.1 重力场中分子数密度按高度的分布

以地球表面大气层为研究系统，根据控制变量法，我们只需要关心重力场中的空气分子数在几何坐标空间中的分布，不需要讨论空气分子在速度空间的分布. 对于平衡态系统来说，空气系统在垂直于空间高度的水平面上满足均匀分布的特点，只是在垂直地球表面的方向上不均匀，所以问题将转化为空气分子按空间高度的分布.

如图 5.2.1 所示，取 $z=0$ 处（地球表面）为重力势能零点，则高度 z 处的分子重力势能为 $\varepsilon_r = m_0 g z$，式中 m_0 是空气分子的质量，g 是重力加速度. 在 z 处取一个底面积为 $\Delta S = \Delta x \Delta y$、高度为 $\mathrm{d}z$ 的空气柱为研究对象. 由于空气分子在 xOy 平面均匀分布，空气分子在三维几何空间 (x, y, z) 内的分布，将简化为空气分子按空间高度 z 的分布. 根据玻耳兹曼分布，在底面积为 ΔS、高度为 $z \sim z+\mathrm{d}z$ 的空气柱内的分子数占总分子数的概率 $P(x, y, z)$ 将简化为 $P(z)$，由概率密度的定义式（5.1.6）可知：

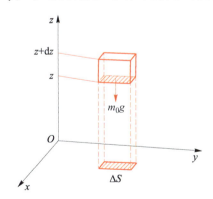

图 5.2.1 重力场中的空气分子分布示意图

$$P(z) = \frac{\mathrm{d}N(z)}{N} = \frac{\mathrm{e}^{-\frac{m_0 g z}{kT}} \mathrm{d}z}{\int_0^\infty \mathrm{e}^{-\frac{m_0 g z}{kT}} \mathrm{d}z} \tag{5.2.1}$$

由于 z 轴的连续性，式（5.1.6）中的求和在此处变为积分，上式中 N 是大气分子总数，则高度处于 $z \sim z+\mathrm{d}z$ 区间内的分子数 $\mathrm{d}N(z)$ 和分子数密度 $n(z)$ 可分别表示为

$$\mathrm{d}N(z) = N \cdot P(z) = N \frac{\mathrm{e}^{-\frac{m_0 g z}{kT}} \mathrm{d}z}{\int_0^\infty \mathrm{e}^{-\frac{m_0 g z}{kT}} \mathrm{d}z} \tag{5.2.2}$$

$$n(z) = \frac{\mathrm{d}N(z)}{\mathrm{d}z} = N \frac{\mathrm{e}^{-\frac{m_0 g z}{kT}}}{\int_0^\infty \mathrm{e}^{-\frac{m_0 g z}{kT}} \mathrm{d}z} \tag{5.2.3}$$

为了得到确切的分子数按高度分布的概率密度函数, 需要满足概率归一化原理, 即式 (5.2.1) 或式 (5.2.2) 的分母积分值应等于 1, 有

$$\int_0^\infty C \cdot \mathrm{e}^{-\frac{m_0 g z}{kT}} \mathrm{d}z = 1 \tag{5.2.4}$$

由此可得, $C = \frac{m_0 g}{kT}$, 因此重力场中空气分子按照高度分布的概率密度分布函数 $f(z)$ 为

$$f(z) = \frac{m_0 g}{kT} \mathrm{e}^{-\frac{m_0 g}{kT} z} \tag{5.2.5}$$

而对应 z 处的空气分子数密度可表示为

$$n(z) = n_0 \mathrm{e}^{-\frac{m_0 g}{kT} z} = n_0 \mathrm{e}^{-\frac{Mg}{RT} z} \tag{5.2.6}$$

其中, n_0 是地表处的分子数密度, M 是空气分子的摩尔质量. 式 (5.2.6) 就是重力场中气体分子数密度按高度的分布, 也被称为**玻耳兹曼密度分布律**, 它清楚地表明: 处于平衡态大气层中的分子数密度在垂直地面方向上并不呈均匀分布, 这正是重力势能的束缚与空气分子自由热运动博弈的结果. 一方面, 无规则热运动使得气体分子均匀地分布于它所能达到的空间; 另一方面, 重力势能却让气体分子尽可能地聚集到地面, 以满足能量最低原理. 当这两种运动达到平衡时, 气体分子数密度必然随着高度的增大而减小. 这也是海拔越高, 人们呼吸越困难的原因.

5.2.2 重力场中气体压强按高度的分布

从玻耳兹曼密度分布律出发, 可以直观地了解大气系统的宏观属性——压强的特性. 若把大气层视为理想气体模型, 根据理想气体的物态方程 $p = nkT$, 可知大气压强按高度的分布是

$$p(z) = n_0 \mathrm{e}^{-\frac{m_0 g}{kT} z} \cdot kT = p_0 \mathrm{e}^{-\frac{m_0 g}{kT} z} = p_0 \mathrm{e}^{-\frac{Mg}{RT} z} \tag{5.2.7}$$

其中 p_0 是地表处的大气压强.

5.2.3 等温大气模型

需要指出的是, 对于平衡态大气系统来说, 除了气体分子数密度随着高度变化, 温度也是随着高度变化的, 即 $T = T(z)$, 而且不同高度的温度变化规律不尽相同. 简单来说, 从地球表面向上依次可分为对流层、平流层、中间层和热层. 其中自地表向上 9~17 km 的区域属于对流层, 不同纬度地区对应的对流层高度不尽相同, 如高纬度地区为 0~9 km, 中纬度地区为 0~12 km, 低纬度地区为 0~17 km. 强烈的

大气对流使得该层的大气温度随高度的升高而降低，但在对流层顶部，大气温度又几乎不变；再向上的平流层，其顶层约在 50 km 处，这一层内大气温度却随着高度的增加而升高；继续向上至约 85 km 的中间层又表现为大气温度随高度的增加而降低；中间层上面的热层的大气温度又会随着高度的增加而急剧上升. 因此大气中的温度随高度的变化关系是非常复杂的，那我们如何处理 $T(z)$ 这个物理量呢？

最简单的方法就是，假设 $T(z) = T$ 为常量，这就是**等温大气模型**. 因此式 (5.2.7) 也被称为等温大气压强随高度的变化规律. 那么这种简化是否合理呢？其实地球上现有实验室的高度并不能明显体现室内大气温度的变化，因此等温大气模型具有重要的实用性. 只有进行的实验对地表高度有明显的依赖性，且实验离地表足够高的时候，温度就不能按照常量来处理了. 例如火箭发射实验中，空间中不同高度的温度对材料的影响至关重要.

例 5.1

一足够大的容器内储有密度为 ρ_L 的液体，液体内悬浮着大量性质完全相同的微小颗粒，每一颗粒的质量和质量密度均为 m_0 和 ρ_0. 求微小颗粒的粒子数密度在液体中按高度的分布.

解： 按玻耳兹曼分布，需要先获知悬浮颗粒在坐标空间内的能量形式，这可从悬浮颗粒的受力情况入手. 如图 5.2.2 所示，定义竖直向上为 z 的正方向，因此每一微小颗粒受到的合力为

$$F = -m_0 g + \rho_L V g = -m_0 g + \rho_L \frac{m_0}{\rho_0} g$$

$$= -m_0 g \left(1 - \frac{\rho_L}{\rho_0} \right) = -m_0^* g$$

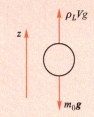

图 5.2.2 悬浮液体中微小颗粒的受力分析

其中 m_0^* 是计入液体浮力后，微小颗粒的等效质量. 此时可以把悬浮颗粒的运动看作质量为 m_0^* 的微小颗粒的无规则热运动，其在重力场中的重力势能为 $m_0^* g z$. 若容器的高度不足以改变容器内的温度，按照等温大气的处理方法，可知悬浮颗粒的粒子数密度按高度的分布为

$$n(z) = n_0 e^{-\frac{m_0^* g}{kT} z} \tag{5.2.8}$$

相比较于大气分子分布，悬浮颗粒的粒子数密度分布具有重要的实验意义. 只要在实验上能测得不同高度 z_1 和 z_2 处悬浮颗粒的粒子数密度，就能计算出阿伏伽德罗常量 N_A. 1908 年，法国科学家皮兰（Perrin）正是凭借其在显微镜下数出的乳浊液中不同高度的悬浮颗粒数目，计算出了阿伏伽德罗常量，在实验上首次确立了分子存在的真实性，因而获得了 1926 年的诺贝尔物理学奖. 另一方面，悬浮颗粒动力学研究还推动了微纳米技术、核反应堆中气溶胶颗粒再悬浮等科技的发展，而且我国科学家在水资源、大气环境等方面的科研进展更是处于世界领先水平.

5.3__ 麦克斯韦速度分布律

5.3.1 麦克斯韦速度分布律的函数形式

考虑三维速度空间，每个质量为 m_0 的气体分子都要用 $\boldsymbol{v} = (v_x, v_y, v_z)$ 来描述其速度，且分子速度遍布整个速度空间，即 v_x, v_y, v_z 的积分上、下限可取正、负无穷大. 依据玻耳兹曼分布函数，可以直接写出处于 $v_x \sim v_x + \mathrm{d}v_x$, $v_y \sim v_y + \mathrm{d}v_y$, $v_z \sim v_z + \mathrm{d}v_z$ 区间内的分子数概率 $P(\boldsymbol{v})$ 为

$$P(\boldsymbol{v}) = \frac{\mathrm{e}^{-\frac{m_0 v^2}{2kT}} \mathrm{d}\boldsymbol{v}}{\int_{-\infty}^{\infty} \mathrm{e}^{-\frac{m_0 v^2}{2kT}} \mathrm{d}\boldsymbol{v}} = \frac{\mathrm{e}^{-\frac{m_0(v_x^2+v_y^2+v_z^2)}{2kT}} \mathrm{d}v_x \mathrm{d}v_y \mathrm{d}v_z}{\iiint_{-\infty}^{\infty} \mathrm{e}^{-\frac{m_0(v_x^2+v_y^2+v_z^2)}{2kT}} \mathrm{d}v_x \mathrm{d}v_y \mathrm{d}v_z} \tag{5.3.1}$$

相应的速度概率密度分布函数为

$$f(\boldsymbol{v}) = C \mathrm{e}^{-\frac{m_0 v^2}{2kT}} \tag{5.3.2}$$

其中参量 C 可由概率归一化原理得到，即满足

$$\iiint_{-\infty}^{\infty} C \cdot \mathrm{e}^{-\frac{m_0(v_x^2+v_y^2+v_z^2)}{2kT}} \mathrm{d}v_x \mathrm{d}v_y \mathrm{d}v_z = 1 \tag{5.3.3}$$

可得参量 $C = \left(\dfrac{m_0}{2\pi kT}\right)^{3/2}$，其中应用了积分公式 (5.3.4).

$$\int_0^{\infty} \mathrm{e}^{-bx^2} x^{2j} \mathrm{d}x = \begin{cases} \dfrac{1}{2}\sqrt{\dfrac{\pi}{b}}, (j=0) \\[2mm] \dfrac{1 \cdot 3 \cdot 5 \cdot \cdots \cdot (2j-1)}{2^{j+1}} \sqrt{\dfrac{\pi}{b^{2j+1}}}, \ (j=1, \ 2, \ 3, \ \cdots) \end{cases} \tag{5.3.4}$$

$$\int_0^{\infty} \mathrm{e}^{-bx^2} x^{2j+1} \mathrm{d}x = \frac{1}{2} \frac{j!}{b^{j+1}}, \ (j=0, \ 1, \ 2, \ \cdots)$$

由此可得，平衡态下气体分子的速度分布函数为

$$f(\boldsymbol{v}) = f(v_x, \ v_y, \ v_z) = \left(\frac{m_0}{2\pi kT}\right)^{3/2} \mathrm{e}^{-\frac{m_0(v_x^2+v_y^2+v_z^2)}{2kT}} \tag{5.3.5}$$

这就是著名的**麦克斯韦速度分布律**，是麦克斯韦（James Clerk Maxwell，1831—1897）在 1859 年，首先用概率法推导出了相关结果. 虽然他的理论推导过程并不严格，但是后续气体分子的速度分布率及其有关的分布函数依然都以"麦克斯韦"命名. 麦克斯韦速度分布函数的结果来自玻耳兹曼分布的自然结果，因而适用于理想气体和非理想气体.

相应地，处于 $\boldsymbol{v} \rightarrow \boldsymbol{v} + \mathrm{d}\boldsymbol{v}$ 区间内的气体分子数概率为

$$P(\boldsymbol{v}) = f(\boldsymbol{v}) \mathrm{d}\boldsymbol{v} = \left(\frac{m_0}{2\pi kT}\right)^{3/2} \mathrm{e}^{-\frac{m_0 v^2}{2kT}} \mathrm{d}\boldsymbol{v} \tag{5.3.6}$$

简单地分析一下麦克斯韦速度分布律，如图 5.3.1 所示，可以知道，随着速度绝对值的增大，速度分布函数会以指数形式快速衰减，表明具有大速度的分子数量是很少

的；曲线下不同区间内的积分面积对应着处于该区间内的分子数概率，而整条曲线下的积分面积等于1，对应概率归一化原理；对同一气体分子系统来说，不同温度条件下，分子麦克斯韦速度分布律曲线必有如图 5.3.1 所示的 $T_1 < T_2$ 的结论.

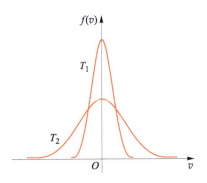

图 5.3.1 同一气体系统,不同温度下的麦克斯韦速度分布律曲线

5.3.2 麦克斯韦速度分量的分布函数

平衡态下，气体分子运动具有各向同性的特点，使得分子速度的三个分量对应的分布函数 $f(v_x)$，$f(v_y)$ 和 $f(v_z)$ 必定具有相同的函数形式. 比较式 (5.3.5) 和式 (4.5.2)，可以得出

$$f(v_x) = \left(\frac{m_0}{2\pi kT}\right)^{1/2} e^{-\frac{m_0 v_x^2}{2kT}}$$

$$f(v_y) = \left(\frac{m_0}{2\pi kT}\right)^{1/2} e^{-\frac{m_0 v_y^2}{2kT}} \qquad (5.3.7)$$

$$f(v_z) = \left(\frac{m_0}{2\pi kT}\right)^{1/2} e^{-\frac{m_0 v_z^2}{2kT}}$$

而且 $f(v_x)$，$f(v_y)$ 和 $f(v_z)$ 都满足概率归一化原理 $\int_{-\infty}^{\infty} f(v_i)\,\mathrm{d}v_i = 1$，式中 $i = x$，y，z.

麦克斯韦速度分量分布函数对于研究系统内气体分子的定向运动具有重要意义. 如在讨论分子与器壁碰撞时，优化模型显示气体分子的平均碰壁数为

$$\Gamma = n \int_0^{\infty} \mathrm{d}v_x f(v_x) v_x \qquad (4.6.20)$$

此时代入式 (5.3.7)，并利用积分公式 (5.3.4)，易得平均碰壁数为

$$\Gamma = \frac{1}{4} n \sqrt{\frac{8kT}{\pi m_0}} \qquad (5.3.8)$$

除此之外，如气体的对流，气体系统能量和动量的定向输运等也与速度分量的分布函数密切相关.

5.4 麦克斯韦速率分布律及其特征速率

5.4.1 麦克斯韦速率分布律

若我们只关注气体分子速度大小，而不考虑速度方向的影响，就可以用速率空间内分子的速率分布函数取代速度分布函数.

利用麦克斯韦速度分布律式 (5.3.6)，可知处于 $v_x \sim v_x + \mathrm{d}v_x$，$v_y \sim v_y + \mathrm{d}v_x$，$v_z \sim v_x + \mathrm{d}v_z$ 区间内的分子数概率为

$$P(\boldsymbol{v}) = f(\boldsymbol{v})\,\mathrm{d}\boldsymbol{v} = \left(\frac{m_0}{2\pi kT}\right)^{3/2} e^{-\frac{m_0(v_x^2 + v_y^2 + v_z^2)}{2kT}} \mathrm{d}v_x \mathrm{d}v_y \mathrm{d}v_z \qquad (5.4.1)$$

利用球坐标系 $\mathrm{d}\boldsymbol{v}=\mathrm{d}v_x\mathrm{d}v_y\mathrm{d}v_z=v^2\sin\theta\,\mathrm{d}\theta\,\mathrm{d}\varphi\,\mathrm{d}v$，对方位角 φ 和极向角 θ 进行全空间积分，就可得到速率处于 $v\sim v+\mathrm{d}v$ 区间内，4π 立体角内包含的分子数概率是

$$P(v)=f(v)\,\mathrm{d}v=4\pi\left(\frac{m_0}{2\pi kT}\right)^{3/2}v^2\mathrm{e}^{-\frac{m_0v^2}{2kT}}\mathrm{d}v \tag{5.4.2}$$

对应的**麦克斯韦速率分布律**记作

$$f(v)=4\pi\left(\frac{m_0}{2\pi kT}\right)^{3/2}v^2\mathrm{e}^{-\frac{m_0v^2}{2kT}} \tag{5.4.3}$$

由于麦克斯韦速率分布律来自已经归一化后的麦克斯韦速度分布律，此时的麦克斯韦速率分布也满足概率归一化原理，读者可以自行验证．同样，式（5.4.3）也可由式（4.5.8）与式（5.3.5）直接得到．

依据麦克斯韦速率分布律，可以绘出同一气体分子系统，不同温度对应的分布曲线，如图 5.4.1 所示，且有系统的平衡态温度满足 $T_1<T_2<T_3$ 的关系；同样，不同速率之间的曲线面积对应处于该速率区间内的分子数概率，而整条麦克斯韦速率分布曲线对应的面积应等于 1．

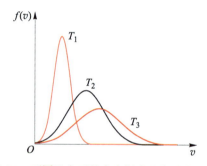

图 5.4.1　不同温度下的麦克斯韦速率分布律曲线

5.4.2　特征速率

下面，我们以麦克斯韦速率分布律为例，来看看如何求宏观物理量的统计平均值．

1. 平均速率 $\bar{v}$

依据连续型随机变量求统计平均值的公式（4.1.17），并利用积分公式（5.3.4），可得

$$\bar{v}=\int_0^\infty vf(v)\,\mathrm{d}v=4\pi\left(\frac{m_0}{2\pi kT}\right)^{3/2}\int_0^\infty v^3\mathrm{e}^{-\frac{m_0v^2}{2kT}}=\sqrt{\frac{8kT}{\pi m_0}}=\sqrt{\frac{8RT}{\pi M}} \tag{5.4.4}$$

其中 M 是气体分子的摩尔质量．平均速率 $\bar{v}$ 代表了气体分子的整体平均运动性质，表现为气体分子整体的宏观运动状态，是常用的物理量．尤其在讨论分子对器壁的碰撞时，把平均速率代入式（5.3.8），平均碰壁数就可以简写为

$$\varGamma=\frac{1}{4}n\,\bar{v} \tag{5.4.5}$$

此时再与由简单模型得到的平均碰壁数 $\varGamma=\dfrac{1}{6}n\,\bar{v}$［式（4.6.15）］相比，优化模型的

意义就更明显了.

2. 方均根速率 $\sqrt{\overline{v^2}}$

同理，基于统计平均值和积分公式，可得

$$\overline{v^2} = \int_0^\infty v^2 f(v)\,dv = 4\pi \left(\frac{m_0}{2\pi kT}\right)^{3/2} \int_0^\infty v^4 e^{-\frac{m_0 v^2}{2kT}} = \frac{3kT}{m_0} \tag{5.4.6}$$

$$\sqrt{\overline{v^2}} = \sqrt{\frac{3kT}{m_0}} = \sqrt{\frac{3RT}{M}} \tag{5.4.7}$$

方均根速率也是常用的物理量，常用于计算分子的平均平动动能，即

$$\overline{\varepsilon_k} = \frac{1}{2} m_0 \overline{v^2} = \frac{3}{2} kT \tag{5.4.8}$$

3. 最概然速率 v_p

从麦克斯韦速率分布曲线中，我们可以发现一个特殊的速率——**最概然速率**，如图 5.4.2 所示，最概然速率 v_p 代表的是，温度为 T 的平衡态系统中，速率处于 $v_p \sim v_p + dv$ 区间内的分子数概率最大，或者表述为，气体在最概然速率附近的单位速率间隔内包含的分子数最多，数学上对应着

$$\left. \frac{df(v)}{dv} \right|_{v_p} = 0 \tag{5.4.9}$$

可得到

$$v_p = \sqrt{\frac{2kT}{m_0}} = \sqrt{\frac{2RT}{M}} \tag{5.4.10}$$

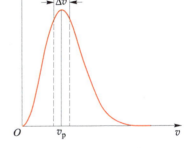

图 5.4.2　最概然速率

对比平均速率、方均根速率和最概然速率，可以发现在同一平衡态系统内，有 $v_p < \overline{v} < \sqrt{\overline{v^2}}$. 但还需要指出的是，不同的速率分布函数，对应三种速率的大小顺序可能会有所不同，但可以证明的是，无论何种速率分布，定有 $\overline{v} \le \sqrt{\overline{v^2}}$.

例 5.2

由 N 个分子构成的理想气体的麦克斯韦速率分布曲线 $f(v)$ 如图 5.4.3 所示.

（1）表达式 $\int_{v_1}^{v_2} N f(v)\,dv$ 所代表的物理含义是什么？

（2）有一特殊速率 v_e，使得 v_e 两侧的曲线下的面积相等，v_e 有什么意义？

解：（1）由气体分子的速率分布函数 $f(v)$，可知处于 $v \sim v + dv$ 区间内的分子数概率为 $f(v)\,dv$，而 $N f(v)\,dv$ 则代表处于 $v \sim v + dv$ 区间内的分子个数，因此 $\int_{v_1}^{v_2} N f(v)\,dv$ 代表速率处于 $v_1 \sim v_2$ 区间内的平均分子数.

（2）由（1）可知，若 v_e 使得左右两侧曲线下的面积相等，则满足

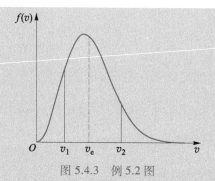

图 5.4.3　例 5.2 图

$$\int_0^{v_e} f(v)\,\mathrm{d}v = \int_{v_e}^{\infty} f(v)\,\mathrm{d}v$$

因此 v_e 代表能让处于 $0 \sim v_e$ 和 $v_e \sim \infty$ 区间内的分子数概率相等的一个特殊速率，或者说气体系统内，速率大于 v_e 和小于 v_e 的分子数相同，都有 $N/2$ 个分子.

例 5.3

已知处于平衡态的某理想气体系统，系统内气体分子的碰撞频率为 Z_1. 若该系统先经过等温膨胀过程，使系统体积膨胀为原先体积的 2 倍，再经过等压膨胀使系统体积再增大 2 倍，此时系统内气体分子的碰撞频率 Z 是多少？

解：假设系统内包含的气体分子总数为 N. 初始状态系统的压强、体积和温度分别为 p_1、V_1 和 T_1.

第一次等温膨胀过程后，系统的压强、体积和温度分别为 p_2、V_2 和 T_2，且满足

$$T_2 = T_1, \quad V_2 = 2V_1$$

由理想气体物态方程 $pV = NkT$，可知

$$p_2 = \frac{1}{2}p_1$$

第二次经等压膨胀过程后，系统的压强、体积和温度分别为 p_3、V_3 和 T_3，且满足

$$p_3 = p_2 = \frac{1}{2}p_1, \quad V_3 = 2V_2 = 4V_1$$

由理想气体物态方程，可知

$$T_3 = 2T_1$$

由气体分子碰撞频率公式 (4.6.4) $Z_1 = \sqrt{2}n\pi d^2 \bar{v}$，平均速率 $\bar{v} = \sqrt{\dfrac{8kT}{\pi m_0}}$，粒子数密度 $n = \dfrac{N}{V}$，可知当系统内气体分子数 N 不变时，有

$$\frac{Z}{Z_1} = \frac{n_3 \bar{v}_3}{n_1 \bar{v}_1} = \frac{V_1 \sqrt{T_3}}{V_3 \sqrt{T_1}} = \frac{V_1 \sqrt{2T_1}}{4V_1 \sqrt{T_1}} = \frac{\sqrt{2}}{4}$$

因此，该理想气体系统经两次膨胀过程后，系统中气体分子的碰撞频率是初始状态的 $\dfrac{\sqrt{2}}{4}$.

*5.4.3　归一化速率的分布函数

依据麦克斯韦速率分布律，选取量纲一的物理量 $u = \dfrac{v}{v_p}$，即把分子热运动速率 v 归一化到最概然速率 v_p 上，我们来计算分布函数 $f(u)$ 的表达式.

由 $u = \dfrac{v}{v_p}$，可知 $\mathrm{d}v = v_p \mathrm{d}u$，麦克斯韦速率分布律表明处于 $v \sim v+\mathrm{d}v$ 区间内的分子数概率为

$$P_l(v) = \frac{\mathrm{d}N_v}{N} = 4\pi \left(\frac{m_0}{2\pi kT} \right)^{3/2} v^2 \mathrm{e}^{-\frac{m_0 v^2}{2kT}} \mathrm{d}v$$

将式中变量 v 替换为 u，$\mathrm{d}v$ 替换为 $\mathrm{d}u$，并代入最概然速率 v_p 的形式，可得

$$\frac{\mathrm{d}N_u}{N} = f(u)\,\mathrm{d}u$$

$$f(u) = \frac{4}{\sqrt{\pi}} u^2 \mathrm{e}^{-u^2}$$

由此可知，速率处于 $u \sim u+\mathrm{d}u$ 区间内的分子数为

$$\mathrm{d}N_u = Nf(u)\,\mathrm{d}u = N\frac{4}{\sqrt{\pi}} u^2 \mathrm{e}^{-u^2} \mathrm{d}u$$

则速率处于 0 到某一确定 u 值之间的分子数是

$$\Delta N_{0 \sim u} = \int_0^u \frac{4N}{\sqrt{\pi}} u^2 \mathrm{e}^{-u^2} \mathrm{d}u$$

数学上有 $u^2 \mathrm{e}^{-u^2} \mathrm{d}u = \dfrac{1}{2}\left[\mathrm{e}^{-u^2} \mathrm{d}u - \mathrm{d}(u\mathrm{e}^{-u^2}) \right]$，将其代入上式，可得

$$\Delta N_{0 \sim u} = \frac{4N}{\sqrt{\pi}} \left(\frac{1}{2} \int_0^u \mathrm{e}^{-u^2} \mathrm{d}u - \frac{u}{2} \mathrm{e}^{-u^2} \right) = N\left[\mathrm{erf}(u) - \frac{2}{\sqrt{\pi}} u\mathrm{e}^{-u^2} \right]$$

式中 $\mathrm{erf}(u)$ 是误差函数，定义为

$$\mathrm{erf}(u) = \frac{2}{\sqrt{\pi}} \int_0^u \mathrm{e}^{-u^2} \mathrm{d}u$$

误差函数 $\mathrm{erf}(u)$ 是概率论中常见的形式，一般可将被积函数 e^{-u^2} 在积分区间 $0 \sim u$ 上展开成幂级数，再逐项积分，最后得到该定积分的近似值；也可通过查询误差函数表，直接找到对应的积分数值.

5.5　麦克斯韦速度分布律的实验验证

理论结果必须经过大量可重复的实验验证才可称其为经得起考验，而麦克斯韦速度分布律的正确与否也需要实验来验证. 只是这一理论推导与实验验证的过程跨越了半个世纪之久，直到 1920 年，德国物理学家施特恩（Stern，1888—1969）才第一次利用银原子束进行了麦克斯韦速度分布律的验证实验.

施特恩实验装置原理如图 5.5.1（a）所示. 以一根涂有银的铂丝作为气体分子束源，在与其轴线平行的方向上分别设置准直狭缝、圆筒狭缝和弧形玻璃检测板，整个装置均处于真空环境中. 给铂丝通电加热，附在其表面的银原子会蒸发，并向各个方向发射，但只有通过准直狭缝和圆筒狭缝的银原子束才能到达检测板. 当装置不动时，沉积在检测板上的银原子束显示为正对着准直狭缝 P 位置的一条窄线；当全部装置绕一垂直轴以角速度 ω 旋转时，银原子束中不同速率的原子将落在检测板上的不同位置，如 P' 处，如图 5.5.1（b）所示.

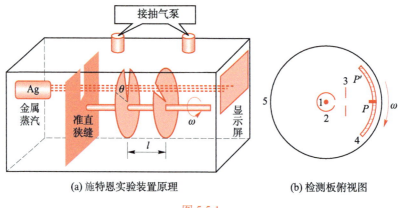

(a) 施特恩实验装置原理   (b) 检测板俯视图

图 5.5.1

1—涂银铂丝；2—圆筒狭缝；3—准直狭缝；4—玻璃检测板；5—钟罩-真空室

若假设圆筒狭缝位置正是该装置绕其旋转的中心轴位置，且圆筒狭缝到检测板的距离为 l，则速率介于 $v \sim v+\mathrm{d}v$ 区间内的银原子从圆筒狭缝到检测板所需要的时间是 $\tau = \dfrac{l}{v}$，而检测板在时间 τ 内已经转过角度 $\theta = \omega\tau = \omega\dfrac{l}{v}$，此时具有这一速率区间的银原子将沉积在检测板的 P' 处，而 $\overset{\frown}{PP'}$ 的弧长为 $s = l\theta = \omega\dfrac{l^2}{v}$. 由此可得

$$v = \frac{\omega l^2}{s} \tag{5.5.1}$$

因此，通过测量 ω、l 和 s，就能知道不同 s 处对应的速率 v 的数值，而不同 s 处银层的厚度就可以代表具有不同速率的原子数比率. 式（5.5.1）就是施特恩实验的数学原理.

施特恩实验装置和原理揭示了验证麦克斯韦速度分布律的实验必须要包括三部分：① 分子或原子射线束产生器（包括准直狭缝，高真空射线束室等）；② 区分不同速率间隔的"速率选择器"；③ 能接受指定速率间隔内的分子或原子射线，并能探测射线相对强度的接收器.

随着实验技术的发展，人们在施特恩实验的基础上不断地改进着上述三个实验部分. 如我国学者葛正权与美国物理学家蔡特曼（Zarman）在 1930—1933 年发现铋蒸气源的温度在 900 ℃最为合适，而且他们在实验中把转速 ω 提高到 500 r·s^{-1}，解决了装置稳定性的问题；1955 年，美国哥伦比亚大学的密勒（Miller）和库什（Kusch）用铊作为原子射线束源，用刻有螺旋形细槽点铝钢制滚筒作为速率选择器，提高了速率的分辨率水平．这些实验均获得了比施特恩实验更为精确的实验结果，进一步验证了麦克斯韦速度分布律的正确性．

5.6 — 麦克斯韦速度分布律与速率分布律的应用举例

基于统计方法得到的麦克斯韦速度分布函数和速率分布函数使得人们能在看不到的速度和速率空间内对微观粒子的运动展开探索，有助于我们进一步了解微观世界的粒子运动特性，目前已广泛应用于各物理研究领域．如受控磁约束核聚变装置（托卡马克、反场箍缩、仿星器等）中的微观不稳定性引起的能量约束问题、科技生产中的半导体镀膜工艺技术问题、日常生活中油烟机排出的油污分子扩散到墙面和地砖导致的卫生问题，等等．下面我们来举一些例子．

1. 泻流

当储有气体的容器壁上有一小孔或狭缝时，气体分子将向外逃逸．若小孔或狭缝过大，将会有宏观分子流从小孔或狭缝中流出，此时容器内的气体系统将处于非平衡态；但若小孔或狭缝非常小，在单位时间内只有很少量的气体分子逃逸，以至于在考察时间段内逃逸的分子对容器内气体平衡态的影响可以忽略不计，此时气体分子从容器壁上足够小的小孔或狭缝射出的过程称为**泻流**（Effusion）．

泻流中最重要的问题是，什么样的小孔或狭缝的尺寸才能满足泻流的要求呢？一般来说，只有当小孔的尺寸 L 远小于容器内气体分子的平均自由程 $\overline{\lambda}$ 时，从小孔逃逸出的气体分子才不会影响气体系统的平衡态．因为气体系统是依靠气体分子的相互碰撞来传递能量和动量达到平衡状态的，只有当 $L \ll \overline{\lambda}$ 时，单位时间内逃逸出容器的分子才不会与其他分子碰撞，从而改变容器内部气体的状态；反之，当 $L \gg \overline{\lambda}$ 时，单位时间内，分子在小孔附近会发生频繁碰撞，尤其当容器外环境的气压低于容器内气体的压强时，小孔附近的分子与容器内部分子的状态会有明显差异．因此小孔越大，小孔附近的分子受力越不均匀，它们与容器内部的气体分子状态差异越大，并会产生从容器内向小孔外流动的宏观分子流，这就不是泻流了．一般来说，低压常温气体的平均自由程 $\overline{\lambda}$ 为 $10^{-4} \sim 10^{-5}\,\mathrm{cm}$，因此泻流的小孔尺寸不能大于 $10^{-4}\,\mathrm{cm}$．

科学研究和工程技术上有很多泻流的实际应用，下面举几个例子．

（1）热分子压差

在对低压气体进行测量时，尤其当气体处于极低温度（如液氦温度 4.25 K、液氮温度 77 K）的环境内时，用常温下使用的气压计测量气体压强，会产生测量误差，其原因就是热分子压差．

如图 5.6.1 所示，一密闭容器内，被一不可移动的绝热隔板分成 A、B 两部分，两边储有同种理想气体，但温度不同，$T_A > T_B$．若在隔板上开一个面积为 ΔS 的小孔，其尺寸满足泻流的要求，那么 A、B 两部分内的气体分子就会发生相互泻流的现象．经过很长时间后，整个容器将会建立起新的动态平衡．若假设 A、B 两部分内的气体分子数密度和分子平均速率分别为 n_A、$\overline{v}_A$ 和 n_B、$\overline{v}_B$，依据气体分子平均碰壁

数公式 (5.4.5) 以及泻流不会造成 A、B 两部分各自平衡态的破坏，可知在 $\mathrm{d}t$ 时间内，通过 ΔS 小孔互换的分子数必然相等，即

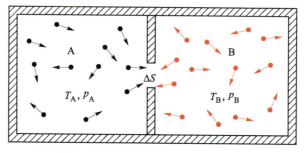

图 5.6.1 通过隔板上小孔的泻流模型

$$\frac{1}{4} n_\mathrm{A}\, \bar{v}_\mathrm{A}\mathrm{d}t\Delta S = \frac{1}{4} n_\mathrm{B}\, \bar{v}_\mathrm{B}\mathrm{d}t\Delta S \qquad (5.6.1)$$

其中 $n_\mathrm{A} = \dfrac{p_\mathrm{A}}{kT_\mathrm{A}}$, $n_\mathrm{B} = \dfrac{p_\mathrm{B}}{kT_\mathrm{B}}$, 由此可得

$$\frac{p_\mathrm{A}}{p_\mathrm{B}} = \frac{\bar{v}_\mathrm{B} T_\mathrm{A}}{\bar{v}_\mathrm{A} T_\mathrm{B}} \qquad (5.6.2)$$

利用麦克斯韦平均速率公式［式 (5.4.4)］，可知

$$\frac{p_\mathrm{A}}{p_\mathrm{B}} = \sqrt{\frac{T_\mathrm{A}}{T_\mathrm{B}}} \qquad (5.6.3)$$

若 A、B 分别对应常温和低温环境，如 $T_\mathrm{A} = 300$ K, $T_\mathrm{B} = 77$ K, 代入上式可知，$p_\mathrm{A}/p_\mathrm{B} = 1.97$; 若 $T_\mathrm{A} = 300$ K, $T_\mathrm{B} = 4.25$ K, 有 $p_\mathrm{A}/p_\mathrm{B} = 8.40$. 由此可见，温差越大，热分子压差也越大；或者说，必须要对室温下使用的测量仪器进行压强修正，才能准确测出低温气体的压强.

在实验或工程中，人们常用液氦降温，利用细管把液氦所处的低温系统与室温或高温下的系统相连. 若细管两端温差较大，则必有细管热端压强高于冷端压强的现象，此时就需要引入热分子压差才能正确描述低温系统的压强. 当细管的直径远小于气体的平均自由程时，细管两端容器中气体分子的交换就是泻流过程，等效于上述简单模型.

（2）同位素分离

自然界中的元素大多是由几种同位素构成的混合物，而不同同位素的占比几乎不变. 比如地壳中的铀元素是由铀–238（$^{238}\mathrm{U}$）和铀–235（$^{235}\mathrm{U}$）按照 99.28% 和 0.71% 组成的混合物；自然界的氢元素是由 $^1\mathrm{H}$（氢或氕）、$^2\mathrm{H}$（氘）和 $^3\mathrm{H}$（氚）按照约 99.985%，0.015% 和低于 0.001% 的相对丰度（含量）构成的混合物. 但是核裂变电站反应堆中使用的燃料是浓缩铀（$^{235}\mathrm{U}$ 含量高于天然含量，约为 3%），潜艇的核动力燃料是 $^{235}\mathrm{U}$ 含量约为 20% 的高浓素铀，而核武器的装料更是 $^{235}\mathrm{U}$ 含量达到 90% 以上的超高浓缩铀. 因此从含量极低的天然铀矿石中提取高纯度 $^{235}\mathrm{U}$ 是使用核能必须要解决的问题. 同样，核聚变能中使用的主要燃料是氘和氚，也存在同位素分离的问题，而新型氢同位素分离材料的研究也正是目前受控核聚变能源研究的主要内

容之一.

常见的同位素分离法包括: 气体扩散法、离心法、喷嘴法、激光法、等离子体法、化学交换法、电解法等. 其中气体扩散法、离心法和喷嘴法已能在工业中应用, 激光法的工业应用也已取得重大进展, 而等离子体法还处于实验室研究阶段. 实验表明, 气体扩散法和离心法对重元素的同位素分离效果较好, 而化学交换法和电解法则更适用于轻元素的同位素分离. 其中气体扩散法是最成熟的大规模分离铀元素的方法, 也是已经实现了工业应用的唯一的大规模生产方法. 下面我们简单介绍一下利用气体扩散法进行铀同位素分离的过程.

气体扩散法的原理如下: 若具有不同分子量的混合气体处于热平衡状态, 则各气体成分的温度相同, 对应着各种分子的平均动能相同, 但是不同质量的分子具有的平均速率不同. 这意味着轻分子的平均速率要大于重分子的平均速率, 因而在单位时间内, 轻分子与容器壁或者隔板的碰撞次数要高于重分子. 较高的碰撞频率会让轻分子更容易从小孔中以泻流的形式向系统外部扩散, 系统外部能收集到的轻分子个数要大于重分子个数, 这就是对轻分子的提纯过程. 特别需要注意的是, 只有小孔足够小, 才能发生分子的泻流. 若小孔过大, 出现了宏观分子流动, 那么混合气体系统内外的气体成分含量就几乎相同了.

图 5.6.2 绘出了用气体扩散法进行铀同位素分离的原理示意图, 可简单分为三个过程.

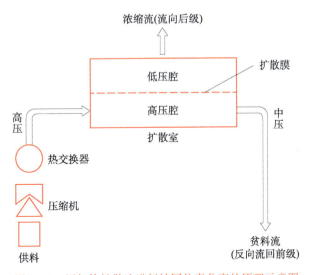

图 5.6.2　用气体扩散法进行铀同位素分离的原理示意图

① 供料过程: 实验中真正分离的是铀元素的气体分子, 因而需要先对天然铀矿石进行冶炼, 把它加工成为铀元素的化学浓缩物, 再提纯并制备成铀的氧化物, 进而转化成为气态的六氟化铀 (UF_6). 再把 UF_6 经过压缩机、热交换机后, 最后使其以固定的温度以及相对高的压强进入扩散室.

② 分离过程: 扩散室内选用由金属、陶瓷或塑料 (聚四氟乙烯) 制作的扩散膜作为分子泻流的工具. 这种扩散膜是个多孔模, 其表面上每平方厘米就分布有几亿个小孔, 孔径为 0.01~0.03 μm, 膜厚 10~100 μm. 扩散膜将扩散室分成了高压腔和

低压腔两个部分. 进入扩散室高压腔的 UF$_6$ 经扩散膜会泻流到低压腔区域. 若假设 UF$_6$ 中的 ^{235}UF$_6$ 分子和 ^{238}UF$_6$ 分子的质量分别为 m_1 和 m_2，两种分子在高压腔、低压腔中的分子数密度分别为 n_1，n_1' 和 n_2，n_2'，扩散膜上孔的总面积为 ΔS，则在 Δt 时间内，从高压腔经泻流进入低压腔的两种分子数分别是

$$\Delta N_1 = \frac{1}{4} n_1 \bar{v}_1 \Delta S \Delta t = \frac{1}{4} n_1 \sqrt{\frac{8kT}{\pi m_1}} \Delta S \Delta t \tag{5.6.4}$$

和

$$\Delta N_2 = \frac{1}{4} n_2 \bar{v}_2 \Delta S \Delta t = \frac{1}{4} n_2 \sqrt{\frac{8kT}{\pi m_2}} \Delta S \Delta t \tag{5.6.5}$$

由此可知低压腔中两种分子数密度之比为

$$\frac{n_1'}{n_2'} = \frac{\Delta N_1}{\Delta N_2} = \frac{n_1}{n_2} \sqrt{\frac{m_2}{m_1}} \tag{5.6.6}$$

由于 $\dfrac{n_1}{n_2}$ 对应于 ^{235}UF$_6$ 分子和 ^{238}UF$_6$ 分子的原始分子数之比，可以看作常量，而 $m_2 > m_1$，因此低压腔内 ^{235}UF$_6$ 分子的丰度比高压腔略有增加，即与高压腔相比，两种同位素有所分离. 同位素的分离程度可用分离系数 α 来表征，理论上有

$$\alpha = \sqrt{\frac{m_2}{m_1}} = \sqrt{\frac{352}{349}} \approx 1.004\ 3 \tag{5.6.7}$$

实验中，不同的设备结构，扩散膜性质等因素决定了分离系数并不唯一，但实验上的分离系数都会小于理论值（一般不超过 1.002）. 即便是理论上的分离系数，也是非常微小的，还不足以达到核能需要的铀-235 含量，因此低压腔内的混合气体还需要进行再次分离，以提高铀-235 的含量.

③ 多级串联过程：最简单的多次分离过程就是把上述过程串联起来，每一个扩散过程可称为一个单级扩散，其装置为一个扩散级. 把上一个扩散室低压腔内的混合气体（称为浓缩流）引出，再经过压缩机、热交换机后输入下一个扩散室继续分离同位素；把高压腔内的混合气体（称为贫料流）引回供料过程继续参与同位素分离.

虽然多级串联的气体扩散过程能有效提高铀-235 的含量，但要达到 3% 的含量，需要串联上千个扩散级，而要达到 90% 以上的高浓缩铀则需要数千个甚至上万个扩散级. 可想而知，铀提纯扩散工厂的规模是非常庞大的，而生产高浓缩铀燃料的能力也是一个国家原子能工业水平的标志之一. 目前，我国的铀纯化转化产能已达到万吨级别，并建成了新一代铀浓缩离心机大型商用示范工程，制造水平居世界前列，也是世界上唯一能实现工业规模生产高温气冷堆元件的国家.

（3）分子射线束

若把发生泻流的气体容器置于一个真空环境中，对准泻流小孔，放置一个或一组准直狭缝，为了避免发生分子散射现象，在分子束前进方向上的小孔和狭缝的厚度都应该极薄. 如图 5.6.3 所示. 从小孔逃逸出来的气体分子，只有极少量分子才能

通过准直狭缝继续前进，而绝大多数分子直接被拦截在准直狭缝以外. 这些逸出准直狭缝的气体分子会做准直很好的定向运动，而且少量的分子之间也不易发生碰撞，于是就形成了一束分子射线.

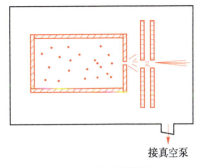

图 5.6.3　分子射线束

由于分子射线束只是气体平衡态中一部分气体分子的取样，具有定向运动的特点，并没有气体分子热运动无择优方向的特性，因此分子束满足的速率分布函数与麦克斯韦速率分布函数也不相同. 利用泻流的规律，可以得到分子束所满足的速率分布函数 $f^{B}(v)$.

由平衡态下气体分子的平均碰壁数，可知 Δt 时间内，通过容器壁上面积为 ΔS 的小孔泻流而出的气体分子数目为

$$\Delta N = \frac{1}{4}n\,\bar{v}\Delta t\Delta S \tag{5.6.8}$$

其中 n 为容器内气体的分子数密度，$\bar{v}$ 为分子的平均速率 [满足麦克斯韦速率分布律 $f(v)$]：

$$\bar{v} = \int_0^\infty vf(v)\,\mathrm{d}v \tag{5.6.9}$$

泻流中速率介于 $v\sim v+\mathrm{d}v$ 区间内的分子数为

$$\mathrm{d}N = \frac{1}{4}nvf(v)\,\mathrm{d}v\Delta t\Delta S \tag{5.6.10}$$

由此可知，ΔN 个分子中，速率介于 $v\sim v+\mathrm{d}v$ 区间内的分子数占比为

$$\frac{\mathrm{d}N}{\Delta N} = \frac{\dfrac{1}{4}nvf(v)\,\mathrm{d}v\Delta t\Delta S}{\dfrac{1}{4}n\,\bar{v}\Delta t\Delta S} = \sqrt{\frac{\pi m_0}{8kT}}\,vf(v)\,\mathrm{d}v \tag{5.6.11}$$

上式已应用了 $\bar{v} = \sqrt{\dfrac{8kT}{\pi m_0}}$，$m_0$ 是分子质量. 由概率的定义，可知

$$f^{B}(v)\,\mathrm{d}v = \frac{\mathrm{d}N}{\Delta N} = \sqrt{\frac{\pi m_0}{8kT}}\,vf(v)\,\mathrm{d}v \tag{5.6.12}$$

因此，分子射线束满足的速率分布函数是

$$f^{B}(v) = \sqrt{\frac{\pi m_0}{8kT}}\,vf(v) = \frac{1}{2}\left(\frac{m_0}{kT}\right)^2 v^3 \mathrm{e}^{-m_0 v^2/(2kT)} \tag{5.6.13}$$

对应的分子束的平均速率和方均根速率分别是

$$\bar{v}_{B} = \int_0^\infty vf^{B}(v)\,\mathrm{d}v = \sqrt{\frac{9\pi kT}{8m_0}} \tag{5.6.14}$$

$$\sqrt{\overline{v_B^2}} = \left(\int_0^\infty v^2 f^{B}(v)\,\mathrm{d}v\right)^{1/2} = \sqrt{\frac{4kT}{m_0}} \tag{5.6.15}$$

虽然分子射线束的速率分布函数与麦克斯韦速率分布函数不同，但也正是在分子射线束技术发展起来后，从实验上直接验证麦克斯韦速度分布律的理论结果才成为可能.

利用同样的技术，还能获得原子射线束以及其他粒子射线束，而且由于粒子之间的相互作用可以忽略，因此分子/原子射线束对研究分子/原子本身的性质，以及分子/原子与其他粒子之间的相互作用具有重要意义，对射线束的研究推动了分子、原子物理、天体物理、气体激光动力学等科学领域的发展.

值得注意的是，当多数微观粒子的速度足够大，接近光速时，麦克斯韦速度分布函数和速率分布函数就不再适用了，此时需要在系综的框架下利用相对论知识展开讨论.

2. 多普勒谱线展宽

量子力学表明原子的能量不连续，因而原子发光产生的光谱也不是均匀的连续谱，而是只有特定能量（能级）对应的分立光谱线. 但实际上光谱线不是"线"，而是有一定的宽度的，可表述为原子辐射强度 I 和频率 ν 的函数关系 $I(\nu)$，如图 5.6.4 所示. 光谱线之所以有一定的宽度，来自多种物理因素，其中一种是多普勒效应. 多普勒效应是 1870 年李普奇（Lippich）首先提出的，后由瑞利得到定量公式.

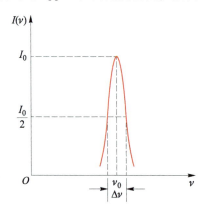

图 5.6.4 谱线展宽和谱线宽度

对于激光，假设发出激光的原子静止时，它的发光频率为 ν_0；当原子沿着 x 轴方向以速度 v_x 向"接收器"运动时，由于多普勒效应，"接收器"实际收到的频率 ν 为

$$\nu = \frac{\nu_0}{1 - \dfrac{v_x}{c}} \approx \nu_0 \left(1 + \frac{v_x}{c} \right) \tag{5.6.16}$$

其中，c 是光速. 由于发光原子在做热运动，其速度 v_x 满足麦克斯韦速度分布律，所以"接收器"将收到不同频率的光，对应激光谱线以 ν_0 为中心被展宽了，这称为多普勒展宽. 由麦克斯韦速度分量分布律，即式（5.3.7），x 轴方向上的速度分量介于 $v_x \sim v_x + \mathrm{d}v_x$ 区间内的原子数比率为

$$f(v_x)\mathrm{d}v_x = \left(\frac{m}{2\pi kT} \right)^{1/2} \mathrm{e}^{-\frac{m_0 v_x^2}{2kT}} \mathrm{d}v_x \tag{5.6.17}$$

鉴于频率 ν 与速度 v_x 的变化是相对应的，所以辐射频率 ν 处于 $\nu \sim \nu + \mathrm{d}\nu$ 区间内的发光原子数比率与速度处于 $v_x \sim v_x + \mathrm{d}v_x$ 区间内的原子数比率相同，有

$$g(\nu)\mathrm{d}\nu = f(v_x)\mathrm{d}v_x \tag{5.6.18}$$

$g(\nu)$ 称为光谱线的线性函数，具有与速度分量分布律相同的地位．将 $v_x = c\dfrac{\nu - \nu_0}{\nu_0}$ 以及

$\mathrm{d}v_x = \dfrac{c}{\nu_0}\mathrm{d}\nu$ 代入式 (5.6.17)、式 (5.6.18)，可以得出

$$g(\nu) = \frac{c}{\nu_0}\left(\frac{m}{2\pi kT}\right)^{1/2} \mathrm{e}^{-\frac{m_0 c^2 (\nu - \nu_0)^2}{2kT\nu_0^2}} \tag{5.6.19}$$

这就是由多普勒效应产生的多普勒展宽的线型函数．多普勒展宽在激光雷达、光学通信、空间物理等诸多领域有着广泛的应用．

5.7 __ 能量按能量自由度均分定理

5.7.1 气体的内能

在热学中，当我们讨论系统的热性质时，总是明确指出既不考虑系统的整体宏观运动（忽略系统的机械运动，或忽略系统的机械能），又不讨论系统整体的重力势能，那么热学系统所研究的能量是什么呢？这就是内能．

所谓**内能**，指的是系统内部微粒的结构、状态、运动所对应的能量．如由大量分子构成的系统，内能就是系统中所有的分子能（动能、分子之间的相互作用势能）、原子能、核能等能量形式的总和．考虑到构成气体分子的原子一般都处于相对稳定的状态，外界对分子的作用或是分子之间的碰撞不会引起原子的激发，因此原子能及其内部的核能等对内能的贡献保持不变；另一方面，热学中经常考虑的是系统内能的变化，而不是系统内能的绝对大小．所以，内能 U 可以视为气体分子的动能 U_k 和势能 U_p 之和，而忽略其他对内能变化无影响的能量，即

$$U = U_k + U_p = N(\overline{\varepsilon_k} + \overline{\varepsilon_p}) \tag{5.7.1}$$

N 是系统内的气体分子总数，$\overline{\varepsilon_k}$ 和 $\overline{\varepsilon_p}$ 是每个分子的平均动能和平均势能．对于理想气体，不考虑分子间的相互作用，其内能可记作

$$U = N\overline{\varepsilon_k} \tag{5.7.2}$$

5.7.2 分子的平均动能

力学上把描述一个物体位置所需要的独立坐标的个数称为该物体的运动自由度数．如直角坐标系中，一般情况下，只要用 x，y，z 三个独立的坐标就可以完全描述质点的位置了，因此其运动自由度数 $t = 3$．若是有一些约束条件存在，它的运动自由度数会变为 2，甚至变为 1．那么在热学中，描述系统内能的能量自由度数又是如何定义的？

一般情况下，在理想气体系统中，不断进行热运动的分子的能量 ε_k 包括：一个

分子整体运动的平动动能 ε_t（分子的质心运动），构成分子的不同原子之间的转动动能 ε_r，以及不同原子之间的振动能量 ε_v。因此一个分子的平均动能为

$$\overline{\varepsilon_k} = \overline{\varepsilon_t} + \overline{\varepsilon_r} + \overline{\varepsilon_v} \tag{5.7.3}$$

对单原子分子来说，一个分子的平动动能就是分子的总动能，但是对多原子分子来说，一个分子的动能还需要考虑不同原子之间的转动动能和振动能量。

1. 分子的平均平动动能

利用麦克斯韦速率分布律或方均速率公式（5.4.6），可以得到分子的平均平动动能表达式：

$$\overline{\varepsilon_t} = \frac{1}{2}m_0\overline{v^2} = \frac{1}{2}m_0\overline{v_x^2} + \frac{1}{2}m_0\overline{v_y^2} + \frac{1}{2}m_0\overline{v_z^2} = \frac{3}{2}kT \tag{5.7.4}$$

其中 m_0 是分子质量，$\overline{v^2}$ 是分子速率平方的平均值，而 $\overline{v_x^2}$，$\overline{v_y^2}$，$\overline{v_z^2}$ 分别对应 x 轴，y 轴，z 轴三个方向的速度分量平方的平均值。由于分子热运动无择优方向，于是有

$$\frac{1}{2}m\overline{v_x^2} = \frac{1}{2}m\overline{v_y^2} = \frac{1}{2}m\overline{v_z^2} = \frac{1}{2}kT \tag{5.7.5}$$

这个结果也可从任一方向的麦克斯韦速度分量分布函数中得到。

由此可知，描述一个分子的平均平动动能需要的独立变量是 v_x、v_y 和 v_z，对应的自由度数是 $t = 3$。

2. 分子的平均转动动能

对多原子分子来说，通常可以把分子假设为刚球模型。此时，利用力学中的"惯量主轴坐标系"，可用转动惯量 I 简单地写出分子转动动能：

$$\varepsilon_r = \frac{1}{2}(I_1\omega_1^2 + I_2\omega_2^2 + I_3\omega_3^2) \tag{5.7.6}$$

其中 I_1，I_2，I_3 是刚体相对于经过分子质心的三个转动惯量主轴的转动惯量，而 ω_1，ω_2 和 ω_3 则是刚体角速度矢量 $\boldsymbol{\omega}$ 在三个转动惯量主轴方向的分量。

利用玻耳兹曼分布推导麦克斯韦速度分布律的思维，可以得到分子按角速度矢量 $\boldsymbol{\omega}$ 分布的概率密度分布函数 $f(\boldsymbol{\omega})$：

$$f(\boldsymbol{\omega}) = C \cdot e^{\frac{I\omega^2}{2kT}} \tag{5.7.7}$$

其中 C 是为满足概率归一化而引入的系数。由此可得分子的平均转动动能：

$$\overline{\varepsilon_r} = \frac{1}{2}\overline{I\omega^2} = \frac{1}{2}\overline{I_1\omega_1^2} + \frac{1}{2}\overline{I_2\omega_2^2} + \frac{1}{2}\overline{I_3\omega_3^3} = \frac{3}{2}kT \tag{5.7.8}$$

同理，三个转动惯量满足方向相互垂直的特性，但每一个方向都可以得到各自分量的统计平均值，于是有

$$\frac{1}{2}\overline{I_1\omega_1^2} = \frac{1}{2}\overline{I_2\omega_2^2} = \frac{1}{2}\overline{I_3\omega_3^3} = \frac{1}{2}kT \tag{5.7.9}$$

从力学角度看，对多原子分子来说，一般情况下描述分子转动的独立变量是 ω_1、ω_2 和 ω_3，对应的自由度数是 $r = 3$。但是，对双原子分子来说，由于只有两个原子，且两原子的连线就是一个转动惯量主轴，若把原子视为质点，此时绕两质点连线的自转就没有意义了，这意味着原本描述转动的三个转动惯量分量中有一个为

零，此时对应的转动自由度数就变为了 $r=2$. 依此类推，对 $N(N>2)$ 个多原子分子来说，如果所有 n 个原子均排列在一条直线上（原子线性排列），且将所有原子都视为质点，分子的转动自由度数是 2；而原子非线性排列的分子对应的转动自由度数依然是 3.

3. 分子的平均振动能量

分子的振动能量来自构成分子的不同原子之间相对距离的变化. 若把分子看作刚性质点组，这意味着各原子之间的相对距离是不变的，此时的分子就没有振动能量；但若把分子看作非刚性质点组，原子之间的相对距离就可以变化，此时的分子振动能量就不能忽略了.

以双原子分子为例，把两个原子都看作质点，用 ξ 描述两原子之间的相对距离，对应的分子振动能量是

$$\varepsilon_v = \frac{1}{2}\overline{m}\left(\frac{\mathrm{d}\xi}{\mathrm{d}t}\right)^2 + \frac{1}{2}k_0\,\xi^2 \tag{5.7.10}$$

其中 $\overline{m}$ 是两质点的折合质量. 若两质点的质量分别为 m_1 和 m_2，则折合质量 $\overline{m} = \dfrac{m_1 m_2}{m_1 + m_2}$. k_0 是一个力学常量，当把两质点的振动看作一个质点相对于另一个质点的运动，k_0 就类似于谐振子中的弹性系数.

同理，依据玻耳兹曼分布依然能得到分子按照振动距离变化量 ξ 分布的概率密度分布函数 $f(\xi)$，由此可得一个分子的平均振动能量：

$$\overline{\varepsilon_v} = \frac{1}{2}\overline{\overline{m}\left(\frac{\mathrm{d}\xi}{\mathrm{d}t}\right)^2} + \frac{1}{2}\overline{k_0\,\xi^2} = kT \tag{5.7.11}$$

对振动能量的每一项求平均，有

$$\frac{1}{2}\overline{\overline{m}\left(\frac{\mathrm{d}\xi}{\mathrm{d}t}\right)^2} = \frac{1}{2}\overline{k_0\,\xi^2} = \frac{1}{2}kT \tag{5.7.12}$$

由此可知，力学上描述双原子分子振动的独立变量数只有 1 个，即两原子之间的相对距离 ξ. 对三原子分子，情况就复杂多了，如 CO_2 分子有四种振动模式，H_2O 分子有三种振动模式.

一般来说，在力学中，由 $N(N>3)$ 个原子构成的多原子分子的运动总自由度数是 $3N$，其振动自由度数 μ 可以简单表示为

$$\mu = 3N - t - r \tag{5.7.13}$$

5.7.3　力学自由度与能量自由度

力学上把描述一个物体运动所需要的独立坐标的个数称为该物体的力学自由度数. 对于上面提到的气体系统，其力学自由度为

$$s = t + r + \mu \tag{5.7.14}$$

虽然力学上只需要一个独立变量 ξ 就能描述两原子的振动行为，但是分子振动能量中却包含了 ξ 的两项和，且每一项对应的平均值都是 $\dfrac{1}{2}kT$，这表明仅用 1 个自

由度描述分子的振动能量不足以表明两项和的结果. 最简单的处理方法就是认为振动自由度有 2 个, 每一个自由度对应一项平均值, 此时的振动能量就可以简单地看作有 2 个自由度, 且各自都为振动能提供了 $\frac{1}{2}kT$ 的贡献.

我们定义每一个贡献了 $\frac{1}{2}kT$ 能量的项为一个能量自由度, 总共有 i 项贡献了 $\frac{1}{2}kT$ 能量, 有

$$i = t + r + 2\mu \tag{5.7.15}$$

对单原子分子, $i = t = 3$; 对刚性双原子分子, $i = t + r = 5$; 对非刚性双原子分子, $i = t + r + 2v = 7$; 对刚性、线性排列的多原子分子, $i = t + r = 5$; 对刚性、非线性排列的多原子分子, $i = t + r = 6$; 对非刚性多原子 ($N>2$) 分子来说, 由于振动自由度的多样性, 情况就要复杂得多了.

5.7.4 能量均分定理

根据式 (5.7.3), 我们已知一个分子的平均能量可以写成

$$\overline{\varepsilon_k} = \overline{\varepsilon_t} + \overline{\varepsilon_r} + \overline{\varepsilon_v}$$

其中任一能量的形式都能写成如下形式:

$$\varepsilon_i = \alpha_i \eta_i^2 \tag{5.7.16}$$

其对应的平均值是

$$\overline{\alpha_i \eta_i^2} = \frac{\displaystyle\int_{-\infty}^{\infty} \alpha_i \eta_i^2 e^{-\alpha_i \eta_i^2 / kT} \, d\eta_i}{\displaystyle\int_{-\infty}^{\infty} e^{-\alpha_i \eta_i^2 / kT} \, d\eta_i} = \frac{1}{2} kT \tag{5.7.17}$$

这里的变量 η_i 分别对应 v_x, v_y, v_z, ω_1, ω_2, ω_3, ξ_1, ξ_2, $\cdots$, α_i 对应于变量 η_i 的系数, 而各自的概率密度分布函数 $f(\eta_i) = e^{-\alpha_i \eta_i^2 / kT}$ 都没有写出归一化系数. 因为求平均值时, 分子和分母中都包含归一化系数, 可以直接相消. 此时, 只要知道分子动能中包含了多少个平方项, 对应的分子平均动能就可以直接写出, 记作

$$\overline{\varepsilon_k} = \frac{i}{2} kT \tag{5.7.18}$$

平方项数 i 就是热学中的能量自由度数. 这称为**能量按能量自由度均分定理**, 简称为"**能量均分定理**", 可表述为: 弱耦合经典系统中, 在温度为 T 的平衡态系统中, 气体分子热运动的能量会平均分配在平动、转动和振动所包括的所有能量自由度上, 且每一个能量自由度对应的平均能量都是 $\frac{1}{2}kT$.

对单原子分子, 分子平均动能为

$$\overline{\varepsilon_k} = \overline{\varepsilon_t} = \frac{3}{2} kT \tag{5.7.19}$$

对刚性双原子分子, 分子平均动能为

$$\overline{\varepsilon_k} = \overline{\varepsilon_t} + \overline{\varepsilon_r} = \frac{5}{2} kT \tag{5.7.20}$$

对非刚性双原子分子，分子平均动能为

$$\overline{\varepsilon_k} = \overline{\varepsilon_t} + \overline{\varepsilon_r} + \overline{\varepsilon_v} = \frac{7}{2}kT \qquad (5.7.21)$$

例 5.4

有一容积为 3 L 的容器内充满了氢气，若已知氢气的内能为 8×10^2 J，那么系统的压强是多少？假设氢气分子是刚性双原子分子，氢分子的摩尔质量是 2 g·mol^{-1}.

解：假设氢气为理想气体，若把氢气分子看成刚性双原子分子，可知其能量自由度为 5，因此每个氢气分子的平均动能为

$$\overline{u} = \frac{5}{2}kT$$

则氢气系统的内能是

$$U = \nu N_A \overline{u}$$

其中 ν 表示该系统包含的氢气的物质的量，由此可知系统的温度为

$$T = \frac{2U}{5\nu N_A k}$$

由理想气体状态方程 $pV = \nu RT$，可知系统的压强是

$$p = \frac{\nu R}{V}T = \frac{2U}{5V} = \frac{2 \times 8 \times 10^2}{5 \times 3 \times 10^{-3}} \text{ Pa} \approx 1 \times 10^5 \text{ Pa}$$

例 5.5

已知常温下，某氮气系统的内能为 1.4×10^3 J，求氮气分子的总转动动能.

解：模型一：常温下氮气分子可视为刚性双原子分子组成的理想气体，每个氮气分子的平均能量为

$$\overline{\varepsilon_k} = \overline{\varepsilon_t} + \overline{\varepsilon_r} = \frac{5}{2}kT$$

且满足

$$\frac{\overline{\varepsilon_t}}{\overline{\varepsilon_r}} = \frac{\frac{3}{2}kT}{\frac{2}{2}kT} = \frac{3}{2}$$

由此可知，氮气分子的总转动动能占系统总内能的 $\frac{2}{5}$，即

$$U_r = \frac{2}{5}U = \frac{2}{5} \times 1.4 \times 10^3 \text{ J} = 5.6 \times 10^2 \text{ J}$$

模型二：若把氮气分子假设为非刚性双原子分子，则分子动能包括平动动能、转动动能和振动能量，且分子平均平动动能、平均转动能量和平均振动动能的比值为

$$\overline{\varepsilon_t} : \overline{\varepsilon_r} : \overline{\varepsilon_v} = \frac{3}{2}kT : \frac{2}{2}kT : \frac{2}{2}kT = 3 : 2 : 2$$

因此系统内氮气的总转动动能占系统总内能的 $\frac{2}{7}$，对应有

$$U'_r = \frac{2}{7}U$$

代入系统的总内能，可分别得到氮气总转动动能的可能值，有

$$U'_r = \frac{2}{7}\times1.4\times10^3 \ \text{J} = 4.0\times10^2 \ \text{J}$$

综上可知，因为氮气分子的模型选择不同，其结果亦不同，最终结果还应以实验测量结果为准.

5.7.5 理想气体的内能及定容热容的实验验证

能量均分定理是否正确，依然需要依靠实验的检验. 只是内能难以进行实验测量，但可以利用热容来验证能量均分定理是否正确.

对理想气体来说，内能仅考虑分子的动能，忽略分子间的相互作用. 依据能量按自由度均分定理，1 mol 理想气体的摩尔内能为

$$U_m = N_A \cdot \frac{i}{2}kT = \frac{i}{2}RT \qquad (5.7.22)$$

上式表明由能量均分定理推导出的理想气体内能仅为温度的函数，这与热力学中从宏观角度对理想气体的定义是一致的，对应的摩尔定容热容为

$$C_{V, \ m} = \frac{\mathrm{d}U_m}{\mathrm{d}T} = \frac{i}{2}R \qquad (5.7.23)$$

对单原子分子，有 $C_{V, \ m} = \frac{3}{2}R \approx 12.47 \ \text{J} \cdot \text{mol}^{-1} \cdot \text{K}^{-1}$；对刚性双原子分子，有 $C_{V, \ m} = \frac{5}{2}R \approx 20.79 \ \text{J} \cdot \text{mol}^{-1} \cdot \text{K}^{-1}$；对非刚性双原子分子，有 $C_{V, \ m} = \frac{7}{2}R \approx 29.10 \ \text{J} \cdot \text{mol}^{-1} \cdot \text{K}^{-1}$.

实验上，在保持体积不变的热力学过程中，可以测得系统的摩尔定容热容，如表 5.7.1 所示.

表 5.7.1 0 ℃时几种气体的摩尔定容热容理论值与实验值

分子内原子数	单原子分子			双原子分子			
气体	氦 He	单原子氮 N	单原子氧 O	氢 H$_2$	氮 N$_2$	氧 O$_2$	一氧化碳 CO
$C_{V, \ m}$实验值/ ($\text{J} \cdot \text{mol}^{-1} \cdot \text{K}^{-1}$)	12.47	12.46	13.75	20.29	20.79	20.95	20.79
$C_{V, \ m}$理论值/ ($\text{J} \cdot \text{mol}^{-1} \cdot \text{K}^{-1}$)	12.47			20.79			

从表中，我们可以看到摩尔定容热容的实验值与由能量均分定理得到的理论值符合得很好，尤其对双原子分子来说，刚性双原子分子对应的理论值与实验的结果更为符合.

热容除了与物质本身相关，还与温度密切相关，如表 5.7.2 所示.

表 5.7.2　不同温度下氢（H_2）的摩尔定容热容实验值

温度/℃	−233	−183	−76	0	500	1 000	1 500	2 000	2 500
$C_{V,\,m}$/ （$J \cdot mol^{-1} \cdot K^{-1}$）	12.47	13.60	18.33	20.29	21.23	22.95	25.06	26.72	27.98

　　绘出氢气的摩尔定容热容随温度的变化曲线，如图 5.7.1 所示，可以看出，极低温时（25~50 K），氢气摩尔定容热容的实验值与单原子分子模型的结果 $\frac{3}{2}R$ 符合得很好；室温到高温时（250~750 K），$C_{V,\,m}$ 与刚体双原子分子模型的结果符合得非常好；随着温度进一步升高，到 5 000 K 时，H_2 只有被看成非刚性双原子分子才能与实验值符合得非常好. 这种现象表明，极低温的时候，氢气分子的热运动能量只能驱动分子质心的平动；随着温度的逐步升高，分子所具有的热运动能量将依次解锁氢气分子的转动和振动效应. 这一实验结果也进一步证明了气体的热容不仅与气体分子本身相关，也与气体系统所处的温度密切相关，但在一定的温度范围内，可以简单地假设某一气体的热容是不变的.

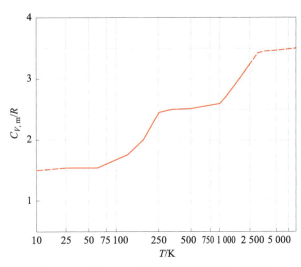

图 5.7.1　氢气 $C_{V,m}$ 的实验值随温度的变化曲线

　　需要注意的是，能量按自由度均分定理是对大量分子热运动进行统计平均的结果，但对个别分子来说，某一瞬时的分子动能与平均值有很大差异，即存在涨落现象.

例 5.6

　　若把 1 mol 的水蒸气分解为相同温度的氢气和氧气，那么分解后的气体内能比分解前增加了多少？（1）假设所有的气体分子都是刚性分子；（2）假设所有气体分子都是非刚性分子.

解： 因为 $H_2O = H_2 + \dfrac{1}{2}O_2$，所以可知道 1 mol 的水蒸气将分解为 1 mol 的氢气和 0.5 mol 的氧气.

（1）刚性分子：不考虑振动.

分解前：1 mol 水蒸气的内能为 $3RT$；

分解后：1 mol 氢气的内能为 $\dfrac{5}{2}RT$，0.5 mol 氧气的内能是 $\dfrac{1}{2} \times \dfrac{5}{2}RT = \dfrac{5}{4}RT$.

因此分解后内能与分解前相比，增加的比率为

$$\frac{\dfrac{5}{2}RT + \dfrac{5}{4}RT}{3RT} - 1 = 25\%$$

（2）非刚性分子：对氢气和氧气的双原子分子来说，其能量自由度都是 7；对水蒸气来说，有三种振动模式，可知其振动自由度为 6，能量自由度为 12，由此可知：

分解前：1 mol 水蒸气的内能为 $6RT$；

分解后：1 mol 氢气的内能为 $\dfrac{7}{2}RT$，0.5 mol 氧气的内能是 $\dfrac{1}{2} \times \dfrac{7}{2}RT = \dfrac{7}{4}RT$.

因此分解后内能与分解前相比，增加的比率为

$$\frac{\dfrac{7}{2}RT + \dfrac{7}{4}RT}{6RT} - 1 = -12.5\%$$

即分解后的气体内能比分解前的内能降低了 12.5%.

*5.7.6　能量均分定理的局限

能量均分定理是根据玻耳兹曼分布得到的一个重要结论，因此能量均分定理成立的前提也是玻耳兹曼分布适用的条件. 由于玻耳兹曼分布适用于经典可分辨粒子系统，因此能量均分定理也仅适用于经典统计物理范畴，尤其对理想气体系统来说，其更为准确.

然而，即使在经典系统中，氢气的定容热容实验结果也充分暴露出能量均分定理的缺陷. 如在不同温度区域内，氢气的摩尔定容热容 $C_{V,m}$ 表现出不同的结果，有时候是 $\dfrac{3}{2}R$，有时候是 $\dfrac{5}{2}R$ 或 $\dfrac{7}{2}R$. 这意味着为了能解释实验现象，理论上只能解释为，分子的转动动能和振动能量只有在一定条件下才有存在的必要性. 虽然可以说低温时，分子的转动和振动自由度都被"冻结"了；随着温度的升高，这些自由度逐一"解冻". 但是我们又无法解释自由度为什么会"冻结"，又为什么会"解冻". 因为在计算分子动能平均值时，分子的平动、转动和振动的地位是一样的，而"冻结"和"解冻"则代表着分子的转动效应和振动效应要弱于分子平动效应. 由此可知，经典理论框架下，我们无法说明原子或分子真实的内在结构.

第一个发现经典物理定律缺陷的是麦克斯韦，他在 1859 年发表的文章中，首先指出能量均分定理与实验结果不符这一矛盾现象. 虽然他没有解决这个问题，但他对经典物理定律的发展有着不可磨灭的贡献. 另一朵经典物理学"晴空"中的"乌

云"就是著名的黑体辐射问题. 基于能量均分定理得到的黑体辐射公式与实验结果相差甚远, 这一问题直到量子力学问世, 普朗克的黑体辐射公式才给出了与实验符合很好的理论结果.

5.8__ 熵的统计解释

熵, 作为系统热力学性质中重要的宏观物理量之一, 第三章中式 (3.5.11) 从宏观角度给出了熵的定义式:

$$dS = \left(\frac{\text{d}Q}{T}\right)_{\text{可逆}} \tag{3.5.11}$$

但这个定义难以直观描述系统热力学过程的演化方向, 若能知道熵和与之相应的微观量之间的关系, 就能清楚地了解熵所代表的真正物理含义.

5.8.1 玻耳兹曼关系式

1877 年, 玻耳兹曼首先论证了熵 S 与系统的热力学概率 W 的自然对数成正比关系, 后来普朗克给出了比例系数为玻耳兹曼常量 k, 所以熵的表达式为

$$S = k\ln W \tag{5.8.1}$$

为了纪念玻耳兹曼奠基性的工作, 还是将式 (5.8.1) 以玻耳兹曼命名, 称为"**玻耳兹曼关系式**". 这种定义得到的熵又称为玻耳兹曼熵.

玻耳兹曼关系式清楚地表征了系统状态函数"熵"与内部微观粒子热运动的关联, 由此可以明确**熵代表的物理意义正是系统中微观粒子运动的混乱程度**. 热力学概率越大, 对应该分布包含的微观状态数越多, 也就意味着粒子运动越混乱, 熵也越大; 反之, 小的热力学概率对应较少的微观状态数, 此时粒子的运动越容易被观察, 即粒子运动规律性的增大, 与气体分子的无规则热运动正好相反. **熵增原理**则表征的是: 热力学孤立系统是向着系统热力学概率变大的方向演化的, 即系统在热力学运动过程中, 总是向着微观上分子运动越来越无序的方向进行的.

通常, 在确定的状态下, 玻耳兹曼系统的微观状态数量是可求的, 而且若把 n 个相互独立的子系统合成一个大系统, 显然有

$$W = W_1 \times W_2 \times W_3 \times \cdots \times W_N \tag{5.8.2}$$

其中 $W_i (i = 1, 2, 3, \cdots, N)$ 分别对应 n 个子系统在确定状态下的微观状态数量或热力学概率. 因此对大系统来说, 它的熵可以写为 n 个子系统熵 S_i 的和:

$$
\begin{aligned}
S &= k\ln W = k\ln(W_1 \times W_2 \times W_3 \times \cdots \times W_N) \\
&= k\ln W_1 + k\ln W_2 + k\ln W_3 + \cdots + k\ln W_N \\
&= \sum_{i=1}^{N} S_i
\end{aligned}
\tag{5.8.3}
$$

这表明熵具有可加性, 是广延量.

另一方面, 微观粒子的微观状态数总能在相空间中得到, 而坐标空间与速度空间也相互独立, 这意味着系统的热力学概率 W 也总能写成坐标几何空间的热力学概

率 W_r 和速度空间的热力学概率 W_v 的乘积, 即

$$W = W_r \times W_v \tag{5.8.4}$$

因此有

$$\ln W = \ln W_r + \ln W_v \tag{5.8.5}$$

由此可见, 坐标空间的熵和速度空间的熵也是可加的. 数学上具有可加性的量在计算时总是相对简单的. 例如分子模型中, 如果考虑的是单原子分子, 则只要讨论分子在速度空间的平动对应的平动熵即可; 对于多原子分子, 若需要讨论分子的转动和振动, 只要简单地加上对应的转动熵和振动熵就能满足要求.

5.8.2 理想气体的玻耳兹曼熵等价于热力学熵

以理想气体为例, 我们来了解一下热力学熵与玻耳兹曼熵的关系.

考虑 1 mol 充满了同种单原子分子的理想气体系统, 以系统的体积 V 和温度 T 作为独立变量来求解玻耳兹曼熵的表达式.

下面我们简单地分析一下: 气体系统体积 V 的变化, 意味着气体分子在坐标空间的分布要发生改变; 而温度 T 的改变则影响着气体分子在速度空间的分布. 因此我们首先需要求解的是该理想气体系统在坐标空间的热力学概率 W_r, 以及速度空间的热力学概率 W_v 的表达形式, 再利用玻耳兹曼关系式得到熵的表达式.

1. 求解 W_r

把理想气体所占的总体积 V 均匀地分成 l 个彼此相连的体积为 $\Delta V = \Delta x \Delta y \Delta z$ 的 "元胞", 有

$$l = \frac{V}{\Delta V} \tag{5.8.6}$$

为简化计算, 假设 $l \ll N_A$, N_A 是阿伏伽德罗常量. 这一假设意味着每一个体积 "元胞" 内都能容纳多个分子, 且同一 "元胞" 内气体分子的性质相同. 当气体系统状态确定时, 它在空间的分布也是确定的, 此处对应每一个 "元胞" 内包含的气体分子个数也是确定的, 可用一组确定的数值 $\{n_i\}$, $(i=1, 2, 3, \cdots, l)$ 来表示, 而且 $\{n_i\}$ 满足粒子数守恒条件: $N_A = \sum\limits_{i=1}^{l} n_i$, 此分布包含的微观状态数就是 W_r.

为求得 W_r, 我们可以这样考虑: 如图 5.8.1 所示, 把 N_A 个气体分子依次编号为 1, 2, 3, $\cdots$, N_A, 则 N_A 个分子所有可能的排列总数是 $N_A!$. 再把 l 个 "元胞" 依次排列, 每个元胞内包含的分子个数依次为 n_1, n_2, n_3, $\cdots$, n_l. 由于不同编号的分子已经进行了完整的排列组合, 此时就不需要再对元胞位置进行排列组合. 对同一 "元胞" 来说, 交换不同编号的气体分子并不能改变系统的微观状态, 因此还需要去掉每一个元胞内交换不同编号分子带来的重复计算的微观状态数, 就可以得到最终的 W_r. 由排列组合特性, 可知

$$W_r = \frac{N_A!}{n_1! \ n_2! \ n_3! \ \cdots \ n_l!} \tag{5.8.7}$$

平衡态的气体系统内, 气体分子会均匀地分布于坐标空间, 这里对应于每个 "元

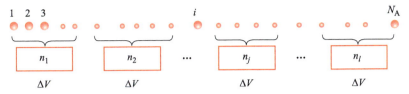

图 5.8.1 分子的排列组合

胞"内包含的分子平均个数 $\bar{n}$ 是相等的,即

$$\bar{n} = \frac{N_A}{l} \tag{5.8.8}$$

代入式 (5.8.7),可以得到

$$W_r = \frac{N_A!}{(\bar{n}!)^l} \tag{5.8.9}$$

对热力学概率取对数,有

$$\ln W_r = \ln N_A! - l\ln \bar{n}! \tag{5.8.10}$$

利用斯特林近似公式

$$\ln x! \approx x(\ln x - 1) \quad (x \gg 1) \tag{5.8.11}$$

式 (5.8.10) 可以简化为

$$\begin{aligned}
\ln W_r &\approx N_A \ln N_A - N_A - l(\bar{n}\ln \bar{n} - \bar{n}) \\
&= N_A \ln N_A - N_A \ln \bar{n} \\
&= N_A \ln \frac{N_A}{\bar{n}}
\end{aligned} \tag{5.8.12}$$

此处利用了粒子数守恒条件 $l\bar{n} = N_A$. 由于 $N_A/\bar{n} = l = V/\Delta V$,因此有

$$\ln W_r = N_A \ln \frac{V}{\Delta V} = N_A \ln V - N_A \ln \Delta V \tag{5.8.13}$$

2. 求解 W_v

与坐标空间求解 W_r 类似,把速度空间均匀分成 l' 个彼此相连的小体元 $\Delta \Lambda = \Delta v_x \Delta v_y \Delta v_z$. 温度确定时,气体分子也具有确定的速度概率密度分布,亦可用一组确定的数值 $\{n_{vi}\}$($i = 1$,2,3,$\cdots$,l'),来描述每个小体元内包含的分子数,同样满足粒子数守恒条件: $N_A = \sum_{i=1}^{l'} n_{vi}$,此时对应的微观状态数 W_v 可以写成

$$W_v = \frac{N_A!}{n_{v1}! \; n_{v2}! \; n_{v3}! \; \cdots n_{vl'}!} \tag{5.8.14}$$

取对数后,有

$$\ln W_v = \ln N_A! - \sum_{i=1}^{l'} \ln n_{vi} \tag{5.8.15}$$

利用斯特林公式,易得到

$$\ln W_v \approx N_A \ln N_A - N_A - \sum_{i=1}^{l'} (n_{vi}\ln n_{vi} - n_{vi})$$

$$= N_A \ln N_A - \sum_{i=1}^{l'} n_{vi} \ln n_{vi} \tag{5.8.16}$$

在平衡态下，速度空间中，气体分子对应的是麦克斯韦速度分布律，这意味着气体分子在速度空间中并不是均匀分布的，因此速度空间中每个小体元内包含的分子平均数目不再是常量，而且每个小体积元内的分子也遵从麦克斯韦速度分布律. 此时处 $v_x \sim v_x + \Delta v_x$，$v_y \sim v_y + \Delta v_y$，$v_z \sim v_z + \Delta v_z$ 区间内的第 i 个小体元内包含的分子数是

$$n_{vi} = N_A \left(\frac{m_0}{2\pi kT} \right)^{3/2} e^{-m_0(v_x^2+v_y^2+v_z^2)/2kT} \Delta \Lambda \tag{5.8.17}$$

m_0 是分子质量，将式（5.8.17）取对数，有

$$\ln n_{vi} = \ln N_A + \frac{3}{2} \ln \frac{m_0}{2\pi kT} - \frac{m_0 v_i^2}{2kT} + \ln \Delta \Lambda \tag{5.8.18}$$

此处有 $v_i^2 = v_x^2 + v_y^2 + v_z^2$. 代入式（5.8.16）并整理可得

$$\ln W_v = -N_A \ln \Delta \Lambda - \frac{3}{2} N_A \left(\ln \frac{m_0}{2\pi k} - \ln T \right) + \frac{1}{kT} \sum_{i=1}^{l'} n_{vi} \frac{m_0 v_i^2}{2} \tag{5.8.19}$$

对式（5.8.19）最后一项取平均值，有

$$\overline{\sum_{i=1}^{l'} n_{vi} \frac{m_0 v_i^2}{2}} = N_A \overline{\frac{m_0 v^2}{2}} = N_A \frac{3}{2} kT \tag{5.8.20}$$

代入式（5.8.19）整理得到

$$\ln W_v = \frac{3}{2} N_A \ln T - N_A \ln \Delta \Lambda + \frac{3}{2} N_A \left(1 - \ln \frac{m_0}{2\pi k} \right) \tag{5.8.21}$$

为突出系统状态参量 T 的特点，令 $\delta = 1 - \ln \frac{m_0}{2\pi k}$，式（5.8.21）可以简化为

$$\ln W_v = \frac{3}{2} N_A \ln T - N_A \ln \Delta \Lambda + \frac{3}{2} N_A \delta \tag{5.8.22}$$

3. 求 1 mol 理想气体系统的熵 $S_m(V, T)$

利用玻耳兹曼关系式，可知理想气体的熵应表示为

$$S_m(V, T) = k \ln W = k(\ln W_r + \ln W_v) \tag{5.8.23}$$

代入式（5.8.13）和式（5.8.22），可得

$$S_m(V, T) = kN_A \ln V + \frac{3}{2} kN_A \ln T - kN_A \ln(\Delta V \Delta \Lambda) + \frac{3}{2} kN_A \delta$$

$$= R \ln V + \frac{3}{2} R \ln T - R \ln(\Delta V \Delta \Lambda) + \frac{3}{2} R \delta \tag{5.8.24}$$

对单原子分子气体来说，有 $\frac{3}{2} R = C_{V, m}$，上式可以写为

$$S_m(V, T) = R \ln V + C_{V, m} \ln T - S_{m0} \tag{5.8.25}$$

其中 S_{m0} 包含了与 V，T 无关、可自由选取的 ΔV 和 $\Delta \Lambda$ 项，以及对系统来说的常量 δ 项（分子质量不变）：

$$S_{m0} = -R\ln(\Delta V \Delta \Lambda) + \frac{3}{2}R\delta \qquad (5.8.26)$$

若讨论初始状态为(V_0, T_0)，熵为S_0的理想气体经某一过程后，系统状态变为(V, T)的熵变，则有

$$S_m - S_0 = R\ln\frac{V}{V_0} + C_{V,\,m}\ln\frac{T}{T_0} \qquad (5.8.27)$$

由玻耳兹曼关系得到的熵变的表达式（5.8.27）与通过热力学宏观方法得到的熵变的表达式（3.6.9）形式完全一样（取 $\nu = 1$ mol），说明热力学熵和玻耳兹曼熵的本质是一样的，但只有从微观上看，才能明确熵所代表的真正物理意义，即熵是用来描述系统微观粒子运动混乱程度的物理量.

如经绝热自由膨胀的理想气体，气体占有的空间体积从小到大，这意味着气体分子在坐标空间运动的混乱程度变大了，而温度不变则对应气体在速度空间的热力学概率是不变的，因此整个相空间中，系统的总混乱程度依然是加剧的，其对应着熵增的变化过程.

思 考 题

5.1　经典粒子构成的玻耳兹曼系统的特点是什么？请列举一些玻耳兹曼系统的例子.

5.2　玻耳兹曼统计分布规律的特点是什么？生活中哪些现象与玻耳兹曼分布具有相同的特点？

5.3　玻耳兹曼分布中，我们提到的 N_l，$P_l(\boldsymbol{r}, \boldsymbol{v})$，$f(\boldsymbol{r})$ 和 $f(\boldsymbol{v})$ 代表的含义各是什么？它们之间有什么关系？

5.4　在讨论重力场中空气分子按高度分布时，代表分子高度的概率密度分布公式，式（5.2.5）中包含了由概率归一化引入的参量$\frac{m_0 g}{kT}$，为什么在玻耳兹曼密度分布律公式（5.2.6）中，这一参量又消失了？

5.5　有人说速度分布函数和速率分布函数的含义是一样的，有人反驳说速度分布函数是矢量，而速率分布函数是标量，因此两者含义不一样，你如何看待这两种说法？

5.6　已知一个由二氧化碳分子构成的气体系统与另一个由氢分子构成的气体系统都处于温度为 T 的平衡态，试作出两个气体系统对应的麦克斯韦速度分布曲线和麦克斯韦速率分布曲线，并讨论不同气体成分对速度分布函数和速率分布函数的影响.

5.7　一个由氧分子和氢分子组成的混合气体系统处于平衡态，当系统温度为 T 时，此混合气体的速率分布，与氧分子和氢分子单独处于温度为 T 时的各自的速率分布有什么关系？这种关系适用于速度分布吗？

5.8　有人认为，麦克斯韦速度分布函数显示，当 $\boldsymbol{v}=\boldsymbol{0}$ 时，对应 $f(\boldsymbol{v})$ 的取值最大，这意味着系统中速度为零的分子数占比最大. 你对此观点有何看法？

5.9　麦克斯韦速度分布律对应的平均速度、均方速度以及最概然速度都有什么特点？它们有什么实际应用吗？

5.10　在平衡态下，气体系统遵从的麦克斯韦速度分布律来自气体分子运动的各向同性. 若是气体分子在宏观上有一个稳定的定向流动，如气体相对于地面坐标系以速度 $\boldsymbol{u}$ 匀速整体运动，就像北方的冬天经常会刮北风. 那么此时气体分子的速度分布函数和速率分布函数是怎样的？对

应的平均速率和方均根速率有何特点？

5.11 在平衡态下的大气层中，由于重力作用，气体分子数密度需要按垂直于地面的高度 z 分布，即满足玻耳兹曼密度分布律，那么在此重力场下，气体分子的麦克斯韦速度分布律还成立吗？

5.12 什么样的过程可以称为泻流？泻流分子的速率分布与麦克斯韦速率分布的主要差异是什么？

5.13 什么是系统的内能，它与机械能有什么区别？

5.14 能量均分定理中的自由度与力学自由度有何不同？能量均分定理中的能量形式中包含了与距离相关的"振动势能"，这与理想气体不考虑分子间的作用力是否矛盾？

5.15 能量均分定理适用于哪些系统？使用时需要满足什么条件？

5.16 同一物质系统的定容热容与温度密切相关，为什么我们还经常把定容热容当作一个常量？为什么这成了能量均分定理无法解释的难题？

5.17 在推导理想气体的玻耳兹曼熵过程中，气体在坐标空间和速度空间的热力学概率有何不同之处？引起这种不同的原因是什么？

5.18 若想用系统的压强 p 和体积 V 作为理想气体玻耳兹曼熵的自变量，要如何求解？

5.19 利用玻耳兹曼熵的定义，解释烧开水的过程是熵增过程．列举一些生活中发生的熵增和熵减现象的实例．

5.20 通过对玻耳兹曼熵和热力学熵的讨论，你对热力学系统的宏观研究方法和微观研究方法有什么了解？它们的优缺点分别是什么？

习 题

5.1 试利用平衡态下力平衡的条件，证明等温大气压强公式（5.2.7）．

5.2 利用悬浮颗粒的粒子数密度按高度的分布，式（5.2.8），证明阿伏伽德罗常量满足关系：

$$N_A = \frac{RT\rho_0}{m_0 g(\rho_0 - \rho_L)(z_2 - z_1)} \ln \frac{n(z_1)}{n(z_2)}$$

由此可知，实验上若能测出 z_1 和 z_2 处的悬浮颗粒数密度，就能直接计算出阿伏伽德罗常量．

5.3 从玻耳兹曼分布出发，证明气体分子速度三分量具有相同的分布函数形式：$f(v_i) = \sqrt{\frac{m_0}{2\pi kT}} e^{\frac{m_0 v_i^2}{2kT}}$ （$i = x, y, z$）．

5.4 一物理实验达人利用玻耳兹曼密度分布律估算了有"天下无双胜境，世界第一仙山"之称的洛阳老君山的海拔高度．实验中，利用压强计测得：山脚下的大气压强为 $p_0 = 1.0 \times 10^5$ Pa，老君山玉皇顶上的大气压强为 $p_1 = 7.8 \times 10^4$ Pa，温度计显示玉皇顶的大气温度为 5 ℃．假设等温大气系统，空气的平均摩尔质量为 28.97×10^{-3} kg·mol^{-1}，那么老君山玉皇顶的高度是多少？

5.5 一个半径为 r_0 的气球内充满了 1 mol 的氢气，从地表开始升空，地表温度为 300 K．由于气球材料的特殊性，当气球半径增大为 $2r_0$ 时，气球就会破裂，求该气球能上升的最大高度．假设大气系统等温，且气球在上升的过程中始终保持平衡态，大气分子的平均摩尔质量为 28.97×10^{-3} kg·mol^{-1}，氢气分子的摩尔质量为 2×10^{-3} kg·mol^{-1}．

5.6 地球大气层的对流层是最靠近地面的一层，其高度依据地球纬度和季节的不同可从地表向高空延伸至 9~17 km 处，具有温度随高度的增加而降低的特征．若假设对流层内温度的变化近似可以表示为 $T(z) = T_0 - Cz$，其中 T_0 是地表温度，C 为一常量，$T(z)$ 是高度 z 处的温度，试证明 z 处的大气压强 $p(z)$ 满足：

$$\ln \frac{p_0}{p(z)} = \frac{Mg}{RC}\ln \frac{T_0}{T_0 - Cz}$$

其中 M 是大气平均摩尔质量, g 是重力加速度, p_0 是地表压强.

5.7 草地上有 50 只小蚂蚁在觅食, 其中 6 只行进速率为 v_0, 10 只行进速率为 $2v_0$, 20 只行进速率为 $3v_0$, 10 只行进速率为 $4v_0$, 4 只行进速率为 $5v_0$, 那么这些蚂蚁的平均速率、方均根速率和最概然速率分别是多少?

5.8 求常温下 (27 ℃), 氧气分子的平均速率、方均根速率和最概然速率.

5.9 飞机轮胎内充有 1 mol 的氮气, 对应的气体压强和温度分别为 p_1 和 T_1. 经过长时间的使用后, 轮胎内的氮气减少了 1/4 mol, 压强降为 p_2, 那么使用前后氮气分子的热运动平均速率之比是多少? (假设飞机轮胎的体积在使用过程中保持不变.)

5.10 已知一氢气系统处于温度为 300 ℃ 的平衡态, 问: 速率在 3 000~3 100 m·s⁻¹ 区间和 1 500~1 510 m·s⁻¹ 区间内的分子数之比是多少?

5.11 已知平衡态氧气系统的温度为 T, 利用麦克斯韦速率分布律, 求:

(1) 氧气分子速率处于 $v_p \sim 1.001 v_p$ 区间内的分子数占总分子数的比例;

(2) 氧气分子在 x 轴方向的速度分量 v_x 处于 $v_p \sim 1.002 v_p$ 区间内的分子数占总分子数的比例.

5.12 处于平衡态的氢气系统, 初始时, 系统的温度为 T_0, 对应的氢气分子的平均速率为 $\overline{v_0}$, 分子的平均碰撞频率和平均自由程分别是 Z_0 和 λ_0; 该系统经等容加热过程后, 系统的温度升高到 $9T_0$, 问: 此时氢气分子的平均速率、平均碰撞频率和平均自由程分别是多少?

5.13 已知地球、木星和太阳均含有大量的氢元素, 若想让氢分子从地球、木星和太阳逃逸, 分别需要多高的温度? 为什么地球、木星和太阳中仍然储有大量的氢分子? 已知地球质量为 5.97×10^{24} kg, 地球半径为 6.37×10^6 m; 木星质量约为地球质量的 318 倍, 木星半径约为地球半径的 10.5 倍; 太阳质量约为地球质量的 3.33×10^5 倍, 太阳半径约为地球半径的 110 倍; 引力常量为 6.67×10^{-11} N·m²·kg⁻².

5.14 已知一体积为 V_1 的氧气瓶中装有温度为 T_1 的氧气, 另一体积为 V_2 的氧气瓶中装有温度为 T_2 的氧气. 若体积为 V_1 的瓶内氧气的最概然速率与体积为 V_2 的瓶内氧气的方均根速率相等, 那么 T_1/T_2 是多少?

5.15 利用三维麦克斯韦速度分布律, 求物理量 $A(v_x, v_y)$ 的方均根, 假设 $A(v_x, v_y) = v_x + \alpha v_y$, 且 α 是与速度无关的常量.

5.16 利用麦克斯韦速率分布函数, 求速率倒数的平均值 $\overline{\left(\frac{1}{v}\right)}$ 和平均速率的倒数 $\frac{1}{\overline{v}}$ 的关系.

5.17 利用三维空间的麦克斯韦速率分布律, 求气体分子速率围绕平均速率的涨落 $\overline{(v-\overline{v})^2}$.

5.18 利用玻耳兹曼分布推导二维理想气体系统的速率分布函数, 并求出该二维平面上气体分子的最概然速率和平均速率.

5.19 利用麦克斯韦速率分布律 $f(v)$, 求:

(1) 气体分子按分子的平动动能 $\varepsilon\left(\varepsilon = \frac{1}{2}mv^2\right)$ 分布的概率密度分布函数 $f(\varepsilon)$;

(2) $f(\varepsilon)$ 对应的最概然值 ε_p.

(3) 由 $f(\varepsilon)$ 得到的分子平均平动能.

5.20 有一绝热容器被固定隔板均匀地分成体积都为 V 的两部分, 其中一边储有压强为 p_0 的理想气体, 另一边为真空. 若在隔板上开一个面积为 S 的小孔, 利用式 (5.4.5) 证明: 理想气体的压强 p 随时间的变化关系为

$$p = \frac{p_0}{2}\left(1 + e^{-\frac{\bar{v}S}{2V}t}\right)$$

假设气体分子扩散过程中容器内的温度保持不变.

5.21 高为 H 的重力场中充满了理想气体. 若已知气体分子的质量为 m_0, 气体温度为 T. 利用玻耳兹曼分布和麦克斯韦速率分布, 问:

(1) 气体分子的平均势能是多少?

(2) 气体分子的平均平动动能是多少?

5.22 把一密闭立方体容器置于真空室内, 若容器内充满了标准状态的氮气, 且在容器壁上开有一直径为 0.20 mm 的小孔.

(1) 求容器内氮气分子的平均速率; (2) 每小时从小孔逸出的氮气质量为多少? 已知氮气的摩尔质量为 28 g·mol^{-1}.

5.23 在标准状态下, 一体积为 1 L 的容器内储有一定量的氮气. 若在器壁上开一个直径为 1 mm 的小孔, 氮气将从容器内逸出. 问多长时间后, 容器内剩余的氮气分子个数将减少为原有的 $\frac{1}{e}$?

5.24 如图所示, 容器被一固定隔板分成两部分. 若假设容器内两部分都充满了摩尔质量为 M 的气体, 且左、右两部分气体的压强、分子数密度和温度分别为 p_1, n_1, T 和 p_2, n_2, T. 试证明: 若在隔板上开有一个面积为 S 的小孔, 那么每秒通过小孔的气体质量为

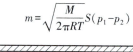

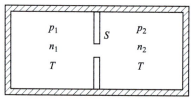

习题 5.24 图

5.25 1 mol 的氢气和 1 mol 的氧气分别处于室温为 27 ℃的两容器内, 问:

(1) 氢气和氧气的内能分别是多少?

(2) 1 g 氢气和 1 g 氧气的内能分别是多少?

5.26 一充满了 CO_2 的理想气体系统, 在等压膨胀过程中从一热源吸收了 800 J 的热量, 问: 该过程中气体对外做功是多少? (假设 CO_2 为刚性非线性分子.)

5.27 在常温下, 一混合气体系统内含有 8 g 氧气和 6 g 水蒸气. 问: 该混合气体的摩尔定容热容是多少?

5.28 已知气体的比定容热容 c_V 与定容热容 C_V 的关系满足 $C_V = m c_V$, 其中 m 是气体的质量.

(1) 在常温下, 5.0 g 氧气和 5.0 g 二氧化碳气体混合后, 求系统的比定容热容. 已知氧气和二氧化碳的摩尔质量分别是 32 g·mol^{-1}, 44 g·mol^{-1}.

(2) 若已知一容器内储有一定量的氦气, 且氦气的比定容热容是 $c_V = 740$ cal·kg^{-1}·K^{-1}, 那么该系统内氦原子的质量是多少? 氦气的摩尔质量是多少?

5.29 惰性气体常用来产生多彩的霓虹灯, 若有一面积为 S 的薄霓虹灯板内充有 1 mol 的氦气. 当氦气温度为 T 时, 求:

(1) 氦气分子的平均动能;

（2）系统的内能；

（3）单位时间内碰到单位长度容器壁上的氦分子数（利用分子碰壁的简单模型）.

5.30 已知某气体分子共由 9 个原子构成，它们分别位于正方体的中心和 8 个顶点位置. 问：这种分子的摩尔定容热容和摩尔定压热容分别是多少？

5.31 已知 1 mol 的氧气气体系统和 1 mol 的二氧化碳气体系统的初始温度和体积都是 T_0 和 V_0，问：两个气体系统经绝热压缩后，体积都减为原来的一半时，系统的温度分别是多少？假设氧气分子和二氧化碳分子都是非刚性、非线性排列的多原子分子.

5.32 已知某理想气体的熵可以表示为 $S = \dfrac{\nu}{2}\left(\alpha + 7R\ln\dfrac{U}{\nu} + 2R\ln\dfrac{V}{\nu}\right)$，其中 ν 是气体物质的量，α 是常量，R 是气体常量，U 是系统内能，V 是系统体积，那么该气体的定压热容是多少？该气体分子有什么特点？

5.33 一绝热容器被隔板平均分成了两部分，两部分温度相同，且各自充满了 1 mol 不同的理想惰性气体. 求取出隔板后，两种气体混合后的熵变.

5.34 把温度为 50 ℃的 2 kg 水和温度为 27 ℃的 1 kg 水混合.

（1）求混合后的熵变；

（2）当混合的水达到新的热平衡后，由于涨落而恢复到混合前状态的概率是多少？假设水的比热容为 $4.18\ \mathrm{J\cdot g^{-1}\cdot K^{-1}}$.

5.35 在热力学基础实验中，常用带绝热活塞的绝热气缸来探究气体的基本特性和热力学定律，如图所示. 若该气缸内左、右两部分各储有 1 mol 的氧气分子，初始时，两部分氧气的压强都为 p，温度都为 T，体积都为 V. 当给左侧氧气内部加热，使其压强变为原来的 2 倍，气缸再次处于平衡态时，问：

（1）气缸左、右两侧的氧气温度分别是多少？

（2）经历该过程后气缸的总熵变是多少？假设活塞能无摩擦地自由运动，氧气分子可以看成刚性双原子分子.

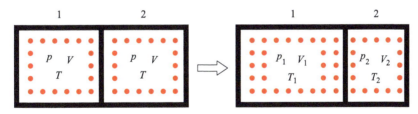

习题 5.35 图

习题答案

气体的输运过程

在前面的章节中，都是研究的处于平衡态的系统. 我们知道，系统从一个平衡态到另外一个平衡态，中间一定会经历非平衡态. 非平衡状态下的分子在不断运动，未达到动态平衡，其宏观参量一直在变化中. 要研究这样的系统，应该怎么办呢?

我们可以采用化整为零的思维（微分的思维就是这样的），虽然整个系统无法平衡，但是将之划分成很多微小部分，每一个微小的局域部分是处于平衡态的，对处于平衡态的局域部分，可以用宏观参量表征并予以研究. 但是问题仍然存在：两个处于平衡态的相邻的微局域系统，会相互影响，引起了压强、温度等参量的变化. 比如将一个非平衡态系统，分成 N 个微系统，虽然每个微系统内部的浓度相同，但是相邻微系统的浓度并不相同，比如微系统 1 的浓度略微大于微系统 2 的，这样，微系统 1 的某些分子就会运动到微系统 2 内. 类似地，两个微系统中的速度、温度等参量不同，也会发生传递. 这种由系统之间浓度、速度、温度等物理参量不同而引起的物理量的变化，称为输运过程. 输运过程引起了整个系统参量的变化.

气体在非平衡态下的典型宏观输运过程，有黏滞、热传导、扩散这三种. 本章6.1 节先介绍这三种宏观输运现象及其规律，接着 6.2 节根据分子动理论叙述输运过程中微观粒子的运动，为从微观上解释宏观输运过程进行理论上的准备，6.3 节对三种输运过程进行微观解释，对于超稀薄气体，其热传导和黏滞过程有其独特的特点（6.4 节）. 传热有三种方式，除热传导以外，还有对流和辐射，这些作为补充内容，在 6.5 节中进行介绍.

6.1 ___ 输运过程的宏观规律

流体（无论是气态流体还是液态流体）具有黏性（viscosity）. 考虑定向流动的气体系统，比如天空中定向流动的云朵（含有固体微粒的气体），可以认为由很多微小厚度的流层组成，每个流层的流动速度不同. 由于各流层的流速差异，相邻流层间互施切向力，流速相对较快的流层被拖慢，而流速相对较慢的流层被拉快.

在热传导过程中，热量自高温物体传递到低温物体. 在传热过程中，系统处于非平衡态. 可以将系统分成很多微层，每个微层的温度相同，相邻微层之间存在温度梯度，高温微层把热量传递给了低温微层.

在扩散过程中，物质从浓度高处传递到浓度低处. 将处于非平衡态的系统分成很多微层，每个微层的浓度（质量）相同，相邻微层之间存在浓度（质量）梯度，浓度（质量）大的微层的分子进入浓度（质量）小的微层.

事实上，输运过程是相当复杂的. 但是通过实验，人们总结出了一些规律. 本节给出黏滞、热传导、扩散三种输运过程的实验定律.

6.1.1 黏滞现象的宏观规律

黏性流体的流动情况很复杂，与容器形状、流体本身性质、流速等都有关. 流动状态可分为层流与湍流. 黏性流体作分层的平行流动，若流体中各质点的轨迹线清晰不紊乱，相邻的轨迹线彼此稍有差别，并不互相混杂，这就是层流；而流动时流体质点混杂、紊乱，并有涡状结构的，便是湍流. 我们现在只讨论气体做恒定层流时的黏滞现象.

1. 模型　速率梯度

对于前面举例的云朵流动，我们可以建立一个模型. 作垂直于地表的坐标轴 z，将云朵沿着 z 轴方向分成无数个微流层，每一层的厚度为 dz，在某个高度 z_0 处的微层内，速率是相同的，但是相邻微层的速率存在一个速率差. 对于任意流体，也可同样建立这样的模型.

考察垂直于 z 坐标轴的两块彼此平行的无限大平板流层（厚度 dz 趋于 0），令下板静止，上板以恒定的速率向右做水平运动. 在两板之间的 z_0 处，有一平行于板的流层 dS，由于上层的流动，对其施加了一个摩擦力 F_f，使之运动，而下层也给它一个反向的摩擦力 F_f'，如图 6.1.1 所示.

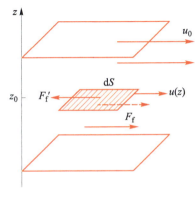

图 6.1.1　气体中的黏滞现象

较快流层向所考察的流层施加向前的拉力，较慢流层对其施以阻力，这一对力等值反向，阻碍两流层的相对运动，称之为流体的黏性力或内摩擦力. 黏滞作用会使得流体最终达到一种稳定的流动状态，各流层的定向流动速率不再随时间变化，只是流层所在高度 z 的函数，记作 $u(z)$.

z_0 处的两相邻流层的速率梯度为 $\left(\dfrac{\Delta u}{\Delta z}\right)_{z_0}$，取 Δz 趋于零时的极限，即

$$\lim_{\Delta z \to 0}\left(\frac{\Delta u}{\Delta z}\right)_{z_0} = \left(\frac{du}{dz}\right)_{z_0} \tag{6.1.1}$$

称为速率梯度. 速率梯度反映了各流层速率随空间位置变化的缓急程度.

2. 牛顿黏性定律表达式

实验表明，对于恒定层流的气体，相邻两层之间的黏性力与流层的面积、速率梯度成正比. 牛顿对此进行了研究，推导出了一个公式，称为牛顿黏性定律（Newton viscosity law）.

$$|F_f| = \eta \left|\left(\frac{du}{dz}\right)_{z_0}\right| \Delta S \tag{6.1.2}$$

式中，F_f 为黏性力，$\left(\dfrac{\mathrm{d}u}{\mathrm{d}z}\right)_{z_0}$ 为高度 z_0 处的速率梯度，ΔS 为面积. 系数 η 与流体的性质及温度、压强有关，称为黏度，旧称黏滞系数，单位是 Pa·s（帕斯卡秒）. 对于某种材料，当温度、压强变化范围不大时，黏度可以视为常量. 将两块面积为 $1\ \mathrm{m}^2$ 的板浸于液体中，两板距离为 $1\ \mathrm{m}$，若在某一块板上施加 $1\ \mathrm{N}$ 的切应力，使两板之间的相对速率为 $1\ \mathrm{m\cdot s^{-1}}$，则此液体的黏度为 $1\ \mathrm{Pa\cdot s}$. 黏度主要通过实验测得，常用的黏度计有毛细管式、落球式、锥板式、转筒式等. 在压强为 101.325 kPa、温度为 20 ℃ 的条件下，空气、水和甘油的黏度分别为 $17.9\times10^{-6}\ \mathrm{Pa\cdot s}$、$1.01\times10^{-3}\ \mathrm{Pa\cdot s}$、$1.499\ \mathrm{Pa\cdot s}$.

3. 牛顿黏性定律的其他形式

对于 z_0 处相邻流层，因为互施黏性力，在 $\mathrm{d}t$ 时间内、通过 $\mathrm{d}S$ 截面、沿 z 轴会有动量的变化，所输运的动量 $\mathrm{d}K = F_f\mathrm{d}t$，由式（6.1.2）可得

$$\mathrm{d}K = -\eta\left(\frac{\mathrm{d}u}{\mathrm{d}z}\right)_{z_0}\mathrm{d}S\mathrm{d}t \tag{6.1.3}$$

我们规定沿 z 轴正方向传递的动量 $\mathrm{d}K>0$. 式中 $\mathrm{d}K$ 与 $\left(\dfrac{\mathrm{d}u}{\mathrm{d}z}\right)_{z_0}$ 的正、负号相反，表明动量从定向流速大到定向流速小的方向传递.

在单位时间内、相邻流层之间与流层垂直的方向上，通过单位面积所转移的沿流层切向的定向动量为动量通量，即

$$J_K = \frac{\mathrm{d}K}{\mathrm{d}S\mathrm{d}t} \tag{6.1.4}$$

由式（6.1.3），得

$$J_K = -\eta\left(\frac{\mathrm{d}u}{\mathrm{d}z}\right)_{z_0} \tag{6.1.5}$$

式（6.1.3）及式（6.1.5）也都是牛顿黏性定律的表达式.

从上面两式可以看出，动量将由流速较高的流层向流速较低的流层转移，所以黏滞现象是定向动量的输运过程.

例 6.1

泊肃叶定律是法国生理学家于 1841 年在研究动脉和静脉中的血液流动时得到的. 它表明，为了克服液体的黏性，必须有来自外部的推力（压强差），这个力与管道的尺寸、液体的流速有关. 其数学表达式为：$V=\dfrac{1}{\eta}\dfrac{\pi r_0^4}{8L}(p_1-p_2)$. 该公式可用于研究黏性流体在水平细管中流动（层流）时的流量问题，其中 V 是每秒通过细管的不可压缩流体的体积，r_0 是管道的半径，L 为管长，管两端的压强分别是 p_1、p_2，η 是黏度. 由于气体的可压缩性很大，所以当黏性气体流过细管时，若管道两端压强差不太小，就不能忽略空气的可压缩性. 这样，每秒流过不同截面的气体体积就不一样了. 试证：在等温条件下每秒通过水平细管一截面的气体体积 V 与该处气体压强 p 的乘积满足 $pV=\dfrac{\pi r_0^4}{16\eta}\dfrac{(p_1^2-p_2^2)}{L}$.

证明： 由题中给出的泊肃叶公式可知，在管长方向上的一段微距离 $\mathrm{d}L$ 上，两端压强差为 $\mathrm{d}p$，所以可以把公式写成微分形式：

$$V = -\frac{1}{\eta} \cdot \frac{\pi r_0^4}{8} \cdot \frac{\mathrm{d}p}{\mathrm{d}L} \qquad \text{①}$$

两边同时乘以 p 可得

$$pV = -\frac{1}{\eta} \cdot \frac{\pi r_0^4}{8} \cdot p \frac{\mathrm{d}p}{\mathrm{d}L} \qquad \text{②}$$

对于气体，由 $pV = \nu RT$ 可知，对于一定量的气体，在等温下 pV 是一个常量，设为 a，则有

$$a = \frac{1}{\eta} \cdot \frac{\pi r_0^4}{8} \cdot p \frac{\mathrm{d}p}{\mathrm{d}L} \qquad \text{③}$$

整理并对两边积分：

$$a \int_0^L \mathrm{d}L = \frac{1}{\eta} \cdot \frac{\pi r_0^4}{8} \cdot \int_{p_1}^{p_2} p \, \mathrm{d}p \qquad \text{④}$$

计算得

$$pV = a = \frac{\pi r_0^4}{16\eta} \cdot \frac{(p_1^2 - p_2^2)}{L} \qquad \text{⑤}$$

黏滞现象在我们的生活和生产中很常见，如雨天天空中的水珠下降时，会受到空气的黏性阻力，水珠因此形成纺锤形. 河道中的流水，因受堤岸影响，水流的流速从河床到水面逐渐增大，因为流速不同，各水层之间会产生黏滞现象. 石油、天然气管道中的石油、天然气等的输送，也会有类似的黏滞现象. 液体黏滞现象在工业生产中有着广泛应用. 比如，通过控制液体黏滞现象可以实现加工和包装的自动化，黏性药物可以使之粘附在患者身体上以保证其具有长期效果. 混凝土是建筑中最常用的材料，混凝土拌合物中悬浮的骨料在重力作用下会下沉，使得拌合水受到排挤上浮，最后从表面析出，此过程称为混凝土泌水. 造成泌水的原因是水的黏性阻力不足以克服水泥的重力. 过量的泌水会对混凝土造成极大的危害，泌水问题引起的诸多问题已经成为制约现代混凝土发展的一大难题. 黏度测定一般有动力黏度、运动黏度和条件黏度三种测定方法，三种黏度的表示方法和单位各不相同，但它们之间可以换算. 其中，条件黏度有恩格勒（Engler）黏度（也称恩氏黏度）、赛波特（Sagbolt）黏度（也称赛氏黏度）、雷德乌德（Redwood）黏度（也称雷氏黏度）三种，我国除采用恩氏黏度计测定深色润滑油及残渣油外，其余两种很少使用.

6.1.2 热传导现象的宏观规律

1. 热传导现象

第二章在讲热传递时，就学习了热传导现象. 我们知道，高温物体的温度之所以降低，是因为热量传递给了周围其他低温物体. 这就是热传递或传热，其中热传导（heat conduction）是单纯依靠物体内部分子、原子及自由电子等微观粒子的热运动而产生的热量传递，需要有热接触.

2. 模型　温度梯度

温度差是引发热传递的根源，因此在研究热传导时，我们需要考虑温度的分布. 一般来讲，系统的温度是空间坐标和时间的函数. 考察某个时间段，设该时间

段内温度分布为稳定状态，即不随时间变化. 这时空间里有一系列等温面，如图 6.1.2 所示，等温面沿着 z 轴分布，设其中 z_0 处等温面温度为 T，另一相邻等温面温度为 $T+\Delta T$. 等温面的法向为 z 轴方向，则

$$\lim_{\Delta z \to 0}\left(\frac{\Delta T}{\Delta z}\right) = \left(\frac{\mathrm{d}T}{\mathrm{d}z}\right)_{z_0} \tag{6.1.6}$$

称为温度梯度. 这时仅沿 z 轴有热量的输运.

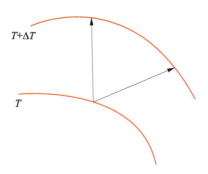

图 6.1.2　空间等温面及温度变化率

3. 傅里叶热传导定律

实验表明，在 $\mathrm{d}t$ 时间内，相邻两等温面之间通过截面由热传导过程所传递的热量，与温度梯度 $\dfrac{\mathrm{d}T}{\mathrm{d}z}$、截面积 $\mathrm{d}S$ 成正比，该规律称为傅里叶热传导定律（Fourier's law of heat conduction）.

$$đQ = -\kappa \left(\frac{\mathrm{d}T}{\mathrm{d}z}\right)_{z_0} \mathrm{d}S \mathrm{d}t \tag{6.1.7}$$

这里，取沿 z 轴正向传导的热量为正，上式中的负号表明热量总是从温度高处向温度低处传递. 比例系数 κ 是物质的导热系数（或称热导率）. 在国际单位制中，导热系数的单位为 $\mathrm{W} \cdot \mathrm{m}^{-1} \cdot \mathrm{K}^{-1}$（瓦每米开）.

4. 导热系数

导热系数又称为热导率（thermal conductivity），是表征材料热传导能力的一个重要参量，可以采用导热系数测量仪进行测量. 导热系数的大小受到材料种类、密度、湿度、温度、压力等因素的影响. 不同材料的导热系数差别极大. 固体的导热系数远大于气体的导热系数. 纯金属的导热系数最大，液体的次之，气体的最小. 建筑材料中常采用空心砖，除了降低重量，还利用了空气的导热系数小，来减少热量的传递，起到保温作用. 表 6.1.1 列出了几类材料导热系数值的典型变化范围. 碳纳米管的导热系数高达 $1\,000\ \mathrm{W} \cdot \mathrm{m}^{-1} \cdot \mathrm{K}^{-1}$，目前钻石的导热系数是已知矿物中最高的，可达 $2\,300\ \mathrm{W} \cdot \mathrm{m}^{-1} \cdot \mathrm{K}^{-1}$，其仿制品立方氧化锆的导热系数只有约 $3\ \mathrm{W} \cdot \mathrm{m}^{-1} \cdot \mathrm{K}^{-1}$，据此也可以分辨出真假钻石.

空心砖改成蜂窝楼板

表 6.1.1　材料导热系数值的典型变化范围

材料种类	金属	合金	非金属液体	绝热材料	常压下的气体
$\kappa/(\mathrm{W \cdot m^{-1} \cdot K^{-1}})$	50~415	12~120	0.17~0.7	0.03~0.17	0.007~0.17

5. 傅里叶热传导定律的其他数学表达式

热流密度这一概念在工程上经常使用. 在单位时间内通过垂直于热流方向的单位面积的热量, 称为热流密度, 或热通量:

$$j_Q = \frac{\text{d}Q}{\text{d}S\text{d}t} \tag{6.1.8}$$

利用式 (6.1.7), 可得

$$j_Q = -\kappa \left(\frac{\text{d}T}{\text{d}z}\right)_{z_0} \tag{6.1.9}$$

式 (6.1.8) 和式 (6.1.9) 是在各向同性介质中一维热传导的傅里叶定律. 如果考察三维热传导问题, 则温度梯度和热流密度都是矢量. 如果是各向异性介质, 则各方向上的导热系数不同, 需要用 9 个分量的张量来表示.

例 6.2

如图 6.1.3 所示, 由不同金属材料制成的两个大小形状相同的棍子沿同一方向放置, 将相邻两端焊接在一起. A 棍的热容 C_A 比 B 棍的热容 C_B 大一倍, A 棍的导热系数 κ_A 比 B 棍的导热系数 κ_B 小一半. 现在对连接后的棍子的两个自由端之一加热, 而另一端进行冷却, 并使两端的温度都保持恒定, 分别为 T_A 和 T_B, 那么棍子内的总热量为多少? 是否与两个棍子的自由端中哪端被加热有关? 假设棍子侧面传出的热量可以忽略不计, 在什么情况下, 无论哪端加热, 总的热量都相同?

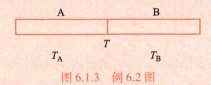

图 6.1.3　例 6.2 图

解: 热平衡时焊接处温度为 T, 热流稳定时, 有

$$\kappa_A(T_A - T) = \kappa_B(T - T_B)$$

可以得到

$$T = \frac{\kappa_A T_A + \kappa_B T_B}{\kappa_A + \kappa_B} \tag{①}$$

现在给焊接好的棍子加热, 达到稳定状态时, 温度肯定是线性分布的, A 棍和 B 棍的平均温度分别是: $\frac{T + T_A}{2}$ 以及 $\frac{T + T_B}{2}$, 则总的热量为

$$Q = Q_A + Q_B = C_A \frac{T + T_A}{2} + C_B \frac{T + T_B}{2} \tag{②}$$

将式①代入式②:

$$Q = \frac{2\kappa_A C_A + \kappa_B C_B + \kappa_B C_A}{2(\kappa_A + \kappa_B)} T_A + \frac{2\kappa_B C_B + \kappa_A C_B + \kappa_B C_A}{2(\kappa_A + \kappa_B)} T_B$$

由上式可见，将 T_A 和 T_B 交换，可以得到

$$Q = \frac{2\kappa_A C_A + \kappa_B C_B + \kappa_B C_A}{2(\kappa_A + \kappa_B)} T_B + \frac{2\kappa_B C_B + \kappa_A C_B + \kappa_B C_A}{2(\kappa_A + \kappa_B)} T_A$$

Q 的结果是不同的. 仅当 $\kappa_A C_A = \kappa_B C_B$ 时，二者相等.

只要是两个温度不同的系统有热接触，就会有热传导. 热传导现象在生活中很常见，比如蒸饭、炒菜、散热器散热、制冷器制冷，等等. 冬天棉被经过晾晒以后，会有更多的空气进入棉花的空隙里，由于空气的导热系数较小，具有良好的保温性能，所以盖上晾晒后的棉被后热量更不容易散失，就觉得更暖和. 在工业中，几乎没有一个行业与热传导没有关系，为了利用热传导现象，需要开发导热材料、隔热材料、能源材料等不同的材料，比如核电站里为了使核反应堆放出的热量尽快转移，往往利用钠钾合金来加快热传导；铸造与切削过程中通过接触热阻与射流冷却进行热传导；碳纳米管在热界面管理方面的应用也正被深入研究. 热传导方程可以用于多个领域，比如在金融中用作期权的模型. 热方程在流形上的推广是处理阿蒂亚-辛格指标定理的主要工具之一，由此也引发了热方程在黎曼几何中的许多深入应用. 导热系数主要通过实验测量得到. 理论上可根据物质的微观结构建立导热物理模型，计算获得导热系数. 不过，现有的理论模型还不够精确，适用范围也不够广. 目前，导热系数的理论估算依然是近代物理和物理化学中一个热门的课题.

6.1.3 扩散现象的宏观规律

1. 扩散现象

扩散是我们经常见到的现象. 一滴墨水滴到一杯清水里，过一会墨水会扩散到整杯水里；在屋内将香水瓶盖打开，香水味道很快会扩散到整个房间；黑煤球放在白墙的角落，过些时间白墙面会变黑，这也是因为扩散. 扩散在气体、固体和液体中都可以发生，它的机理与物质分子的热运动相关，因为分子的热运动，分子扩散到其他地方，这称为"分子传质". 比如因为热运动，墨水分子扩散到清水内部，香水分子扩散到空气中，黑色煤球分子扩散进入了白墙.

扩散（diffusion），是物质中分子（或其他微观粒子）数密度不均匀，由于分子的热运动，分子从数密度高的地方向数密度低的地方迁移的现象. 扩散属于物质输运，在工程上简称为"传质". 另一种质量传递方式为"对流传质"，是在运动流体与固体表面之间，或不互溶的两种运动流体之间发生的质量传递.

本书中我们主要讨论气体中的扩散.

2. 数密度梯度

考虑两种分子（其他微观粒子也同样）组成的混合气体，分子数密度（粒子流密度）分别为 n_1、n_2，分子质量分别为 m_1、m_2，则它们的质量密度分别为 $\rho_1 = n_1 m_1$、$\rho_2 = n_2 m_2$. 当分子数密度分布不均匀时，就会发生扩散.

混合气体中如果压强不均匀或温度不均匀，也会产生扩散. 我们这里不讨论这

烽火狼烟

种扩散，而只考虑数密度不均匀引起的扩散.

设混合气体的压强和温度不变，但是在 z 轴方向上分子数密度不均匀，用分子数密度梯度 $\dfrac{\mathrm{d}n_1}{\mathrm{d}z}$、$\dfrac{\mathrm{d}n_2}{\mathrm{d}z}$ 来表示两种组分气体不均匀的程度，也可用质量密度梯度 $\dfrac{\mathrm{d}\rho_1}{\mathrm{d}z}$ 及 $\dfrac{\mathrm{d}\rho_2}{\mathrm{d}z}$ 表示. 由气体物态方程 $p=(n_1+n_2)kT$ 可知，因为系统内 p、T 处处相等，所以 (n_1+n_2) 必然处处相等，所以有

$$\frac{\mathrm{d}(n_1+n_2)}{\mathrm{d}z}=0 \tag{6.1.10}$$

或者

$$\frac{\mathrm{d}n_1}{\mathrm{d}z}=-\frac{\mathrm{d}n_2}{\mathrm{d}z} \tag{6.1.11}$$

假设 z_0 处有一个截面 S，在它上方的厚度为 $\mathrm{d}z$ 的平层内，第一种气体浓度大，分子会向下流动（假设 z 轴方向为上下方向），宏观上质量向下输运；第二种气体在 z_0 下方厚度为 $\mathrm{d}z$ 的平层内的浓度大，分子会向上流动，宏观上质量向上输运. 由式 (6.1.11) 可知，在相同时间内，穿过截面 S 净向下流动的第一种气体的分子数目必定等于净向上流动的第二种气体的分子数目.

3. 自扩散与互扩散

扩散过程实际上是很复杂的，影响因素很多. 在混合气体中，各组分的气体密度分布不同，都会从高密度区向低密度区扩散，比如煤球分子向白墙内扩散，白墙分子也会向煤球内扩散，这种现象为互扩散. 由于两种扩散分子的大小、形状不同，扩散速率也不同，其互扩散过程很复杂.

在气体扩散中，如果互扩散的两种分子相同或差异很小，互相扩散的速率几乎相同，我们将这种扩散称为自扩散. 自扩散是互扩散的特例，典型的自扩散就是同位素之间的互扩散.

4. 斐克扩散定律

实验表明，一维 z 轴方向上扩散的粒子流密度 j 与粒子数密度梯度成正比，即满足斐克扩散定律（Fick's diffusion law）.

$$j=-D\frac{\mathrm{d}n}{\mathrm{d}z} \tag{6.1.12}$$

粒子流密度 j，就是单位时间内在单位面积上扩散的粒子数，又称为粒子通量. D 是扩散系数，其单位为 $\mathrm{m}^2\cdot\mathrm{s}^{-1}$（平方米每秒）. 式中的负号表示粒子向粒子数密度小的地方扩散.

斐克扩散定律也可以用于互扩散. 在互扩散过程中，对于第一组分的通量 j_1，或对第二种组分的通量 j_2，也与相应组分的粒子数密度梯度成正比：

$$j_1=-D_{12}\left(\frac{\mathrm{d}n_1}{\mathrm{d}z}\right)_{z_0} \tag{6.1.13a}$$

$$j_2 = -D_{21}\left(\frac{dn_2}{dz}\right)_{z_0} \tag{6.1.13b}$$

在两种组分的粒子总数不变的条件下，必定有

$$j_1 + j_2 = 0 \tag{6.1.14}$$

由式（6.1.11），有 $D_{12} = D_{21} = D_{互}$，$D_{互}$ 称为互扩散系数.

式（6.1.13a）和式（6.1.13b）是互扩散的斐克定律.

虽然气体、液体和固体中的扩散机理各不相同，但斐克定律对液体或固体中的扩散同样成立. 气体中的扩散系数一般比液体中的大 10^5 倍，不过因为液体的浓度大，所以气体中的扩散通量只比液体中的扩散通量高出 100 倍左右. 扩散系数与温度有很大关系.

5. 斐克扩散定律的其他形式

对式（6.1.12）两边同时乘以粒子质量 m_0，利用粒子流密度 j 的定义（单位时间内在单位面积上扩散的粒子数）有

$$j_m = \frac{dm}{dt} = -D\frac{d\rho}{dz} \tag{6.1.15}$$

式中 $j_m = \frac{dm}{dt}$ 为质量扩散通量，$\frac{d\rho}{dz}$ 为密度梯度.

相应地，式（6.1.3）可改写为

$$j_{m_1} = -D_{互}\left(\frac{d\rho_1}{dz}\right)_{z_0} \tag{6.1.16a}$$

$$j_{m_2} = -D_{互}\left(\frac{d\rho_2}{dz}\right)_{z_0} \tag{6.1.16b}$$

例 6.3

一长为 L，截面积为 S 的管子里储有标准状况下的 CO_2 气体，一半 CO_2 分子中的 C 原子是放射性同位素 ^{14}C，在 $t = 0$ 时放射性分子密集在管子左端，其分子数密度沿着管子均匀地减小，到右端减为零. 设扩散系数为 D，CO_2 的摩尔质量为 M，试问开始时放射性气体的密度梯度是多大？粒子流密度为多少？

解： 由题可知，开始时管子左端全部是放射性分子，单位体积内分子数为 n，而右端分子数为零. 故放射性气体密度梯度为

$$\frac{d\rho}{dl} = -\frac{\rho}{L} = -\frac{m_0 n}{L} \tag{①}$$

分子质量 m_0 和标准状态下任何气体单位体积的分子数 n 分别为

$$m_0 = \frac{M}{N_A} \tag{②}$$

$$n = \frac{N_A}{22.4 \times 10^{-3}} \tag{③}$$

所以，气体密度梯度为

$$\frac{d\rho}{dl} = -\frac{M}{22.4 \times 10^{-3} \times L} \tag{④}$$

由式（6.1.5）可知，粒子流密度为

$$j = -D \frac{\mathrm{d}\rho}{\mathrm{d}l} \qquad ⑤$$

扩散在生活中也是很常见的，比如饭菜的香味，炒菜时盐的扩散，等等。在工业中，扩散的应用也很多。扩散剂可以促进物质扩散和提高反应速率，在化工、材料科学、能源和生命科学等领域具有重要应用。又比如，渗碳（碳原子从外界进入钢件表面）、半导体掺杂、陶瓷烧结、粉末冶金、焊接等，无一不是利用扩散现象实现的。扩散系数可由实验测得。气体扩散系数主要通过温克尔曼（Winklemann）方法来检测，即在竖直毛细管中保持固定的温度和经过毛细管顶部的空气流量，可确定液体表面的分子扩散到气体中的蒸气分压。理论上可由斯托克斯-爱因斯坦（Stocks-Einstein）方程从黏度获得扩散系数。

6.1.4　三种输运过程的宏观特征

黏滞、热传导、扩散这三种输运现象，有共同的宏观特征：

1. 这三种输运过程，输运的物理量分别是动量、热量、粒子数，之所以有输运，是因为气体中的某一性质的不均匀分布，可分别采用定向流动的速率梯度、温度梯度和密度梯度来表征这种不均匀性，不均匀性越显著，梯度就越大；

2. 三种输运过程中，被迁移的物理量的多少与相应的梯度成正比；

3. 在无外界影响的条件下，从某一初始非平衡态出发，随着输运过程的进行，各处的不均匀程度逐渐减小，系统最终达到平衡态。也就是说，输运过程使得气体内的不均匀逐渐消失。

这三种现象共同的宏观特征，必定有相对应的微观物理机制，我们将在下面几节予以讨论。

6.2　输运过程中微观粒子的运动

一个班级有 30 个同学去搬书，每个同学搬运 50 本书，则搬运总量为 1 500 本。类似地，一个热运动的分子输运了 1 份动量（热量、质量），则 N 个分子就输送了 N 份。但是，同学力气有大小，搬运速度有快慢，这就会导致每个人搬书数量不同；类似地，分子热运动速度不同，分子大小不同，也会导致单个分子的输运量不同。不过，这难不倒我们，我们可以通过统计的方式来进行分析。

6.2.1　一维输运模型

为简单起见，只考虑一维情况，设气体内部的各种不均匀性都发生在 z 轴方向上，在 z_0 处作一个垂直于 z 轴的截面，其面积为 dS。要想知道在 dt 时间内，沿 z 轴正方向穿过 dS 而输运的定向动量（黏滞）或热量（热传导）或质量（扩散），就需要知道：① dt 时间内穿过 dS 面的分子数目 dN；② 每一分子通过 dS 面时平均携带的定向动量或者热运动能量，或在扩散过程中分子本身质量的大小。

在简化模型中，分子被视为彼此无吸引力的刚性小球，都以平均速率 $\bar{v}$ 运动。

系统中的分子等分为 6 "队"，各自平行于 x 轴、y 轴、z 轴的正、负方向运动.

现在气体分子的平均速率是多少呢？平衡状态下气体分子满足麦克斯韦速率分布律，但是对于输运过程，是非平衡态. 按照我们前面把非平衡态系统处理成局域平衡态系统的观点，可以认为在 dS 附近的薄流层内的气体大致遵循麦克斯韦速度分布律，于是，平均速率和平衡态下的一样，近似为

$$\bar{v} = \sqrt{\frac{8RT}{\pi M}} \tag{6.2.1}$$

而且，在近似条件下，前面基于麦克斯韦速度分布律讨论所得的平衡态下分子热运动及碰撞的一些结果都可直接采用.

由于分子热运动，分子在向截面 dS 方向运动的过程中不断与其他分子发生碰撞，我们假设，在穿越 dS 之前的最后一次碰撞后，其平均速率为 $\bar{v}$，温度为 T，那么，穿越界面 dS 时分子携带的动量为 $m\bar{v}$（黏滞现象中），携带的平均能量也不再改变（热传导中）.

6.2.2 单位时间穿过单位面积的分子数

1. 不考虑分子碰撞

截面 dS 上下方分别为 A 和 B 两部分，A 部分和 B 部分的分子数密度分别为 n_A、n_B，平均速率分别为 $\bar{v}_A$、$\bar{v}_B$. 根据分子动理论，在 dt 时间内，B 部分的分子自下而上穿越 dS 的分子数，以及 A 部分的分子自上而下穿越 dS 的分子数，分别是

$$dN_{\uparrow} = \frac{1}{6} n_B \bar{v}_B \, dSdt$$

$$dN_{\downarrow} = \frac{1}{6} n_A \bar{v}_A dSdt \tag{6.2.2}$$

在黏滞现象中，各处温度均匀，分子相同，因此 $\bar{v}_A = \bar{v}_B = \bar{v}$；系统内部不存在压强差，所以 $n_A = n_B = n$. 于是 A、B 两部分在 dt 时间内通过截面 dS 所交换的分子对数为

$$dN_{\uparrow} = dN_{\downarrow} = \frac{1}{6} n \bar{v} dSdt \tag{6.2.3}$$

在热传导中，假设没有宏观气流，即各处压强相同，但由于 T_A 不等于 T_B，所以 $\bar{v}_A \neq \bar{v}_B$，$n_A \neq n_B$. 热传导本身不是平衡态，但是考虑到在极短时间内，相邻两个平面内的分子因为热运动而实现了热传导过程，我们作一个平衡态近似，此时有

$$n_A \bar{v}_A \sim \frac{p}{kT_A} \sqrt{\frac{8kT_A}{\pi m_0}} \sim \frac{1}{\sqrt{T_A}} \tag{6.2.4}$$

上式中，第一个 "~" 表明采用平衡态近似，第二个 "~" 表明 $n_A \bar{v}_A$ 近似与 $\sqrt{T_A}$ 成反比. 同理，有

$$n_B \bar{v}_B \sim \frac{1}{\sqrt{T_B}} \tag{6.2.5}$$

由于相邻两个平面温差不大（与平衡态的偏离不太远），可以认为 $n_A \bar{v}_A \approx n_B \bar{v}_B = n\bar{v}$，

于是同样可得到式（6.2.3）.

在扩散中，$dN_\uparrow$不同于$dN_\downarrow$，在对扩散现象进行微观解释时，我们将具体计算有密度梯度时的$dN_\uparrow$和$dN_\downarrow$.

2. 考虑分子碰撞

上面在获得式（6.2.3）时，没有考虑到分子间的碰撞. 现在，考虑一下这$dN_\uparrow$（或$dN_\downarrow$）个分子穿过在z_0处的dS面之前最后一次被碰撞的情况. 这些分子在通过面元dS之前的最后一次碰撞地点在此面元正上方或正下方的任意z处. 分子通过这个dS面之前、最后一次碰撞处为它将穿过该dS面的出发地点.

先考虑 A 部分分子向下的运动. 取$z_0 = 0$，将其上方$z = 0 \sim +\infty$的柱状空间分成一层层的小体积元，如图 6.2.1 所示. 任取位于z处的一个小体元$d\tau = dSdz$，其内部分子数为$nd\tau$. 由于分子的碰撞频率为$\dfrac{\bar{v}}{\lambda}$，则在dt时间内，该体元中有$nd\tau\dfrac{\bar{v}}{\lambda}dt$个分子被碰撞. 受碰后的分子等概率地向六个方向飞去，其中 1/6 的分子，即$\dfrac{1}{6}nd\tau\dfrac{\bar{v}}{\lambda}dt$个分子，平行于$z$轴向$z_0 = 0$的截面飞来. 这些分子中，只有自由程大于$z$的，才能够穿过$z_0 = 0$截面. 综上，$dt$时间内在$z$处的小体元$d\tau$内受碰，而后再无碰撞地穿过$z_0 = 0$截面的分子数为

$$dn_\tau = \frac{1}{6}ndSdz\frac{\bar{v}}{\lambda}dte^{-z/\bar{\lambda}} \tag{6.2.6}$$

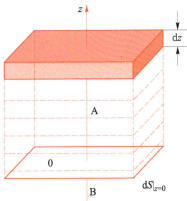

图 6.2.1　气体内的假想截面 dS 和空间体元 dSdz

那么，$z_0 = 0$上方的半空间中，从无限长柱体内各小体元内出发、在dt时间内射向$dS\big|_{z=0}$的所有分子数则是

$$\int_0^\infty \frac{1}{6}n\frac{\bar{v}}{\lambda}e^{-z/\bar{\lambda}}dzdSdt = \frac{1}{6}n\bar{v}dSdt \tag{6.2.7}$$

这与式（6.2.2）给出的$dN_\downarrow$相同.

同理，可求出 B 部分分子的碰撞，得到$dN_\uparrow$也是$\dfrac{1}{6}n\bar{v}dSdt$.

6.2.3 分子最后一次受碰的平均地点

式 (6.2.6) 给出了体元 dz 内，在 dt 时间内、通过 $dS|_{z=0}$ 之前最后一次在 z $(z>0)$ 处被碰的分子数目，它们通过 $dS|_{z=0}$ 平面之前最后一次受碰处距该平面的距离之和为

$$dL = z\left(\frac{1}{6}n\frac{\bar{v}}{\bar{\lambda}}e^{-z/\bar{\lambda}}dzdSdt\right) \tag{6.2.8}$$

对于 $dN_\downarrow$ 个分子，总距离为 $L = \int_0^\infty dL$，所以 $dN_\downarrow$ 个分子通过该平面之前最后一次受碰地点与该平面的平均距离为

$$\bar{z} = \frac{L}{dN_\downarrow} = \int_0^\infty \frac{1}{6}n\frac{\bar{v}}{\bar{\lambda}}ze^{-z/\bar{\lambda}}dzdSdt \bigg/ \left(\frac{1}{6}n\bar{v}dSdt\right) = \bar{\lambda} \tag{6.2.9}$$

同理，对于自下而上的分子，$dN_\uparrow$ 个分子也是在与 $dS|_{z=0}=0$ 截面平均相距 $\bar{\lambda}$ 之处经历了最后一次碰撞.

6.3 输运过程的微观解释

6.3.1 黏滞现象的微观解释

牛顿黏性定律是从宏观现象中得到的规律，那么，可否利用分子动理论予以解释呢？该定律指出输运的动量与速率梯度有关. 我们先计算在 dt 时间内沿 z 轴方向通过 dS 截面输运的定向动量 dK.

上节指出，只有距离 $dS|_{z=0}$ 截面在平均自由程内的分子，才能穿越 $dS|_{z=0}$ 截面，A、B 两部分每交换一对分子，由 B 到 A 净输运的定向动量为

$$m_0(u_{z_0-\bar{\lambda}} - u_{z_0+\bar{\lambda}}) \tag{6.3.1}$$

这里，速率 u 的下标表示相应微层的空间位置. 作简单运算：

$$u_{z_0-\bar{\lambda}} - u_{z_0+\bar{\lambda}} = -\left(\frac{du}{dz}\right)_{z_0} \cdot 2\bar{\lambda} \tag{6.3.2}$$

对于 $dN_\uparrow$ 对分子，则有

$$dK = dN_\uparrow m_0(u_{z_0-\bar{\lambda}} - u_{z_0+\bar{\lambda}})$$

由式 (6.3.1)、式 (6.3.2) 及式 (6.2.3)，得到

$$dK = \frac{1}{6}n\bar{v}dSdt\left[-m_0\left(\frac{du}{dz}\right)_{z_0}2\bar{\lambda}\right] = -\frac{1}{3}\rho\bar{v}\bar{\lambda}\left(\frac{du}{dz}\right)_{z_0}dSdt \tag{6.3.3}$$

考虑到气体密度 $\rho = m_0 n$，令

$$\eta = \frac{1}{3}\rho\bar{v}\bar{\lambda} \tag{6.3.4}$$

则有

$$dK = -\eta \left(\frac{du}{dz} \right)_{z_0} dSdt \qquad (6.3.5)$$

这就是牛顿黏性定律 [式 (6.1.3)]. η 为气体黏度, 由于 ρ、$\bar{v}$ 和 $\bar{\lambda}$ 与气体的性质及宏观状态有关, 因此气体黏度的大小取决于气体本身的性质及其所处的状态.

通过微观分析, 我们知道, 气体黏滞现象的机理本质上是不同流层间的分子运动导致了分子定向动量的输运. 液体的黏滞机理则有所不同, 液体黏性力来源于不同流层间分子的相互作用, 式 (6.3.4) 对液体不适用.

6.3.2 热传导现象的微观解释

傅里叶热传导定律是从宏观现象中得到的规律, 该定律指出输运的热量与温度梯度有关. 我们也可利用分子动理论予以解释. 首先计算在 dt 时间内沿 z 轴方向通过 dS 截面输运的定向热量 dQ.

平均看来, A 部分中位于 $z_0 < z < z_0 + \bar{\lambda}$ 的沿 z 轴向下运动的分子, 可以无碰撞地穿过 $dS|_{z=0}$ 截面进入 B 部分并输送能量, 每个分子热运动的平均能量 (热量) 记为 $\bar{\varepsilon}_{z_0+\bar{\lambda}}$; B 部分中位于 $z_0 > z > z_0 - \bar{\lambda}$ 的沿 z 轴向上运动的分子, 可以无碰撞地穿过 $dS|_{z=z_0}$ 截面, 进入 A 部分并输送能量, 每个分子热运动的平均能量 (热量) 记为 $\bar{\varepsilon}_{z_0-\bar{\lambda}}$. 所以, A、B 两部分每交换一对分子通过 $dS|_{z=z_0}$ 截面沿 z 轴正方向净输运的热量为

$$\bar{\varepsilon}_{z_0-\bar{\lambda}} - \bar{\varepsilon}_{z_0+\bar{\lambda}} \qquad (6.3.6)$$

依据能量按自由度均分定理:

$$\bar{\varepsilon}_{z_0-\bar{\lambda}} = \frac{i}{2} k T_{z_0-\bar{\lambda}}, \quad \bar{\varepsilon}_{z_0+\bar{\lambda}} = \frac{i}{2} k T_{z_0+\bar{\lambda}} \qquad (6.3.7)$$

$T_{z_0+\bar{\lambda}}$、$T_{z_0-\bar{\lambda}}$ 分别是 A、B 两部分靠近 $dS|_{z=0}$ 截面的微层内的温度, i 为气体分子的能量自由度. 于是有

$$\bar{\varepsilon}_{z_0-\bar{\lambda}} - \bar{\varepsilon}_{z_0+\bar{\lambda}} = \frac{i}{2} k (T_{z_0-\bar{\lambda}} - T_{z_0+\bar{\lambda}}) = -\frac{i}{2} k \left(\frac{dT}{dz} \right)_{z_0} \cdot 2\bar{\lambda} \qquad (6.3.8)$$

因为气体的比定容热容 $c_V = \frac{i}{2} \frac{k}{m_0}$ (读者可以自行推导此式), 所以, 上式可以写成

$$\bar{\varepsilon}_{z_0-\bar{\lambda}} - \bar{\varepsilon}_{z_0+\bar{\lambda}} = -m_0 c_V \left(\frac{dT}{dz} \right)_{z_0} \cdot 2\bar{\lambda} \qquad (6.3.9)$$

在 dt 时间内通过截面 dS 沿 z 轴正方向净输运的总热量为

$$dQ = dN_{\uparrow} (\text{或 } dN_{\downarrow}) \cdot (\bar{\varepsilon}_{z_0-\bar{\lambda}} - \bar{\varepsilon}_{z_0+\bar{\lambda}}) = \frac{1}{6} \bar{n} \bar{v} dSdt \left[-2m_0 \bar{\lambda} c_V \left(\frac{dT}{dz} \right)_{z_0} \right] = -\frac{1}{3} \rho \bar{v} \bar{\lambda} c_V \left(\frac{dT}{dz} \right)_{z_0} dSdt$$

或

$$j_Q = \frac{dQ}{dSdt} = -\frac{1}{3} \rho \bar{v} \bar{\lambda} c_V \left(\frac{dT}{dz} \right)_{z_0} \qquad (6.3.10)$$

令

$$\kappa = \frac{1}{3}\rho\,\bar{v}\,\bar{\lambda}\,c_V \tag{6.3.11}$$

则有

$$j_Q = -\kappa\left(\frac{\mathrm{d}T}{\mathrm{d}z}\right)_{z_0} \tag{6.3.12}$$

这正是式（6.1.9），即宏观的傅里叶热传导定律.

需要提及的是，只有在气体内温差不太大的条件下，才可以近似把 $\mathrm{d}N_{\downarrow}$ 与 $\mathrm{d}N_{\uparrow}$ 看作相等，才可以使用式（6.2.3）. 所以上面得到的结果只近似适用于温差不太大的气体热传导过程.

6.3.3 扩散现象的微观解释

在温度和压强相等时，设有两种气体进行扩散. 为简单起见，两种气体分子的质量 m_0、有效直径近似相等，也就是说认为它们的热运动平均速率 $\bar{v}$ 及碰撞的平均自由程 $\bar{\lambda}$ 相同.

对于一维情况，$z = z_0$ 处垂直于 z 轴作一假想截面 $\mathrm{d}S$，截面上部分子数密度为 n_1，质量密度为 ρ_1. 在扩散过程中，n_1、ρ_1 都是 z 的函数. $n_1(z) - n_1(z_0) = \left(\frac{\mathrm{d}n_1}{\mathrm{d}z}\right)_{z_0}(z - z_0)$，所以在 z_0 附近，分子密度分布近似为

$$n_1(z) = n_1(z_0) + \left(\frac{\mathrm{d}n_1}{\mathrm{d}z}\right)_{z_0}(z - z_0) \tag{6.3.13}$$

将式（6.3.13）代入式（6.2.3），式中的 n 用式（6.3.13）的 $n_1(z)$ 代替，并出于简便考虑，取 $z_0 = 0$，记 $n_1(z_0) = n_{10}$，$\left(\frac{\mathrm{d}n_1}{\mathrm{d}z}\right)_{z_0} = \left(\frac{\mathrm{d}n_1}{\mathrm{d}z}\right)_0$，类似于式（6.2.7）的处理方式，可知 $\mathrm{d}t$ 时间内经 $\mathrm{d}S$ 由上部转到下部的分子总数目为

$$\mathrm{d}N_{\downarrow} = \int_0^{\infty} \frac{1}{6}\left[n_{10} + \left(\frac{\mathrm{d}n}{\mathrm{d}z}\right)_0 z\right]\frac{\bar{v}}{\bar{\lambda}}\mathrm{e}^{-z/\bar{\lambda}}\mathrm{d}z\mathrm{d}S\mathrm{d}t \tag{6.3.14}$$

注意：虽然式（6.3.13）仅应适用于 z_0 附近的空间，但是，考虑到 $\bar{\lambda}$ 通常远小于容器尺度，而 $\mathrm{e}^{-z/\bar{\lambda}}$ 随 z 的增大很快衰减，所以，为了易于积分，式（6.3.14）中我们将积分上限取为无穷大. 这样利用积分公式，可以计算出

$$\mathrm{d}N_{\downarrow} = \frac{1}{6}\left[n_{10} + \left(\frac{\mathrm{d}n_1}{\mathrm{d}z}\right)_0\bar{\lambda}\right]\bar{v}\mathrm{d}S\mathrm{d}t \tag{6.3.15}$$

同理，$\mathrm{d}t$ 时间内经 $\mathrm{d}S$ 由下部转到上部的分子数目为

$$\mathrm{d}N_{\uparrow} = \frac{1}{6}\left[n_{10} - \left(\frac{\mathrm{d}n_1}{\mathrm{d}z}\right)_0\bar{\lambda}\right]\bar{v}\mathrm{d}S\mathrm{d}t \tag{6.3.16}$$

则净迁移的质量为

$$\mathrm{d}m = (\mathrm{d}N_{\uparrow} - \mathrm{d}N_{\downarrow})m_0 = -\frac{1}{3}\left(\frac{\mathrm{d}n_1}{\mathrm{d}z}\right)_{z_0}m_0\bar{\lambda}\,\bar{v}\mathrm{d}S\mathrm{d}t \tag{6.3.17}$$

因为 $\rho_1 = m_0 n_1$，并令

$$D = \frac{1}{3} \bar{v} \bar{\lambda} \qquad (6.3.18)$$

则净迁移的质量通量（单位时间内通过单位面积的总质量）

$$j_m = \frac{\mathrm{d}m}{\mathrm{d}S\mathrm{d}t} = -\frac{1}{3}\left(\frac{\mathrm{d}\rho_1}{\mathrm{d}z}\right)_{z_0} \bar{\lambda}\,\bar{v} = -D\left(\frac{\mathrm{d}\rho_1}{\mathrm{d}z}\right)_{z_0} \qquad (6.3.19)$$

这就是自扩散的斐克定律（6.1.12）. 其中 D 为自扩散系数.

例 6.4

例 6.3 中，设细管长 $L = 2\ \mathrm{m}$，截面积 $S = 10^{-4}\ \mathrm{m}^2$. 气体平均自由程为 $\bar{\lambda} = 4.9 \times 10^{-6}\ \mathrm{cm}$，摩尔质量为 44 g/mol. 试问：

（1）开始时，每秒有多少个放射性分子通过细管中点的横截面从左侧移到右侧？有多少个从右侧移到左侧？

（2）开始时，每秒通过细管截面扩散的放射性气体质量为多少？

解：（1）根据扩散现象的微观解释知，在 $\mathrm{d}t$ 时间内通过中点经由截面 S 由左侧移到右侧的分子数为

$$\mathrm{d}N_1 = \frac{1}{6}\bar{v}\left[N - \frac{1}{m_0}\left(\frac{\mathrm{d}\rho}{\mathrm{d}l}\right)\cdot\bar{\lambda}\right]S\mathrm{d}t$$

$N = \dfrac{n}{2}$ 为中点处的分子数密度，因为细管很细，可假设在开始 1 s 内 $\dfrac{\mathrm{d}\rho}{\mathrm{d}l} = \dfrac{m_0 n}{l}$ 近似不变，则在 $\mathrm{d}t = 1\ \mathrm{s}$ 内从左端通过 S 面移往右端的分子数为

$$N_l = \frac{1}{6}\bar{v}S\left(\frac{n}{2} + \frac{n}{l}\bar{\lambda}\right) = \frac{n}{12}S\sqrt{\frac{8RT}{\pi M}}\left(1 + \frac{2\bar{\lambda}}{l}\right)$$

代入数据得

$$N_1 = 7.95 \times 10^{22} + 3.33 \times 10^{15}$$

同理可得，1 s 内从右端通过 S 面移到左端的放射性分子数为

$$N_2 = 7.95 \times 10^{22} - 3.33 \times 10^{15}$$

（2）每秒通过 S 面扩散的放射性分子数为

$$\Delta N = N_1 - N_2 = 6.66 \times 10^{15}$$

故每秒通过 S 面扩散的放射性气体质量为

$$\Delta m = \frac{M}{N_A} \cdot \Delta N = 5.09 \times 10^{-7}\ \mathrm{g}$$

6.3.4 输运过程简单微观理论与实验的比较

1. 输运系数与压强及温度的关系

前面提到的三种输运过程，有三个系数：黏度、导热系数、扩散系数，分别见式（6.3.4）、式（6.3.11）及式（6.3.18）.

因为 $\rho = m_0 n$、$\bar{v} = \sqrt{\dfrac{8kT}{\pi m_0}}$、$\bar{\lambda} = \dfrac{1}{\sqrt{2}n\sigma}$ 及 $n = \dfrac{p}{kT}$，将这几个关系式代入输运系数的三个表达式式（6.3.4）、式（6.3.11）及式（6.3.18）中，得到

$$\eta = \frac{2}{3}\sqrt{\frac{km_0}{\pi}} \cdot \frac{T^{1/2}}{\sigma} \tag{6.3.20a}$$

$$\kappa = \frac{2}{3}\sqrt{\frac{km_0}{\pi}} \cdot c_V \frac{T^{1/2}}{\sigma} \tag{6.3.20b}$$

$$D = \frac{2}{3}\sqrt{\frac{k^3}{\pi m_0}} \cdot \frac{T^{3/2}}{\sigma\rho} \tag{6.3.20c}$$

当气体分子的质量 m_0、有效直径（或碰撞截面 σ）已知时，利用式（6.3.20）可以计算出在不同温度条件下的输运系数. 例如，可以计算出 300 K 时氮气的黏度是 1.12×10^{-5} Pa·s，273 K 时氩气的导热系数为 1.47×10^{-2} W·m^{-1}·K^{-1}，氮气的自扩散系数为 3.2×10^{-5} m^2·s^{-1}.

从式（6.3.20）可见，黏度和导热系数均与压强无关. 不过，压强降低时，气体变得较为稀薄，似乎黏性和导热能力都应当降低. 麦克斯韦、迈耶等人做了实验，压强范围从几毫米汞柱到几个大气压，证明了黏度和导热系数确实与压强无关. 事实上，当系统内的温度保持不变而压强降低时，分子数密度 n 将减少；但与此同时，分子的平均自由程要加大，$\mathrm{d}S$ 面两侧的分子平均说来要从更远的气层出发（或者说内部分子可以无碰撞的气层厚度更大）、再无碰撞地通过 $\mathrm{d}S$ 面，更远（更厚）的气层意味着更多的分子. 因此，通过 $\mathrm{d}S$ 面交换的分子数不会变化，所以 η 与 κ 就和压强无关.

这一结果，也是支持气体分子动理论的一个有力证据.

例 6.5

估算 300 K 时氮气的黏度，已知氮分子的有效直径为 3.8×10^{-10} m，相对分子质量为 28.

解： 根据式（6.3.20a）

$$\eta = \frac{2}{3}\sqrt{\frac{km_0}{\pi}} \cdot \frac{T^{1/2}}{\sigma} \tag{①}$$

其中碰撞截面和分子质量分别为

$$\sigma = \pi d^2 \tag{②}$$

$$m_0 = \frac{28}{6.02\times10^{23}}\ \text{kg} = 4.6\times10^{-26}\ \text{kg} \tag{③}$$

计算得到

$$\eta = 1.12\times10^{-5}\ \text{Pa}\cdot\text{s} \tag{④}$$

2. 理论与实际的差异

300 K 时测得氮气的黏度是 1.78×10^{-5} Pa·s；273 K 时测得氩气的导热系数为 1.62×10^{-2} W·m^{-1}·K^{-1}，与理论值（4.2×10^{-5} Pa·s、1.47×10^{-2} W·m^{-1}·K^{-1}）的数

量级一致, 但是还有不少差别. (自扩散系数难以直接通过实验测定, 一般可通过互扩散系数的实验值间接推出碰撞截面, 再利用式 (6.3.20) 中的相关公式计算可得到自扩散系数).

式 (6.3.20) 表明, 在一定的压强下, 气体的黏度和导热系数都与 $T^{1/2}$ 成正比, 而自扩散系数与 $T^{3/2}$ 成正比. 但实验结果表明, η 和 κ 约与 $T^{0.7}$ 成正比, D 约与 $T^{1.75} \sim T^2$ 成正比. 也就是说, 当温度升高时, η、κ 和 D 的增大幅度都比理论计算的要快.

此外, 根据理论, 可以得到

$$\frac{\kappa}{\eta c_V} = 1 \ \text{及} \ \frac{D\rho}{\eta} = 1$$

但是通过实验发现, $\frac{\kappa}{\eta c_V}$ 介于 1.5 ~ 2.5 之间, $\frac{D\rho}{\eta}$ 介于 1.3 ~ 1.5 之间, 具体数据因不同气体而异, 这意味着 η、κ 和 D 表达式中的数值系数不应严格等于 1/3, 而都与不同气体的具体性质有关.

因此, 输运过程的简单理论正确地给出了输运系数与哪些物理量有关, 理论与实验基本上是相符的. 但简单理论与实验结果的偏差, 也揭示出简单理论有不足之处.

3. 对简单理论的改进

上面从微观上解释输运过程时, 作了许多简化假设, 这导致理论结果与实验结果有偏差. 如果要提高理论精度, 需要对其进行改进. 主要可以改进的有: ① 将无吸引力的刚性球分子模型改为苏泽朗 (Sutherland) 模型; ② 考虑分子实际上可从各个方向穿过指定的 dS 截面; ③ 考虑分子的自由程与速率有关; ④ 考虑 "速度住留" 效应, 所谓 "速度住留" 效应, 就是分子要经过几次碰撞才完全失去原有的速度, 由于该效应, 导热系数和黏度会更大一些; ⑤ 确定非平衡态分布函数.

6.4__ 超稀薄气体的热传导现象及黏滞现象

有一种特殊情况, 即超稀薄气体的情况, 这时容器中的气体的量很少, 分子数很少. 分子的平均自由程 $\overline{\lambda}$ 很大, 分子在运动时, 不仅仅分子之间会碰撞, 分子还会与容器壁碰撞, 且其碰撞频率与分子之间的碰撞频率相比不能忽略. 因此, 在单位时间内一个分子所经历的碰撞总次数 (即总的碰撞频率) 可以写为

$$Z_{\text{tol}} = Z + Z_{\text{mw}} \tag{6.4.1}$$

其中 Z 是通常所说的分子碰撞频率, Z_{mw} 表示一个分子与器壁的碰撞频率, 它反比于容器的特征尺度 L. 分子的总平均自由程 $\overline{\lambda}_{\text{tol}}$, 既要考虑分子碰撞的自由程, 又要考虑器壁的影响, 所以上式等效于:

$$\frac{1}{\overline{\lambda}_{\text{tol}}} = \frac{1}{\overline{\lambda}} + \frac{1}{L} \tag{6.4.2}$$

在常温常压条件下, 平均自由程 $\overline{\lambda} \ll L$, 所以 $\overline{\lambda}_{\text{tol}} = \overline{\lambda}$. 当气体压强减小时, 由 $\overline{\lambda} = \frac{kT}{\sqrt{2} p \sigma}$ 可知, 平均自由程也增加了, 当 p 降低到一定程度时, $\overline{\lambda} \rightarrow L$, 这样的气体系统

可以视为真空态；继续减小压强，$\overline{\lambda} \gg L$，此时$\overline{\lambda}_{tol} \sim L$，而与气体压强无关，这时的气体为超稀薄气体或高真空（乃至超高真空）气体．

超稀薄气体中的分子在容器内运动，互相基本无碰撞，也分不出气层，在气体内部并无温度梯度可言，也谈不上定向流动的速率梯度或粒子数梯度，因此，气体内没有气层间的动量或能量的交换．所以，此时热传导及黏滞现象的宏观规律及微观解释，已经不能用前面的简单输运理论来阐释了．

超稀薄气体的热传导系数与气体的压强成正比．

以超稀薄气体中的热传导为例，设容器壁两边为两块平行板 1 和 2，两板之间的距离为 L，温度分别保持为 T_1 和 T_2，且 $T_1 > T_2$．两板之间为超稀薄气体，$\overline{\lambda} \gg L$．当容器中的任意一分子与板 1 相碰，获得与 T_1 对应的平均热运动能量$\overline{\varepsilon_1}$．而后不与其他分子碰撞就直接抵达板 2 与其相碰，能量变为与 T_2 相对应的$\overline{\varepsilon_2}$．因为 $T_1 > T_2$，所以$\overline{\varepsilon_1} > \overline{\varepsilon_2}$，分子在与板 2 相碰时，将一部分能量传递给了板 2，接着分子再返回碰撞板 1，如此往返于两板之间，不断将板 1 的能量传递给板 2，实现了热传导．

容器中的气体压强越小，则分子数密度 n 越少，参与输运能量的分子数目也就越少．每一个分子往返一次由板 1 传递给板 2 的能量不变，所以气体的导热能力随 n 的减小而减弱，在宏观上，就表现为导热系数与气体压强成正比．

储存热水或各种低温液体的杜瓦瓶，两层壁之间抽成高真空，真空度越高，内部的分子数密度越小，则传导的热量就越少．显然，导热能力与两壁间的分子数目成正比，或者说与真空度成反比．

类似地，超稀薄气体的黏度也与气体压强成正比．这里限于篇幅，不再细述．

对于超稀薄气体，其理论模型和常规气体的完全不同，后者适用于经典气体模型，而前者必须采用适用于超稀薄气体的研究方法，通过研究气体分子的微观运动来给出气体宏观运动的描述．对于航天器，在其入轨与返回地球时，都会经过超稀薄气体区域，必须考虑超稀薄大气环境对航天器的动力、隔热、通信等的影响．钱学森早在 1946 年就提出远程飞行器最佳飞行高度约为 96 km，并根据努森数将流动划分为连续流、滑移流、过渡流与自由分子流几种，并提倡大力研究稀薄气体动力学．在稀薄气体动理论基础上建立的玻耳兹曼方程在超稀薄气体动力学中占据了中心位置．近年来，超稀薄气体在微机电行业也得到了广泛的运用，这是因为微通道、微机电系统中的流体的流动，大多具有多尺度的流动特征，在常规的连续流中往往存在局部稀薄效应．

*6.5__ 传热的基本方式

前面提到，传热有三种基本方式，即热传导、对流、辐射．其中，热传导是单纯依靠物体内部分子、原子及自由电子等微观粒子的热运动而产生的热量传递；对流并不只取决于温度差，它还与质量迁移情况有关；热辐射本质上是电磁波辐射．前文已经从宏观和微观两方面介绍了热传导，本节主要介绍另外两种传热方式：对流和辐射．

6.5.1 热传导传热

1. 热传导现象

热传导是传热的基本方式之一，它满足傅里叶热传导定律. 只要两个系统有温度差，且发生接触，就有热传导. 比如盛满热水的杯子放在桌子上，由于热杯子与凉桌子热接触，就会产生热传导；其实热杯子与凉空气接触，也有热传导. 热传导的本质是分子热运动，温度高的物体分子热运动剧烈，通过碰撞不断将热量传递给温度低的物体.

在稳态热传导过程中，根据傅里叶热传导定律可以得到热欧姆定律（热阻定律）.

2. 热欧姆定律

对于长度为 L，截面积为 S 的均匀棒，温度变化为 ΔT，利用公式

$$Q = -\kappa \frac{\Delta T}{\Delta l} S \Delta t \tag{6.5.1}$$

可以得到单位时间的热量为

$$P = \frac{Q}{\Delta t} = -\kappa \frac{\Delta T}{L} S \tag{6.5.2}$$

改写为

$$\frac{-\Delta T}{P} = \frac{L}{\kappa S} \tag{6.5.3}$$

定义热阻率：

$$\rho = \frac{1}{\kappa} \tag{6.5.4}$$

定义热阻：

$$R_T = \frac{\rho L}{S} \tag{6.5.5}$$

则式（6.5.3）变为

$$\frac{-\Delta T}{P} = R_T \tag{6.5.6}$$

令 $\Delta U_T = -\Delta T$，$I_T = P$，则

$$\frac{\Delta U_T}{I_T} = R_T \tag{6.5.7}$$

上式和欧姆定律、电阻定律相似，所以称为**热欧姆定律**或**热阻定律**（thermal Ohm's law）.

注意：该公式只适用于均匀物质的稳态热传导过程. 与电路中电阻的串、并联相同，热阻定律也满足同样的串、并联公式.

6.5.2 对流传热

1. 对流现象和分类

在喝一杯热水前，常常会对着水面吹气；夏天会打开窗户让外面的风吹进来或者打开电扇让风吹过来. 在这些例子中，都有分子的流动，或者说冷分子（温度低的气体分子）流向温度高的地方，而热分子（温度高的气体分子）流向温度低的地方，形成了对流（convection）. 对流是传热的一种方式.

对流传热过程中总有流体微团的宏观运动，对流可以分为自然对流和强制对流. 窗户打开后，因为气体的自然流动而形成的对流就是自然对流，电扇引起的对流是因为外界强加的分子流动，属于强制对流. 另外，液化和气化也属于对流传热，不过其情况更为复杂，因为过程中有相变发生，其传热机理与无相变的对流有所不同. 本节我们只介绍无相变的对流.

2. 对流的本质

在对流现象中，分子在运动过程中会产生碰撞，碰撞的分子交换能量，其本质是热传导；在对流过程中，分子的运动产生了质量迁移，如果迁移的冷分子和热分子质量不同，则宏观上还有质量的变化.

在激光器中，产生激光的材料称为增益介质，它吸收能量后，在一定条件下会产生激光，剩余的能量将转化为热量，我们需要将这些热量带走，利用风冷、冷却水的循环等方式均可以带走热量. 如图 6.5.1 所示为 CO_2 激光器的水冷却示意图.

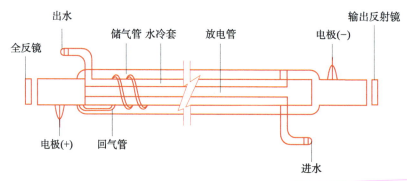

图 6.5.1　CO_2 激光器水冷却示意图

采用流体带走热量时，流体与固体器壁接触处的边界层状况如图 6.5.2 所示. 由于流体的黏性，紧贴固体壁面有一层流体，其速度为零，并有一定厚度的层流内层. 流体温度低于固体壁的温度，就会有传热现象. 这里的传热，主要靠分子无规则热运动来导热，其机理其实是热传导. 层流内层外面是缓冲层，这一层中的层流与湍流运动同时存在，由于分子的流动而传热，机理是对流（包括层流和湍流）传热，缓冲层往外，流体速度大，又受到外边界制约，往往形成湍流，这时的传热机理是湍流传热. 我们常从做湍流运动的流体与固体器壁表面之间的传热过程入手，来研究对流传热速率所遵循的基本规律.

图 6.5.2　湍流边界层

3. 对流的规律——牛顿冷却定律

参照图 6.5.2，设固体壁的温度为 t_s、流体平均主体温度为 t_f，$t_s > t_f$，固体壁面附近有一厚度为 δ_f 的导热流体膜（层流内层），并设温度在此膜内温度由 t_s 过渡到 t_f，而且膜内的传热方式单纯是热传导. 根据傅里叶热传导定律，我们知道，单位时间内通过垂直于热流运动方向的导热面积 A 所传导的热量为

$$Q = \frac{\kappa}{\delta_f} A(t_s - t_f) \tag{6.5.8}$$

令 $h = \dfrac{\kappa}{\delta_f}$，则有

$$Q = hA(t_s - t_f) \tag{6.5.9}$$

该式称为牛顿冷却定律，式中，h 是对流传热系数，它与流体、需要被冷却的材料、边界等因素有关，一般可通过实验测量得到.

实验表明，牛顿冷却定律适用于各种对流传热过程.

4. 热传导与对流传热与温度差的关系

实际上对流传热过程是离不开热传导过程的，一方面，前面在叙述对流模型时提到在层流底层的传热主要是热传导；另外一方面，温度不同的物体之间相互接触，总是有热传导发生的. 比如夏天的空调房间内（空调装在房屋上部），假设没有对流（没有人造风和自然风），则空调喷出的冷空气和周边的热空气之间会通过热传导来传递热量，如果有风，则又增加了对流传热. 空调在散发冷空气时是吹出来的，其目的是增加对流；在空调房间如果加上电扇，则明显能感觉到空气温度降得更快，这也是对流的作用.

在传热过程中，对流和热传导两种基本传热方式往往是同时作用的. 很多情况下，难以截然分清热传导传热和对流传热. 不过，从热传导的傅里叶热传导定律式（6.1.9）和对流的牛顿冷却定律式（6.5.9），可以看出，对于一定的系统单位时间内传递的热量，均与温度差成正比，即满足：

$$P = -K\Delta T \tag{6.5.10}$$

5. 对流传热的应用举例

通过自然方式或强迫方式，使气体和液体产生对流是增加或减少热传递的主要手段. 在日常生活中，对流的应用是非常广泛的. 夏天打开门窗可促进室内外空气对流，以利于散热；冬天关上门窗,可避免室内外空气对流,不使热量散失.烧水时锅内已烧热的热水和尚未烧热的冷水之间有对流.家用电冰箱一般也是靠自然对流冷却物品的,因此冰箱内不能塞得太满,否则气体难以产生对流,从而影响制冷效果(只能通过热传导了,效果会差很多,并且会耗费更多的电).汽车发动机的液泵冷却、各种仪器的制冷装置,都是采用气体或液体的强迫对流来降温的.

地球表面各部分大气从太阳辐射(下一小节将会讲述)得到的热量其实是不均匀的,赤道处的大气温度更高,暖气团将持续上升,向相对温度较低的两极流去,而两极较冷的空气又持续不断地流向赤道,这种冷热空气的对流,就形成了自然风,如图 6.5.3(a)所示.

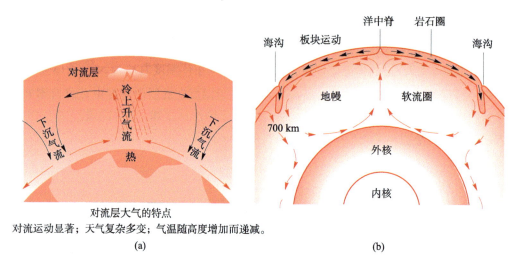

图 6.5.3　大气环流与海水环流

大洋中的海水也无时无刻不在发生对流.海水向海沟处流去,进入地幔,再回到大洋中.如图 6.5.3(b)所示.

很多自然灾害也是因为对流,如台风.当热空气产生时,压强不断增大,向冷空气区域流动的速度很快,风速就很大.又比如火灾,热气流更容易向上运动,引起上层楼板、天花板燃烧;还可以通过通风口进行对流,使得新鲜空气不断流进燃烧区,供应持续燃烧.燃烧区的温度越高,通风孔洞越多,面积越大,热对流的速度就越快.所以,为了预防火灾,大楼内部的走廊总是处于常关状态的,灭火时也是要将灭火器对准火源中心.

6.5.3　辐射传热

1. 辐射现象

为什么在太阳下面会感觉到热?有人说是因为空气分子的热传导,将太阳的热量传给了人体;也有人说,还有分子的流动,通过对流将热量传给了人体.事实上,即使没有分子(比如近似于真空的太空中),热量仍然可以传递.也就是说,除热传导和对流以外,还有一种传热方式,即辐射.

自然界中的一切物体,都会发出能量,发出能量的一部分物质会脱离本身,以电磁波或粒子(如 α 粒子、β 粒子等)的形式在所有的方向向外发射出去.这种现象称为辐射,发出能量的物体称为辐射源,物体通过辐射所放出的能量,称为辐射能.任何物体在发出辐射能的同时,也不断吸收周围物体发来的辐射能.一个物体辐射出的能量与吸收的能量之差，就是它传递出去的净能量．

辐射（radiation）是物质的固有属性．由于物质内部微观粒子的热运动（平动、振动、转动），所有生物和物体无时无刻不在辐射电磁波，能够传递能量和动量，按照电磁波的频率，从低频率到高频率，可以将电磁波分为无线电波、微波、红外线、可见光、紫外线、（电离辐射）X射线和伽马射线，等等．人眼可接收到的电磁辐射，波长在380~780 nm之间，称为可见光．

波长在0.1~1 000 μm范围内的电磁波，比起其他波段的电磁辐射，有明显的热效应，尤其是红外波段的热效应更强．所以在研究辐射的热学性质时，又称为热辐射．热辐射其实就是一种物体用电磁辐射的形式把热能向外散发的传热方式．它不必依赖任何外界条件即可进行，是热量的三种主要传递方式之一．

辐射传热与热传导传热及对流传热有本质不同，热辐射无须在介质中进行，物体也不必互相接触，因此热辐射是唯一能在真空中传递热量的方式．

2. 辐射的基本概念

所有的物体都会产生热辐射，同时也会收到其他物体的热辐射．辐射出的电磁波在真空和介质中都可以传播．外来的热辐射到达物体后，会被物体吸收或反射．

物体辐射出的电磁波能量按波长有确定的分布．单位时间内从温度为T的物体表面单位面积上辐射出的在波长λ附近单位波长间隔内的电磁波能量，称为单色辐射出射度，又称为单色辐出度、单色辐射通量，记为$M_\lambda(T)$，其单位为$W \cdot m^{-2} \cdot m^{-1}$．单位时间从温度为$T$的物体表面单位面积上辐射出的各种波长电磁波的能量总和，称为辐射出射度（简称辐出度，也称辐射本领、发射能力等），记为$M(T)$，单位为$W \cdot m^{-2}$．

设电磁波波长介于$\lambda \sim \lambda + d\lambda$，照射到物体的总能量为$E_\lambda$，其中被物体吸收的能量为$E_{\lambda a}$，被反射的能量为$E_{\lambda r}$，定义单色吸收率$\alpha_\lambda$、单色反射率$\beta_\lambda$为

$$\alpha_\lambda = \frac{E_{\lambda a}}{E_\lambda}, \ \beta_\lambda = \frac{E_{\lambda r}}{E_\lambda} \tag{6.5.11}$$

可知

$$\alpha_\lambda + \beta_\lambda = 1 \tag{6.5.12}$$

3. 黑体

为了研究不依赖于物质具体物性的热辐射规律，人们建立了黑体（black body）模型．所谓**黑体**，是指在任何条件下，对入射的任何波长的电磁波全部吸收，既没有反射，也没有透射的物体，又称为绝对黑体．图6.5.4为黑体模型示意图．要注意的是，黑体没有反射，不是说没有辐射．黑体是一个理想模型，所有照射到黑体上的电磁辐射，都可以被吸收，即吸收率为1．与此同时，黑体也每时每刻都在向外辐射电磁波．

绝对黑体作为理想的吸收体和发射体，是用以比较实际物体吸收和发射本领的标准．对于非黑体（灰体），其辐出度$M(T)$与同温度下黑体辐出度$M_b(T)$之比为

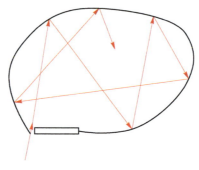

图 6.5.4　黑体模型

$$\varepsilon = M(T)/M_{\mathrm{b}}(T) \tag{6.5.13}$$

ε 称为灰度系数.

当黑体吸收与辐射的能量相等时，系统达到平衡，其温度就不再变化. 辐射出去的电磁波的光谱特征仅与该黑体的温度有关，与黑体的材质无关. 自然界中很多物体可以近似看成黑体（至少在某些波段上），如太阳.

黑体辐射

人们对黑体辐射进行了大量的研究，得到了一些实验规律.

4. 辐射实验规律

辐射传热的机理很复杂. 有一些辐射现象和规律可以用经典电磁波理论来说明，有些则不可以. 事实上，正是经典物理在解释热辐射上遇到了不可逾越的困难这一事件，促成了量子论的诞生. 因此，热辐射需要由量子理论来说明，其所涉及的数学知识也比较复杂. 这里我们只介绍在辐射是各向同性且达到热平衡的简单情况下的几个实验规律.

（1）基尔霍夫定律

在某温度 T 时，物体达到热平衡，函数

$$f(T, \lambda) = \frac{M_\lambda(T)}{\alpha_\lambda(T)} \tag{6.5.14}$$

与具体物体性质无关，只与温度和波长有关. 这称为基尔霍夫定律.

也就是说，在某温度下，对于某波长，$f(T, \lambda)$ 是常量，此时，单色辐出度较大，则吸收率也较大，即好的发射体，一定是好的吸收体. 黑体是最好的吸收体，同时也是最好的发射体.

（2）斯蒂芬-玻耳兹曼定律

黑体的辐射出射度 $M_{\mathrm{b}}(T)$ 与黑体温度 T 的四次方成正比：

$$M_{\mathrm{b}}(T) = \sigma T^4 \tag{6.5.15}$$

其中比例系数 $\sigma = 5.670\,51 \times 10^{-8}$ W·m^{-2}·K^{-4}，为斯蒂芬-玻耳兹曼系数. 该定律表明随着温度升高，辐射功率极快地增大.

对于灰体，相应的斯蒂芬-玻耳兹曼定律为

$$M(T) = \varepsilon \sigma T^4 \tag{6.5.16}$$

（3）维恩位移定律

在黑体辐射光谱中，单色辐射出射度 $M_{b\lambda}(T)$ 的最大值所对应的波长 λ_m 与温度成反比：

$$\lambda_m T = b \tag{6.5.17}$$

式中 $b = 2.897\ 771\ 955\cdots \times 10^{-3}\ \mathrm{m \cdot K}$. 该定律表明辐射能量峰值的波长随温度升高向短波方向移动，这与我们日常生活中所见到的辐射体的颜色随温度发生变化是相符的，例如电灯丝在 800 K 时呈红色，随着温度升高，灯丝由红变黄再达到白炽化.

上述基本定律在现代科学研究及工程技术应用中有着广泛的应用，是高温测量、遥感和红外追踪等技术所依据的物理原理. 例如通过测定星体的谱线的分布来确定其热力学温度；也可以通过比较物体表面不同区域的颜色变化情况，来确定物体表面的温度分布，这种以图形表示出热力学温度分布的方式又称为热像图. 利用热像图的遥感技术可以监测森林防火，也可以用来监测人体某些部位的病变. 热像图的应用范围日益广泛，在宇航、工业、医学、军事等领域应用前景很好.

红外测温仪

5. 辐射的理论解释与单色辐出度的表达式

以上几个定律都是从实验中得到的规律. 实验也得到了不同温度下黑体的单色辐出度 $M_{b\lambda}(T)$ 和波长的关系，如图 6.5.5 所示. 如果从理论上能够得到 $M_{b\lambda}(T)$ 的表达式，则可以解释这几个实验定律和实验结果. 19 世纪末和 20 世纪初，物理学中最引人注目的课题之一就是从理论上推导 $M_{b\lambda}(T)$ 的函数表达式并予以解释.

1896 年，维恩从热力学理论出发，得出

$$M_{b\lambda}(T) = \frac{c_1}{\lambda^5} e^{-c_2/\lambda T} \tag{6.5.18}$$

式中的参量 c_1、c_2 需要用实验数据来确定. 该式称为维恩公式，只在短波段范围内与实验曲线吻合.

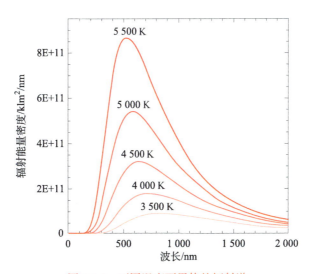

图 6.5.5　不同温度下黑体的辐射谱

1900 年，瑞利根据经典电动力学和能量均分定理推导出 $M_{b\lambda}(T)$，后来金斯对其作了修正，其公式为

$$M_{b\lambda}(T) = \frac{2\pi ckT}{\lambda^4} \qquad (6.5.19)$$

式中，c 为光速，k 为玻耳兹曼常量. 该式称为瑞利-金斯公式，它虽在低频部分与实验值符合，但在高频部分出现无穷大情况，即在紫外波段发散，后来这一失败被称为"紫外灾难".

1900 年秋季，德国物理学家普朗克（Max Planck，1858—1947），给出了黑体辐射公式：

$$\rho_{b\lambda}(T) = \frac{8\pi hc}{\lambda^5} \frac{1}{e^{hc/\lambda kT}-1} \qquad (6.5.20)$$

$\rho_{b\lambda}(T)$ 为温度 T 时波长 λ 的电磁波的能量密度，c 为光速，k 为玻耳兹曼常量，式中出现的常量 h，后来称为普朗克常量，其值为：$h=6.626\,070\,15\times10^{-34}$ J·s.

该公式最初是普朗克根据实验数据，用"内插法"得到的. 为了进行解释，普朗克假设：谐振子的能量只能取一些分立的值，是一个最小能量 ε_0 的整数倍，ε_0 称为"能量子"，并令 $\varepsilon_0=h\nu$. 这种能量不连续的概念与经典物理是格格不入的，它正是量子理论的基础概念. 该假设拉开了量子理论的帷幕，把人类带入了量子世界. 正是黑体单色辐出度公式催生了量子力学.

6. 太阳辐射

（1）太阳总辐射能

太阳是一个大火炉，表面温度将近 6 000 K，它一直向宇宙空间发射着电磁波和粒子流. 我们地球的能量基本上来自太阳的辐射，但是地球接收到的辐射也仅占太阳向宇宙空间辐射的总能量的二十亿分之一. 太阳辐射通过大气，一部分到达地面，称为直接太阳辐射；另一部分则会被大气分子以及大气中的微尘、水汽等吸收、散射和反射，而被散射的太阳辐射除了返回宇宙空间的一部分，还有另一部分将重新回到地面，称为散射太阳辐射. 到达地面的散射太阳辐射和直接太阳辐射之和称为总辐射. 就全球平均而言，到达大气层顶端的太阳辐射的 45% 会到达地球表面. 总辐射量随纬度升高而减小，随高度升高而增大. 在地球位于日地平均距离处，地球大气层顶端垂直于太阳光线的单位面积在单位时间内所受到的太阳辐射的全谱总能量，称为太阳常量. 世界气象组织（WMO）1981 年公布的太阳常量值是 1 368 W·m^{-2}.

（2）太阳辐射能谱

太阳辐射通过大气后，其强度和光谱能量分布都会发生变化. 地球接收到的太阳辐射光谱的 99% 以上在波长 0.15~4.0 μm 之间，其中大约 50% 的太阳辐射能量在可见光谱区（波长 0.4~0.76 μm），7% 在紫外线光谱区，其中最大能量在波长 0.475 μm 处. 地球表面和大气也在辐射电磁波，其波长为 3~120 μm，要比地球接收到的太阳辐射的波长大得多，所以通常又称太阳辐射为短波辐射，称地面和大气辐射为长波辐射.

太阳活动和日地距离的变化等因素，会引起地球大气层顶端太阳辐射能量的变化和辐射不均. 赤道地区获得的太阳辐射最多，极地地区则最少. 这种不均匀的辐射热量，导致了地表各纬度的气温产生差异，在地球表面出现热带、温带和寒带气候. 冬天地球接收到的辐射少，夏天接收到的辐射多，这造成了夏热冬冷. 太阳辐射经过整层大气时，0.29 μm 以下的紫外线几乎全部被吸收，在可见光区域大气吸收很少，在红外区域有很强的吸收带. 云层的平均反射率为

0.50~0.55，能强烈吸收和散射太阳辐射，同时还能大幅吸收地面反射的太阳辐射.

（3）温室效应

大气层既吸收来自外太空（主要是太阳）的辐射能（短波辐射），也吸收大地辐射中的大部分能量（主要是长波辐射）. 但是由于工业化进程加速，人们对环境保护不够重视，人类生产生活排放的 CO_2 气体日益增多，而 CO_2 气体对长波吸收很强，对短波吸收则不强，这样一来，地球辐射的长波热量无法穿透，而长波段辐射的热效应更为明显，这就相当于在地球上方盖了一个罩子，就像花房的玻璃顶棚一样. 所以将之称为温室效应. 20 世纪以来，地球表面出现了愈发严重的温室效应，预计到 2030 年，全球平均气温将上升 1.5 ℃ 以上，这将使得冰雪熔化，全球平均海平面将升高 20 cm 以上，随之而来的将是气候异常与自然灾害的加剧，这会威胁人类和其他生物的生存. 综上所述，控制向大气中排放 CO_2 这样的温室气体已到了刻不容缓的地步.

7. 宇宙噪声

1964 年，美国射电天文学家彭齐亚斯（A. A. Penzias）和威耳孙（R. W. Wilson）在测量银河系平面以外区域的射电波时，意外地发现：在 7.35 cm 波长处有一种无法消除的微波噪声，该噪声与方向无关. 普林斯顿大学的青年理论物理学家皮伯斯（P. E. J. Peebles）认为，在早期的宇宙中，大爆炸使其间充满了辐射，这些辐射会留下射电噪声的背景.

后来，彭齐亚斯和威耳孙发现的微波噪声被证实了正是早期宇宙爆炸所遗留下来的微波背景辐射，并且相继测量了宇宙噪声中不同波长的辐射强度，得到的辐射谱与温度约为 3 K 的黑体辐射的普朗克分布公式一致. 1989 年 11 月，宇宙背景探索卫星（COBE）获取了更为详实的数据，证明了微波背景辐射谱非常精确地符合温度为 (2.726±0.010) K 的普朗克黑体辐射理论曲线，从而为大爆炸宇宙模型提供了最强有力的证据.

思 考 题

6.1 牛顿黏性定律的几个表达式中，力、动量、动量通量之间的关系是什么？各自的单位是什么？

6.2 黏度与流体的性质及温度、压强有关，对于某种材料，在温度和压强变化范围不大时，可以认为是常量. 黏度的量纲是什么？试找出几种材料在常温常压条件下的黏度，如水、油、沥青. 哪些材料的黏度随温度和压强变化较大？利用这些特点，我们可以做些什么？

6.3 热量与热通量（热流密度）的关系是什么？其单位分别是什么？

6.4 在现代建筑中，窗户通常采用分开一定距离的双层玻璃，除隔音外，它还有什么功能？为什么？

6.5 导热系数（热导率）的单位是什么？其物理意义是什么？

6.6 冬天，一块铁和一团棉花置于温度约为 5 ℃ 的室内，达到热平衡. 用手触摸铁块和棉花，为什么感觉上一个冷一个不那么冷？

6.7 自扩散和互扩散的异同点是什么？

6.8 扩散系数的单位是什么？其物理意义是什么？

6.9 斐克扩散定律有几个不同表达式，涉及不同的梯度，试作一个归纳.

6.10 试归纳和比较三种输运过程（黏滞、热传导、扩散）的宏观规律，它们各自与哪个物理量的梯度有关？

6.11 三种输运过程中的三种梯度，与三个输运系数的关系是什么？

6.12 在考虑输运过程的微观粒子的运动时，计算单位时间内穿过单位面积的分子数，计算应分成哪几步？

6.13 分子通过某平面之前最后一次受碰地点与该平面的平均距离，就是分子运动的平均自由程. 这是如何得到的？

6.14 书中给出了 dt 时间内，B 部分分子自下而上穿越截面 dS 的分子数 $dN_\uparrow$，试在不考虑分子碰撞的情况下求出 A 部分分子在 dt 时间内自上而下穿越 dS 的分子数 $dN_\downarrow$.

6.15 上题中，在考虑分子碰撞的情况下求出 A 部分分子在 dt 时间内自上而下穿越截面 dS 的分子数 $dN_\downarrow$.

6.16 从微观角度，是如何得到黏度的？回忆其推导过程.

6.17 从微观角度，是如何得到导热系数的？回忆其推导过程.

6.18 从微观角度，是如何得到扩散系数的？回忆其推导过程.

6.19 将输运过程的简单微观理论与实验得到的结果相比，可以得到什么结论？

6.20 在对简单理论作改进时，需要建立更复杂的模型. 查阅资料，找出其中一个模型，并进行归纳整理.

6.21 同种气体，超薄状态下的导热系数和常压下的导热系数哪个更大？为什么？

6.22 保温材料的保温效果与两层材料的间距以及气体分子数密度有关，试对其进行理论分析，得出相关的关系图. 如有条件，可以设计一个实验进行验证.

*6.23 热欧姆定律是如何推导出来的？

*6.24 热传导和对流，为什么都与温度梯度有关？

*6.25 根据你的经验，单位时间内单位面积通过对流传热和通过热传导传热，哪种效率更高（单位时间内单位面积传递的热量更多）？能否通过理论证明你的观点？可以设计什么样的实验来验证？

*6.26 什么是黑体？什么又是灰体？黑体一定是黑色的吗？灰体一定是灰色的吗？

*6.27 辐射与反射有什么区别？黑体会辐射能量和反射能量吗？

*6.28 基尔霍夫定律表明了什么规律？

*6.29 根据斯蒂芬-玻耳兹曼定律，作出黑体的辐射出射度随温度变化的图. 300 K 的炉火和 400 K 的炉火，其辐射出射度相差几倍？

*6.30 根据维恩位移定律，作出峰值波长与温度的关系图.

*6.31 在利用理论解释辐射规律时，有几种模型？各有什么特点？

*6.32 普朗克公式是通过什么假设，才正确地解释辐射规律的？

*6.33 查阅资料，介绍温室效应或宇宙噪声.

习 题

6.1 一刚性小球在黏性流体中运动，受到的阻力 F_f 只与流体的黏度 η、小球的运动速度 v 及小球的半径 r 有关.

（1）试用量纲分析法证明：$F_f = A\eta r v$，其中 A 是一量纲一的比例系数，后已确定 $A = 6\pi$. $F_f = A\eta r v$ 称为斯托克斯公式.

（2）著名的密立根油滴实验利用该公式，首次测定了电子电荷量，为此，密立根于 1923 年获得了诺贝尔物理学奖. 已知油的密度为 ρ，空气的密度为 ρ'，黏度为 η，但为求得其重力，还应知道它的半径 r. 在电容器不加外电场时，求油滴匀速下降的速度.

（3）加上电场后，使在平行板电容器两板间的带电油滴所受的电场力与其重力平衡，最终测得电子电荷量. 设计一下实验方案，查阅资料，分析与密立根油滴实验是否相同.

6.2 为了获得空气的黏度，设计如下实验. 如图所示，将一半径为 a 的圆柱体沿中心轴悬挂在金属丝上，金属丝的扭力常量为 D，在圆柱体外面套上一个共轴的圆筒，其半径为 b，长度均为 L 的圆柱与圆筒之间充满空气，当圆筒以一定的角速度 ω 转动时，由于空气的黏性作用，圆柱体将受到一力矩，该力矩可由金属丝的扭转角 θ 测定，进而求出空气的黏度 η.

（1）推导出黏度的表达式.

（2）当圆筒与圆柱体之间的空隙 δ 非常小时，黏度的近似表达式是什么？

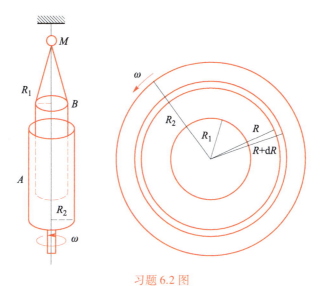

习题 6.2 图

6.3   利用例 6.1 的结论，测量 CO_2 气体的黏度. 将 CO_2 储于容积为 $V = 1.0 \times 10^{-3}\ \text{m}^3$ 的烧瓶内，压强保持为 $p_1 = 213.3\ \text{kPa}$. 打开阀门，让 CO_2 经由长 $L = 10\ \text{cm}$、直径 $d = 0.1\ \text{mm}$ 的细管流出烧瓶，经过 $\Delta t = 22\ \text{min}$ 后，烧瓶中的压强降低至 $p_2 = 180.2\ \text{kPa}$. 已知外界大气压 $p_0 = 98.0\ \text{kPa}$，整个过程可视为在 15 ℃时发生的等温过程. 试计算 CO_2 的黏度 η.

6.4   一块复合板是由 n 层厚度分别为 L_1、L_2、$\cdots$、L_n，导热系数分别为 κ_1、κ_2、$\cdots$、κ_n 的物质组成，复合板的截面积均为 S. 各板的表面温度为 T_1、T_2、$\cdots$、T_n，试求在热流达到稳定时，通过这一复合板的热量迁移率（单位时间内传递的热量）.

6.5   两个长圆筒共轴地套在一起，两筒的长度均为 L，内筒和外筒的半径分别为 R_1 和 R_2，内筒和外筒分别保持在恒定的温度 T_1 和 T_2，且 $T_1 > T_2$，已知两筒间空气的导热系数为 κ.

（1）每秒由内筒通过空气传到外筒的热量为多少？

（2）利用这个装置测量氮气的导热系数：将氮气充于两共轴长圆筒之间，内、外筒半径分别为 $R_1 = 0.50\ \text{cm}$、$R_2 = 2.0\ \text{cm}$，内筒的筒壁上绕有电阻丝可对其加热，已知内筒每厘米长度上所绕电阻丝的阻值为 $0.10\ \Omega$、加热电流为 $1.0\ \text{A}$，外筒保持恒定的温度 0 ℃. 过程稳定后，内筒温度为 93 ℃. 在实验中氮气的压强很低，约几千帕，所以可忽略对流. 求氮气的导热系数.

6.6   固体的热传导也服从傅里叶定律.

（1）现有一半径为 R_1 的球形高温容器，温度为 T_1，外面套有导热系数为 κ 的球形固态隔热层，其内半径为 R_1、外半径为 R_2. 若隔热层外表面温度为 T_2，单位时间内通过隔热层传导出去的热量为 Q，试求球形固态隔热层的导热系数 κ；

（2）现在房屋对于隔热的要求很高，现拟采用某地的花岗岩做建筑材料，需要先测量其导热系数. 已经测得昼夜气温的变化在花岗岩地面下 10 cm 处，温度总保持在日平均气温 T_0，白天日照最强时辐射到地球的被吸收的辐射强度为 $Q = 215\ \text{W} \cdot \text{m}^{-2}$. 花岗岩吸热后，下方 10 cm 以下的温度比花岗岩表面温度低 10 ℃, 试求花岗岩的导热系数.

6.7 如图所示, 一个均匀非金属环形圆柱的内半径为 r_1, 外半径为 r_2, 长度为 l_0, 它的内、外表面的温度分别保持为 100 ℃ 及 0 ℃.

(1) 它的内部温度分布是怎样的? 热量损失率为多大?

(2) 如果将它放置在绝热的房间里, 然后达到平衡态, 问: 它的熵是增加、减少还是保持不变?

6.8 某高直保温桶有三个隔间, 其截面为正方形, 如图所示. 大隔间里装有温度为 $t_1 = 65$ ℃ 的热汤, 两个小隔间分别装有 $t_2 = 35$ ℃ 的温水和 $t_3 = 20$ ℃ 的果汁, 它们的液面高度相同. 容器外壁隔热良好, 内隔板的厚度相同且由同一种导热性不太好的材料制成, 经过一段时间后, 热汤的温度降低了 1 ℃, 可以认为所有这些液体实质上是水, 试问: 在这段时间内其余两个小隔间里液体的温度变化是多少?

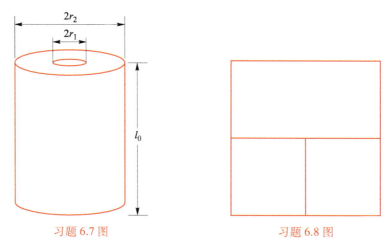

习题 6.7 图　　　　　　　　　习题 6.8 图

6.9 随着生活水平的提高, 很多家庭在家里养观赏鱼. 如果在鱼缸里养殖热带鱼, 需要保持水温恒定在 $T_h = 25$ ℃, 为此可以采用功率 $P_h = 100$ W 的电热器. 鱼缸里养殖冷水鱼, 则需要保持水温恒定在 $T_c = 12$ ℃, 为了确保低温条件, 通过在鱼缸里浸入热交换器——长铜管, 让温度为 $T_1 = 8$ ℃ 的自来水在管内流动带走热量. 热交换器的效率高, 使从管中流出来的水与鱼缸里的水处于热平衡. 假设鱼缸的温度与周围介质之间的温度差成正比, 求为保持指定水温所需要的最小的水消耗量 K ($= \Delta m / \Delta t$), 已知室温为 $T_0 = 20$ ℃, 水的比热容为 $c = 4\,200$ J·kg^{-1}·K^{-1}. 如果要在鱼缸里养殖适宜水温为 16 ℃ 的鱼, 答案会有何不同?

6.10 学完热传导的知识后, 我们来做一个实验, 以测量物体的热容. 将盛有水的容器放在电炉上, 把电炉接到电源上, 每 3 min 记录到的水温分别是: 25.2 ℃, 26.4 ℃, 27.6 ℃, 28.7 ℃, 29.7 ℃, 30.6 ℃, 31.5 ℃, 32.3 ℃, 33.1 ℃. 然后将水冷却回到室温, 再把一小块金属样品放入水中, 重复上述实验, 即每隔 3 min 测量水温, 分别是: 22.6 ℃, 23.8 ℃, 25.0 ℃, 26.0 ℃, 27.0 ℃, 28.0 ℃, 28.9 ℃, 29.8 ℃, 30.6 ℃. 电源电压为 $U = 35$ V, 通过电炉的电流为 $I = 0.2$ A, 室温 $t_0 = 20$ ℃.

(1) 设计一个表格, 将第一个实验的数据填入;

(2) 根据两次实验数据, 确定金属样品的热容.

6.11 中国古代有人发明了一种冬天的取暖器具, 称为 "汤婆子", 一般采用铜制成一个容器, 内部灌有热水. 放在被子里或用来捂手. 设有一个铜制汤婆子, 其质量为 $m_1 = 5.0 \times 10^{-1}$ kg, 盛有 $m_2 = 5.0 \times 10^{-1}$ kg 的水, 从 $t_1 = 90$ ℃ 冷却到 $t_2 = 30$ ℃, 为简单起见, 设散热速率为 $k =$

$0.84 \text{ J} \cdot \text{s}^{-1} \cdot \text{℃}^{-1}$，外部环境温度维持在 $t_0 = 10 \text{ ℃}$，铜的比热容 $c_1 = 206 \text{ J} \cdot \text{kg}^{-1} \cdot \text{℃}^{-1}$，水的比热容为 $c_2 = 4\,200 \text{ J} \cdot \text{kg}^{-1} \cdot \text{℃}^{-1}$。考虑均匀散热和非均匀散热两种情况，求冷却过程需要的时间。

6.12　现在建房子时，外墙会贴上一层保温材料。如图所示，设某幢房子的墙由水泥、砖和保温材料三种材料连成的平行层组成，各层的厚度分别为 2 cm、23 cm 和 1 cm，它们的导热系数分别为 $0.29 \text{ W} \cdot \text{m}^{-1} \cdot \text{℃}^{-1}$、$2.5 \text{ W} \cdot \text{m}^{-1} \cdot \text{℃}^{-1}$ 和 $0.17 \text{ W} \cdot \text{m}^{-1} \cdot \text{℃}^{-1}$。当室内空气温度为 20 ℃，室外大气温度为 −5 ℃时，问：每分钟通过每平方米的热量为多少？

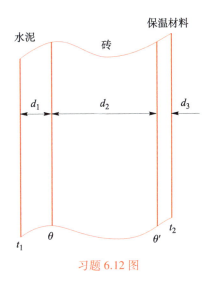

习题 6.12 图

6.13　一根直的铜棒，长 $l = 10 \text{ cm}$，横截面积 $A = 5 \text{ cm}^2$，上端与沸腾的水相接触，下端与熔化的冰相接触，周围大气压强为 1 atm，铜的导热系数 $\kappa = 90 \text{ cal} \cdot \text{K} \cdot \text{m}^{-1} \cdot \text{s}^{-1}$，1 cal = 4.18 J。若把此体系看作孤立系统，试计算：

(1) 体系熵增加的速率；

(2) 冰熔化的速率。

6.14　湖面上的水和空气在稍高于冰点的温度处于热平衡。空气温度突然降低 ΔT。试用单位体积的潜热 L/V 和冰的导热系数 Λ 表示出作为时间函数的湖面上冰的厚度。假设 ΔT 足够小，冰的比热容可忽略。

6.15　冬天，室外气温为 −20 ℃，池塘中的水面上结了厚为 1 cm 的冰层，冰的导热系数 $\kappa = 2.092 \text{ J} \cdot \text{m}^{-1} \cdot \text{s}^{-1} \cdot \text{K}^{-1}$，结冰时的潜热 $l = 3.349 \times 10^5 \text{ J} \cdot \text{kg}^{-1}$，水的密度 $\rho = 10^3 \text{ kg} \cdot \text{m}^{-3}$。试求：

(1) 开始结冰时冰层厚度增加的速率；

(2) 冰层的厚度增加一倍所需的时间。

6.16　两个体积为 V 的容器用一长为 L 的细管连接，管的横截面积为 A，且 $LA \ll V$。开始时，一个容器内装有分压为 p_0 的 CO 和分压为 $p-p_0$ 的 N_2 的混合气体，而另一容器装有压强为 p 的氮气，两个容器的温度均为 T，CO 扩散到 N_2 或 N_2 扩散到 CO 的扩散系数均为 D。试计算在第一个容器中的 CO 的分压作为时间的函数。

6.17　一容器被隔板分成两部分，两边充有温度为 T、摩尔质量为 M 的同种气体，气体的压强和分子数密度分别为 p_1，n_1 和 p_2，n_2，$p_1 > p_2$。在隔板上开一面积为 A 的小孔，小孔的线度小于气体分子的平均自由程。试求每秒通过小孔的气体质量。

6.18　已知氧气在标准状态下的黏度为 $19.2 \times 10^{-6} \text{ N} \cdot \text{s} \cdot \text{m}^{-2}$。

(1) 求氧气分子的平均自由程；

（2）由此计算出氧气的扩散系数；

（3）实验测得氧气在标准状态下的扩散系数为 1.9×10^{-5} $\mathrm{m^2 \cdot s^{-1}}$，和第（2）问的理论值偏差有多大？为什么有这样的偏差？

6.19　实验测得氮气在 0 ℃时的黏度为 16.6×10^{-6} $\mathrm{N \cdot s \cdot m^{-2}}$，导热系数是 23.7×10^3 $\mathrm{W \cdot m^{-1} \cdot K^{-1}}$，摩尔定容热容是 20.9 $\mathrm{J \cdot mol^{-1} \cdot K^{-1}}$，试由黏度和导热系数的实验值分别计算氮气分子的有效直径.

6.20　设标准状态下氦气的黏度为 η_1，氩气的黏度为 η_2，它们的摩尔质量分别为 M_1 和 M_2.

（1）氦原子和氦原子碰撞的碰撞截面 σ_1 和氩原子与氩原子的碰撞截面 σ_2 之比为多少？

（2）氦的导热系数 κ_1 与氩的导热系数 κ_2 之比为多少？

（3）氦的扩散系数 D_1 与氩的扩散系数 D_2 之比为多少？

（4）此时测得氦气的黏度 $\eta_1 = 1.87 \times 10^{-3}$ $\mathrm{N \cdot s \cdot m^{-2}}$ 和氩气的黏度 $\eta_2 = 2.11 \times 10^{-3}$ $\mathrm{N \cdot s \cdot m^{-2}}$. 用这些数据近似地估算碰撞截面 σ_1、σ_2.

6.21　求空气在 10 ℃和 0.101 MPa 时的导热系数. 取空气分子的平均有效直径为 3.0×10^{-8} cm，空气的摩尔定容热容 $C_{V,\mathrm{m}}$ 可认为是 $\dfrac{5}{2}R$.

6.22　已知氦气和氧气的摩尔质量分别为 $M_1 = 4.0$ $\mathrm{g \cdot mol^{-1}}$ 和 $M_2 = 40$ $\mathrm{g \cdot mol^{-1}}$，它们在标准状态下的黏度分别为 $\eta_1 = 18.8 \times 10^{-6}$ $\mathrm{N \cdot s \cdot m^{-2}}$ 和 $\eta_2 = 21.0 \times 10^{-6}$ $\mathrm{N \cdot s \cdot m^{-2}}$，试求：

（1）氢分子与氦分子的碰撞截面之比 $\dfrac{\sigma_2}{\sigma_1}$；

（2）氢气与氦气的导热系数之比 $\dfrac{\kappa_2}{\kappa_1}$；

（3）氩气与氦气的扩散系数之比 $\dfrac{D_2}{D_1}$.

6.23　一条长度 $L = 2.0$ m、截面积 $S = 1.0 \times 10^{-4}$ $\mathrm{m^2}$ 的管子里储有标准状态下的 CO_2 气体，一半 CO_2 分子中的 C 原子是放射性同位素 ^{14}C，在时间 $t = 0$ 时，管子的左端全是放射性分子，放射性分子密度沿管子均匀地减小，到右端减为零.

（1）开始时，放射性气体的密度梯度是多大？

（2）开始时，每秒有多少放射性分子通过管子中点处的横截面从左侧移到右侧？

（3）接第（2）问，有多少个分子从右侧移到左侧？

（4）开始时，每秒通过管子中点处横截面扩散的放射性气体质量为多少？（已知 0 ℃时 CO_2 的黏度是 14.0×10^{-6} $\mathrm{N \cdot s \cdot m^{-2}}$）；

（5）此题与例 6.3，例 6.4 相比，得到的答案是否一样？若不一样，试分析为什么.

6.24　深太空中气体非常稀薄，已知稀薄气体的密度为 ρ，气体分子热运动平均速率为 $\bar{v}$. 驱动两片板 A 和 B，使它们各以速率 v_A 和 v_B 相互平行地运动，试求作用在板上单位面积的黏性力的数学表达式.

6.25　在极度稀薄的气体中，有两片平行板 A 和 B，各自的温度分别是 T_A 和 T_B，已知气体密度为 ρ、分子热运动平均速率为 $\bar{v}$、定容比热容为 c_V. 试求在单位时间内通过两板之间一平行于两板的单位截面积的热量.

6.26　热水瓶胆两壁相距 $L = 0.4$ cm，其间充满温度 $t = 27$ ℃的氮气. 氮分子的有效直径 $d = 3.1 \times 10^{-8}$ m. 为了使瓶胆具有隔热性能，希望氮的导热系数比它在大气压下的数值小. 而对于稀薄气体，导热系数随压强降低而减小. 试问：瓶胆两壁间的压强降低到多大数值以下时，瓶胆具有隔热性能？

6.27　圆柱状杜瓦瓶高为 24.0 cm，瓶胆内层的外直径为 15.0 cm，外层的内直径为 15.6 cm，瓶中装着冰水混合物．瓶外温度保持为 25 ℃，取氮分子的有效直径为 3.1×10^{-10} m．

（1）如果夹层里充有 0.101 MPa 的氮气，那么，单位时间内由于氮气热传导而流入杜瓦瓶的热量是多少？

（2）要想把由于热传导而流入的热量减少为上述情况的 1/10，夹层中氮气的压强需降低到多少？

*6.28　激光器运行时，激光工作介质会积累很多热量，为此，常采用流动的冷却水将热量带走．激光工作介质温度为 $t_1 = 100$ ℃，采用恒温 $t_0 = 10$ ℃的流动的冷却水来带走热量，散热率为 $k = 1.0$ J·s^{-1}·℃$^{-1}$．为了保持流经激光工作物质的水温温度波动不超过 $\Delta t = 0.1$ ℃，问：用于冷却的水的质量流量 J（单位时间流动的质量）是多少？已知水的比热容为 $c_2 = 4\ 200$ J·kg^{-1}·℃$^{-1}$．

*6.29　"量热计"可以用来测量液体的比热容．当液体以给定的速率流过量热计时，通过对流的方式，将热量以给定的速率传递到液体中去，再将液流入口处所产生的温度差测量出来，就可以计算出液体的比热容．现有某种液体，其密度为 $\rho = 0.85 \times 10^3$ kg·m^{-3}，以 $v = 8.0$ cm^3·s^{-1} 的速率流过量热计，利用一个 $P = 250$ W 的电热线圈对该液体加热，在热流稳定时，入口处和出口处的温度差为 15 ℃．试求该液体的比热容．

*6.30　如图所示，圆柱状铜杆 AB 长度 $l = 25$ cm，截面半径 $r = 1$ mm，连接着高温室和室外，室外温度恒定为 $T_1 = 0$ ℃，室内温度恒定为 $T_2 = 125$ ℃，铜杆外面包一层保温石棉，横向散热可忽略不计，铜杆导热系数为 $\kappa = 3.9 \times 10^2$ W·m^{-1}·K^{-1}．

（1）求沿杆长方向上的温度梯度；

（2）求从高温到低温的热流密度 j；

（3）假如铜杆的石棉保暖层较薄，在杆的侧向上因为辐射、对流等原因产生了热量泄漏，设单位时间内单位面积上散失的热量为 $\lambda = 4.2 \times 10^3$ J·m^{-2}·s^{-1}·K^{-1}，试求杆上的温度分布．

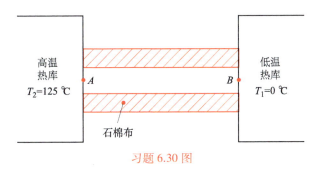

习题 6.30 图

*6.31　由斯特藩定律出发，在物体温度 T 和环境温度 T_0 相差不大时，试证明物体的辐射散热的冷却速率为 $\dfrac{\mathrm{d}T}{\mathrm{d}t} = -k(T - T_0)$．

*6.32　球形宇宙飞船沿圆周轨道绕太阳飞行，求飞船的温度．已知飞船上航天员看见太阳的角度为 $\alpha = 30'$，太阳表面的温度为 6 000 K．

*6.33　我国发射的某人造地球卫星，其主体可以视为一个半径 $r = 1$ m 的球，各处温度均匀一致，卫星处于地球附近的太空中但不在地球的阴影中．当卫星在阳光下升高到某一温度时，卫星的辐射功率等于从太阳吸收的功率．试求卫星的热平衡温度．假设太阳为黑体，太阳表面温度 $T_S = 6\ 000$ K，太阳半径 $R_S = 6.96 \times 10^8$ m，太阳到地球的距离 $l = 1.5 \times 10^{11}$ m，斯特藩常量 $\sigma = 5.67 \times 10^{-8}$ W·m^{-2}·K^{-4}．

*6.34 试由普朗克公式（6.5.20）证明维恩位移定律式（6.5.17）.

*6.35 已知太阳表面温度约为 6 000 K，试求太阳辐射光谱的峰值波长. 已知 $b = 2.898\ \text{nm} \cdot \text{K}$.

习题答案

液态与固态的性质

液态和固态是三种常见物态中的两种. 由于分子间距不同, 液态和固态具有很多独特的性质. 本章首先在 7.1 节介绍物质的物态及其特性, 其后 7.2—7.6 节重点讲述液体的性质, 包括液体的分类与微观结构 (7.2 节)、彻体性质 (7.3 节) 和表面性质 (7.4—7.6 节), 液体的表面张力造成润湿和毛细现象, 这也是液体常见的现象, 在 7.5 节和 7.6 节中分别单独予以介绍. 最后 7.7 和 7.8 节对固体的性质, 尤其对固体的热容给予简单介绍.

7.1 __ 物质的物态

7.1.1　固态　液态　气态

在一定温度和压强下, 大量微观粒子聚集为一种相对稳定的结构状态, 称作物质的一种聚集态, 简称**物态** (state). 气态 (gas state)、液态 (liquid state)、固态 (solid state) 是最常见的三种物态. 其中液态和固态又统称为凝聚态.

从宏观特征可区分物态. 气态物体 (气体) 的体积和形状随容器形状而改变, 容器敞开时会逃逸; 液态物体 (液体) 具有一定体积, 但是形状随容器而改变, 易于流动; 固态物体 (固体) 具有一定体积, 形状不随容器改变, 不逃逸、不流动. 如水蒸气、水、冰分别是气态、液态和固态. 从微观角度来看, 物体的宏观性质是由物体内部分子的热运动和分子间的相互作用力两个因素共同决定的.

三种物态中分子数密度和分子间距都是不同的. 气态的分子间距很大, 数密度为 $10^{25}/m^3$ 数量级, 热运动的平均自由程大; 液态的分子排布比较紧密; 固态的分子排布更紧密, 更多地受到周围分子的束缚. 固体和液体的分子数密度为 $10^{28} \sim 10^{29}/m^3$ 数量级. 气体分子间的距离大约在 10^{-9} m 数量级, 固体和液体的分子间的距离是气体的十分之一, 因此气态的分子间作用力很弱.

三种物态的具体特点和属性见表 7.1.1.

表 7.1.1　固液气三种物态的特点

物态	分子间距	分子间作用力	分子运动	流动性	压缩性	确定的体积	确定的形状	弹性	附着性
气体	10^{-9} m	弱	自由热运动	有	有	无	无	无	无
液体	稍大于 10^{-10} m	介于气体和固体之间	二者之间	有	不易	有	无	几乎无	几乎无
固体	10^{-10} m	最强	被束缚在平衡位置	无	很不容易	有	有	有	有

*7.1.2　其他物态

除气态、液态、固态三种常见物态以外, 还有液晶态、等离子体态、超固态、玻色-爱因斯坦凝聚态等多种聚集态.

1. 等离子体态

当气体的温度达到几百万摄氏度的极高温，或受到其他粒子的强烈碰撞时，气体分子的运动是如此之剧烈，以至于电子从原子中游离出来而成为自由电子，也就是说，气体被高度电离了，成为离子、电子的混合体，此混合体称为等离子体，它与普通的原子分子组成的气体的性质有所不同，是一种特殊的气态，称为等离子体态.

等离子体态是朗缪尔（1881—1957）于1925年首次提出的. 太阳，以及许多恒星温度极高，其组成物质都是电子和离子组成的等离子体. 宇宙内大部分物质都处于等离子体态.

地球上方约50 km以上的整个大气层，由于受到太阳的高能辐射和宇宙射线的激励，都处于部分电离或完全电离的状态，称为电离层（也有人将其中的部分电离区域称为电离层，完全电离区域称为磁层）. 电离层中的自由电子和离子，能使无线电波改变传播速度，发生折射、反射和散射，正是利用这个特点，光波电视信号才能得以传播，如图7.1.1所示. 除地球外，金星、火星和木星的大气也都有电离层. 此外，我们所知道的闪电、极光附近的物态，也是等离子体态. 日光灯、水银灯里的电离气体则是人造的等离子体态.

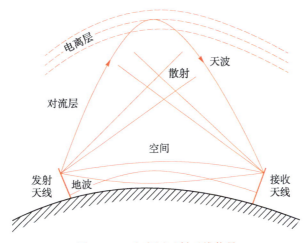

图 7.1.1　电离层反射无线信号

等离子体系统中，等离子体的温度（$10^2 \sim 10^9$ K）和密度（$10^3 \sim 10^{33}$ m^{-3}）范围极其宽广. 虽然等离子体不能自然地存在于地球环境，但宇宙中99%以上的物质却是以等离子体态存在的. 地球上一般可在实验室内产生等离子体，气体放电产生的等离子体粒子数密度约为1×10^{20} m^{-3}；而太阳日冕的等离子体数密度约为1×10^{15} m^{-3}. 通过与气体分子相似的处理方式，可知对应的等离子体的粒子间距L_p分别是2.15×10^{-7} m和1.0×10^{-5} m，远大于气体分子间距，这是等离子体中带电粒子之间的库仑相互作用引起的. 在受控磁约束聚变实验中，已经能把等离子体密度提高到10^{21} cm^{-3}，这方面我国的托卡马克装置已连续两次创造了世界纪录. 具有更高密度的等离子体可以称作固体等离子体，如太阳核心就是具有超高密度的固体等离子体.

2. 超固态

原子是由原子核和核外电子组成的，原子核与电子中间有很多空间. 当压强极大，达到140万个标准大气压以上时，原子核与电子之间的空间就会发生坍塌，原子结构受到破坏，整个原子被挤压至原子核的范围，而电子则全部被"挤出"来，形成电子气体,那些"裸"原子核则一个挤着一个地紧密排列.原子核的体积只占原子体积的几千亿分之一,但是却集中了99.96%以上的原子质量,原子核密度约为10^{17} kg·m^{-3},1 m^{3}的体积若装满原子核,其质量将达到一百万亿吨.所以被挤压在一起的原子核和被挤出来的电子(电子的质量和体积远小于原子核的)所组成的物质的密度极大,该状态称为超固态.一个乒乓球大小的超固态物质,其质量应在1 000 t以上.

图7.1.2(a)为普通固体示意图,图7.1.2(b)为超固态物体示意图,此时原子核紧密排列.由于相对于原子核来说,电子的体积和质量都小得多,图中没有画出.

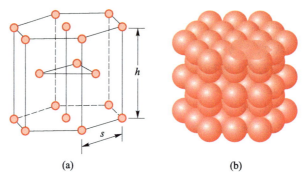

(a)   (b)

图 7.1.2   固态和超固态的分子结构

超固态物质除质量密度超大以外,还能像滑润的、无黏性的液体那样流动.由原子构成的质量较小的恒星发展到后期阶段,会成为白矮星.有研究认为,在白矮星内部,压力和温度非常高.

2004年,有研究人员宣称,在绝对零度附近0.175 K时,发现固态氦的旋转突然开始变得轻松起来,他们认为是氦-4具有了液态的流动性,其状态为超固态.不过也有人对这个观点表示反对.2016年1月,英国爱丁堡大学科学家宣称制造出某种极端高压状态下的超固态氢.2024年,中国科学家获得了94 mK的极低温,发现了"自旋超固态",这是国际上首次给出了实际固体材料中存在超固态的实验证据.

3. 中子态

假如在超固态物质上再加上更高的温度或更加巨大的压力,那么原来已经挤得紧紧的原子核和电子,已经没有再靠紧的任何余地了,其结果就是原子核也会被"压碎",从里面释放出质子和中子.而从原子核里释放出的质子,在极大的压力下,会和电子结合成为中子,这样的中子紧密排列的状态,称为"中子态".我们知道,常规的物质是由原子组成的,原子是由原子核和电子组成的,而在超高压超高温时的物质,都是由中子组成的.中子态物质的密度比超固态的要高9.6万倍.

中子态物质主要存于一种叫"中子星"的星体中,中子星一般是由质量为太阳质量的10倍到29倍的恒星演化晚期内原子核发生坍缩而生成的,是体积很小的、没有生命迹象的星球.黑洞的物质也是中子态.

2022年,来自中、德、日、美、英等几十个国家的科学家团队,合作发现了"四中子态"(tetraneutron)的奇异物质,该物质的最基本单元由4个中子组成.团队中的中国科学家表示,我国正在研发新型探测设备,可直接捕捉"四中子态"在"寿终正寝"时放出的4个中子,并对其内部结构进行高精度"拍照",然后进一步研究更重的"中子物质"(如"六中子态""八中子态"),深入探索这种目前已知仅存在于中子星内部的奇异物质形态.

4. 玻色-爱因斯坦凝聚态

有些原子气体被冷却到极低的温度（低至 10^{-9} K）时，气体原子都进入能量最低的基态，这时的物态称为玻色-爱因斯坦凝聚态（Bose-Einstein condensation，缩写为 BEC）. 1920 年，玻色和爱因斯坦预言过这种新物态. 1938 年，科学家发现氦-4 在降温到 2.2 K 时会成为一种叫做超流体的新的液体状态，它有许多很不寻常的物化特性，比如黏度为零，其原因就是产生了玻色-爱因斯坦凝聚.

大家公认的"真正"的玻色-爱因斯坦凝聚态是 1995 年 6 月 5 日制备成功的. 科学家使用激光冷却和磁阱中的蒸发冷却，将约 2 000 个稀薄的气态铷-87 原子的温度降低到 170 nK 后获得了玻色-爱因斯坦凝聚态. 四个月后，又获得了钠-23 的玻色-爱因斯坦凝聚态，并观测到了两个不同凝聚态之间的量子衍射. 2001 年，玻色-爱因斯坦凝聚态的研究工作获得了诺贝尔物理学奖.

科学家还提出了超流态、超导态、超气态等非常规的物态.

7.2__ 液体的分类与微观结构

液体是具有一定体积、没有弹性（没有切变模量）、没有一定形状的可流动系统.

7.2.1　液体的分类

根据液体的表观特征及其构建单元，可以将液体分成如下几类. ① 范德瓦耳斯液体：由不表现出电偶极矩的分子形成的液体，其分子间的作用较弱. 如液态氢、惰性元素（氦除外）的液态. ② 极性液体：由具有较大电偶极矩的分子形成的液体，其分子间的作用较弱. 如氯化氢液体等. ③ 缔合性液体：分子间的作用力较强，结构稳定，黏性大. 如水、甘油等. 以上三种液体，其分子都是电中性的. ④ 金属液体：存在自由电子，具有较好的传热和导电性能，如金属熔化形成的液体、等离子体（有时也将等离子体态单独看作一种物态）. ⑤ 量子液体：在极低温和/或极高密度状态下的液体，其黏性消失，具有奇异的力热特性和超流态性质（属于量子现象），如低于 2.4 K 的液氦. ⑥ 液晶：介于固态和液态之间，具有各向异性的光学性质.

常规液体中分子之间主要是范德瓦耳斯力（分子间作用力）起作用，如图 7.2.1 所示，它是由分子间的偶极子异极相吸造成的. 所以不像化学键那样有固定的角度，范德瓦耳斯力只有一个大概的方向. 这也是液体会流动而固体不能流动的原因.

图 7.2.1　液体分子之间的范德瓦耳斯力

当液态物体分子间的范德瓦耳斯力被打破时，物体由液态变为气态；当液态物体分子间热运动减小，小到分子间化学键可以形成，从而化学键在分子间占主导地位时，液体变为固体.

7.2.2 液体的微观结构与热运动

液体的宏观性质，是由其微观结构决定的.

1. 液体分子的排列方式

具有一定排列规律的粒子的群体称为一个单元，液体是由很多这样的单元组成的. 液体分子排列的特点是：短程有序（在单元内的分子的排列是有序的）、长程无序（各单元之间的分子排列看上去则是无序的）. 图 7.2.2 为水分子的结构图. 每个分子由两个氢原子和一个氧原子构成，水分子之间排列没有规律.

图 7.2.2　水分子的排列示意图

温度低时，液体分子的排列方式更接近于固体；温度高时，其排列方式则更接近于气体.

2. 液体分子的热运动与液体的流动性

液体分子在其平衡位置附近振动. 同一单元内的液体分子的振动模式基本一致，不同单元中的液体分子的振动模式则各不相同. 处于某一个单元中的一个液体分子，在一定的温度和压强下，其振动次数和在该单元中的时间是固定的，分别是 $100 \sim 1\,000$ 次和 10^{-10} s 这个数量级.

我们可以追踪某一个液体分子 M，在 $t=0$ 时刻，它处在单元 A 中，不断地热振动，它在单元 A 中的时间称为居留时间，记为 τ_1；由于外界环境变化，该单元被破坏，分子 M 与其他分子又重组了单元 B，在单元 B 中，分子 M 的居留时间记为 τ_2……依此类推. 由于分子不断从一个单元跳出，并加入另外一个单元，这样，流动就发生了. 分子在每个单元中的居留时间的平均值称为平均居留时间，记为 $\bar{\tau}$.

平均居留时间 $\bar{\tau}$ 与分子间作用力和分子热运动有关. 分子排列越紧密，则分子间作用力越大，分子就越不容易从单元中离开，其居留时间就越长；温度越高，分子热运动越剧烈，分子就越容易从单元中迁移出来.

7.3 液体的彻体性质

液体,作为整体而言,有确定的体积但没有确定的形状,有流动性,不易压缩,有明显的附着性但是几乎没有弹性.这些性质都是液体的彻体性质.

7.3.1 液体的压缩

给液体加上外力,则液体会被压缩.压缩性是液体的一种力学性质,可用等温压缩系数或绝热压缩系数来表征.

1. 液体体积随压强的变化

等温压缩系数为等温情况下,液体的单位体积随压强产生的变化,常用 κ_T 表征,其单位为 Pa^{-1}.绝热压缩系数为绝热情况下,液体的单位体积随压强产生的变化,常用 κ_S 表征,其单位为 Pa^{-1}.两个压缩系数的定义式见式 (7.3.1) 和式 (7.3.2):

$$\kappa_T = -\frac{1}{V}\left(\frac{\partial V}{\partial p}\right)_T \tag{7.3.1}$$

$$\kappa_S = -\frac{1}{V}\left(\frac{\partial V}{\partial p}\right)_S \tag{7.3.2}$$

上面两式中,下标 T 和 S 分别代表等温过程和绝热过程.

液体可被压缩的程度很小.实验测量表明,液体的等温压缩系数大约在 $1\ Pa^{-1}$ 这个数量级,比固体的等温压缩系数要大(大约 $0.1\ Pa^{-1}$ 数量级).

2. 液体体积随温度变化

随着温度的变化,液体的体积也会变化,一般来说,压强不变温度越高,则体积越大,这叫做液体的热膨胀性质.液体的热膨胀性质用等压膨胀系数(或称为体膨胀系数)来表征,常用字母 α 表示,其单位为 K^{-1}:

$$\alpha = \frac{1}{V}\left(\frac{\partial V}{\partial T}\right)_p \tag{7.3.3}$$

式中,下标 p 代表等压过程.

绝大多数液体的体膨胀系数都大于 0,从式 (7.3.3) 可见,对于 $\alpha>0$,当温度升高时,体积也增加;温度降低,体积也减小,也就是说具有典型的热胀冷缩的现象.液体的体膨胀系数一般都大于固体的(也有一些例外).

不过,也有一些液体具有反常的现象,比如压强为 1 atm 的水,在 4 ℃到 100 ℃范围内,体膨胀系数都大于 0(室温下, $\alpha = 1.8\times10^{-4}\ K^{-1}$);但是,在 0 ℃到 4 ℃之间,随着温度下降,体积反而增大,此时 $\alpha<0$.

7.3.2 液体的热容

实验表明,液体的摩尔定压热容 $C_{p,\ m}^{L}$ 与相应固体的摩尔定压热容 $C_{p,\ m}^{S}$ 相近,对于固态,可由杜隆-珀蒂定律(参见 7.8 节)得到,其值为 $3R$,即

$$C_{p,\ m}^{L} \approx C_{p,\ m}^{S} \approx 3R \tag{7.3.4}$$

$R = 8.31\ J \cdot mol^{-1} \cdot K^{-1}$ 为摩尔气体常量.

实验测量了一些固体和其相应液体的摩尔定压热容，如表 7.3.1 所示.

表 7.3.1　几种常见金属在固态和液态下的摩尔定压热容

物质	铝	铁	锌	铜	银	金	汞
固态时的 $C_{p,\mathrm{m}}/(\mathrm{J}\cdot\mathrm{mol}^{-1}\cdot\mathrm{K}^{-1})$	24.2	24.5	25.2	25.1	24.9	25.4	28.1
液态时的 $C_{p,\mathrm{m}}/(\mathrm{J}\cdot\mathrm{mol}^{-1}\cdot\mathrm{K}^{-1})$	~28	~45	~32.5	~23	~24	~31	~28

液体的膨胀系数大于固体的膨胀系数，所以液体的摩尔定容热容小于摩尔定压热容. 但二者之间没有一个确定的函数关系，而且液体的摩尔定容热容和摩尔定压热容相差不大，可以认为近似相等.

多数液体的热容随温度的升高而增加，但是也有反常的液体，甚至有液体的热容随着温度的升高不单调变化. 比如水的定压热容在低温时随温度升高而减小，在312 K 时最小，随后又随着温度升高而增大.

7.3.3　液体的输运性质

1. 扩散

物质在液体中的扩散系数比在固体中的要大得多，但是比在气体中的要小得多，其仅为气体中扩散系数的 $1/10^5$. 一个液体分子要从一个单元逸出，必须克服单元中其他分子对它的作用势能，才能进入下一个单元. 如此不断地克服其他分子的作用势能，最终从单元中逸出，就形成了所谓的扩散.

扩散系数可以表示为

$$D = D_0 \exp\left(-\frac{E_\mathrm{d}}{kT}\right) \tag{7.3.5}$$

式中，D_0 为常量，E_d 为液体的激活能，k 为玻耳兹曼常量，T 为热力学温度.

在分子扩散的过程中，从一个单元跳到另外一个单元，其间的时间间隔就等于分子在单元中的平均居留时间 $\bar{\tau}$，显然，平均居留时间 $\bar{\tau}$ 越短，则扩散就越快，扩散系数就越大，平均居留时间 $\bar{\tau}$ 与扩散系数 D 成反比，由式（7.3.5）可知

$$\bar{\tau} = \tau_0 \exp\left(\frac{E_\mathrm{d}}{kT}\right) \tag{7.3.6}$$

式中 τ_0 为常量.

2. 热传导

液体的热传导也是借助于液体分子的热运动的，分子在热运动时将热量传给临近的分子，从而实现了热量的传导. 同一单元内的液体分子之间可以碰撞，而不同单元的分子则难以发生碰撞，如果两个单元的分子要发生碰撞，则分子需要从其中一个单元跳出来，进入另外一个单元，这样才能实现分子碰撞. 这和气体中的情况不同，气体中分子的热运动使得分子与其他分子的碰撞相对容易得多. 所以，多数液体的导热性能很差，即导热系数小. 不过，对于金属液体，由于存在自由电子，其导热性能要好得多.

液体的导热系数比金属的导热系数要小，但大于气体的导热系数. 导热系数与温度有关，纯金属和大多数液体的导热系数随温度的升高而降低，但水例外；非金属和气体的导热系数随温度的升高而增大.

3. 黏滞

液体分子受到其同一单元中其他分子的作用，不能像气体分子那样轻易地离开这个单元，并输送动量，要离开这个单元就必须克服单元中其他分子的作用势能，因此液体的黏性比气体的要大得多. 液体的黏性取决于分子在单元中的平均居留时间，而分子在单元中的平均居留时间又取决于液体的激活能. 实验表明，液体的黏度为

$$\eta = \eta_0 \exp\left(\frac{E_d}{kT}\right) \tag{7.3.7}$$

式中，η_0 为常量，E_d 为液体的激活能，k 为玻耳兹曼常量，T 为热力学温度.

7.4__ 液体的表面性质

我们经常见到荷叶上有滚动的水珠，水龙头上垂下的小水滴并不落下，水杯中倒满了水而不外溢，诸如此类现象，就是因为液体的表面具有特殊的分子微观结构，会表现出力的作用，称为**表面张力**（surface tension）. 那么，什么是液体的表面张力呢？它到底是怎样产生的呢？

荷叶效应

7.4.1　表面张力及其微观解释

1. 表面张力现象

水本身有流动性，荷叶上的水珠本应倾向于水平地铺在荷叶上，这样，水的表面积会更大，但是表面张力使得液面呈一个球面状，表面积最小；水龙头上的液滴本应因为重力下落，但是表面张力"拉"住了液滴；而杯中装满水的水面，也是因为表面张力"拉"住了水的外溢. 上面这些例子都有一个共性：无论是外力试图使得液面扩大，还是液体本身因为流动性或重力试图铺开或下落，表面张力都"反对"这些行为或这种趋势，试图使得液面缩小. 也就是说，其他因素（外力或液体本身的流动性或重力)想让液面变大，但是液面的张力试图使之收缩. 这和把弹簧拉开后，弹簧反而表现有收缩的趋势，是类似的.

2. 表面张力的微观解释

液体具有可蒸发的特性，在液体表面上，总是有一些蒸发的气体分子（蒸气). 在液体和蒸气交界处有一个过渡层，称为表面层，其下部在液体内，上部在气体内，自下而上，液体的分子数密度逐渐减小. （如果是水龙头下方挂住的水滴，则正好相反，表面层的上部在液体内，下部在气体内，自上而下，水分子数密度逐渐减小. 但是其微观机理分析，是类似的. ）

如图 7.4.1 所示，以液体内的一个分子 A 和液面附近表面层中的分子 B 为例，分析其受力情况. A 和 B 外面的圆球的半径，是分子力的有效力程. 能够对 A 分子

有作用的分子，都在球体之内，而且均匀分布在 A 分子的四周. 在一段较长的时间 t（是分子两次碰撞之间的平均时间）中，A 周围的位于力程范围内的各个分子对 A 的作用力的合力等于零. 再来看 B 分子，在其作用力程范围内的分子，一部分在液体中，另一部分在液面之外，液面外的分子数密度远小于液体内部的分子数密度. CC' 和 DD' 代表垂直于竖直面的两个平面，二者关于 B 分子对称. 由于对称，CC' 和 DD' 面之间球体内的所有分子对 B 分子所施予作用力的合力等于零，而球体内 DD' 面以下分子数量较多、CC' 面以上分子数量较少，这些分子对 B 分子产生了向下（液面内）的合力.

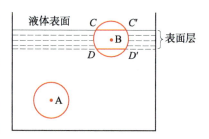

图 7.4.1　液体内部和表面层中的液体分子受力示意图接触角示意图

在表面层内的每个分子都受到指向液体内部的合力，称之为表面张力. 正是因为有了表面张力，表面层内的分子才都有向液体内部运动的趋势；与此同时，液体本身的流动性（前面 7.2.2 节已作了解释）使得液体分子具有向外运动的趋势. 在这两种力的作用下，液体分子最终达到平衡.

7.4.2　表面张力的方向与大小

1. 表面张力的方向

水龙头下方悬挂的水滴之所以不滴下来，是因为向上（指向液体内部）的表面张力抵消了向下的重力. 液面上的铝合金别针之所以不沉入水中（虽然密度大于水的），是因为向上（指向空气中）的表面张力以及浮力抵消了别针的重力. 那么表面张力到底指向何方？

如图 7.4.2 所示，一个带有细线的小金属圆环静置时，细线因为重力向下呈弧状，见图 7.4.2 (a). 将金属圆环浸在肥皂水后再捞出来，则细线向中间靠拢，见图 7.4.2 (b). 此时用针将下方的肥皂膜刺破，则细线向上弯曲，见图 7.4.2 (c). 这是因为只有上方有肥皂膜，表面张力的合力向上.

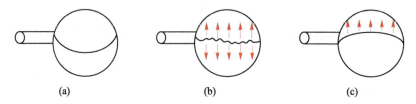

(a)　　　　　　　　(b)　　　　　　　　(c)

图 7.4.2　表面张力方向实验示意图

大量实验表明，表面张力是作用于"线"上的，而与"面""体"无关，如图 7.4.3 所示，水平液面上的一根直的细线和一根圆形的细线，其受到的表面张力方向垂直于线.

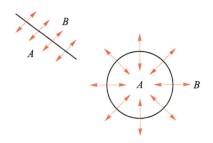

图 7.4.3 表面张力的方向

表面张力的方向，是反抗液面变大（液体的凸起或凹进，都使得液面变大）．图 7.4.4 分别是水平液面、凸柱状液面、凹柱状液面的表面张力示意图，图中的液面均垂直于纸面，图（a）是水平液面，液面上一根线元（垂直于纸面）受到的表面张力垂直于这根线且与液面相切．图（b）是一个凸起的液面，液面上一根线元（垂直于纸面）受到的表面张力垂直于这根线且与液面相切（液面为上凸的柱面，所以张力沿着液面切向，即左下和右下方向），合成后的总张力方向向下，以反抗液面向上膨胀，试图使得液面收缩变平．图（c）是一个下凹的液面，液面上一根线元（垂直于纸面）受到的表面张力垂直于这根线且与液面相切（液面为下凹的柱面，所以张力沿着液面切向，即左上和右上方向）．合成后的张力方向向上，以反抗液面向下凹进，试图使得液面收缩变平．

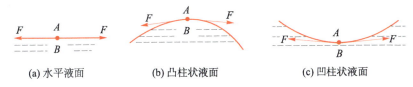

(a) 水平液面　　　　(b) 凸柱状液面　　　　(c) 凹柱状液面

图 7.4.4　液面上的表面张力

2. 表面张力的大小

表面张力的大小，与液面上的细线长度成正比，比例系数称为表面张力系数．不同液体的表面张力系数是不同的．

液体表面单位长度上的表面张力称为表面张力系数：

$$\sigma = F/l \tag{7.4.1}$$

表面张力系数的单位为 $N \cdot m^{-1}$ 或 $J \cdot m^{-2}$．

表 7.4.1 给出了一些液体的表面张力系数．

表 7.4.1　部分液体的表面张力系数

液体	Ne	N_2	Ar	O_2	CCl_4	汽油	H_2O	Hg
温度/℃	−248	−197	−188	−183	20	20	20	20
表面张力系数/$(N \cdot m^{-1})$	5.5	10.5	13.2	18	27	40	73	490

在钢针表面涂上一层不能被水润湿的油，把它轻轻地横放在水面上，一半浸在水中，如图 7.4.5 所示. 为了不使钢针落进水里，则针的直径最大应为多少？已知水的表面张力系数为 $\sigma = 0.073 \text{ N} \cdot \text{m}^{-1}$，水和针的密度分别为 $\rho_1 = 1.0 \times 10^3 \text{ kg} \cdot \text{m}^{-3}$，$\rho_2 = 7.8 \times 10^3 \text{ kg} \cdot \text{m}^{-3}$.

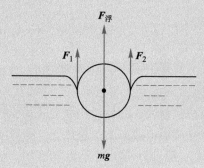

图 7.4.5　例 7.1 图

解： 针的重力使得针下沉，扩大了液面，而表面张力则试图使得液面缩小，不使针下沉. 在与水接触的两个侧面，都受到表面张力的作用. 根据受力平衡，可以计算出针的质量，进而得到针的体积和直径.

设针的长度为 l，其表面张力为

$$F_1 + F_2 = 2\sigma l \qquad \qquad ①$$

注意：一个侧面上针与水接触的线段上的表面张力为 σl，方向向上，两个侧面的表面张力则为 $2\sigma l$.

受到的浮力为

$$\rho_1 V g = \rho_1 \cdot \frac{1}{2} \pi r^2 l \cdot g \qquad \qquad ②$$

式中 $V = \frac{1}{2} \pi r^2 l$ 是排开水的体积，因为针是一半浸入水里. 针的重力为

$$mg = \rho_2 \pi r^2 l g \qquad \qquad ③$$

根据受力平衡：

$$2\sigma l + \rho_1 \cdot \frac{1}{2} \pi r^2 l \cdot g = \rho_2 \pi r^2 l g \qquad \qquad ④$$

计算得到

$$r = 0.08 \text{ mm 或 } d = 0.16 \text{ mm} \qquad \qquad ⑤$$

如图 7.4.6 所示，将弹性系数为 k 的橡皮绳首尾相连放在液膜上，橡皮绳的长度为 l，截面积为 S. 当环内的液膜被刺破后，橡皮绳立即张成半径为 R 的环. 试求此液体的表面张力系数.

解： 橡皮环内的膜被刺破后，就没有向内的表面张力了，而附着在环外部的液膜对橡皮绳还有向外的表面张力，而且在绳两侧都有液膜，这样就形成一个橡皮绳圆环. 橡皮绳变成圆环时，由于弹性力作用，会被拉长，也就是说，圆环的周长 $2\pi R$ 要大于自然状态下的橡皮绳的长度 l，弹性力与拉伸长度成正比.

长度为 l 的橡皮绳，变成半径为 R，即周长为 $2\pi R$ 的环，拉伸长度为 $2\pi R-l$，弹性力为

$$F_T = k(2\pi R - l) \qquad ①$$

橡皮绳圆环内的膜被刺破后，液膜对橡皮绳只有向外的表面张力．取一小段对环心的极小张角为 θ、长度为 $R\theta$ 的橡皮绳，分析其受力情况，如图 7.4.6 所示．

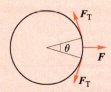

图 7.4.6　例 7.2 图

橡皮绳受到向外的表面张力 F，沿着切向的弹性力 F_T，则径向上的受力为

$$2F_T \sin\frac{\theta}{2} = 2F \qquad ②$$

这里，需要注意膜有两层，所以表面张力是 $2F$．在小角度近似下：

$$F = \sigma R\theta \qquad ③$$

由上述三式可以得到

$$\sigma = k\left(\pi - \frac{l}{2R}\right) \qquad ④$$

3. 影响表面张力系数的因素

表面张力系数取决于液体的种类，此外，还受到其他因素的影响，包括液体周围的介质、液体的温度，等等．

（1）第二介质对表面张力系数的影响

我们一般说的表面张力系数，指的是液体和该液体的蒸气相接触时的数值．在 7.4.1 节中解释表面张力机理时，也是考虑的液体与其蒸气的交界面（表面层）．实际上，液体一般不会单独存在，比如，大气环境下的液体，其表面层是该液体的气态与空气的混合体，我们把这里的空气称为第二介质．液体的张力系数与第二介质有关，因为第二介质的分子对表面层内第一介质的分子有力的作用，对形成垂直于表面的合力的大小起着重要作用．当第二介质是其他低密度气体（如常温常压下的空气）时，表面层的上方气体是液体的蒸气和空气的混合物，这时，在表面层内的空气分子数密度相当小，不足以改变整体受力情况，所以，表面张力几乎不变，相应的表面张力系数也就没有什么变化．事实上，我们给出的某种液体的表面张力系数，都是液体在空气中的表面张力系数，它和液体及其蒸气的交界面上的表面张力系数几乎是相等的．但是当第二介质为其他液体或固体时，由于作为第二介质的液体与固体分子数密度很大，就不能忽略液体与第二介质分子之间的互作用了，表面张力系数会有明显变化．表 7.4.2 给出了室温下存在不同的第二介质时，液体水、液体汞的表面张力系数，其差异还是比较大的．这从微观角度可以很容易地予以解释．当第二介质为固体时，表面层内的分子受力情况就大不相同了，因而表面张力系数也会变化．

表 7.4.2　室温下不同第二介质时液体的表面张力系数

液体	第二介质	表面张力系数/(10^{-3} N/m)	液体	第二介质	表面张力系数/(10^{-3} N/m)
水	水汽	73	汞	汞蒸气	490
	汽油	33.6		水	427
	醚	12.2		醇	399
	苯	33.6			

实验数据表明，两种液体之间的表面张力，总是小于液体自由表面（液体与它自身的蒸气组成的交界面）的张力.

（2）温度对表面张力系数的影响

液体的表面张力系数 σ 是温度 t 的函数：

$$\sigma = \sigma_0 - \beta t \tag{7.4.2}$$

σ_0 是 $t = 0$ ℃时的表面张力系数，β 是与液体相关的常量.

对于纯水，表面张力系数与温度的关系为

$$\sigma = \sigma_0 \left(1 - \frac{t}{t'} \right)^n \tag{7.4.3}$$

式中，σ_0 是 $t = 0$ ℃时的表面张力系数，t' 是比该液体的临界温度 t_c 低几度的摄氏温度，是一个常量. 物体温度高于临界温度时是气态，低于临界温度时气液共存. n 是一个常量，在 $1 \sim 2$ 之间. 由式（7.4.3）可见，当温度升高时，纯水的表面张力系数单调减小，直到靠近临界温度时减小为 0，即当 $t' \leqslant t \leqslant t_c$ 时，$\sigma \approx 0$.

现以液体和它的饱和蒸气（参见 8.2 节）接触为例来定性解释这种现象. 液体的饱和蒸气压随着温度升高而增大，因而其上方的蒸气密度也增大，这样表面层内的分子对液体内部分子的吸引力也增大，从而使得液体内部分子扩散到表面层所需要克服其周围分子引力所做的功变小，因而表面张力系数变小. 当蒸气非常接近或达到临界温度时，气液差异消失，表面张力系数为 0.

表面张力系数还和液体中的杂质有关，有些杂质使系数增大，有些杂质使系数减小.

7.4.3　附加压强与拉普拉斯公式

1. 附加压强

表面张力作用下形成的液面形状有三种，如图 7.4.4 所示，分别是平面、凸液面、凹液面. 对于平面情况，表面张力在液面上沿水平方向，不影响液面上下方的压强，紧贴液面上、下的 A 点、B 点的压强相等. 对于凸液面和凹液面，由于表面张力会对液面产生压强，这个压强称为**附加压强**（additional pressure）. 对于凸液面，受到的表面张力向下，这使得液面下方紧靠液面处（如图中的 B 点）的压强，比液面上方（外部）紧靠液面处（如图中 A 点）的压强增大了一点点. 对于凹液面，表面张力向上，这使得液面内部紧靠液面处（如图中的 B 点）压强，比液面外部紧靠液面处（如图中 A 点）的压强减小了一点点. 这两种情况中增加或减小的压强就是附加压强.

2. 附加压强的拉普拉斯公式

表面张力产生的附加压强 Δp, 可由下式给出:

$$\Delta p = \sigma \left(\frac{1}{R_1} + \frac{1}{R_2} \right) \tag{7.4.4}$$

该式称为拉普拉斯公式. 式中, R_1 和 R_2 分别是过液面上任意一点 O 互相垂直的正截口（包括法线的平面在曲面上截出的曲线）的曲率半径.

对于球面,

$$\Delta p = \frac{2\sigma}{R} \tag{7.4.5}$$

对于柱面,

$$\Delta p = \frac{\sigma}{R} \tag{7.4.6}$$

对于球状液膜（如肥皂膜）,

$$\Delta p = \frac{4\sigma}{R} \tag{7.4.7}$$

*3. 拉普拉斯公式的推导

如图 7.4.7 所示, 从任意一个弯曲的液体表面上取一个面元 ΔS, 为简便起见, 设该曲面元 $ABCD$ 近似为一个四边形, 其对称中心为 O, 过 O 点有两段正交的弧线元 $\widehat{A_1OB_1}$ 和 $\widehat{A_2OB_2}$, 这两段弧线元的半径分别为 R_1 和 R_2. 两段弧线元相对球心 C_1 和 C_2 张开的半角分别为 $\Delta\varphi_1$ 和 $\Delta\varphi_2$. 注意: 我们取的研究对象是一个很小的曲面元, 弧线本身也是很短的线元, 其长度分别为 Δl_1、Δl_2, 近似地, 曲面元的边长 $|AB| = \Delta l_1$、$|AD| = \Delta l_2$. 作用于 AD 边的表面张力 $\Delta \boldsymbol{F}_1$ 的方向与 AD 边垂直, 且沿着面元的切向, 其大小为

$$\Delta F_1 = \sigma \Delta l_2 \tag{7.4.8}$$

$\Delta \boldsymbol{F}_1$ 在垂直方向（垂直于面元 ΔS）的分量为

$$\Delta F_{1\perp} = \Delta F_1 \sin(\Delta\varphi_1) = \sigma \Delta l_2 \frac{|A_1O|}{R_1} = \sigma \Delta l_2 \frac{|A_1OB_1|}{2R_1} = \sigma \Delta l_2 \frac{\Delta l_1}{2R_1} = \frac{\sigma \Delta S}{2R_1} \tag{7.4.9}$$

式中 $\Delta S = \Delta l_1 \Delta l_2$ 为所研究的小面元的面积.

类似地, 作用于 BC 边的表面张力在垂直方向的分量也为

$$\Delta F_{1\perp} = \frac{\sigma \Delta S}{2R_1}$$

而作用于 AB 和 CD 边的表面张力在垂直方向的分量均为

$$\Delta F_{2\perp} = \frac{\sigma \Delta S}{2R_2} \tag{7.4.10}$$

以上四个边受到的表面张力在平行方向的分量互相抵消, 在垂直方向的分量为上述分量之和:

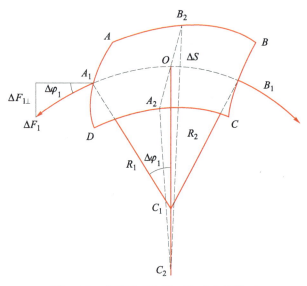

图 7.4.7 弯曲液面上的互相垂直的截面

$$\Delta F = 2\Delta F_{1\perp} + 2\Delta F_{2\perp} = \left(\frac{1}{R_1} + \frac{1}{R_2}\right)\sigma\Delta S \tag{7.4.11}$$

则因为表面张力而产生的附加压强为

$$\Delta p = \frac{\Delta F}{\Delta S} = \sigma\left(\frac{1}{R_1} + \frac{1}{R_2}\right) \tag{7.4.12}$$

如果液面是凹的球面，结果相同.

例 7.3

圆柱形气缸的活塞下方装有水银和物质的量为 ν 的理想气体，其中水银体积为 V_1，活塞面积为 S，气缸容积为 V，温度为 T，活塞下方的水银对气缸轴呈半圆形对称形状，如图 7.4.8 所示，几何参量也示于图中，但图中 h、r 的值未知. 水银的表面张力系数为 σ，重力不计.

（1）试推导水银和气体系统的平均压强 $\bar{p}$ 随体积 V 和温度 T 的函数关系；

（2）若 $h \ll r$，试求 $\bar{p} = 0$ 的条件.

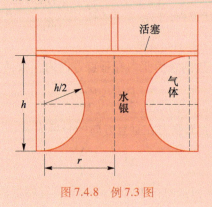

图 7.4.8 例 7.3 图

解： 活塞受力有：水银的压力、气体压力．为了计算压力，需要先计算气体压强和水银压强，前者可以通过物态方程求得，后者通过附加压强公式可以计算得到．注意：图 7.4.8 只是一个示意图，实际上 h 是很小的．

（1）设水银和气体的压强分别为 p_1 和 p_2，水银与活塞接触的面积为 S_1，则 $(S-S_1)$ 为活塞剩余的面积，也就是气体与活塞接触的面积，气体的体积为

$$V_2 = V - V_1$$

对于气体，满足物态方程：

$$p_2 V_2 = \nu R T \tag{①}$$

所以，

$$p_2 = \frac{\nu R T}{V - V_1} \tag{②}$$

垂直于水银表面作一个纵切面，一个圆的半径为 $R = h/2$，另外一个圆的半径大概为活塞的半径 r，远大于 R，其倒数可忽略，所以水银压强为

$$p_1 = p_2 - \frac{\sigma}{R} = p_2 - \frac{2\sigma}{h} \tag{③}$$

活塞受力为

$$F = F_1 + F_2 = p_1 S_1 + p_2 (S - S_1) \tag{④}$$

将式②、式③代入式④，得到

$$F = \left(p_2 - \frac{2\sigma}{h}\right) S_1 + p_2 (S - S_1) = \left(\frac{\nu R T}{V - V_1} - \frac{2\sigma}{h}\right) S_1 + \frac{\nu R T}{V - V_1}(S - S_1) \tag{⑤}$$

由于 $h \ll r$，可以认为 $S_1 = V_1/h$，所以，

$$F = \frac{\nu R T}{V - V_1} S - \frac{2\sigma S_1^2}{V_1} \tag{⑥}$$

又因为 $\dfrac{V_1}{V} = \dfrac{S_1 h}{S h} = \dfrac{S_1}{S}$，代入式⑥：

$$F = \frac{\nu R T}{V - V_1} S - \frac{2\sigma V_1 S^2}{V^2} \tag{⑦}$$

平均压强为

$$\bar{p} = \frac{F}{S} = \frac{\nu R T}{V - V_1} - \frac{2\sigma V_1}{V^2} S \tag{⑧}$$

（2）要求 $\bar{p} = \dfrac{\nu R T}{V - V_1} - \dfrac{2\sigma V_1}{V^2} S = 0$，则有

$$T = \frac{2\sigma V_1 S (V - V_1)}{\nu R V^2} \tag{⑨}$$

7.5 润湿

7.5.1 润湿现象

将水银滴在锌板和玻璃上，水银会出现不同的形状，变成扁平状或者收缩；水

或水银装在玻璃试管里，出现的液面形状也不同. 如图 7.5.1 所示.

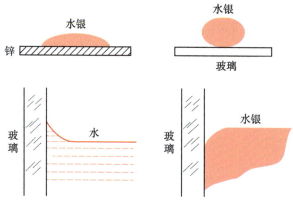

图 7.5.1　水、水银与不同固体介质接触时的液面形状

当液体 1 与固体或另外一种液体 2（第二介质）接触时，液体 1 能够均匀附着在第二介质的表面或渗透到内部，这称为**润湿现象（或浸润现象）**（wettability），否则称之为不润湿（或不浸润）现象. 根据润湿的程度，可以分为完全润湿、部分润湿、部分不润湿、完全不润湿. 润湿与否，其取决于液体本身的表面特性.

7.5.2　接触角

（部分）润湿或（部分）不润湿时，液体的弯曲程度，可以用接触角来定量表征. 接触角是液体自由表面与第二介质接触表面间的角度. 具体来说，就是自液体 1-第二介质界面出发，经液体 1 内部，到达液体 1-气体 3 界面的夹角.

如图 7.5.2 所示，液体 1、第二介质 ［图（a）为液体，图（b）为固体］两个介质的接触面 AB，经液体 1 内部，到达液体 1-气体 3 交界面的切线 AC，AB 与 AC 之间的夹角就是**接触角**（contact angle）. 接触角可以定量描述润湿程度. 若接触角 $\theta = 0°$，则液体 1 与第二介质（液体 2）完全润湿；若 $0° < \theta < 90°$，则为部分润湿；若 $90° \leqslant \theta < 180°$，则为部分不润湿；若 $\theta = 180°$，则为完全不润湿，参见图 7.5.3.

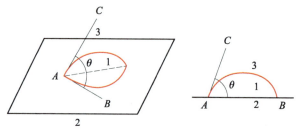

图 7.5.2　接触角示意图

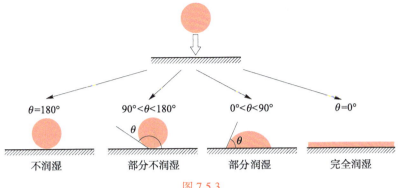

θ=180°   90°<θ<180°   0°<θ<90°   θ=0°

不润湿   部分不润湿   部分润湿   完全润湿

图 7.5.3

例 7.4

如图 7.5.4 所示，标出接触角，并指出润湿情况.

解: 角度标于图 7.5.4 上. (a)(c) 情形属于润湿，(b)(d) 情形属于不润湿.

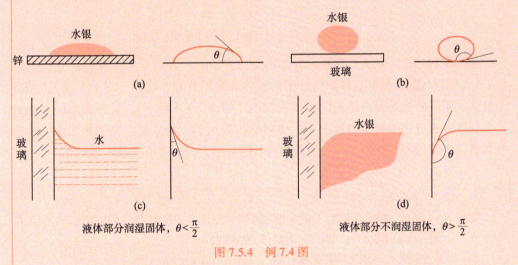

(a)   (b)

(c)   (d)

液体部分润湿固体，$\theta < \dfrac{\pi}{2}$ 液体部分不润湿固体，$\theta > \dfrac{\pi}{2}$

图 7.5.4   例 7.4 图

接触角的测量通常有两种方法:外形图像分析法和称重法，前者可通过拍照和软件进行，后者可使用润湿天平或渗透法接触角仪来测量.

*7.5.3 润湿现象的微观解释

之所以出现润湿或不润湿，是液体 1 和第二介质（固体或另外一种液体）之间分子力的作用的结果. 如图 7.5.5 所示，我们以液体润湿固体为例，在液体与固体接触面处，有一个厚度为液体分子作用半径的附着层. 附着层内的液体分子 A 既受到液体内部的液体分子的指向液体内部的吸引力（称为内聚力），又受到固体分子的指向固体的吸引力（称为附着力）. 当内聚力大于附着力时，液体分子受到的合力指向液体，因而附着层内的分子将被拉向液体所在方向，并达到平衡，此时液面呈现扩散的趋势，接触角大于 90°，属于（部分）不润湿现象，如图（a）所示. 当内聚力小于附着力时，液体分子受到的合力指向固体内部，因而附着层内的分子将被拉向固体方向，并形成平衡，此时液面呈现收缩的趋势，接触角小于 90°，属于（部分）润湿现象，如图（b）所示. 这时在交界处形成的合力，也就是液体与第二介质的交界面处的表面张力.

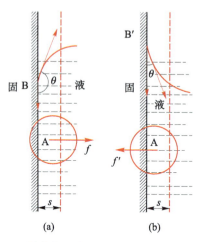

图 7.5.5　固液交界处的过渡层中分子受力示意图

值得注意的是，在 7.3 节讲述表面张力的方向时，我们只考虑液体和它的蒸气（或蒸气与空气混合物）交界面的分子对液体表面的作用，比如，对一个（孤立的）凸液面，所受的表面张力是指向液体内部的（如图 7.4.4 所示），因为表面层中的分子受到液体中分子的吸引力远大于气体对它的吸引力. 但是现在有了第二介质，还受到第二介质内部分子（作用力程范围内）的吸引力，受力情况就不一样了.

例 7.5

如图 7.5.6 所示，较小体积为 V 的水银被两块大的玻璃夹在中间，水银与玻璃的接触角为 135°，上面的玻璃质量为 m，水银的表面张力系数为 σ.

（1）试求平衡时两玻璃之间的距离.

（2）若给上板玻璃一个轻微的向下的挤压，上板玻璃将会做简谐振动，试求其周期.

图 7.5.6　例 7.5 图

解：（1）如图 7.5.7（a）所示，A、B 两点为紧贴着弧形水银面外、内的两点. B 点压强为

$$p_B = p_A + \frac{\sigma}{R} = p_0 + \frac{\sigma}{R}$$

R 为圆弧面的半径，由图 7.5.7（b）可知

$$R = \frac{d/2}{\cos 45°} = \frac{d}{\sqrt{2}}$$

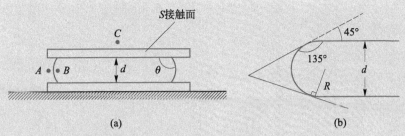

图 7.5.7　例 7.5 图

对于 B 点的压强，由受力情况可知

$$p_B = p_0 + \frac{mg}{S} + \frac{1}{2}\rho g d \approx p_0 + \frac{mg}{S}$$

注意：考虑到 d、g、p 数量级均很小，$\rho g d \ll p_0$，所以可忽略. 因此，

$$\frac{mg}{S} = \frac{\sqrt{2}\sigma}{d}$$

又因为 $Sd = V$，所以，

$$d = \left(\frac{\sqrt{2}\sigma V}{mg} \right)^{1/2}$$

（2）将上板玻璃向下压了距离 x 后，水银厚度变为 $d - x$，面积为

$$S' = V/(d - x)$$

受力为

$$F = mg - p_\sigma S' = mg - \frac{\sqrt{2}\sigma}{d-x}\frac{V}{d-x} = mg - \frac{\sqrt{2}\sigma V}{d^2\left(1 - \frac{x}{d}\right)^2} = mg - \frac{\sqrt{2}\sigma V}{d^2}\left(1 + \frac{2x}{d}\right)$$

上式计算中，考虑到 $x \ll d$，所以，$\left(1 - \frac{x}{d}\right)^{-2} \approx 1 + \frac{2x}{d}$

可见

$$k = \frac{2\sqrt{2}\sigma V}{d^3}$$

周期为

$$T = 2\pi\sqrt{\frac{m}{k}} = \sqrt{2}\pi\left(\frac{\sqrt{2}\sigma V}{mg^3}\right)^{1/4}$$

例 7.6

将两块平板玻璃竖直浸入某液体中，液体的表面张力系数为 σ，两玻璃彼此之间形成一个很小的夹角 φ，此时两板之间液体因为受表面张力而形成凹面，接触角为 θ，如图 7.5.8（a）所示. 在水平面上取 φ 角的角平分线为 x 轴，角的顶点为坐标原点，试求凹面附加压强与坐标 x 的关系.

　　解：我们只学过球面、柱面的附加压强公式及其推导过程. 现在遇到一种成夹角的情况，应如何处理呢？根据定义，我们仍然作两个互相垂直的截面. 本题中，一个截面垂直于 x 轴，其形状是一段圆弧，圆弧的弦长 $|ab|$ 与 x 有关，其半径 R_1 也与 x 有关；另外一个与之垂直的截面

也是一个圆弧, 其半径为 R_2. 根据几何关系计算出 R_1, 而 R_2 远大于 R_1, 利用拉普拉斯公式就可以计算得到附加压强.

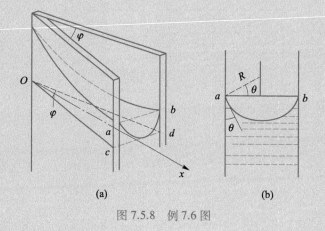

图 7.5.8 例 7.6 图

截取两个互相垂直的截面, 截出两个圆弧. 垂直于 x 轴的截面所截出的圆弧的弦长 $|ab|$ 等于 $|cd|$, 利用三角形 cdO 的关系 [图 7.5.8(a)], 很容易求出 cd 的长度, 所以

$$|ab| = 2x\tan\frac{\varphi}{2}$$

正对着 x 轴, 看到的图如图 (b) 所示, 接触角为 θ, 由几何关系可得圆弧半径:

$$R_1 = -\frac{|ab|}{2\cos\theta} = -\frac{x\tan\dfrac{\varphi}{2}}{\cos\theta}$$

负号表示液面是凹的.

对于另外一个截面, 半径 $R_2 \gg R_1$, 根据拉普拉斯公式, 有

$$\Delta p = \sigma\left(\frac{1}{R_1} + \frac{1}{R_2}\right) \approx -\frac{\sigma\cos\theta}{x\tan\dfrac{\varphi}{2}}$$

润湿现象, 在材料领域有广泛应用. 比如, 润湿剂可用于降低液体在材料表面的表面张力, 提高液体与固体的接触角, 提高润湿性能, 使其能够均匀地分布在材料表面. 润湿剂广泛应用于印刷、涂装、纺织、农业以及医药等领域, 起到促进涂料、油墨、涂敷剂、农药以及药片的流动和吸收的作用.

人们利用润湿性能, 开发了很多新的技术, 如利用浮选法选矿石, 先进的石油开采技术, 等等. 石油开采中, 大约有一半的石油粘附在地下石灰岩及其他多孔介质的孔隙中, 可以在采油井附近再打另一口井, 将水或其他高分子液体从这口井加压注入, 将孔隙中的石油压出. 但是, 现代科学研究发现, 如果注入液体的润湿性能不合适, 则从采油井采出的将主要是注入液体, 这在油田石油开采中经常发生. 因此必须考虑润湿的因素, 才能发展先进有效的采油技术.

关于润湿的科研也一直在进行. 近年来, 中国科学院的研究人员发现, 当水滴在固体表面铺展时, 伴随着的电荷转移会自发地引起固体润湿性的变化. 这一现象被称为接触电致润湿效应, 该效应对不同材料的接触角改变量可达 $5° \sim 38°$, 这显示出其显著的润湿调控能力, 这种调控能力在能源和材料领域具有重要的作用.

7.6 __ 毛细现象

7.6.1 毛细现象及其成因

如图 7.6.1 所示，将玻璃毛细管插入液体中，毛细管内的液面比管外的液面高（或低），毛细管内径越小，则液面升高（或降低）就越多，这就是**毛细现象**（capillarity）.

毛细现象是表面张力作用的结果（属于润湿现象）. 靠近固体器壁的液体分子同时受到液体的内聚力和固体的附着力，其合力垂直于液面，使得液面拉紧，产生表面张力，表面张力沿着液面的切向，图 7.6.2 为液面是凹面时的受力情况.

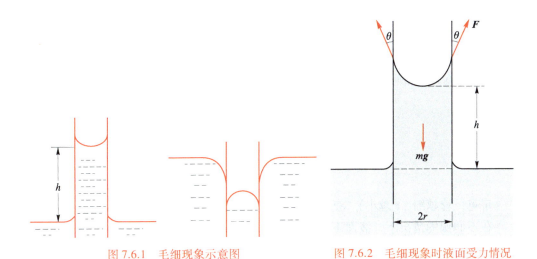

图 7.6.1　毛细现象示意图　　　　图 7.6.2　毛细现象时液面受力情况

7.6.2 毛细现象中液面变化高度

以图 7.6.3 为例，半径为 r 的毛细管插入液体，液面上升高度为 h，形成凹面，其接触角为 θ. A、D 两点为紧靠凹液面内、外侧的两点. C、O 两点为紧靠平液面内、外侧的两点. B 为液体内一点，与 A 点距离为 h. D、O 在大气环境中，A、B、C 在液体内，B、C 在同一水平面上. A、D 两点的压强差满足拉普拉斯公式：

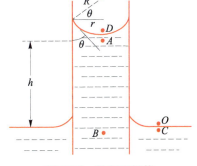

图 7.6.3　柱形毛细管

$$p_A = p_D - \frac{2\sigma}{R}$$

式中，R 为液面的曲率半径，σ 为液体的表面张力系数. p_D 就是大气压强 p_0，所以

$$p_A = p_0 - \frac{2\sigma}{R} \tag{7.6.1}$$

在管外，毛细现象不明显，C 点的压强和液面外侧 O 点的大气压强相等，B 点

压强和 C 点压强也相等. 所以 B 点压强就等于大气压强:

$$p_B = p_0 \qquad (7.6.2)$$

由式 (7.6.1)、式 (7.6.2) 可见

$$p_A < p_B \qquad (7.6.3)$$

在这一压强差的作用下, 液体将进入毛细管, 使得液面上升, 直到上升的这段液体的压强补偿了 A、B 两点之间的压强差, 才达到平衡. 我们来计算平衡时 A、B 两点之间的液体高度 h, 由平衡条件可知

$$p_B = p_A + \rho g h \qquad (7.6.4)$$

代入式 (7.6.1)、式 (7.6.2):

$$p_0 = p_0 - \frac{2\sigma}{R} + \rho g h$$

可以得到

$$h = \frac{2\sigma}{\rho g R} \qquad (7.6.5)$$

由图 7.6.3 中几何关系可见, 当接触角为 θ 时, 毛细管的半径 r 与液面半径 R 的关系为

$$r = R\cos\theta \qquad (7.6.6)$$

所以

$$h = \frac{2\sigma\cos\theta}{\rho g r} \qquad (7.6.7)$$

可见, 管越细 (r 越小), 液面越高; 接触角越小 (润湿程度越大), 液面越高.

在不润湿的情况下, 液面下降, 接触角 θ 为钝角, 上式也适用, 得到的 h 为负数, 表明液面下降. 如果毛细管的半径是变化的, 则上式也是成立的, 因为液面压强与管的截面形状无关. 如果是柱形液面, 同理可以得到 $h = \dfrac{\sigma\cos\theta}{\rho g r}$, 读者可以自行推导.

例 7.7

将一根两端开口的毛细管插入水中, 其下端口在水面下 $l = 10$ cm 处, 稳定后毛细管中的液面比外部的水面高出 $h = 4.0$ cm, 现在从毛细管上端口向下吹气, 空气进入毛细管并在毛细管的下端口形成一个半球状的气泡, 试问毛细管中的压强至少为多大? 已知水的密度 $\rho = 10^3$ kg·m^{-3}, 大气压强 $p_0 = 10\ 132.5$ Pa, 重力加速度 $g = 9.8$ m·s^{-2}.

解: 液面上升由毛细现象引起, 其高度由式 (7.6.7) 给出. 对半球形气泡, 利用附加压强关系, 可知气泡内压强与液体内压强的关系, 最后求解方程组可得到结果.

在未吹气前, 由于毛细现象, 管内液面上升高度为

$$h = \frac{2\sigma\cos\theta}{\rho g r} \qquad ①$$

r 为毛细管半径. 吹气后形成气泡, 如图 7.6.4 所示, 毛细管中的最大压强就是紧贴球状气泡上表面点 A 的压强. 设该点的压强为 p_1, 它与毛细管外同一高度液面 C 点的压强相等, 等于大气压加上水压, 即

$$p_1 = p_0 + \rho g l \qquad ②$$

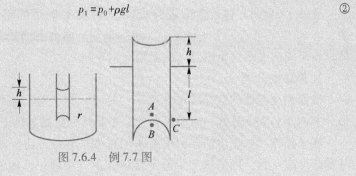

图 7.6.4　例 7.7 图

该点的压强与气泡内 (B 点) 的压强之间满足:

$$p_2 = p_1 + \frac{2\sigma}{R} \qquad ③$$

由于气泡是半球形, 在毛细管口处液面与管口相切, 所以 R 就是毛细管的半径 r

$$p_2 = p_1 + \frac{2\sigma}{r} \qquad ④$$

由式①可知,

$$\frac{2\sigma}{r} = \frac{\rho g h}{\cos \theta} \qquad ⑤$$

将式②、式⑤代入式④

$$p_2 = p_0 + \rho g l + \frac{\rho g h}{\cos \theta}$$

当 $\cos \theta = 1$, p_2 有最小值: $p_{2m} = p_0 + \rho g l + \rho g h = 102\ 697$ Pa.

　　毛细现象在日常生活中很常见. 植物的根和茎通过毛细作用吸收土壤中的水和养分; 多孔材料如纸张、纺织品、粉笔等之所以能够吸水, 是因为水能润湿这些多孔性物质, 产生毛细现象; 中国有个谚语 "础润而雨", 础是一种多孔石材, 当空气中水分很大时, 因为毛细现象, 空气中的水分会润湿础石, 所以, "础润" 表明空气湿度大, 预示着将要下雨. 我们也可以对毛细现象加以利用, 比如盆景中的假山, 就是用含有许多毛细管的 "上水石" 堆砌而成的, 水因毛细作用上升, 可使假山上的植物获得水分; 又比如, 润滑油通过孔隙进入机器部件中润滑机器, 靠的也是毛细现象.

7.7__固体的性质简介

　　固体分为两大类: 晶体和非晶体. 晶体又分为单晶体 (如石墨、云母、水晶、金刚石、冰) 和多晶体 (如各种金属、岩石), 多晶体其实是很多小单晶体的晶粒混乱分布组成的. 晶粒的尺寸一般在 $1 \sim 10\ \mu m$, 最大的可达 $100\ \mu m$. 非晶体有玻璃、橡胶、塑料等, 此外还有准晶、液晶等.

7.7.1　晶体

1. 晶体的宏观特征

晶体（crystal）有三个宏观特征：① 晶体有确定的熔点；② 晶体是各向异性的；③ 晶体是由若干个光滑平面（称为晶面）围合而成的凸多面体，对于同一种晶体，晶面间的夹角恒定不变（晶面角守恒定律）.

2. 晶体的分类

按照组成晶体的结构粒子（原子、分子、离子等）和作用力的不同，可以将晶体分为四类：离子晶体、原子晶体、分子晶体和金属晶体.

离子晶体，如氯化钠，由正离子和负离子构成，由于不同电荷之间的引力即离子键结合在一起，电子从一个原子转移到另一个原子；原子晶体又称为共价晶体，其原子或分子共享它们的价电子（共价键），如钻石、锗和硅；金属晶体是金属原子中的自由电子脱离了原子核的束缚，成为自由的价电子，而失去了电子的原子则成为离子，被价电子包围，相当于沉浸在自由电子的"海洋"里（金属键），这些价电子能够容易地从一个原子运动到另一个原子，当电子沿一个方向定向运动时，就形成电流，金、银、铜、铁、铝等都属于金属晶体；分子晶体的分子通过范德瓦耳斯力和氢键结合，结合力相对较弱，如固态氧和冰.

如果结合力强，晶体就有较高的熔点，且比较坚硬. 如果结合力弱，则晶体的熔点较低，也可能较易弯曲和变形.

按其内部结构，晶体可分为 7 大晶系和 14 种晶格类型. 7 大晶系分别是：① 正方晶系，如锡、白钨；② 斜方晶系，如硫、碘；③ 立方晶系，如钻石、明矾；④ 单斜晶系，如蔗糖、石膏；⑤ 三斜晶系，如硫酸铜、硼酸；⑥ 三方（菱形）晶系，如冰、水晶；⑦ 六方晶系，如镁、锌、钙.

3. 晶体的结构特点

晶体具有一些独特的结构. 其特点主要有：① 长程有序：晶体内部粒子在微米级的范围内排列规则；② 均一性：同一晶体的各个部分，微粒分布是相同的，所以同一晶体各个部分的性质是相同的；③ 各向异性：同一晶格中，在不同的方向上质点的排列一般是不相同的，晶体的物理性质也随方向的不同而有所差异，此即晶体的异向性；④ 对称性：晶体的晶胞在三维空间有规则地重复出现，所以在外部形态上和内部构造上都是对称的；⑤ 自限性：晶体具有自发地形成封闭几何多面体的特性；⑥ 解理性：晶体具有沿某些确定方位的晶面劈裂的性质；⑦ 晶面角守恒：属于同种晶体的两个对应晶面之间的夹角恒定不变；⑧ 最小内能：与同种物质的非晶体、液体、气体比较，晶体的内能是最小的，规律排列的晶体微粒使得相互之间的引力与斥力达到平衡，因而晶体的各个部分的位能最低.

4. 晶体的缺陷

晶体中微粒的排布是长程有序的，但是任何一个晶体都不可能完美地长程有序，由于晶体的形成条件、微粒的热运动及其他因素，总有些微粒不能精确地处在其应在的位置上，甚至会消失，这就导致了晶体的缺陷.

晶体缺陷（crystal defects）是指晶体内部结构的完整性受到破坏的情形. 根据其延展程度, 可以分为点缺陷、线缺陷和面缺陷三类.

（1）点缺陷, 脱位的原子（或分子、离子等微观的晶体粒子, 为了叙述简便, 下面都用原子来指代）进入了其他空位或者逐渐迁移到晶界或表面, 这样的空位通常称为肖特基空位或肖特基缺陷; 晶体中的原子有可能挤入了结点的间隙, 形成另一种类型的点缺陷——间隙原子, 同时原来的结点位置也产生了空缺.

（2）线缺陷, 又称为位错, 是局部晶格沿某一原子面发生了滑移的情形, 滑移不贯穿整个晶格, 晶体缺陷到晶格内部即终止. 已滑移区和未滑移区的交线, 称为位错线. 线缺陷包括两类: 刃位错（也称棱位错）, 位错线与滑移方向垂直; 螺旋位错, 位错线与滑移方向平行.

（3）面缺陷, 是指沿着晶格内或晶粒间的某个面两侧大约几个原子间距范围内出现的缺陷. 可以细分成晶界、孪晶界、相界、表面等缺陷.

晶体缺陷的存在, 对晶体的性质是会产生影响的, 比如位错缺陷, 会使材料易于断裂, 其抗拉强度可能会降低至原来的几十分之一. 不过, 我们也可以利用晶体的缺陷来实现一些功能, 比如适量的点缺陷, 可以大大增强半导体材料的导电性和发光材料的发光性.

5. 人工晶体的制备

晶体材料在各行各业具有广泛的应用, 通过人工方法生长晶体是重要的工业应用, 其中熔融法是生长工业用晶体的一种常用方法. 将作为种子的籽晶, 放到装有熔融物质的容器中, 籽晶周围的熔液冷却, 其分子就依附在籽晶上, 并且晶体分子的取向和籽晶的一致, 这样就形成了一个大的单晶体.

还有焰熔法（维尔纳叶法）, 比如蓝宝石和红宝石的制备, 将氧化铝粉和少量上色用的钛粉、铁粉或铬粉, 通过燃烧室的火焰, 火焰将粉熔化, 然后熔化后的材料滴在籽晶上重新结晶.

单晶硅、人造钻石、激光晶体等, 都是人工晶体. 我国在人工晶体领域取得了长足进步, 尤其是在激光晶体领域, 更是处于世界领先地位, 如高质量的偏硼酸钡晶体（BBO）（可以使得激光的波长转换成其他波长）、氟代硼铍酸钾晶体（KBBF）（是目前世界上唯一可实现 176 nm 输出极紫外线的单晶材料）等, 目前只有中国能够制造.

7.7.2 非晶体

非晶态材料也叫无定形材料或玻璃态材料, 这是一大类刚性固体, 具有和晶态物质可相比拟的高硬度和高黏度（是典型流体的黏度的 10 倍）. 如玻璃、沥青、松香、塑料、石蜡、橡胶等都属于非晶态材料.

组成非晶态物质的原子（或分子、离子）结构是长程无序的, 只是由于原子间的相互关联作用, 在几个原子（或分子、离子）直径的小区域内的排列具有一定的规律, 称作短程有序, 这一点和液体相似. 用电子显微镜看不到任何由晶粒间界、晶体缺陷等形成的衍衬反差, 用 X 射线也看不到衍射条纹. 至今准确测定非晶态材料的原子结构还是很困难的.

1. 非晶体的特征

非晶体（non-crystal）有三个宏观特征. ① 没有确定的熔点，所以有人把非晶体叫做"过冷液体"或"流动性很小的液体". ② 物理性质是各向同性的. ③ 与其对应的晶态材料相比，都是亚稳态. 当温度连续升高时，在某个很窄的温区内，非晶体会发生明显的结构变化，从非晶态转化为晶态. 例如，把石英晶体熔化并迅速冷却，可以得到石英玻璃；将非晶半导体物质在一定温度下热处理，可以得到相应的晶体.

2. 非晶体的分类

非晶态固体分为非晶态聚合物、非晶态玻璃、非晶态金属和非晶态半导体四大类，其中前两类都是非晶态电介质.

（1）非晶态电介质包括非晶态聚合物、非晶态玻璃，常见的塑料、天然树脂、沥青、玻璃等都属于非静态电介质. 它们的原子构成了无规则网络结构. 非晶态电介质在不同温度下可以处于三种不同的分子热运动状态，即玻璃态、高弹态和黏流态，在生产中，利用温度较高时的黏流态进行模塑成型极为方便. 非晶态电介质一般具有很高的耐电压强度，是很好的绝缘材料，被广泛用作高电压设备中的绝缘材料和电容器的介质，一些具有微观电偶极子的非晶态电介质可以制成驻极体.

（2）非晶体金属（金属玻璃）由紧密堆积的原子组成，它具有金属和玻璃的优点，既不像玻璃那样易碎，又具有比一般金属都高的强度，弹性也比一般金属的好，弯曲形变可达 50% 以上，硬度和韧性也很高. 被誉为"敲不碎、砸不烂"的"玻璃之王". 自 1960 年被发明以来，金属玻璃得到广泛而深入的研究和大量的应用，很多景区的金属玻璃栈桥就是一个应用实例.

（3）非晶态半导体都是非结晶体，内部含有共价键原子，它们按一个敞开的网络排列，相邻原子之间有关联，键长几乎是严格一致的. 这种短程有序决定了半导体的一些性质，如光吸收率和激活电导率等. 由于其不同于晶体半导体的独特性质（如各向同性、易于制备，容易制成膜状），目前，非晶硅、非晶锗等半导体材料在太阳能电池、传感器等领域具有重要应用.

非晶体有特殊的物理性质和化学性质，例如金属玻璃（非晶态金属）比一般（晶态）金属的强度高、弹性好、硬度和韧性高、抗腐蚀性好、导磁性强、电阻率高等. 这些性质使得非晶态固体有多方面的应用，比如建筑材料、人工关节、光纤，等等，非晶体材料的研究与应用是一个正在蓬勃发展的研究领域.

3. 非晶体的熔化

当晶体从外界吸收热量时，其内部分子、原子的平均动能增大，温度也开始升高，但并不破坏其空间点阵，仍保持有规则排列. 继续吸热达到一定的温度——熔点时，其分子、原子运动的剧烈程度可以破坏其有规则的排列，空间点阵也开始解体，于是晶体开始变成液体. 在晶体从固体向液体的转化过程中，吸收的热量用来逐步地破坏晶体的空间点阵，所以固液混合物的温度并不升高.

但是，非晶体没有固定的熔点. 由于分子、原子的排列不规则，吸收热量后不需要破坏其空间点阵,只用来提高平均动能,所以当非晶体从外界吸收热量时,它便由硬变软,形成一种黏稠状的流体.正因为如此,有人认为非晶体不是固体,而是将之称为"过冷液体"或"流动性很小的液体".

图 7.7.1 从左到右,分别是晶体熔化、非晶体熔化、晶体凝固、非晶体凝固时温度随时间变化的曲线图.

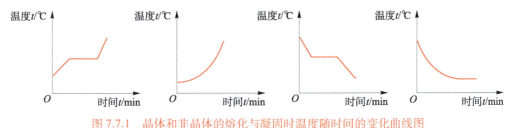

图 7.7.1　晶体和非晶体的熔化与凝固时温度随时间的变化曲线图

4. 人工非晶体的制备

人工非晶体可由气相、液相快冷形成,也可在固态直接形成.人工非晶体的制备方法很多,包括熔体急冷、离子注入、高能离子轰击、高能球磨、电化学或化学沉积、固相反应、蒸发、离子溅射、辉光放电、强激光辐射、高温爆聚,等等.

我们简单介绍一下常用的熔体急冷法.对于具有足够黏度的液体,经快速冷却即可获得其非晶态,比如玻璃、玻璃态金属等都可以这样制造.纯金属的冷却一般无法达到快速冷却速度.所有的玻璃态金属都包含两种或两种以上的组元,其中大部分是金属性强的元素,如 Cu、Ag、Au 或过渡金属 Fe、Co、Ni、Pd、Pt,另一小部分是非金属、类金属元素,如 3 价的 B,4 价的 C、Si、Ge,5 价的 P.

人工非晶体的应用非常广泛,比如现代通信中的重要元件光纤,就是用人造的石英玻璃拉制而成的.华裔物理学家高琨长期从事光纤应用于通信领域的研究,被誉为"光纤之父""光纤通信之父",2009 年获得诺贝尔物理学奖.

*7.8__晶体的热容

晶体的温度上升或下降,会相应地吸收或放出热量,可用热容来描述吸收或放出的热量.最早由杜隆和珀替从实验和经典理论得到了晶体热容的公式,后来爱因斯坦、能斯特从量子理论角度对其进行了研究,最后德拜给出了与实验结果符合得很好的理论公式.

7.8.1　杜隆-珀替定律

1819 年,法国化学家杜隆(P. L. Dulong,1785—1838)和物理学家珀替(A. T. Petit,1790—1820)长期合作研究物质的物理性质与原子特性的关系,他们进行了一系列比热容实验,发现了固体热容的经典定律:大部分固态单质的比热容几乎都与原子量的乘积相等,所有简单物体的原子都精确地具有相同的热容量.这就是关于固态元素的热原子的杜隆-珀替定律(Dulong Petit law),该定律只在高温下成立.

用分子动理论可以解释这个定律.根据麦克斯韦-玻耳兹曼能量均分定理,如果

将每个原子都看成谐振子，则一个原子的平均能量为

$$\overline{\varepsilon} = \frac{1}{2}m(v_x^2 + v_z^2 + v_z^2) + \frac{1}{2}k(x^2 + y^2 + z^2)$$

根据能量均分定理，每一项的平均值都等于 $kT/2$，则一个原子的能量为

$$\overline{\varepsilon} = 6 \times \frac{1}{2}kT = 3kT$$

1 mol 物质的能量为

$$U_m = N_A\,\overline{\varepsilon} = 3N_AkT = 3RT$$

对于固体，在一定温度范围内，体积可以认为不变，其摩尔定容热容为

$$C_{V,\,m} = \frac{\partial U_m}{\partial T} = 3R \tag{7.8.1}$$

7.8.2 爱因斯坦模型

实际上，低温的时候，热容会迅速下降，直到趋于 0. 图 7.8.1 是固体的热容随温度变化的示意图.

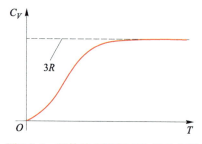

图 7.8.1　固体热容随温度变化示意图

为了解决这个问题，爱因斯坦提出了量子热容理论. 根据该理论，固体中所有原子都是以同一频率 ν_j 振动的，每个原子有三个自由度，则每个原子的平均能量为

$$\overline{\varepsilon}_j = 3 \times \left(n_j + \frac{1}{2}\right)h\nu_j \tag{7.8.2}$$

其中，h 为普朗克常量，$n_j = \dfrac{1}{e^{\frac{h\nu_j}{kT}} - 1}$ 为平均声子数，声子是表征热运动的一个概念. 声子数越多，则热运动就越剧烈.

对于 1 mol 的原子，能量为

$$U_m = N_A\,\overline{\varepsilon}_j = \frac{3N_Ah\nu_j}{e^{\frac{h\nu_j}{kT}} - 1} + \frac{3}{2}N_Ah\nu_j \tag{7.8.3}$$

热容为

$$C_{V,\,m} = \frac{\partial U_m}{\partial T} = 3R\frac{\left(\dfrac{h\nu_j}{kT}\right)^2 e^{\frac{h\nu_j}{kT}}}{\left(e^{\frac{h\nu_j}{kT}} - 1\right)^2} \tag{7.8.4}$$

爱因斯坦首先用量子理论解释了固体比热容的温度特性，其与实验结果吻合较好，如图 7.8.2 所示. 然而，这个理论当时并未引起物理学界的注意. 此后，能斯特、德拜等分别就此进行了实验和理论研究.

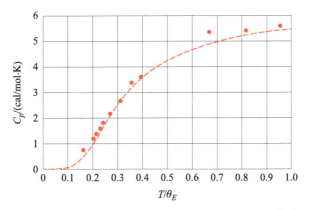

图 7.8.2 爱因斯坦模型得到的固体热容随温度变化的曲线图

7.8.3 能斯特公式

能斯特和他的学生们进行了大量精细的低温实验，结果发现，当温度降到接近绝对零度时，比热容并不像爱因斯坦公式表示的那样按指数下降，而是下降得更慢一些. 1911 年，能斯特与学生林德曼在爱因斯坦模型的基础上，结合实验结果提出了一个经验公式：

$$C_{V,\,m} = \frac{3}{2}R\left\{\frac{\left(\frac{h\nu_j}{kT}\right)^2 e^{\frac{h\nu_j}{kT}}}{\left(e^{\frac{h\nu_j}{kT}}-1\right)^2}\right\} + \left\{\frac{\left(\frac{h\nu_j}{2kT}\right)^2 e^{\frac{h\nu_j}{kT}}}{\left(e^{\frac{h\nu_j}{kT}}-1\right)^2}\right\} \tag{7.8.5}$$

该公式是对爱因斯坦理论的重要补充，不久就得到了爱因斯坦的认可. 其实，爱因斯坦早就声明过，用单一频率是为了简化，这不可避免地会造成理论和实验结果的误差.

7.8.4 德拜模型

1912 年，德拜改进了爱因斯坦模型. 德拜考虑到热容应是原子的各种频率振动贡献的总和，可以将固体中的原子规则排列的点阵看作一个连续弹性介质，原子间的作用力遵从胡克定律. 每一个原子作为一个独立谐振子，其振动是简正振动模式，在弹性固体中，能够以不同的速度传播纵波、横波两种波. 对于每一个振动频率，纵波只有一种在传播方向的振动，横波有两种垂直于传播方向的振动（两个偏振），所以一共有三个振动模式. 这样，组成固体的 n 个原子在三维空间中集体振动的效果，就相当于 $3n$ 个不同频率的独立线性振子的集合. 经过计算，德拜给出了热容的公式：

$$C_{V,\,m} = 9N_A k\left(\frac{T}{\Theta_D}\right)^3 \int_0^{x_D} \frac{x^4 e^x \mathrm{d}x}{\left(e^x - 1\right)^2} \tag{7.8.6}$$

式中，$\Theta_D = \dfrac{h\nu_D}{k}$ 称为德拜温度，与晶体中和原子的最高振动频率 ν_D 相对应.

德拜模型与实验结果吻合得很好. 图 7.8.3 给出了几种材料的德拜模型和实验测量值对比.

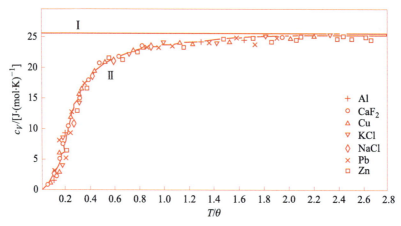

图 7.8.3　几种材料的德拜模型和实验测量值对比

最后，需要提及的是，由于固体和液体在没有相变时，在相当大的温度范围内，其体积没有什么变化，所以上面推导都是用的定容热容. 固体的比定压热容和比定容热容的差别也不太大，因此可以近似认为相等.

思考题

7.1　对于常见的固、液、气三种物态，根据其数密度，估算其分子的大概间距.

7.2　除固、液、气三态外，任选一种物态，查阅相关文献，并进行归纳总结.

7.3　液晶是介于固态和液态之间的一种物态，查阅关于液晶的相关资料，并予以归纳.

7.4　液体可以分为哪些类型？其特点分别是什么？

7.5　液体中的分子热运动，平均居留时间是多少？它与什么因素有关？

7.6　体膨胀系数小于 0 意味着什么？哪些液体的体膨胀系数小于 0？找出其膨胀系数，并估算每摄氏度的体积变化.

7.7　查找水的比热容与温度的关系，以温度为横坐标，比热容为纵坐标作图（可借助软件），作图前先确定刻度的大小. 根据作出的图简要归纳出水的比热容与温度的关系.

7.8　对于液体，作出扩散系数、居留时间、黏度随着温度变化的关系图.

7.9　结合傅里叶热传导定律，分析为什么热水瓶塞和红酒瓶塞都选用软木塞.

7.10　石墨烯是一种新型材料，其导热系数很大，利用这个特点，可以有什么应用？

7.11　软凝聚态物质，如高温下的沥青、黏稠的粥等，与常见的水等液体相比，其黏度、导热系数、扩散系数等参量有什么不同？

7.12　液体为什么表面会有张力？其起源是什么？

7.13　表面张力的方向是怎样的？其大小与什么因素有关？

7.14　附加压强是怎么产生的？不同形状的表面，其附加压强的拉普拉斯公式是怎样的？

7.15　润湿程度可以用接触角来衡量，作出不同润湿情况下接触角的示意图，指出接触角的大小对应的润湿情况.

7.16　水在荷叶上不润湿，所以液体在荷叶上也不润湿．这种说法对吗？为什么？

7.17　接触角可以用接触角测量仪进行测量，查阅相关资料，了解接触角测量仪的工作原理、结构．思考可以怎样对其改进．

7.18　毛细现象是怎样产生的？它与哪些因素有关？

7.19　土壤中，毛细现象有利于水土保持．查阅相关资料，予以说明．

7.20　晶体与非晶体有什么异同？

7.21　非晶体与液体有什么异同？

7.22　我国在人工晶体领域有很多突出成绩，试查阅资料，给出一个我国在国际上领先的人工晶体的有关案例．

习　题

7.1　一自由长度为 l_0 的橡皮丝绕在铁丝圆环上，橡皮丝的截面积为 S，弹性模量为 E．将铁丝圆环放入肥皂液中并缓慢拉出，在环上形成一层肥皂膜，将肥皂膜刺破后，橡皮丝被拉长为长度为 l 的圆环．试求肥皂泡的表面张力系数 σ．

7.2　一个 $h = 2$ m 深的游泳池底部有半径为 $r = 2.5 \times 10^{-5}$ m 的气泡，它们上升到水面上时，气泡的直径 d 变为多大？已知水的表面张力系数 $\sigma = 0.073$ N/m，空气的压强为 $p_0 = 1.013 \times 10^5$ Pa．设整个过程是等温进行的．

7.3　已知肥皂泡的表面张力系数是 σ，两个相同的肥皂泡中间的隔膜破了后连起来，其半径为 r，最后又形成了一个半径为 R 的新的肥皂泡，如图所示，试求大气压．

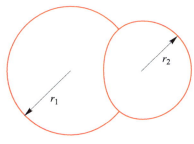

习题 7.3 图

7.4　一肥皂泡的半径为 R_0，表面张力系数为 σ，当肥皂泡带电时，其半径增大到 R，已知大气压为 p_0，肥皂泡的膨胀过程为等温过程，试求肥皂泡带的电荷量．

7.5　用空气吹成一个半径为 $r = 2.5 \times 10^{-2}$ m 的肥皂泡，要做多少功？已知空气压强为 $p_0 = 1 \times 10^5$ Pa，肥皂液的表面张力系数为 $\sigma = 0.045$ N·m^{-1}．假设整个过程中温度不变．

7.6　例 7.3 中，试通过受力平衡推导出水银的压强．可以取水银–气体界面的一小部分水银来进行研究，其上方为活塞，下方为气缸底部，如图所示，其宽度为 l，高度为 h．这个曲面的上、下边线的表面张力均为 F，因为水银对气缸和活塞是完全润湿的，F 的方向沿活塞和气缸的切向方向水平向左；侧面边线受到的表面张力为 F_3 和 F_4（大小相等，方向相反，互相抵消，图中未画出）．此外，界面还受到来自水银内部压强产生的力 F_1（向左），以及气体的压力 F_2（向右）．

7.7　在钢针表面涂上一层不能被水润湿的油，在 0 ℃时把它轻轻地横放在水面上．为了不使钢针落进水里，则针的直径最大为多少？已知水的表面张力系数为 $\sigma = 0.073$ N·m^{-1}，水和针的密度分别为 $\rho_1 = 1.0 \times 10^3$ kg·m^{-3}，$\rho_2 = 7.8 \times 10^3$ kg·m^{-3}．

7.8　如图所示，将质量 $m = 0.5$ g、厚度 $d = 2.3 \times 10^{-4}$ m、长度 $l = 3.977 \times 10^{-2}$ m 的薄钢片放入

某液体中，缓慢向上提拉钢片，使钢片底部和液体表面在同一水平面内. 测得平衡时竖直向上的外力为 $F = 1.07 \times 10^{-2}$ N，试求该液体的表面张力系数. (设接触角为 $0°$.)

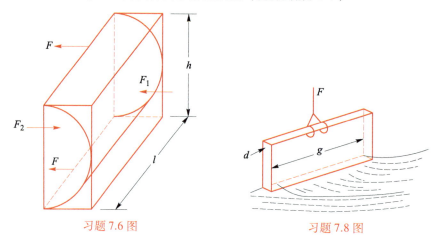

习题 7.6 图　　　　　　　　习题 7.8 图

7.9　两块竖直放置的平行玻璃板，下部浸入水中，两板间距 $d = 5 \times 10^{-4}$ m. 求两板间水上升的高度. 已知水的表面张力系数为 $\sigma = 0.073$ N·m^{-1}，水与玻璃表面的接触角 $\theta = 0°$.

7.10　将少量水银放在两块水平的玻璃板之间，问：质量为多少的负荷（包括上板质量）加在上板时，能使得两板间的水银厚度处处为 $d = 1 \times 10^{-4}$ m，并且每块板与水银之间的接触面积均为 $S = 4 \times 10^{-3}$ m^2？已知水银的表面张力系数为 $\sigma = 0.45$ N·m^{-1}，水银与表面的接触角为 $\theta = 135°$，水银的密度为 $\rho = 13.6 \times 10^3$ kg·m^{-3}.

7.11　在水平放置的干净平板上倒一些水银，由于重力和表面张力的影响，水银近似呈圆饼状（侧面向外凸出），假设水银与玻璃的接触角为 $180°$，水银密度 $\rho = 13.6 \times 10^3$ kg·m^{-3}，表面张力系数 $\sigma = 0.49$ N·m^{-1}. 当圆饼的面积很大时，估算其厚度 h.

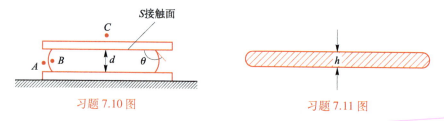

习题 7.10 图　　　　　　　　习题 7.11 图

7.12　一大滴液体置于玻璃平板上，液滴的上部为一个平面，与平板之间的接触角为 θ，液体的密度为 ρ，其纵切面如图所示. 试求出液体的表面张力系数 σ 与液体高度 h 的关系.

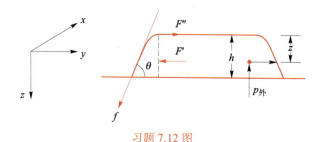

习题 7.12 图

***7.13**　用圆柱形的玻璃杯做"覆杯"实验. 杯子的半径为 R，高度为 H. 假定开始时杯内水没有装满，在杯口盖上一个不发生形变的平板后，翻转放手. 由于水的重力作用，平板将略微下降，在杯口和平板之间形成内凹的薄水层．假定水对玻璃和平板是完全润湿的，水的表面张力系数为 σ，平板的质量为 m，大气压强为 p_0，水的密度为 ρ，则为了"覆杯"实验能够成功，在最初装水的时候，杯内所留的空气的高度 h 不能超过多少？

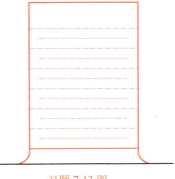

习题 7.13 图

7.14　将一根毛细管插入酒精中，毛细管的内直径 $d = 0.5\ \text{mm}$，酒精的表面张力系数 $\sigma = 0.022\ 9\ \text{N} \cdot \text{m}^{-1}$，试问：进入毛细管的酒精质量与接触角的关系是怎样的？管中最大的酒精质量为多少？

7.15　在一根两端开口的内直径 $d = 1\ \text{mm}$ 的毛细管中滴入一点水后，竖直放置，水在毛细管中的长度为 h，当 $h = 2\ \text{cm}$、$4\ \text{cm}$、$2.98\ \text{cm}$，试问液面是什么形状？其半径为多少？已知水的表面张力系数为 $\sigma = 0.073\ \text{N} \cdot \text{m}^{-1}$，水对毛细管是完全润湿的．

7.16　将半径分别为 $r_1 = 5 \times 10^{-5}\ \text{m}$ 和 $r_2 = 2 \times 10^{-4}\ \text{m}$ 的两根玻璃毛细管插在同一水槽中，水温从 $t_1 = 10\ ℃$ 升高到 $t_2 = 50\ ℃$ 时，已知水的表面张力系数随温度的变化关系为 $\sigma = (75.68 - 0.14t) \times 10^{-3}(\text{N} \cdot \text{m}^{-1})$，试求两管中水面高度差的变化．

7.17　半径为 r 的如图（a）所示形状的玻璃毛细管插入装有水的容器中，水对玻璃完全润湿，水的表面张力系数 σ 与温度的关系如图（b）所示．l 为容器内水的高度．

（1）表面张力系数满足什么条件时，全部水从容器里逸出？给出表达式，不需要计算．

（2）假设 $l \ll h$，在什么温度范围内，全部水从容器里逸出？已知 $r = 0.1\ \text{mm}$，$h = 14.1\ \text{cm}$，$H = 15\ \text{cm}$，水的密度为 $10^3\ \text{kg} \cdot \text{m}^{-3}$．假设毛细管壁忽略不计，容器中水的高度 $l \ll H$．

7.18　如图所示，将顶角为 2α 的圆锥形毛细管插入液体中，假设液体对玻璃是完全润湿的．毛细管的最细端的半径为 r_0，液体的表面张力系数为 σ，试求将毛细管的粗端和细端分别插入时液体上升的高度．

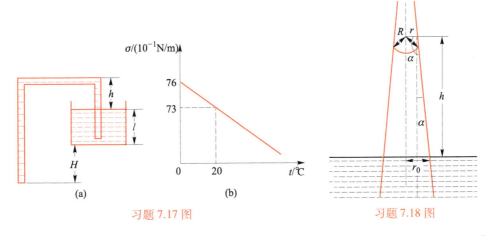

习题 7.17 图　　　　习题 7.18 图

7.19　铜由一系列立方晶胞组成，原子位于晶胞各个角点和面心，铜的密度是 $8.96 \times 10^3\ \text{kg} \cdot \text{m}^{-3}$，铜原子的质量为 $63.5\ \text{u}$，试计算铜的立方晶胞的边长．

7.20　如图所示，食盐的晶体是由钠离子（图中的白色圆圈）和氯离子（图中的黑色实心圆）组成的，离子键两两垂直且键长相等，已知氯化钠的摩尔质量 $M = 58.5\ \text{g} \cdot \text{mol}^{-1}$，密度 $\rho = 2.2 \times 10^3\ \text{kg} \cdot \text{m}^{-3}$，求食盐晶体中相邻钠离子中心之间的距离．

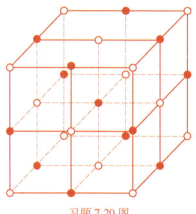

习题 7.20 图

*7.21　利用德拜模型计算热容时，对于大多数固体，Θ_D 值为 10^2 K 数量级，金刚石、硼、铍等则达到 1 000 K 以上．这时可以作些近似．设中间变量 $x = \dfrac{h\nu}{kT}$，对应德拜温度的值为 $x_D = \dfrac{h\nu_D}{kT} = \dfrac{\Theta_D}{T}$．考虑到高温下，$T \gg \Theta_D$，$x_D \rightarrow 0$，$x = \dfrac{h\nu}{kT} \ll 1$，试计算热容的公式．

*7.22　上题中，在低温下：$T \ll \Theta_D$，$x_D \rightarrow \infty$，试计算热容的公式．

习题答案

同样的分子，若间距不同、结构不同，则表现出来的物态和性质就不同．比如，H_2O 分子，其间距不同，物态就可以是冰、水、水蒸气，即使是冰，H_2O 分子相互之间的结构不同，也会展现出不同的"相"，不同的"相"具有不同的性质．不同的相之间可以互相转化．本章的 8.1 节先介绍相与相变的概念，8.2 节较为详细地讲述液态和气态之间的相变，8.3 节则叙述固液相变与固气相变，8.4 节给出了相平衡的概念和条件，8.5 节介绍相图及其应用，8.6 节介绍克拉珀龙方程可用于相变研究．

8.1 系统的相与相变

8.1.1 相的概念

所谓"**相**（phase）"，是指在热力学平衡态的系统内，系统的每一个在物理性质、化学性质上均匀的部分．相之间有明显的界面，在界面上，宏观性质的改变是跨越式的．如冰、水组成的混合物，虽然二者的分子相同，都是 H_2O，但是冰和水是两个相，二者的物理化学性质（如密度、比热容等）是不同的，二者在一起时有明确的分界面．水和酒精混合后，形成了一种物理化学性质均一的物质（比如饮用白酒、医用酒精），所以只有一个相．一种物质的同一物态可以包括不同的相．例如铁有四种不同的相，冰有九种不同的相．在一定外界条件的约束下，例如温度和压强处于某一区间时，物质的某一相是稳定地存在着的．

一个系统只含一个"相"时，是单相系，若包括两个或两个以上的"相"，则称为复相系．

石墨和金刚石的分子含有同样数量的碳原子，但碳原子的空间架构不同，二者称为异构体，是不同的相，如图 8.1.1 所示．不同的相，造成了物理化学性质的差异，比如石墨很软，而金刚石则特别坚硬．此外，碳还有炔碳（线状碳）、素碳、富勒碳、碳纳米管等不同的相．其中，碳纳米管是由石墨烯卷曲而成的，具有出众的力学、电学和化学性能，具有重要应用前景．石墨烯（Graphene）具有优异的物理特性，英国物理学家曼彻斯特大学的安德烈·盖姆和康斯坦丁·诺沃肖洛夫，因为在石墨烯方面的研究获得 2010 年诺贝尔物理学奖．

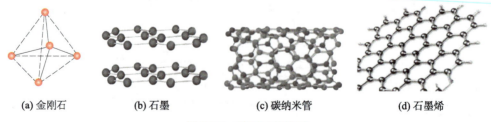

| (a) 金刚石 | (b) 石墨 | (c) 碳纳米管 | (d) 石墨烯 |

图 8.1.1　碳原子的排列

8.1.2 相变与物态变化

1. 相变

在一定条件（温度、压强等）下，相与相之间会产生转变，称为**相变**（phase transition）. 相变是十分普遍的物理过程. 例如，固态的石墨转变为固态金刚石、固态冰转变为液态水，都是相变. 其中，同种物质的固态、液态、气态之间的物态变化过程属于最常见的相变过程.

相变表现为：① 从一种结构变为另一种结构；② 化学成分在空间分布上发生不连续变化；③ 某种物理性质的跃变，如金属由正常相转变为超导相时，出现零电阻及完全抗磁性的特征.

相变本质上是微观粒子（原子、分子等）本身的热运动与微观粒子之间相互作用这两者竞争的结果：热运动使分子排布无序，而相互作用使之有序. 温度很高时，热运动的动能大于相互作用能，这时候往往是气体状态；温度降低时，相互作用的能量与热运动的能量差不多时，就会出现相变. 从宏观上看，相变时系统的有序程度发生了变化，物化性质也发生了变化.

2. 物态变化

本书只讲述单元系的固、液、气三相之间的相变，也称为**物态变化**（change of state），是最常见且简单的相变. 常见的物态变化有：气态转变成液态称为液化或凝结，液态转变成气态称为汽化；固态转变为液态称为熔解（熔化），液态转变为固态称为凝固；固态转变为气态称为升华；气态转变为固态称为凝华. 物态变化时会伴随着物理参量的改变，如体积、热容等.

单元系（只有一种物质组成的系统）的固、液、气三相之间的转变，分成一级相变和二级相变. 具有下述两个特点的称为一级相变：① 相变时体积发生显著变化，如 1 atm 下，1 kg 的水变为水蒸气时，体积由 $1.043 \times 10^{-3} \, \text{m}^3$ 变为 $1.673 \, \text{m}^3$；② 相变时吸收或放出热量，如 1 atm 下，100 ℃ 的 1 kg 水变为同温度的水蒸气时，需要吸收 2 260 kJ 热量. 相变时物质的定压热容、等压膨胀系数、等温压缩系数等会发生突变的，称为二级相变. 如氦由正常氦向超流氦的转变即二级相变. 本书只讨论一级相变.

8.1.3 相变潜热

前面几章中讨论的热量，是由温度变化引起的，称为显热. 而在一级相变中，压强不变、温度不变，所以，将相变时吸收或放出的热量称为**相变潜热**（latent heat），由热力学第一定律：

$$Q = \Delta U + p \Delta V \tag{8.1.1}$$

所以，1 kg 或 1 mol 物质的相变潜热（用 l 表示）为

$$l = u_2 - u_1 + p(v_2 - v_1) \tag{8.1.2}$$

式中，u_1、u_2 分别为两相（比如液、气）的单位质量（或单位物质的量）的物质的内能，v_1 和 v_2 分别是为两相的单位质量（或单位物质的量）的物质的体积，称为比体

积或摩尔体积. 式（8.1.2）右边的第一项和第二项分别叫做内潜热和外潜热.

根据焓的定义：

$$h = u + pv \qquad (8.1.3)$$

所以有

$$l = h_2 - h_1 \qquad (8.1.4)$$

h_1、h_2 分别为两相的单位质量（或单位物质的量）的物质的焓. 也就是说，相变潜热等于物质相变时焓的增量.

不同相变时的潜热有不同的名称，液态变为气态时，相变潜热称为汽化热，反之称为液化热；固液相变时的潜热称为熔化热或凝固热；固气相变时的潜热称为升华热或凝华热.

*8.1.4 相变技术

相变技术已经广泛用于材料、储能、物流、通信等领域. 材料在相变过程中，会吸收或释放大量的潜热. 利用这个原理，可以制备潜热大的材料，根据实际需要储存和释放能量.

我国对相变材料及应用的研究始于 20 世纪 90 年代. 在建筑上，使用相变材料，可节能 60%~90%. 图 8.1.2 为建筑中采用碳纤维作为相变材料. 近年来我国相关领域的科学家开发了熔点为 5 ℃、8 ℃、20 ℃、25 ℃、30 ℃、40 ℃、57 ℃等一系列长寿命、低成本的建筑用相变材料及其建材制品，如相变石膏板、相变地暖、相变混凝土保温板等.

装饰层
PCM储热层
碳纤维发热层
基材保温层

图 8.1.2　建筑中采用碳纤维作为相变材料

蓄热技术可以解决因为时间、空间或强度上的热能供给与需求间不匹配所带来的问题. 通过相变材料，可在夜晚低谷电价时制热后将其储蓄起来，在白天关闭制热器，通过相变放热. 中国的物流非常发达，其中冷链物流市场规模在 2025 年有望突破 5 500 亿元. 相变材料在冷链物流中已有成熟应用，如中国中车集团开发的相变蓄冷移动冷库，已用于物资跨区域运输、中老铁路国际货物列车"澜湄快线". 相变材料在电力、通信方面也崭露头角，在设备降温方面，可节省设备成本 75%以上，将设备延长寿命四倍或更多. 相变材料在手机、平板等移动终端散热降温市场的应用正在进一步发展，华为等众多公司均开展了相关研究，比如相变材料制成的微囊，内置芯片通过微囊的热量释放控制，使电子产品保持在适宜的温度状态，从而延长其使用寿命.

8.2 液态和气态之间的相变

8.2.1 汽化与液化

汽化（vaporization）指物质由液态转变为气态的过程. **液化**（liquefaction）是物

质由气态转变为液态的过程,是汽化的相反过程.

汽化有两种不同形式:蒸发与沸腾. **蒸发**(evaporation)是发生在液体表面的汽化过程,可在任何温度下发生; **沸腾**(boiling)是在一定压强下,达到某个温度(沸点)时,整个液体的内部及表面所发生的汽化过程,该过程只能在沸点时发生.沸点是液体开始正常沸腾时的温度.液化也有两种方式,降低温度或压缩体积.在常压下,温度降到某个值时会液化;温度不变时,加压也可以使气体转化成液体(针对部分气体).

蒸发与沸腾属于汽化过程的两种不同形式.它们的相同点是:① 本质上都是液态转变为气态的过程;② 具有相同的饱和蒸气压.它们的不同点是:在任何温度下,液体表面都有蒸发过程;而只有在沸点时,液体表面和内部才有沸腾现象.

8.2.2 汽化热和液化热

汽化时,无论是蒸发还是沸腾,都需要从周围吸收热量,使分子挣脱液体分子的引力而做功,还要让蒸气体积膨胀克服外界压力做功.液体吸取的热量,只是使液体发生了汽化,并没有使温度升高.单位质量或单位物质的量的液体汽化为同温度的气体时,所吸收的热量,称为**汽化热**.反之,从同温度的气态变为液态所放出的热量,称为**液化热**.液化热与汽化热的具体数值相同,常用符号 l 表示,其单位是 $J \cdot kg^{-1}$ 或 $J \cdot mol^{-1}$.有时候为了区分二者,单位质量的汽化热常用 l_V 表示,其单位为 $J \cdot kg^{-1}$;单位物质的量的汽化热常用 $l_{V, m}$ 表示,其单位为 $J \cdot mol^{-1}$,下标 V 代表汽化,m 代表摩尔.显然有

$$Ml_V = l_{V, m} \tag{8.2.1}$$

M 为摩尔质量.

汽化热可以从两个不同角度去理解和计算:

(1)汽化热包括物质汽化时内能的变化(吸收的热量用来增大分子的势能,因而内能增大),以及在恒压下气体体积膨胀所做的功,即

$$l = u_2 - u_1 + p(v_2 - v_1) = h_2 - h_1 \tag{8.2.2}$$

式中,l 为汽化热,u_1、u_2 分别为液、气两相的单位质量的内能或摩尔内能,v_1 和 v_2 分别是为液、气两相的比体积(单位质量的体积)或摩尔体积(单位物质的量的体积).h_1、h_2 分别为液、气两相的单位质量(或单位物质的量)的物质的焓.汽化是在等压条件下的吸热过程,等于物质由液相转变为同温度的气相时焓的增量.

如果在液体蒸发时外界不供热或供热不够,那么只能消耗液体内能,于是液体温度降低,这是制冷的一条途径.湿衣服在晚上晾干时,没有太阳晒,供热不够,这时也能蒸发,使衣服变干,但是会消耗内能用于蒸发.

(2)气、液两相有序程度不同,汽化过程中,物质从液态到气态,熵在增加.

$$l = T\Delta s \tag{8.2.3}$$

式中,$\Delta s = s_2 - s_1$ 为单位质量(或单位物质的量)的物质在由液相等温转变为气相时的熵增.

例 8.1

在 $p = 1$ atm 的情况下，质量 $m = 4.0$ g 的酒精沸腾变为蒸气，求酒精的内能变化量. 已知酒精蒸气的比容（单位质量的体积）为 0.607 m$^3 \cdot$ kg^{-1}，单位质量的酒精汽化热为 $l_V = 8.63 \times 10^5$ J $\cdot$ kg^{-1}. 液体酒精的比容 v_1 远小于气体酒精的比容 v_2.

解：等压情况下，单位质量的汽化热即比焓（单位质量的焓）的变化量：

$$h_2 - h_1 = l_V$$

式中 h_2 为气体酒精的比焓，h_1 为液体酒精的比焓. 根据焓的定义式，有

$$h_1 = u_1 + pv_1$$
$$h_2 = u_2 + pv_2$$
$$v_1 \ll v_2$$

所以

$$h_2 - h_1 = u_2 - u_1 + pv_2$$

可得到单位质量的内能变化为

$$u_2 - u_1 = l_V - pv_2$$

则总的内能变化为

$$\Delta U = m(u_2 - u_1) = m(l_V - pv_2) = 3.2 \times 10^3 \text{ J}$$

8.2.3 饱和蒸气压

密封容器中的液体（液体未装满容器），在某温度下，随着蒸发过程的进行，液面上方蒸气的密度会不断增加，同时返回液体的分子数目也不断增多，最终，逸出液面的液体分子数，和返回液体的气体分子数，一定会相同，也就是说，这两个过程达到动态平衡，液体的量和蒸气的量不会再变化. 这时的蒸气叫做**饱和蒸气**（saturated gas），其压强称为**饱和蒸气压**（saturated vapor pressure），它是气、液两相平衡共存时的气相压强. 对于密闭容器中的液体上方空间（有空气），当达到饱和时，液面上方的总压强等于饱和蒸气压 p_s 与其他空气气体分压之和.

1. 饱和蒸气压与温度的对应关系

饱和蒸气压与温度有一一对应的关系，二者不是相互独立的，这与普通的理想气体不同. 图 8.2.1 给出了水蒸气的饱和蒸气压随温度的变化关系. 需要记住的是，0 ℃时饱和蒸气压约为 610 Pa，100 ℃时饱和蒸气压为 1 atm.

单位时间内由蒸气返回液体的分子数，与蒸气密度有关，蒸气密度大，则气相分子与液面碰撞的概率就大. 一定温度下，对于纯物质，返回液相的分子数只与蒸气密度有关.

对于质量为 m，摩尔质量为 M 的饱和蒸气，有

$$p_s V = \frac{m}{M} RT$$

可以改写成

$$p_s v_{比} = \frac{RT}{M} \tag{8.2.4}$$

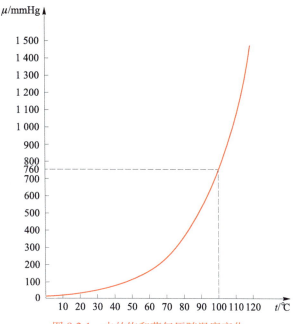

图 8.2.1　水的饱和蒸气压随温度变化

式中 $v_比$ 是比容，即单位质量的体积，M 是摩尔质量.

注意：饱和蒸气压 p_s 与温度 T 有一一对应的关系（比如水蒸气，见图 8.2.1），两者并不互相独立；所以，一定温度下的比容也是固定的，这意味着等温条件下蒸气密度和分子数密度是一定的 $\left(\text{由 } p=\dfrac{p_s M}{RT} \text{和 } p_s=nkT \text{ 可知}\right)$.

* 2. 液面形状对饱和蒸气压的影响

对于凹液面，分子逸出液体所需要克服的分子引力，大于平液面时的分子引力，因此单位时间内逸出的分子数少一些；对凸液面，情况则正好相反. 在同一温度下，对于同一种液体，凸液面上方、平液面上方、凹液面上方的饱和蒸气压的关系满足：

$$(p_s)_{凸液面} > (p_s)_{平液面} > (p_s)_{凹液面} \tag{8.2.5}$$

同一温度下，弯曲液面和平液面的饱和蒸气压之差，与液体的表面张力系数、液体密度及液面的曲率半径有关. 要注意的是，弯曲液面曲率半径较大时，弯曲液面和平液面的饱和蒸气压之差可以忽略，但是当弯曲液面的曲率半径极小时，饱和蒸气压之间的差别就变得显著了. 例如，液滴半径 r 为 10^{-7} m 数量级时，$(p_s)_{凸液面}/(p_s)_{平液面} \approx 1.011$；当 $r \sim 10^{-9}$ m 时，则该比值就上升到 2.93. 因此，当蒸气中有极小液滴时，或者液体中含有极小的饱和蒸气泡时，就要注意考虑弯曲液面的饱和蒸气压了.

3. 过饱和蒸气

有一种特殊情况，蒸气压超过该温度下的饱和蒸气压，甚至高出了几倍时，液滴仍不能形成并长大，这种现象就称为过饱和现象. 此时的蒸气称为**过饱和蒸气**，也称为**过冷蒸气**. 其原因将在后面给予解释.

例 **8.2**

曾经冰箱和空调制冷采用氟利昂，后来因为排放到大气中的氟利昂气体会破坏臭氧层而被禁止使用. 在一台老式冰箱中，质量为 2.0 kg、温度为 −13 ℃、体积为 0.19 m³ 的氟利昂（其相对分子质量为 121），在温度保持不变的情况下被压缩，其体积变为 0.10 m³，试问在此过程中有多少质量的氟利昂被液化？已知在 −13 ℃ 时液态氟利昂的密度 $\rho = 1.44 \times 10^3$ kg·m⁻³，其饱和蒸气压强为 $p_s = 2.08 \times 10^5$ Pa. 氟利昂气体可以近似看成理想气体.

解： 如果在压缩前，氟利昂不都是气态，那么情况会复杂. 我们假设初始时都是气态，则由物态方程

$$p_i = \frac{mRT}{V_i M} = 1.87 \times 10^5 \text{ Pa} < 2.08 \times 10^5 \text{ Pa}$$

可见，并没有达到饱和蒸气压，所以确实都处于气态.

被压缩后，出现了液体，此时液态和气态共存，气体为饱和蒸气，液态、气态氟利昂的质量分别为 m_1，m_2，体积分别为 V_1，V_2，显然：

$$m = m_1 + m_2, \quad m_1 = \rho V_1, \quad V = V_1 + V_2$$

气态的压强为 p_s，满足物态方程：

$$p_s V_2 = \frac{m_2}{M} RT$$

可以计算得到：

$$m_1 = 0.84 \text{ kg}$$

1756 年，莱顿弗罗斯特（Leidenfrost）把一滴水滴到烧红的金属汤匙上，发现水珠在汤匙上悬浮了近 30 s 而没有蒸发. 研究发现，水滴之所以悬浮，是水滴与热汤匙接触后，其底部立即形成一层水蒸气，使水滴与汤匙分开，从而让水滴悬浮，悬浮的水滴因为没有与热汤匙直接接触，传热速率变慢，因此水滴吸热减小从而蒸发速度减慢，因此悬浮水滴可能在几十秒内不会蒸发. 这种液滴可以在热物体表面上悬浮现象称为"莱顿弗罗斯特现象"，如图 8.2.2（a）所示. 悬浮着的水滴，通过蒸气层的传导和辐射，水滴会开始振动并缓慢蒸发，形成"星形"或"多面形"的形状，如图 8.2.2（b）所示. 由于热效应和水的蒸发等原因，蒸气层的形态和动力学机制是相当复杂的，吸引了很多科学家对其进行研究.

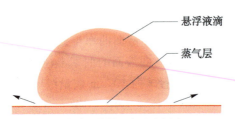

(a) 莱顿弗罗斯特现象的示意图

(b) 莱顿弗罗斯特星的形状

图 8.2.2　莱顿弗罗斯特现象

航空母舰上的战斗机起飞时，可以采用蒸气弹射或电磁弹射方式，二者各有特点. 将航母蒸汽轮机的蒸气连动到弹射器上，可以用于弹射战斗机，飞机引擎的动力加上蒸气压力，可以使得在 45 m 距离内达到 250 km·h⁻¹ 的时速. 不过，最新的技术是采用电磁弹射，我国航空母舰

蒸气弹射和电磁弹射

山东舰采用了蒸汽弹射，而福建舰则采用了电磁弹射方式.

8.2.4　沸腾

1. 沸腾的机理

液体内部一般都溶解有空气分子，温度越低，则溶解的空气越多；固体容器壁也会吸附一些空气分子. 当液体被加热时，溶解于液体内和吸附在器壁上的空气分子的热运动会加速，当达到沸点时，吸附在器壁和溶于液体内部的气体以气泡的形式被分离出来，气泡由空气与液体的饱和蒸气组成，这些气泡大量涌出，整个液体上下翻滚. 气泡的外表面是球形液面，对于弯曲的液面来说，其附加压强 Δp 为

$$\Delta p = \begin{cases} \dfrac{2\sigma}{r} > 0 & \text{（对于凸球状液面）} \\[2mm] -\dfrac{2\sigma}{r} < 0 & \text{（对于凹球状液面）} \end{cases} \tag{8.2.6}$$

式中，r 为球形液面的曲率半径，σ 为表面张力系数.

此时气泡内含有两种气体：空气、饱和蒸气，根据道尔顿分压定律，其压强为空气压强 p_a 与饱和蒸气压 p_s 之和. 气泡外的压强为大气压 p_0 与液体静压强 $\rho g h$（h 为气泡在液体中的深度）以及表面张力引起的附加压强 $\dfrac{2\sigma}{r}$ 三者之和. 存在气泡时，气泡的内外压强平衡，即

$$p_s + p_a = p_0 + \rho g h + \frac{2\sigma}{r} \tag{8.2.7}$$

一般情况下，液体的深度比较小（比如水壶里的水），所以静压强一般都远小于大气压，可以忽略；在液体沸腾前，气泡比较大（半径 r 较大），因此其附加压强（比大气压小若干个数量级）也可以忽略，所以在平衡时，有

$$p_a + p_s = p_0 \tag{8.2.8}$$

随着温度升高，气泡内的饱和蒸气压增大，导致气泡内总压强超过了大气压，那么，气泡体积会增大，所受到的浮力也随之增大，使气泡上升. 当气泡上升到液体上部时，如果上部的温度较低（烧开水时就是这种情况，容器的下部温度高，上部温度低），那么气泡内的部分蒸气会凝结，气泡内压强变小，从而体积也减小，浮力也变小，使气泡下降. 这样就形成气泡上下翻滚的情形. 当温度继续升高时，p_s 急速增加（可以参看图 8.2.1），当温度升高使得 $p_s = p_0$ 时，$p_a + p_s > p_0$ 总是成立，即气泡内的压强总是大于大气压，气泡将不断膨胀并上浮到液面，而后破裂，发出响声并释放出气泡内的空气和蒸气，这个过程就是沸腾. 我们常说"响水不开、开水不响"就是因为在沸腾初期，气泡上下翻滚、破裂，发出声音，而在后期，几乎不存在气泡了，也就没有破裂声了.

2. 沸点

沸腾时，饱和蒸气压 p_s 与外部大气压 p_0 相等，即 $p_s = p_0$ 的温度称为沸点.

同一种液体，外部压强改变时，沸点也会变. 压强低则沸点低，在海拔很高的

山上，大气压降低，因而沸点也降低. 比如珠穆朗玛峰上的大气压大约是 0.3 atm，水的沸点是 72 ℃. 沸点总是随外界压强的减小而降低.

*3. 过热液体与暴沸

如果液体加热时间过长，内部溶解的空气和器壁吸附的空气都被排出了，以至于没有什么气泡了，这时即使再将其加热到正常沸点以上，也不再沸腾了，这种液体称为过热液体. 过热液体中，有些液体分子具有足够的能量相互推开，形成空泡，当过热液体被继续加热时，空泡急剧增大，会突然破裂放出大量蒸气，发生像爆炸似的剧烈沸腾，甚至导致容器爆炸. 这种现象称为**暴沸**，必须设法避免.

过热液体是不稳定状态，增加些汽化液（起汽化核作用），过热液体很容易转变为气、液两相平衡共存的稳定状态.

*4. 凝结核与汽化核

物质的纯度是有限的，或多或少会有一些杂质，在凝结或汽化过程中，杂质、带电粒子、固体容器壁或者小气泡，充当了凝结核或汽化核的角色. 凝结核在汽化和液化时起到重要的作用.

蒸气内部如果有凝结核，或者蒸气中有固体容器壁，凝结核或器壁吸附了蒸气分子后，就会凝结成液滴. 只要蒸气的实际压强比液面上方的饱和蒸气压大一点点，哪怕是 1%，液滴也能逐渐长大，且不容易蒸发. 前面说过，对于沸腾来说，沸腾前就存在的空气泡是很重要的. 所以，在汽化过程中，液体内部和器壁上的小气泡起着汽化核的作用，它使液体在其周围汽化.

前面提到的过饱和蒸气，就是蒸气中缺少凝结核或凝结核过小引起的. 凝结核过少或过小时，即使蒸气压超过该温度下的饱和蒸气压，甚至高出几倍，液滴仍不能形成并长大，从而形成过饱和现象，此时的蒸气称为过饱和蒸气，也称为过冷蒸气——因为按其实际蒸气压，应在较高的温度下就能发生液化，但现在比本该液化的温度还低的温度下仍不液化，所以说是过冷蒸气.

过饱和状态是不稳定的，若外界稍微有干扰，例如加入了灰尘、杂质或带电粒子，过饱和蒸气中就会出现大的液滴，过饱和状态就会变为稳定的气、液两相平衡共存的状态.

例 8.3

如图 8.2.3 所示，在底面积 $S = 20$ cm^2 的圆柱体容器中的可自由滑动的轻活塞下方有温度为 20 ℃、质量 $m = 9$ g 的水，用功率 $P = 100$ W 的加热器对之加热，试作出活塞竖直坐标与时间的关系图，并求出最大速度. 假设活塞下面没有空气，活塞与容器不导热. 大气压强 $p_0 = 1$ atm，水的比热容 $c = 4.20 \times 10^3$ J·kg^{-1}·K^{-1}，水的汽化热 $l = 2.26 \times 10^6$ J·kg^{-1}. 水的摩尔质量为 $M = 18$ g·mol^{-1}. 水蒸气的摩尔定容热容为 $C_{V, m} = 3R$，R 为摩尔气体常量.

解： 一共有三个阶段：① 水未加热到 100 ℃ 时，液体体积几乎不变，所以活塞不动；② 达到沸点时，则水会沸腾，产生气体，体积膨胀，导致活塞运动，这时既有气体也有液体；③ 水全部汽化后，继续加热，容器中只有气体存在. 气体满足理想气体物态方程.

（1）从 $t_1 = 20\ ℃$ 加热到 $t_2 = 100\ ℃$，需要的时间 τ_1 满足：

$$cm(t_2-t_1) = P\tau_1 \qquad ①$$

代入数据计算出 $\tau_1 = 30\ \mathrm{s}$. 在这个时间段内，活塞的位移为 0.

（2）在汽化过程中，设 τ 时间内，有质量 $m(\leqslant 9\ \mathrm{g})$ 的水汽化，满足：$P\tau = ml$，可得到

$$\tau = \frac{ml}{P} \qquad ②$$

当 $m = 9\ \mathrm{g}$，即全部水都汽化时，所需要的时间为

$$\tau_m = \frac{ml}{P} = 203.4\ \mathrm{s} \qquad ③$$

质量为 m 的水蒸气满足

$$p_0 V = \frac{m}{M} R T_2 \qquad ④$$

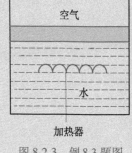

图 8.2.3　例 8.3 题图

在沸点下，水蒸气的饱和蒸气压等于 1 atm，温度为沸点温度，V 为水蒸气体积.

将式②代入式④，得到

$$p_0 V = \frac{P\tau}{Ml} R T_2 \qquad ⑤$$

求微分：

$$p_0 \mathrm{d}V = \frac{PRT_2}{Ml} \mathrm{d}\tau \qquad ⑥$$

$$\frac{\mathrm{d}V}{\mathrm{d}\tau} = \frac{PRT_2}{p_0 Ml} \qquad ⑦$$

速度：

$$v_2 = \frac{\mathrm{d}x}{\mathrm{d}\tau} = \frac{\mathrm{d}V}{S\mathrm{d}\tau} = \frac{PRT_2}{Sp_0 Ml} = 0.038\ \mathrm{m \cdot s^{-1}} \qquad ⑧$$

位移：

$$x_2 = v_2 \tau \qquad ⑨$$

汽化结束时，即 $\tau_m = 203.4\ \mathrm{s}$ 时的位移为

$$x_{2m} = v_2 \tau_m = 8.7\ \mathrm{m} \qquad ⑩$$

（3）全部水都被汽化后，此时容器中只有水蒸气了，活塞下的气体作等压变化，

$$\mathrm{d}Q = \nu C_{p,m} \mathrm{d}T \qquad ⑪$$

水是三分子气体，其摩尔定容热容为 $C_{V,m} = 3R$，摩尔定压热容为 $C_{p,m} = C_{V,m} + R = 4R$，而吸收的热量为

$$\mathrm{d}Q = P\mathrm{d}\tau \qquad ⑫$$

再由物态方程：$p_0 V = \dfrac{m}{M} RT$，求导得到

$$p_0 \mathrm{d}V = \frac{m}{M} R\mathrm{d}T \qquad ⑬$$

由式⑪—式⑬得到

$$p_0 \mathrm{d}V = \frac{mR}{M} \frac{\mathrm{d}Q}{\nu C_{p,m}} = \frac{mR}{M} \frac{P\mathrm{d}\tau}{\nu C_{p,m}} = \frac{P\mathrm{d}\tau}{4}$$

$$dV = \frac{Pd\tau}{4p_0} \qquad \text{⑭}$$

速度为

$$v_3 = \frac{dx}{d\tau} = \frac{dV}{Sd\tau} = \frac{Pd\tau}{4p_0 Sd\tau} = \frac{P}{4Sp_0} = 0.125 \text{ m} \cdot \text{s}^{-1} \qquad \text{⑮}$$

位移为

$$x_3 = v_3 t \qquad \text{⑯}$$

图 8.2.4 给出了 x–t 曲线图，最大速度为 $v_3 = 0.125 \text{ m} \cdot \text{s}^{-1}$.

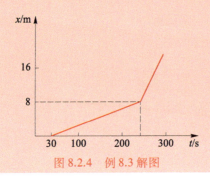

图 8.2.4 例 8.3 解图

8.2.5 汽化曲线

以温度为横坐标，压强为纵坐标，作出某物质的饱和蒸气压随温度的变化曲线 $O'K$，称为汽化曲线，也就是液化曲线. 如图 8.2.5 所示. 汽化曲线有起点 O' 和终点 K，起点对应着能同时出现气相和液相（还可能有固相）的最低压强和最低温度；至于终点 K，则不可能有气、液两相平衡共存的情形，所以又将 K 点称为临界点，临界点的温度为 T_k. 温度高于 T_k，液体无法汽化，气体也无法液化（即使通过加压）. 关于临界点的知识，将在 8.7 节具体介绍.

汽化曲线图也叫气液二相图，它既是饱和蒸气压与温度之间的关系曲线，也是外界压强与沸点之间的关系曲线.

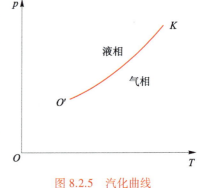

图 8.2.5 汽化曲线

8.2.6 空气的湿度

地表上的水无时无刻不在蒸发，大气其实是干燥空气和水蒸气的混合气体. 含有的水蒸气越多，则越潮湿. 我们用空气湿度来表示空气的潮湿程度，空气湿度取决于水蒸气的密度（即单位体积的质量），而密度又与压强成正比，所以定义空气中所含水蒸气的分压强为水汽压，又称为**绝对湿度**（absolute humidity）. 常用 mbar 作单位，也曾用 mmHg 作单位（现不推荐使用）.

相对湿度（relative humidity）则是某一温度下的水汽压（绝对湿度）与该温度下

的饱和水汽压之比的百分数：$B = \dfrac{p_{水汽}}{p_s} \times 100\%$，式中 $p_{水汽}$ 为一定温度下水汽的分压强（绝对湿度），p_s 为该温度下的饱和蒸气压. 温度越低, 水汽的饱和蒸气压越小.

物体降到一定温度时，物体表面附近的水蒸气达到饱和状态，这时水蒸气将凝结成水，把这时的温度称为露点温度，简称露点.

纸张或书本的封面会发生卷曲现象，这是空气中的湿度在不断地变化所造成的. 一段时间后，书的纸张会吸收空气中的水分，如果空气变得干燥，则纸张中的水分又开始蒸发，若空气中湿度变大了，则纸张又开始吸收水分，这样不断地吸收和蒸发水分，纸张中的纤维就会"变形".

例 8.4

如图 8.2.6 所示，一端开口、另一端封闭的长圆柱形导管容器开口向上竖直放置，在气温为 $t = 27\ ℃$、气压为 $p_0 = 760\ \text{mmHg}$、相对湿度为 75% 时，用质量可忽略不计的光滑薄活塞将开口端封闭，已知水蒸气的饱和蒸气压在 $t = 27\ ℃$ 时为 $p_s = 26.7\ \text{mmHg}$，在 $t' = 0\ ℃$ 时为 $p'_s = 4.58\ \text{mmHg}$.

（1）保持温度不变，通过在活塞上方注入水银增加压强的方法使管内开始有水珠出现，则容器至少需要有多长？

（2）若在水蒸气刚开始凝结时，固定活塞，降低容器的温度，则当温度降至 $0\ ℃$ 时，容器内气体的压强为多大？

解:（1）由题意知，$27\ ℃$ 时的饱和蒸气压为
$$p_s = 26.7\ \text{mmHg}$$
容器内有水蒸气和空气，其中水蒸气的压强为
$$p_w = 75\% p_s$$
假设初态用 (p_w, L_0) 描述，L_0 为容器高度；末态用 (p_s, L) 描述，末态出现水珠，说明压强为饱和蒸气压，则：
$$p_w L_0 = p_s L$$
解得

$$L = \frac{3}{4} L_0$$

也就是说，水银注入容器的 1/4 高度时，就出现了水珠.

达到平衡时，管内外压强相同，活塞上方压强为

$$p_上 \leqslant p_0 + \frac{1}{4} L_0$$

上式采用 cmHg 为单位.

对于活塞下方容器内的气体（包含空气和水蒸气），初态为 (p_0, L_0)，刚出现水珠的末态为 $\left(p_下, \dfrac{3}{4} L_0\right)$，

$$p_0 L_0 = p_下 \frac{4}{3} L_0$$

得到

$$p_下 = \frac{4}{3} p_0$$

注入水银

活塞

空气柱

图 8.2.6 例 8.4 题图

所以有

$$p_0 + \frac{1}{4}L_0 \geqslant \frac{4}{3}p_0$$

$$L_0 \geqslant 1\ 013\ \text{mm}$$

（2）刚出现水珠时，干燥空气的分压强为

$$p_a = p_{\overline{\Gamma}} - p_s = \left(\frac{4}{3} \times 760 - 26.7\right)\ \text{mmHg} = 986.3\ \text{mmHg}$$

温度为

$$T = (27 + 273)\ \text{K} = 300\ \text{K}$$

等容降温后，干燥空气的分压强变为 p_a'，温度为

$$T' = (0 + 273)\ \text{K} = 273\ \text{K}$$

由查理定律：

$$\frac{p_a}{T} = \frac{p_a'}{T'}$$

计算得到

$$p_a' = 897.5\ \text{mmHg}$$

再由道尔顿分压定律，知道在 0 ℃时容器内的气体（包含空气和水蒸气）压强为

$$p' = p_a' + p_s' = (897.5 + 4.58)\ \text{mmHg} = 902.1\ \text{mmHg}$$

8.3　固液相变与固气相变

固态和液态之间相互转化，称为熔化与凝固．固态与气态之间相互转化，称为升华与凝华．

8.3.1　熔化（熔解）与凝固

物质在一定的条件下，从固态转变为液态的过程叫做**熔化或熔解**（melting），相反的过程叫**凝固或结晶**（solidification）．

固体分为晶体和非晶体．对于晶体，从固态变成液态的熔化温度称为**熔点**，从液态凝固成固态的温度称为**凝固点**．熔点一般随压力的改变而改变．

晶体从外界开始吸收热量时，其内部的分子、原子的平均动能将增大，分子间的距离将逐渐增大，但是其空间点阵仍保持有序排列，并没有受到彻底破坏．当晶体继续吸热并达到足够的温度时，其内部的分子、原子运动的剧烈程度破坏了其有序排列，空间点阵解体，变成了液体，这个温度就是熔点．图 8.3.1 是冰的熔化示意图，表明了空间点阵的变化．

晶体具有确定的熔点和凝固点．同种晶体，在同一压强下，其熔点和凝固点相同．而非晶体，例如玻璃、松脂、塑料等，加热时随着温度升高而不断软化，逐渐地出现流动性，它们没有固定的熔点和凝固点．

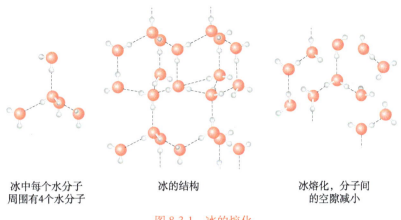

| 冰中每个水分子 | 冰的结构 | 冰熔化，分子间 |
| 周围有4个水分子 | | 的空隙减小 |

图 8.3.1　冰的熔化

8.3.2　熔化热

单位质量（或物质的量）的固态变为同温度的液态所吸收的热量（相变潜热）称为熔化热（又称为熔解热），常用字母 λ 表示．熔化热有两个：单位质量的熔化热和单位物质的量的熔化热，前者指单位质量的固态变为液态所吸收的热，其单位为 $J \cdot kg^{-1}$；后者指单位物质的量的固态变为气液态所吸收的热，其单位为 $J \cdot mol^{-1}$．

凝固热是指从液态变为固态所放出的热量，其具体数值和熔化热相同．

8.3.3　升华与凝华

固体直接变成气体，称为**升华**（sublimation）；从气体直接变成固体，称为**凝华**（desublimation）．升华实际上是固体中的微粒直接脱离固体点阵结构转变成为气体分子的现象，凝华的过程则相反．

8.3.4　升华热与凝华热

升华时，要克服固体分子之间的束缚作用，以及克服外界的压强做功，需要吸收能量，才能从同温度的固态变为气态．单位质量（或物质的量）的物质升华时所吸收的热量称为升华热，升华热等于单位质量（或物质的量）的同种物质在相同条件下的熔化热与汽化热之和，即升华热 r 在数值上与熔化热 λ 和汽化热 l 之和相等，其关系式为：$r = \lambda + l$．升华热的单位为 $J \cdot kg^{-1}$ 或 $J \cdot mol^{-1}$．

对于一定量的固体，总的升华热为 $Q = mr$（此时 r 为单位质量的升华热，m 为质量）或者 $Q = \nu r$（此时 r 为单位物质的量的升华热，ν 为物质的量）．

凝华热在数值上等于升华热．

8.3.5　熔化曲线与升华曲线

1. 熔化曲线

熔点一般随压强的改变而改变，在 $p\text{-}T$ 图上作出熔点随压强变化的曲线，就是熔化曲线，如图 8.3.2 所示．在熔点时，固-液两相平衡共存，所以熔化曲线也就是固-液两相平衡共存的状态所连成的曲线. 在给定压强下, 温度低于熔点时物质以固相存在, 温度高于熔点时则以液相存在, 所以在 p-T 平面上, 熔化曲线 $O'L$ 左方是固相存在的区域, $O'L$ 右方与汽化曲线 $O'K$ 之间是液相存在的区域. 大多数物质, 熔化时体积膨胀, 当其所受压强增大时, 需要更高的温度才能熔化, 所以熔点升高, 见图 8.3.2 图 (a); 少数物质比如冰, 熔化时体积减小, 所受压强增大时, 更容易破坏晶体内的点阵, 其熔点反而降低, 见图 8.3.2 图 (b).

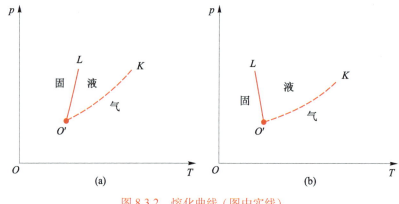

图 8.3.2　熔化曲线 (图中实线)

熔化曲线的起始端 O' 其实就是汽化曲线的起点, 也就是三相点; 理论分析表明熔化曲线可以无限延伸; 大量实验也表明, 当压强达到十万个大气压时, 熔化曲线也没有终点. 也就是说, 不存在固液不分的临界状态.

2. 升华曲线

升华和凝华总是同时存在的, 在一个密封容器里的固体, 在某一确定温度下, 经过一段时间后, 单位时间内升华的分子数和凝华的分子数相等, 达到平衡, 此时固体上方的蒸气为饱和蒸气. 饱和蒸气的压强与温度有关, 其关系就是升华曲线, 如图 8.3.3 中的 $O'S$ 所示. 升华曲线上的点表示固气两相平衡共存的点. $O'S$ 左侧是固相存在的区域, 右侧是气相存在的区域. 升华曲线的斜率总是正的.

一般的金属在常温下的饱和蒸气压很低, 实际上几乎没有升华. 而某些固体的饱和蒸气压很高, 如干冰在 -78.5 ℃时的饱和蒸气压为 1 atm, 很容易见到其升华现象, 冰在 0 ℃时的饱和蒸气压为 4.58 mmHg.

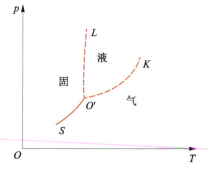

图 8.3.3　升华曲线 (图中实线)

*8.4__相平衡

单元系固、液、气中的二相或三相, 在一定条件下可以平衡共存. 比如, 1 atm 下, 0 ℃时纯水和冰可以共存, 1 atm、100 ℃时水和水蒸气可以共存, 610.75 Pa、0.01 ℃时冰、水、水蒸气可以平衡共存. 这种情况称为相平衡. 对于某个物质系统，相平衡共存状态只有在一定条件下才能发生，也就是说相平衡必须满足一定的条件. 为了了解相平衡，我们先学习几个概念：自由能、自由焓、化学势.

8.4.1　自由能　自由焓　化学势

1. 自由能

设系统与外界热源之间传热为 $\text{đ}Q$（可以吸热或放热），做功为 $\text{đ}A$（对外界做功或外界对系统做功），系统的熵变为 $\text{d}S$，则内能变化为

$$\text{d}U = \text{đ}Q + \text{đ}A \tag{8.4.1}$$

因为

$$\text{đ}Q \leqslant T\text{d}S$$

$$\text{đ}A = -p\text{d}V$$

所以

$$\text{d}U \leqslant T\text{d}S - p\text{d}V \tag{8.4.2}$$

引进一个新的函数：

$$F = U - TS \tag{8.4.3}$$

称为**自由能**（free energy），它是内能中可以用来自由做功的部分. 由式（8.4.3）可知

$$U = F + TS \tag{8.4.4}$$

我们知道，内能是微观粒子的运动动能与粒子间相互作用势能之和. 从式（8.4.4）可知，内能由两部分组成，一部分是可以对外做功的自由能 F，加上不能对外做功的能量（称为束缚能）TS. 从应用的角度来看，束缚能是无法应用的.

由式（8.4.4）可得

$$\text{d}U = \text{d}F + T\text{d}S + S\text{d}T$$

代入式（8.4.2）:

$$\text{d}F \leqslant -S\text{d}T - p\text{d}V$$

温度、体积不变时，则

$$\text{d}F \leqslant 0$$

2. 自由焓

我们已经学习过焓：

$$H = U + pV \tag{8.4.5}$$

那么自由焓是什么呢？把式（8.4.3）中的内能 U 换成 H，即

$$G = H - TS \tag{8.4.6}$$

称为吉布斯函数或吉布斯自由焓，简称为**自由焓**（free enthalpy）.

将焓的定义式（8.4.5）代入，有

$$G = U + pV - TS \tag{8.4.7}$$

吉布斯函数是广延量，其量纲为 J（焦耳）. 由于 H、S、T 都是状态函数，因而 G 也是一个状态函数.

在定义几级相变时，要用到吉布斯自由能. n 级相变是指发生相变时，吉布斯函数 G 对温度 T 和压力 p 的第 n 阶偏导数开始变得不连续的相变.

当系统发生变化时，G 也随之变化. 由式（8.4.6）可知，当系统状态变化时，吉布斯自由能的变化为

$$dG = dH - TdS - SdT \tag{8.4.8}$$

等温条件下，有

$$dG = dH - TdS \tag{8.4.9}$$

式（8.4.9）称为吉布斯-赫姆霍兹公式，或吉布斯等温方程. 可见，吉布斯自由能变化与焓变和熵变均有关. 在等温、等压条件下发生的化学反应，可用 dG 或 ΔG 作为反应方向性的判据.

3. 化学势

吉布斯函数是广延量，它依赖于系统中的微观粒子数 N，定义**化学势**（chemical potential）为

$$\mu = \left(\frac{dG}{dN} \right)_{T,\,p}$$

下标 T、p 表示等温等压条件.

对于近独立的粒子系统（如玻耳兹曼气体系统），化学势可以简单写为

$$\mu = \frac{G}{N} \tag{8.4.10}$$

也是单个粒子的平均自由焓. 对于 1 mol 物质，有

$$\mu = u + pV - TS \tag{8.4.11}$$

8.4.2 相平衡条件

考虑一个单元系的两相系统，系统中第 1 相的物质的量（摩尔数）、摩尔熵、摩尔内能、摩尔体积分别为 ν_1、s_1、u_1、v_1，第 2 相的物质的量（摩尔数）、摩尔熵、摩尔内能、摩尔体积分别为 ν_2、s_2、u_2、v_2. 系统平衡时是不受外界影响的孤立系统，其总内能 U、总体积 V、总物质的量 ν 是守恒的：

$$\begin{cases} U = \nu_1 u_1 + \nu_2 u_2 = 常量 \\ V = \nu_1 v_1 + \nu_2 v_2 = 常量 \\ \nu = \nu_1 + \nu_2 = 常量 \end{cases} \tag{8.4.12}$$

因为上述三个量是常量，所以，其微小改变量满足

$$dU = 0, \quad dV = 0, \quad d\nu = 0 \tag{8.4.13}$$

由式（8.4.12）、式（8.4.13）得到

$$\begin{cases} \nu_1 du_1 + u_1 d\nu_1 + \nu_2 du_2 + u_2 d\nu_2 = 0 \\ \nu_1 dv_1 + v_1 d\nu_1 + \nu_2 dv_2 + v_2 d\nu_2 = 0 \\ d\nu_1 + d\nu_2 = 0 \end{cases} \tag{8.4.14}$$

两相共存时，孤立系统的熵为

$$S = \nu_1 s_1 + \nu_2 s_2 \tag{8.4.15}$$

平衡时，熵变为 0，即

$$dS = \nu_1 ds_1 + s_1 d\nu_1 + \nu_2 ds_2 + s_2 d\nu_2 = 0 \tag{8.4.16}$$

对于 1 mol 的系统，由热力学第二定律知

$$T\mathrm{d}s = \mathrm{d}u + p\mathrm{d}v$$

对两个相的物质，分别有

$$T_1\mathrm{d}s_1 = \mathrm{d}u_1 + p_1\mathrm{d}v_1 \text{、} T_2\mathrm{d}s_2 = \mathrm{d}u_2 + p_2\mathrm{d}v_2 \tag{8.4.17}$$

代入式（8.4.16）：

$$\frac{\nu_1}{T_1}(\mathrm{d}u_1 + p_1\mathrm{d}v_1) + \frac{\nu_2}{T_2}(\mathrm{d}u_2 + p_2\mathrm{d}v_2) + s_1\mathrm{d}\nu_1 + s_2\mathrm{d}\nu_2 = 0 \tag{8.4.18}$$

将式（8.4.14）的三个式子代入式（8.4.18），消去 $\mathrm{d}u_2$、$\mathrm{d}\nu_2$、$\mathrm{d}v_2$，整理后得到

$$\left[s_1 - s_2 - \frac{u_1 - u_2}{T_2} - \frac{p_2(v_1 - v_2)}{T_2}\right]\mathrm{d}\nu_1 + \nu_1\left(\frac{1}{T_1} - \frac{1}{T_2}\right)\mathrm{d}u_1 + \nu_1\left(\frac{p_1}{T_1} - \frac{p_2}{T_2}\right)\mathrm{d}v_1 = 0 \tag{8.4.19}$$

对于任意的 $\mathrm{d}\nu_1$、$\mathrm{d}u_1$、$\mathrm{d}v_1$，上式都成立，所以有

$$\begin{cases} s_1 - s_2 - \dfrac{u_1 - u_2}{T_2} - \dfrac{p_2(v_1 - v_2)}{T_2} = 0 \\[2mm] \dfrac{1}{T_1} - \dfrac{1}{T_2} = 0 \\[2mm] \dfrac{p_1}{T_1} - \dfrac{p_2}{T_2} = 0 \end{cases} \tag{8.4.20}$$

结合式（8.4.11），式（8.4.20）改写为

$$\begin{cases} \mu_1 = \mu_2 \\ T_1 = T_2 \\ p_1 = p_2 \end{cases} \tag{8.4.21}$$

式（8.4.21）为单元系两相平衡必须满足的条件，其中的第一式称为相平衡条件，另外两式分别是热平衡条件与力学平衡条件. 也就是说，要实现两相平衡共存，则化学势、温度、压强三者必须同时相等.

8.5__ 相图及其应用

8.5.1　三相图

相变通常是在等温条件下进行的，两相的化学势是温度 T、压强 p 的函数. 两相平衡时，化学势相等，即 $\mu_1(T, p) = \mu_2(T, p)$，这时，压强与温度满足一定的函数关系，即 $p = p(T)$. 以温度 T 为横坐标，压强 p 为纵坐标，可以作出**相平衡曲线**.

前面学过的汽化曲线、熔化曲线、升华曲线就是相平衡曲线. 在一张 p-T 图中，把同一种物质的汽化曲线、熔化曲线和升华曲线画在一起，就得到所谓的固、液、气**三相图**（three-phase diagram）. 如图 8.5.1 所示. 图中红色线 OO' 是升华曲线，随着温度增加，升华的饱和蒸气压也增加. 黑色线 $O'K$ 是汽化曲线，其中 K 点是临界点，高于临界点的温度 T_k，无论怎样加压，气体都无法液化. 灰色线 $O'L$ 是熔化曲线，大部分物质在熔化时体积膨胀，当所受压强增大时，需要更高的温度才

能熔化，所以熔点升高，其熔化曲线用实线表示；少部分物质（比如冰）在熔化时体积减小，所受压强增大时，更容易破坏晶体内的点阵，其熔点反而降低，其熔化曲线用虚线表示.

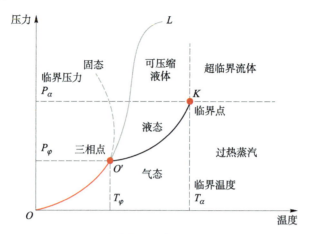

图 8.5.1　三相图（虚线表示少部分物质如冰的熔化曲线）

8.5.2　三相点

三相图中，熔化曲线和汽化曲线的起点，就是升华曲线的终点，这三条曲线的交点 O' 称为**三相点**（three-phase point）. 三相点是某种物质（氦是唯一一种没有三相点的物质）的气相、液相、固相共存的点，这一点具有特定的温度和压强. 以纯水为例，其三相点压强和温度值分别为 610.75 Pa 和 273.16 K（0.01 ℃）；而汞的三相点在 0.2 MPa 及 −38.834 4 ℃.

8.5.3　从三相图看系统的状态

从三相图可以看出系统的状态和特性. 结合图 8.5.1 可以看出：① 在给定压强下，温度低于熔点（熔化曲线就是由不同压强下的熔点组成的，或者说，熔化曲线就是熔点随压强变化的曲线图）时，物质以固相存在，高于熔点时则以液相存在，所以在 p-T 平面上，熔化曲线 $O'L$ 左方是固相存在的区域，右方与汽化曲线 $O'K$ 之间是液相存在的区域. 而熔点，则与压强有关，压强大，则熔点高（对于大部分物质，见灰色实线）或低（对于冰等少部分物质，见灰色虚线）. ② 汽化曲线也是沸点随着压强变化的曲线图. 压强大则沸点高，压强小则沸点低，比如几千米海拔的高山上，沸点只有几十摄氏度. 汽化曲线存在临界点 K，高于 K 点的温度，气体无法液化. ③ 熔化曲线表征固液共存，汽化曲线表征液气共存，升华曲线表征固气共存. 从三相点出发，沿着熔化曲线，则曲线上的坐标 (p, T) 代表在压强 p、温度 T 的状态下，物质是固液共存；从三相点出发，沿着汽化曲线，则曲线上的坐标 (p, T) 代表在压强 p、温度 T 的状态下，物质是液气共存；从三相点出发，沿着升华曲线，曲线上的坐标 (p, T) 代表在压强 p、温度 T 的状态下，物质是固气共存.

8.5.4　三相图的应用

三相图能够帮助我们分析物质在某一压强或温度下的状态，我们来看一个例子．对于 CO_2，其三相点（温度-56.6 ℃，压强 5.11 atm）的压强比较高，所以在常温常压（1 atm）下 CO_2 只能是气相．参照图 8.5.1 的三相图，在常压下（1 atm），无论什么温度，CO_2 只能是固态或气态；在 1 atm、小于-78.5 ℃ 的情况下，是固态；在 1 atm、大于-78.5 ℃ 的情况下，是气态．在 1 atm 下的固相 CO_2，只能升华，不会熔化成液态，所以称为"干冰"．要想得到液态的 CO_2，必须使压强高于 5.11 atm，比如在 10 atm 下，CO_2 可以是固态、液态和气态，因此液态 CO_2 必须储存在高压钢瓶中．从三相图中还可以看到，在室温 20 ℃、1 atm 时，CO_2 是气态，当压强大于56.7 atm 时，是液态．压强大于 1 000 多个大气压，才能是固态．

很多工业生产和实验室研究中，都需要使用氮气、氧气、CO_2 等气体，因为其液态的体积小，储存和运输方便，所以将这些气体加上高压，使其成为液体，储存在高压钢瓶中．在使用时，打开钢瓶的阀门，喷出的液态气体的压强突然降至常压 1 atm，就会瞬间汽化，在汽化时会吸收大量的热量．如果没有外加的热源，那么，就会有一部分气体降温，通过消耗内能的方式提供汽化热，当温度降到凝固点时就变成固态，比如 CO_2，若降到-78 ℃，就凝固成干冰．

除用 p-T 图来表示相变以外，也可以用 p-V 图表示相变．在物质以单相存在时，p-T 图与 p-V 图上的状态是一一对应的；不过，如果是两相或三相共存时，p-T 平面上的一个点则对应 p-V 平面上的一条线．

应该指出的是，我们上面给出的三相图，其实是三个物态的转化图．许多固态物质，在不同温度和压强下，会有不同的点阵结构，也就是有不同的固相．固体从一种固相转变为另一种固相的过程，叫做同素异晶转变，比如从石墨转化为金刚石．对于能发生同素异晶转变的物质，相图上出现的就不止三个相了，也就是说这时候不应该称为三相图，而只能称为相图了，因为图上不止三个相．比如，固态硫有单斜晶硫和正交晶硫两种，有六种两相共存的曲线和三个三相点，但是其中只有一个三相点代表固、液、气三相平衡共存．所以，这种情况下，三相点并非一定是固、液、气三相平衡共存的状态．液态物质也可能有若干个相，如氦就有正常相及超流相两个液相，所以，氦的相图也不再是简单的三相图了．

*8.6　克拉珀龙方程

8.6.1　克拉珀龙方程的数学表达式

一级相变时，满足克拉珀龙方程（Clapeyron equation），方程表达式为

$$\frac{dp}{dT} = \frac{l}{T(v_2 - v_1)} \tag{8.6.1}$$

式中，p、T 分别为相变点的压强和温度，l 为每摩尔或每千克的相变潜热，v 为摩尔

体积或每千克的体积（称为比容或比体积）. 下标 1、2 代表两个不同的相，我们规定：等压条件下物质吸收相变潜热是由 1 相经两相共存而过渡到 2 相的. 在汽化时液相吸热变化到气相，所以液相是 1 相；而在熔化时固相吸热变化到液相，所以液相是 2 相. 该式其实就是 p-T 平面上三相图（相平衡曲线）的斜率.

注意：公式中，当 v_1、v_2 为比体积（单位为 $m^3 \cdot kg^{-1}$）时，l 为单位质量的相变潜热（单位为 $J \cdot kg^{-1}$）；当 v_1，v_2 为摩尔体积（单位为 $m^3 \cdot mol^{-1}$）时，l 为摩尔相变潜热，又写成 l_m（单位为 $J \cdot mol^{-1}$）.

8.6.2 克拉珀龙方程的证明

可以用卡诺定理来证明克拉珀龙方程. 设想某物质先是处于相平衡曲线上的某点 $M(p, T)$，然后使其状态代表点变为曲线上的另一点 $N(p-\Delta p, T-\Delta T)$；再回到 M 点，状态完全复原. 令其状态的变化是途经一个如图 8.6.1 所示的微小可逆卡诺循环 $ABCDA$ 而完成的. 在等温过程 AB 中，于恒压 p 之下物质的量为 $\Delta \nu$ 的物质从 1 相转变为 2 相. 然后经绝热过程 BC、等温过程 CD、绝热过程 DA，这 $\Delta \nu$ 的物质又由 2 相全部转变为 1 相，回到初态.

不论工作物质如何，此卡诺循环的效率都是

$$\eta = \Delta T / T \qquad (8.6.2)$$

在高温热源处吸热：

$$Q_1 = (\Delta \nu) l \qquad (8.6.3)$$

此处 l 为每摩尔物质的相变潜热.

对外做功：

$$W = S_{ABCDA} \approx \Delta p (V_B - V_A) \qquad (8.6.4)$$

其中 $(V_B - V_A)$ 是 AB 过程中体积的变化，它是由物质的量为 $\Delta \nu$ 的物质从 1 相转变为 2 相时体积发生变化所致. 应有：

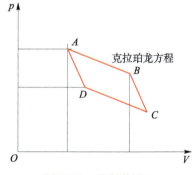

图 8.6.1 微卡诺循环

$$V_B - V_A = \Delta \nu (\nu_2 - \nu_1) \qquad (8.6.5)$$

而因为

$$W / Q_1 = \eta \qquad (8.6.6)$$

由以上各式有

$$\frac{(\Delta p)(\Delta \nu)(\nu_2 - \nu_1)}{(\Delta \nu) l} = \frac{\Delta T}{T} \qquad (8.6.7)$$

即

$$\frac{\Delta p}{\Delta T} = \frac{l}{T(\nu_2 - \nu_1)} \qquad (8.6.8)$$

因为 ΔT 足够小，上式进行微分就得到

$$\frac{dp}{dT} = \frac{l}{T(\nu_2 - \nu_1)} \qquad (8.6.9)$$

于是，克拉珀龙方程得证.

当 l 为每千克物质的相变潜热，ν_1、ν_2 分别为比容（每千克物质的体积）时，上式同样成立．还可以通过化学势来证明克拉珀龙方程．

8.6.3 在一级相变时的具体应用

我们以汽化为例，汽化时的克拉珀龙方程可以写为

$$\left(\frac{\mathrm{d}p}{\mathrm{d}T}\right)_V = \frac{l_{V,\,\mathrm{m}}}{T(v_{\mathrm{g},\,\mathrm{m}} - v_{\mathrm{l},\,\mathrm{m}})} \tag{8.6.10}$$

式中，$l_{V,\,\mathrm{m}}$ 为摩尔汽化热，$v_{\mathrm{g},\,\mathrm{m}}$ 为气态的摩尔体积，$v_{\mathrm{l},\,\mathrm{m}}$ 为液态的摩尔体积．$\left(\dfrac{\mathrm{d}p}{\mathrm{d}T}\right)_V$ 中的下标 V 代表汽化．

考虑到气体的体积远大于液体体积：$v_{\mathrm{g},\,\mathrm{m}} \gg v_{\mathrm{l},\,\mathrm{m}}$，且 1 mol 气体（理想气体）满足：$pV_{\mathrm{g},\,\mathrm{m}} = RT$，所以

$$\left(\frac{\mathrm{d}p}{\mathrm{d}T}\right)_V = \frac{l_{V,\,\mathrm{m}}}{T\dfrac{RT}{p}} \tag{8.6.11}$$

汽化时的克拉珀龙方程也可写成

$$\left(\frac{\mathrm{d}p}{\mathrm{d}T}\right)_V = \frac{l_V}{T(\nu_{\mathrm{g}} - \nu_{\mathrm{l}})} \tag{8.6.12}$$

式中，l_V 为单位质量的汽化热，ν_{g} 为气态的比容（单位质量的体积），ν_{l} 为液态的比容．考虑到 $\nu_{\mathrm{l}} \ll \nu_{\mathrm{g}}$，而 $p\nu_{\mathrm{g}} = RT/M$，M 为蒸气的摩尔质量，所以：

$$\left(\frac{\mathrm{d}p}{\mathrm{d}T}\right)_V = \frac{l_V}{T\dfrac{RT}{Mp}} \tag{8.6.13}$$

注意：$Ml_V = L_{V,\,\mathrm{m}}$．

例 8.5

冰在 1 atm（约 0.1 MPa）下的熔点是 $T = 273.15$ K．此状况下，冰和水的比容分别是 $\nu_1 = 1.090\,8 \times 10^{-3}$ $\mathrm{m}^3 \cdot \mathrm{kg}^{-1}$ 和 $\nu_2 = 1.000\,21 \times 10^{-3}$ $\mathrm{m}^3 \cdot \mathrm{kg}^{-1}$，熔化热 $l_{\mathrm{m}} = 334$ $\mathrm{kJ} \cdot \mathrm{kg}^{-1}$．求在 1 atm 附近冰的熔点随压强的变化情况．

解： 由克拉珀龙方程式（8.6.10）可见，当 $(\nu_2 - \nu_1) < 0$ 时，$\dfrac{\mathrm{d}p}{\mathrm{d}T}$ 为负．这表明在熔化时若体积缩小，则其熔点随着压强升高而降低．冰就属于这种情况．由式（8.6.10）得

$$\frac{\mathrm{d}p}{\mathrm{d}T} = \frac{l_{\mathrm{m}}}{T(\nu_2 - \nu_1)} = -1.350 \times 10^7 \text{ Pa} \cdot \mathrm{K}^{-1} \approx -133 \text{ atm} \cdot \mathrm{K}^{-1}$$

可见，压强每增加 1 atm，冰的熔点约降低 0.007 5 K．

8.6.4 饱和蒸气方程

根据汽化时的克拉珀龙方程，可以推导出饱和蒸气方程．在远低于临界温度的

温度 T 下，饱和蒸气密度很小，可以看成理想气体，压强 p_s 下，1 mol 饱和蒸气满足：

$$p_s M \nu_2 = RT \qquad (8.6.14)$$

ν_2 为饱和蒸气的比体积，M 为蒸气的摩尔质量，R 为摩尔气体常量，考虑到在温度为 T 时，液态体积远小于蒸气体积，即 $\nu_1 \ll \nu_2$，克拉珀龙方程式 (8.6.1) 可以写成

$$\frac{dp}{dT} = \frac{l}{T(\nu_2 - \nu_1)} \approx \frac{l}{T\nu_2} \qquad (8.6.15)$$

代入式 (8.6.14)，得到

$$\frac{dp}{dT} = \frac{pMl}{RT^2} = \frac{pl_m}{RT^2} \qquad (8.6.16)$$

汽化热 l（J·kg^{-1}）或 $l_m = Ml$（J·mol^{-1}）可看作常量。式中的 p 是饱和压强 p_s，为简单起见，省略了下标。式 (8.6.16) 可重写为

$$\frac{dp}{p} = \frac{l_m dT}{RT^2}$$

$$\ln p = -\frac{l_m}{RT} + C$$

即

$$p_s = C e^{-\frac{l_m}{RT}} \qquad (8.6.17)$$

对上式取对数：

$$\ln p_s = -\frac{Ml}{RT} + C = -\frac{l_m}{RT} + C \qquad (8.6.18)$$

上述饱和蒸气压 p_s 与温度 T 的关系式，称为饱和蒸气压方程。

例 8.6

已知在 $p_0 = 1.01 \times 10^5$ Pa 的条件下，水的沸点为 $T_0 = 373$ K，摩尔质量为 $M = 18$ g·mol^{-1}，此时水和水蒸气的比体积分别是 $\nu_1 = 1.04 \times 10^{-3}$ m^3·kg^{-1}、$\nu_2 = 1.67$ m^3·kg^{-1}，水的汽化热为 $l = 2.256 \times 10^6$ J·kg^{-1}。高压锅能承受的最高压强为 $p = 2.424 \times 10^5$ Pa，试估算锅内最高温度。

解：

$$p_0 = C e^{-\frac{l_m}{RT_0}}$$

$$p = C e^{-\frac{l_m}{RT}}$$

两式相除：

$$\frac{p}{p_0} = e^{\frac{l_m}{R}\left(\frac{1}{T_0} - \frac{1}{T}\right)}$$

又因

$$Ml = l_m$$

代入数据计算，得到

$$T = 400 \text{ K}$$

某物质的摩尔质量为 M，三相点温度和压强分别是 T_0，p_0，三相点时的固态和液态的密度分别是 ρ_s，ρ_1，其蒸气可视为理想气体. 在三相点时熔化曲线的斜率为 $\left(\dfrac{\mathrm{d}p}{\mathrm{d}T}\right)_{\mathrm{m}}$，饱和蒸气压的斜率为 $\left(\dfrac{\mathrm{d}p}{\mathrm{d}T}\right)_{\mathrm{V}}$，（1）试求升华曲线的斜率 $\left(\dfrac{\mathrm{d}p}{\mathrm{d}T}\right)_{\mathrm{S}}$，（2）证明 $\left(\dfrac{\mathrm{d}p}{\mathrm{d}T}\right)_{\mathrm{S}} > \left(\dfrac{\mathrm{d}p}{\mathrm{d}T}\right)_{\mathrm{V}}$.

解：（1）熔化曲线斜率为

$$\left(\frac{\mathrm{d}p}{\mathrm{d}T}\right)_{\mathrm{M}} = \frac{l_{\mathrm{M,\,m}}}{T(V_{\mathrm{l,\,m}} - v_{\mathrm{s,\,m}})} \qquad ①$$

式中，$l_{\mathrm{M,\,m}}$ 为摩尔熔化热，$v_{\mathrm{s,\,m}}$ 为固态的摩尔体积，$v_{\mathrm{l,\,m}}$ 为液态的摩尔体积.

升华曲线斜率（用下标 S 代表升华）：

$$\left(\frac{\mathrm{d}p}{\mathrm{d}T}\right)_{\mathrm{S}} = \frac{l_{\mathrm{S,\,m}}}{T(v_{\mathrm{g,\,m}} - v_{\mathrm{s,\,m}})} = \frac{l_{\mathrm{S,\,m}}}{T\dfrac{RT}{p}} \qquad ②$$

汽化曲线斜率

$$\left(\frac{\mathrm{d}p}{\mathrm{d}T}\right)_{\mathrm{V}} = \frac{l_{\mathrm{V,\,m}}}{T(v_{\mathrm{g,\,m}} - v_{\mathrm{l,\,m}})} = \frac{l_{\mathrm{V,\,m}}}{T\dfrac{RT}{p}} \qquad ③$$

又因

$$l_{\mathrm{S,\,m}} = l_{\mathrm{M,\,m}} + l_{\mathrm{V,\,m}} \qquad ④$$

将式①—式③代入式④有

$$\left(\frac{\mathrm{d}p}{\mathrm{d}T}\right)_{\mathrm{S}} \frac{RT^2}{p} = \left(\frac{\mathrm{d}p}{\mathrm{d}T}\right)_{\mathrm{M}} T(v_{\mathrm{l,\,m}} - v_{\mathrm{s,\,m}}) + \left(\frac{\mathrm{d}p}{\mathrm{d}T}\right)_{\mathrm{V}} \frac{RT^2}{p}$$

$$\left(\frac{\mathrm{d}p}{\mathrm{d}T}\right)_{\mathrm{S}} = \left(\frac{\mathrm{d}p}{\mathrm{d}T}\right)_{\mathrm{M}} \frac{p(v_{\mathrm{l,\,m}} - v_{\mathrm{s,\,m}})}{RT} + \left(\frac{\mathrm{d}p}{\mathrm{d}T}\right)_{\mathrm{V}} \qquad ⑤$$

$$v_{\mathrm{l,\,m}} = \frac{M}{\rho_1}, \qquad v_{\mathrm{s,\,m}} = \frac{M}{\rho_s}$$

在三相点：

$$\left(\frac{\mathrm{d}p}{\mathrm{d}T}\right)_{\mathrm{S}} = \left(\frac{\mathrm{d}p}{\mathrm{d}T}\right)_{\mathrm{M}} \frac{p_0 M}{RT_0}\left(\frac{1}{\rho_1} - \frac{1}{\rho_s}\right) + \left(\frac{\mathrm{d}p}{\mathrm{d}T}\right)_{\mathrm{V}} \qquad ⑥$$

（2）一般情况下：

$$\left(\frac{\mathrm{d}p}{\mathrm{d}T}\right)_{\mathrm{M}} > 0, \quad \rho_1 > \rho_s$$

所以

$$\left(\frac{\mathrm{d}p}{\mathrm{d}T}\right)_{\mathrm{S}} > \left(\frac{\mathrm{d}p}{\mathrm{d}T}\right)_{\mathrm{V}} \qquad ⑦$$

需注意一个特例，冰的熔化曲线斜率是负的，是反常熔化.

*8.7__ 范德瓦耳斯气体

我们知道，只有在压强较低的时候，气体才可以近似看作理想气体，其在 p-V 图上的等温线是一条双曲线. 那么对于实际气体而言，其等温线是什么样的？

第一章我们学过，理论上，范德瓦耳斯给出了实际气体的方程，即范德瓦耳斯方程，由该方程可以得到等温线. 此外，通过实验也可以测量得到实际气体的等温线.

8.7.1　实际气体的实验等温线

前面 8.2.4 小节中我们提过，汽化曲线是有终点的，该终点称为临界点，高于临界点则不可能气液两相平衡共存. 这个现象是 1869 年英国物理学家安德鲁斯发现的.

1. 实验曲线和过程分析

安德鲁斯将一定量的 CO_2 气体充入带有活塞的导热容器，容器放在恒温槽中，通过移动活塞来改变压强和体积. 先设定一个较高的温度 T_1，实验过程中保证气体温度不变，测量得到的压强与体积变化曲线，为双曲线. 接着增加温度到 T_2，测量温度 T_2 时压强与体积的关系；依此类推，测量温度 T_3、T_4、$\cdots$ 时的 p-V 关系，得到一系列曲线，如图 8.7.1 所示. 可以发现，当温度大于 31 ℃时，基本上为双曲线，这说明，在较高温度时，压强较小，可以认为是理想气体. 但是当大于 31 ℃时，得

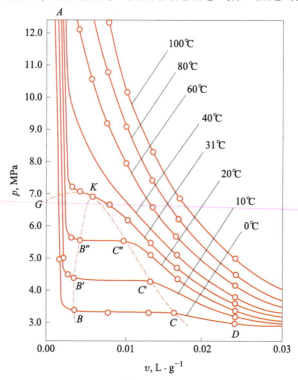

图 8.7.1　CO_2 气体的等温压缩实验曲线

到的等温线与双曲线的偏差越来越大. 以 0 ℃ 的曲线为例, 从 D 到 C 的过程, 压强增大, 体积减小, 是一个等温压缩过程; 从 C 到 B, 压强不变, 体积减小, 实验中发现了这个过程中 CO_2 开始液化, CB 段是两相共存阶段, 此时的压强为该温度下的饱和蒸气压, 在 C 点进入饱和状态, B 点代表全部液化完成; 从 B 到 A 的过程, 即使极大地增大压强, 液体体积也几乎不再被压缩, 这表明液体不容易被压缩.

对于其他气体, 也有类似实验结果. 从实验可以看出, 实际气体的等温线, 不仅反映了气体的特征, 也表征了相变过程.

2. 临界点

从实验发现, 温度越低, 气液共存的区段 (可称之为 "液化平台") 就越长, 饱和蒸气压就越低. 当达到一定温度 (对于 CO_2, 是 31.1 ℃) 时, 水平线段消失, 气液共存区域就变成了共存点 K, 这个 K 点称为**临界点** (critical point), 它所对应的状态称为临界状态, K 点的温度、压强、(比) 体积称为临界温度、临界压强、临界 (比) 体积, 该等温线叫临界等温线.

在临界点, 不再有气态和液态的区分, 也就是说液态和气态的一切差别都没有了, 它们折射率相同, 看不到气液分界面. 如图 8.7.1 所示, 用虚线将液化平台的端点连起来, 则 p-V 图上有三个区域. 虚线内的为气液共存区, 虚线 BK 左侧及 KG 下方区域为液态区, 其余区域为气态区.

临界比体积是液态最大的体积, 临界压强是最大的饱和蒸气压, 临界温度是通过等温加压方式可以使气体液化的最高温度. 实验测得 H_2O、CO_2、O_2、N_2、H_2、He 的临界温度分别是 374.2 ℃、31.1 ℃、−118.8 ℃、−147.2 ℃、−240.0 ℃、−268.1 ℃.

温度高于临界温度 T_k 时, 不再出现水平段, 就不会有气液共存的状态. 无论加多大的压强, 都不能使气体液化.

通过等温压缩可对气体进行液化, O_2、N_2、H_2、He 等的临界温度较低, 过去的低温技术不够发达, 难以达到临界温度, 所以曾一度认为这些气体是 "永久气体", 随着低温技术水平的提高, 所有的气体都可以被液化了.

8.7.2 由范德瓦耳斯方程得到的等温线

1. 理论等温线

对于实际气体, 需要考虑分子间作用力时, 可以用范德瓦耳斯方程来进行描述. 对 1 mol 实际气体, 其方程为

$$\left(p+\frac{a}{V_m^2}\right)(V_m-b)=RT \tag{8.7.1}$$

a、b 为与气体有关的常量, 1 mol 理想气体满足

$$pV_m=RT \tag{8.7.2}$$

对比两式, 可知在 p-V 图上, 只需要将理想气体的等温线沿着 V 轴向右移动 b, 再将曲线上的每一点沿着 p 轴向下移动 $\frac{a}{V_m^2}$ 即可, V_m 越小则下移距离越大. 最后得到的图形如图 8.7.2 所示.

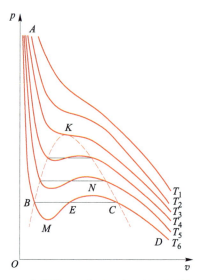

图 8.7.2　由范德瓦耳斯方程得到的系列等温线.

2. 亚稳态

从理论等温线可以看到，它与实验得到的等温线的区别就在于：液化平台成了一段曲线. 我们以其中一条等温线为例，进行分析. 例如图 8.7.2 中，实验等温线中 BC 平台变成了理论等温线 $BMENC$，这意味着在 $p\text{-}V$ 图上，一个压强 p 可以对应 3 个体积 V，其中 MEN 过程，增加压强，体积也增大，这在现实中是不可能存在的.

但这一段也并不是没有物理意义. 本来气体在 C 点开始液化成液态，但是如果没有凝结核，虽然通过加压，气体达到饱和条件，但也无法凝结，压强超过了饱和蒸气压，这时称为过饱和蒸气. CN 阶段正说明了这一点. BM 段表明，液体所受的压强小于饱和蒸气压，但是仍然不蒸发，还是液态，称为过热液体. MEN 阶段，是不稳定的，实际上不可能存在. 在 $CNEMB$ 阶段，是不稳定的，稍有扰动，就会变为气液共存的双相共存状态，所以这一段称为亚稳态.

3. 临界系数

理论得到的范德瓦耳斯等温线中，也有临界点. 从理论上可以得出其数据. 对式（8.7.1）求导得到

$$\left(\frac{\partial p}{\partial V}\right)_T = -\frac{RT}{(V-b)^2} + \frac{2a}{V^3} \tag{8.7.3}$$

$$\left(\frac{\partial^2 p}{\partial V^2}\right)_T = -\frac{2RT}{(V-b)^3} - \frac{6a}{V^4} \tag{8.7.4}$$

在临界点 K，必须有

$$\left(\frac{\partial p}{\partial V}\right)_{T_k} = 0, \quad \left(\frac{\partial^2 p}{\partial V^2}\right)_{T_k} = 0 \tag{8.7.5}$$

计算得到

$$V_k = 3b, \quad T_k = \frac{8a}{27Rb}, \quad p_k = \frac{a}{27b^2} \tag{8.7.6}$$

由式（8.7.6）可以得到

$$\frac{RT_k}{p_k V_k} = \frac{8}{3} = 2.667$$

该数称为临界系数. 由此可见, 无论什么气体, 其临界系数都是相同的. 实际上不同的气体有不同的数值, 且与 2.667 有一定差别, 比如, 氧气的临界系数为 3.42, 水蒸气的临界系数为 4.46. 因此, 范德瓦耳斯方程只是实际气体的一个很好的近似.

由式（8.7.6）可以得到临界值. 实际上, 是先通过实验测得临界值, 再通过式（8.7.6）得到 a、b.

思考题

8.1　物态和相的区别是什么?

8.2　查阅相关资料, 了解碳有哪些相.

8.3　一级相变的条件是什么? 相变潜热的定义是什么?

8.4　汽化有哪两种方式?

8.5　什么是饱和蒸气压? 影响饱和蒸气压的主要因素是什么?

8.6　蒸发和沸腾有何异同点?

8.7　沸点的定义是什么? 它的主要影响因素有哪些?

8.8　空气的绝对湿度和相对湿度分别指什么?

8.9　在冬天, 有时候衣服无法晾干, 其原因是什么?

8.10　夏天气温较高, 饱和蒸气压也较大, 为什么有时候衣服也难以晾干呢?

8.11　汽化曲线是否有起点和终点? 如有, 其意义是什么?

8.12　熔化曲线有无起点和终点? 其物理意义是什么?

8.13　熔化曲线的斜率总是正的吗? 升华曲线的斜率呢? 正的斜率和负的斜率各表明了什么?

8.14　升华曲线有无起点和终点? 其物理意义是什么?

8.15　升华是固相到气相的相变, 中间是否经历了液相?

8.16　自由能、自由焓、化学势的定义是什么? 各自的物理意义是什么?

*8.17　两种相达到平衡, 需要满足什么条件?

*8.18　下列说法哪个是正确的?

（A）所有物质都有三相点;

（B）所有物质的三相图, 其变化趋势都是一致的;

（C）所有物质的两相（气液、气固、固液）有且只有一个共存的温度;

（D）汽化曲线存在临界点 K, 在高于 K 点的温度下, 气体无法液化.

8.19　作出水的三相图, 温度分别保持 0 ℃、100 ℃不变, 研究压强增大时, 物态将怎么变化? 压强为 1 atm 时, 增加温度, 物态如何变化?

*8.20　克拉珀龙方程反映了什么? 是如何证明的?

*8.21　汽化时的克拉珀龙方程式（8.6.10）中的下标 V 代表体积不变吗? 还是代表什么?

*8.22　饱和蒸气压方程给出了饱和蒸气压 p_s 与温度 T 的关系, 试作出其变化趋势示意图.

*8.23　范德瓦耳斯实验等温线中平行于横轴的直线的物理意义是什么?

*8.24 范德瓦耳斯理论等温线中 CN 与 BM 的物理意义是什么（见图8.7.2）?

*8.25 理论和实验的范德瓦耳斯等温线有什么区别？

*8.26 临界温度、临界压强和临界体积分别是什么？

习　题

8.1 酒精是常用的消毒剂，但是比较容易挥发。在大气压 $p_0 = 1.013 \times 10^5$ Pa 下，质量为 4.0×10^{-3} kg 的酒精沸腾化为蒸气，已知酒精蒸气的比容为 0.607 $m^3 \cdot kg^{-1}$，酒精的汽化热为 $L = 8.63 \times 10^{-5}$ $J \cdot kg^{-1}$，酒精的比容 v_1 与酒精蒸气的比容 v_2 相比可以忽不计，求酒精内能的变化。

8.2 已知在 0.101 MPa 下，100 ℃时水的汽化潜热为 $l = 2.26 \times 10^6$ $J \cdot kg^{-1} \cdot K^{-1}$，水蒸气的比容（单位质量的容积）是 $v_g = 1.650$ $m^3 \cdot kg^{-1}$。

（1）求水在汽化过程中体积功占汽化热的百分比；

（2）1 kg 水在正常沸点下汽化时，焓变、熵变、内能变化分别是多少？

8.3 一个密闭容器内盛有水（未满），处于平衡状态。已知水在 14 ℃时的饱和蒸气压为 12.0 mmHg，设水蒸气碰到水面都变成水，试问：在 100 ℃和 14 ℃时，单位时间内通过单位面积水面的蒸发而变成水蒸气分子的比值 $\dfrac{n_{100}}{n_{14}}$ 为多少？

8.4 某实验室进行如下实验。首先在两个体积均为 1 L 的容器 A 和 B 充进温度 $t = 20$ ℃的干空气，它们由一个装有阀门 r 的细管相连，如图所示。细管的体积可以忽略不计。接着，关闭 r，将 50 mg 的水引入 A，并将 B 的温度降到 $t' = 5$ ℃。然后，将 B 的温度保持在 t' 不变，缓慢地打开阀门 r，等两边气体达到平衡后再关闭 r。最后，令 B 恢复到原来的温度 t。在整个操作过程中，A 的温度 t 保持不变。试问最终 A 和 B 容器中蒸气压和液态水的质量各为多少？设水在 20 ℃时的饱和蒸气压 $p_s = 2.3 \times 10^3$ Pa，在 5.0 ℃时饱和蒸气压 $p'_s = 8.7 \times 10^2$ Pa。在这样低的压强下，水蒸气可看作理想气体。已知在标准状态下水蒸气的密度 $\rho_0 = 0.804$ $kg \cdot m^{-3}$。

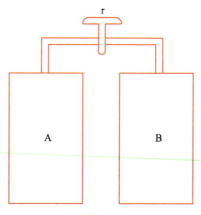

习题 8.4 图

8.5 夏季气候比较湿润，尤其是雷雨来临之前。设潮湿空气密度为 $\rho = 1\,140$ $kg \cdot m^{-3}$，压强为 $p = 100$ kPa，温度 $t = 30$ ℃，试求空气中所含水汽的压强与干燥空气压强之比。已知干燥空气的摩尔质量为 $M_a = 29$ $g \cdot mol^{-1}$，水的摩尔质量 $M_w = 18$ $g \cdot mol^{-1}$，$R = 8.31$ $J \cdot mol^{-1} \cdot K^{-1}$。

8.6 在 10 ℃到 30 ℃的范围内，水的饱和蒸气压曲线如图所示。现将温度为 27 ℃、压强为 1 atm、相对湿度为 80% 的空气封闭在某一容器中，将之缓慢冷却到 12 ℃。

（1）求此时空气的压强．

（2）温度降到多少时水开始凝结？此时空气中含有的水蒸气的百分比为多少？

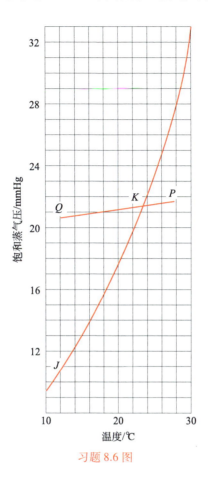

习题 8.6 图

8.7　有两种互不相溶的液体 A 和 B，它们的摩尔质量之比 $r = \dfrac{M_A}{M_B} = 8$，它们的饱和蒸气压 $p_i(i = A 或 B)$ 满足公式 $\ln\left(\dfrac{p_i}{p_0}\right) = \dfrac{a_i}{T} + b_i$，式中，$p_0$ 为标准大气压，T 为热力学温度，a_i 和 b_i 为由液体性质决定的常量．在 40 ℃时，A 和 B 的 $\dfrac{p_i}{p_0}$ 分别为 0.284 和 0.072 78，而在 90 ℃时，A 和 B 的 $\dfrac{p_i}{p_0}$ 分别为 1.476 和 0.691 8．

（1）试确定在标准大气压下 A 和 B 的沸点．（2）现将 A 和 B 液体各 100 g 注入一个容器，上面再覆盖一层很薄的非挥发液体 C（沸点比 A 和 B 都高）以防止 A 和 B 的自由蒸发，设 A 和 B 的厚度很薄，如图（a）所示．现对容器缓慢地持续加热，则液体的温度随着加热时间变化的趋势图见图（b），试确定图中的温度 t_1 和 t_2，以及在 τ_1 时刻液体 A 和 B 的质量．

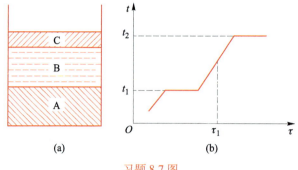

(a)   (b)

习题 8.7 图

8.8　小明做实验,在干燥天气里(水汽可以忽略)称量一铝片的质量,铝的密度为 $\rho_1 = 2.7 \times 10^3$ kg·m^{-3}. 过了几天下了一场雨,天气潮湿,水蒸气的分压强为 15.2 mmHg,小芳用同一架天平去称同一铝片的质量,两次实验时的温度均为 20 ℃,大气压均为 1 atm. 但是却发现两人称量得到的质量不同. 称量天平用的是铜砝码,铜的密度为 $\rho_2 = 8.5 \times 10^3$ kg·m^{-3}. 天平的灵敏度为 $s = 1.0 \times 10^{-7}$ kg. 二人物理基础扎实,在排除了实验误差后,利用相关物理知识,经过多次实验和仔细分析后发现,当铝片的质量达到一定质量后,在不同天气里称量,就会出现差异. 请你也推导一下,计算出这个质量的差别是多少. 已知干燥空气摩尔质量为 29 g·mol^{-1},水的摩尔质量为 18 g·mol^{-1}.

8.9　高压锅是生活中很常见的炊具,如图(a)所示,锅盖上有出气孔和压力阀. 正确使用压力锅的方法是:将已盖好密封锅盖的压力锅加热,当锅内水沸腾时再加盖压力阀 S,此时可以认为锅内只有水的饱和蒸气,空气已全部排除. 然后继续加热,直到压力阀被锅内的水蒸气顶起,锅内就已达到预期温度(即设计时希望达到的温度),现有一压力锅,在海平面(大气压为 1 atm)加热能达到的预期温度为 120 ℃. 某人在海拔 5 000 m 的高山上使用此压力锅,锅内有足量的水. 已知:水的饱和蒸气压 $p_w(t)$ 与温度 t 的关系如图(b)所示. 大气压强 $p(z)$ 与高度 z 的关系简化图如图(c)所示. $t = 27$ ℃时 $p_w(27$ ℃$) = 3.6 \times 10^3$ Pa;$t = 27$ ℃在 $z = 0$ 处大气压 $p(0) = 1.013 \times 10^5$ Pa. 试问:

(1) 若不加盖压力阀,锅内水的温度最高可达多少?

(2) 若按正确方法使用压力锅,锅内水的温度最高可达多少?

(3) 若未按正确方法使用压力锅,即盖好密封锅盖一段时间后,在点火前就加上压力阀. 此时水温为 27 ℃,那么加热到压力阀刚被顶起时,锅内水的温度是多少? 若继续加热,锅内水的温度最高可达多少? 假设空气不溶于水.

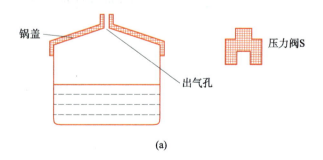

(a)

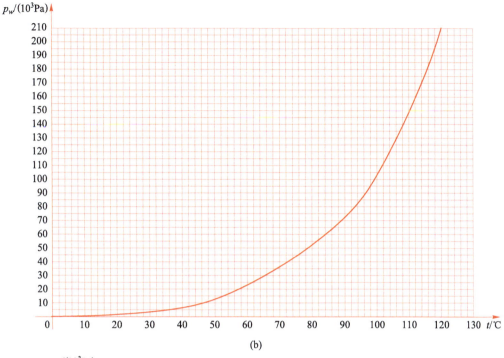

(b)

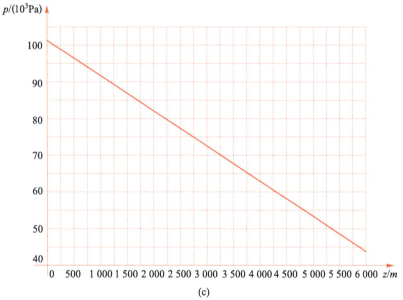

(c)

习题 8.9 图

8.10 容器里有温度 $t_0 = -23\ ^\circ\text{C}$ 和压强 $p_0 = 1\ \text{atm}$ 的空气，放入小冰块，然后用盖子封闭．将容器加热到 $t_1 = 227\ ^\circ\text{C}$，容器内压强升高到 $p_1 = 3\ \text{atm}$．试问，当容器冷却到 $t_2 = 100\ ^\circ\text{C}$ 时，容器中的相对湿度为多少？

8.11 夏天，屋内环境温度高达 $t_0 = 35\ ^\circ\text{C}$，为了解暑，打算把 $m = 1\ \text{kg}$ 的水（与环境热平衡）冻成 $0\ ^\circ\text{C}$ 的冰棍，试问：最少需要做多少功？冰的熔化热 $l = 3.338 \times 10^5\ \text{J} \cdot \text{kg}^{-1}$，$c_p = 1\ \text{cal} \cdot \text{g}^{-1} \cdot \text{K}^{-1}$．

8.12 给你一个 $50\ \text{W}$ 的马达，并假定外界空气的温度为 $27\ ^\circ\text{C}$．问：冻结 $2\ \text{kg}$、$0\ ^\circ\text{C}$ 的水至少需要多少时间？已知冰的熔化热为 $3.35 \times 10^5\ \text{J} \cdot \text{kg}^{-1}$．

8.13 一个理想的卡诺制冷机，在水的凝结点以 5 g·s^{-1} 的速率将水凝结成冰，使能量释放到 30 ℃ 的房间. 如果冰的熔化热为 320 J·g^{-1}. 试问：

（1）能量以多大的速率释放给房间？

（2）需供给多少千瓦的电能？

（3）此制冷机的制冷系数是多少？

8.14 已知冰在 0 ℃ 及 1 atm 时的熔化热为 3.338×10^5 J·kg^{-1}，水在 100 ℃ 及 1 atm 时的汽化热为 2.257×10^6 J·kg^{-1}，此时水和水蒸气的比体积分别为 1.043×10^{-3} m^3·kg^{-1} 和 1.673 m^3·kg^{-1}，水在 0 ℃ 到 100 ℃ 之间的平均比热容为 4.184×10^3 J·kg^{-1}·K^{-1}. 今在 1 atm 下将 1 mol、0 ℃ 的冰变为 100 ℃ 的蒸气，试计算其内能及焓的变化 ΔU 和 ΔH.

8.15 氢的三相点温度 $T_3 = 14$ K，在三相点时，固态氢的密度 $\rho = 81.0$ kg·m^{-3}，液态氢的密度 $\rho = 71.0$ kg·m^{-3}，液态氢的蒸气压方程为

$$\ln p = 18.33 - \frac{122}{T} - 0.3\ln T \text{（SI 单位）}.$$

熔化温度和压强的关系为

$$T_m = 14 + 2.991\times10^{-7}p \text{（SI 单位）}$$

试计算：

（1）在三相点的汽化热，熔化热及升华热（误差在 5% 以内）；

（2）升华曲线在三相点处的斜率.

8.16 假定蒸气可看作理想气体，由下表所列数据计算 −20 ℃ 时冰的升华热.

温度/（℃）	−19.5	−20.0	−20.5
蒸气压/mmHg	0.808	0.770	0.734

8.17 下列数据适用于 H_2O 的三相点：温度为 0.01 ℃、压力为 4.6 mmHg、固态比体积为 1.12 cm^3·g^{-1}、液态比体积为 1.00 cm^3·g^{-1}、熔化热为 80 cal·g^{-1}、汽化热为 600 cal·g^{-1}.

（1）作出 H_2O 的 p-T 图，不必定量（无须正确刻度），但要求定性正确，标出各相和临界点；

（2）封有 H_2O 的容器，内部压力从 10^5 mmHg 慢慢下降，容器温度保持在 $T = -1.0$ ℃，描述容器发生了什么行为，并计算相变发生处的压力，假设气体为理想气体；

（3）计算相平衡线上点（p，T）处的比潜热 dL/dT 随温度的变化，用 L、比热容 c_p、膨胀系数 α 和初始温度 T、压强 p 时各相的比体积 v 表示结果；

（4）若汽化曲线上 1 atm 处的比潜热为 540 cal·g^{-1}，估算沿这条曲线在温度高于 10 ℃ 时的潜热变化. 假设蒸气可按具有转动自由度的理想气体处理.（1 cal = 4.18 J.）

8.18 冰在 1 atm 下的熔点是 $T = 273.15$ K，在此状况下，冰和水的比容分别是 $v_1 = 1.0908\times10^{-3}$ m^3·kg^{-1} 和 $v_2 = 1.00021\times10^{-3}$ m^3·kg^{-1}，熔化热 $l_m = 334$ kJ·kg^{-1}. 求在 1 atm 附近冰的熔点随压强变化的情况.

8.19 冰、水和水蒸气各 1 g，在一封闭的容器中处于热平衡，压强为 4.58 mmHg，温度为 0.01 ℃. 对此系统加热 60 cal，总体积保持不变，试计算出达到平衡后冰、水及水蒸气的重量（准确到 2%）.（1 cal = 4.18 J.）

*8.20 （1）图中给出了 p-V 图上温度分别为 T 和 T+dT 的两条等温线，这两条等温线正好通过气液相变区. 考虑在图上阴影区建立一个卡诺循环，试导出相变区蒸气压与温度所满足的克拉珀龙方程 $\dfrac{\mathrm{d}p}{\mathrm{d}T} = \dfrac{l}{T\Delta V_m}$，式中，$L$ 为摩尔潜热，ΔV_m 为 1 mol 物质的气、液态体积差；

（2）在 $p_0 = 1\ \text{atm}$ 的条件下，液氦的沸点为 $T_0 = 4.2\ \text{K}$，现在我们不断地抽取氦气，使蒸气压保持在 $p_m \ll p_0$，假定潜热 l 不依赖于温度，而蒸气的密度远小于液体的密度，求此时的温度 T_m，并把结果用 L、T_0、p_0、p_m 和其他一些常量表示出来．

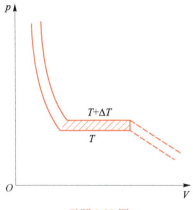

习题 8.20 图

*8.21   100 ℃的水的汽化热为 $2.44 \times 10^6\ \text{J} \cdot \text{kg}^{-1}$；蒸气密度为 $0.598\ \text{kg} \cdot \text{m}^{-3}$．以 ℃·km^{-1} 为单位求海平面附近沸点随高度的变化率．假设空气温度为 300 K，已知在 0 ℃及 1 atm 时空气密度为 $1.29\ \text{kg} \cdot \text{m}^{-3}$．

*8.22   温度为 T 的长圆柱形物质处于重力场中，圆柱分成两部分，上部分是液体，下部分是固体．当温度降低 ΔT 时，发现固–液分界面上升了 h，如果忽略固体的热膨胀并设 $\Delta T \ll T$，求出液体密度 ρ_1 的数学表达式，用以下参量表示：固体密度 ρ_s、固–液相变潜热 L、重力加速度 g、热力学温度 T 及 ΔT 以及高度 h．

*8.23   固体氨的蒸气压满足下列关系：

$$\ln p = 23.03 - 3\ 754/T$$

液体氨的蒸气压为

$$\ln p = 19.49 - 3\ 063/T$$

p 以 mmHg 为单位，T 为热力学温度．

（1）求三相点温度；

（2）求三相点的汽化热，用 cal·mol^{-1} 作单位（可以把蒸气近似看成理想气体，并忽略液体和固体的体积）；

（3）三相点的升华热为 7 508 cal·mol^{-1}，求三相点的熔化热．（1 cal = 4.18 J．）

*8.24   液氦沸点通常为 4.2 K，但在 1 mmHg 的压力下沸点变成 1.2 K，估计在此温度范围内，液氦的平均汽化潜热．

*8.25   在容积为 15.0 cm^3 的容器中，装入温度为 18.0 ℃的水，并加热到临界温度 $t = 374.0$ ℃，恰好在容器内达到临界状态（预先将容器抽真空后再注入适量水），问：注入多少体积的水才合适？水的临界压强 $p = 20.8\ \text{MPa}$，$M = 18.0\ \text{g} \cdot \text{mol}$，18 ℃的水密度 $\rho = 1\ \text{g} \cdot \text{m}^{-3}$，水的临界系数 $K = 4.46$．

习题答案

附录　部分物理量与符号

物理量	符号	单位
体积	V	m^3
压强	p	Pa
温度	T	K
分子数	N	—
分子数密度	n	m^{-3}
阿伏伽德罗常量	N_A	mol^{-1}
物质的量	ν	mol
摩尔质量	M	$kg \cdot mol^{-1}$
系统总质量	m	kg
粒子质量	m_0	kg
密度	ρ	$kg \cdot m^{-3}$
摩尔气体常量	R	$J \cdot mol^{-1} \cdot K^{-1}$
玻耳兹曼常量	k	$J \cdot K^{-1}$
等温压缩系数	κ	Pa^{-1}
等压体膨胀系数	α	K^{-1}
相对压强系数	β	K^{-1}
摩尔体积	V_m	$m^3 \cdot mol^{-1}$
内能	U	J
比内能	u	$J \cdot kg^{-1}$
摩尔内能	U_m	$J \cdot mol^{-1}$
功	W	J
热量	Q	J
热容	C	$J \cdot K^{-1}$
定容热容	C_V	$J \cdot K^{-1}$
比定容热容	c_V	$J \cdot kg^{-1} \cdot K^{-1}$
摩尔定容热容	$C_{V,\ m}$	$J \cdot mol^{-1} \cdot K^{-1}$
焓	H	J
比焓	h	$J \cdot kg^{-1}$

物理量	符号	单位
摩尔焓	H_m	$J \cdot mol^{-1}$
定压热容	C_p	$J \cdot K^{-1}$
比定压热容	c_p	$J \cdot kg^{-1} \cdot K^{-1}$
摩尔定压热容	$C_{p,\,m}$	$J \cdot mol^{-1} \cdot K^{-1}$
热容比（比热容比、绝热指数）	γ	—
多方过程的摩尔热容	$C_{n,\,m}$	$J \cdot mol^{-1} \cdot K^{-1}$
热机效率	η	—
制冷系数	$\varepsilon_{冷}$	—
热泵系数	$\varepsilon_{热}$	—
焦耳-汤姆孙系数	μ	$K \cdot Pa^{-1}$
熵	S	$J \cdot K^{-1}$
概率	P	—
平均速率	$\bar{v}$	$m \cdot s^{-1}$
最概然速率	v_p	$m \cdot s^{-1}$
平均自由程	$\bar{\lambda}$	m
平均碰撞频率	Z	s^{-1}
平均碰壁数	Γ	$m^{-2} \cdot s^{-1}$
碰撞截面	σ	m^2
简并度	g_l	—
能级能量	ε_l	J
平均平动动能	$\bar{\varepsilon}_t$	J
平均转动动能	$\bar{\varepsilon}_r$	J
平均振动能量	$\bar{\varepsilon}_v$	J
平均动能	$\bar{\varepsilon}_k$	J
微观状态数	W	—
定向运动速率	u	$m \cdot s^{-1}$
黏度	η	$Pa \cdot s$
动量通量	J_K	Pa
热导率	κ	$W \cdot m^{-1} \cdot K^{-1}$
扩散系数	D	$m \cdot s^{-1}$

物理量	符号	单位
表面张力系数	σ	$N \cdot m^{-1}$或$J \cdot m^{-2}$
接触角	θ	°
汽化热	l	J
升华热	r	J
熔化热	λ	J
自由能	F	J
自由焓（吉布斯函数）	G	J
化学势	μ	J

郑重声明

高等教育出版社依法对本书享有专有出版权。任何未经许可的复制、销售行为均违反《中华人民共和国著作权法》,其行为人将承担相应的民事责任和行政责任;构成犯罪的,将被依法追究刑事责任。为了维护市场秩序,保护读者的合法权益,避免读者误用盗版书造成不良后果,我社将配合行政执法部门和司法机关对违法犯罪的单位和个人进行严厉打击。社会各界人士如发现上述侵权行为,希望及时举报,我社将奖励举报有功人员。

反盗版举报电话　(010)58581999　58582371

反盗版举报邮箱　dd@hep.com.cn

通信地址　北京市西城区德外大街 4 号
　　　　　高等教育出版社知识产权与法律事务部

邮政编码　100120

读者意见反馈

为收集对教材的意见建议,进一步完善教材编写并做好服务工作,读者可将对本教材的意见建议通过如下渠道反馈至我社。

咨询电话　400-810-0598

反馈邮箱　hepsci@pub.hep.cn

通信地址　北京市朝阳区惠新东街 4 号富盛大厦 1 座
　　　　　高等教育出版社理科事业部

邮政编码　100029

防伪查询说明

用户购书后刮开封底防伪涂层,使用手机微信等软件扫描二维码,会跳转至防伪查询网页,获得所购图书详细信息。

防伪客服电话　(010)58582300